AF343470

# LE NÂCÉRÎ.

# LE NÂCÉRÎ.

## LA PERFECTION DES DEUX ARTS

OU

### TRAITÉ COMPLET

## D'HIPPOLOGIE ET D'HIPPIATRIE

ARABES:

ouvrage publié par ordre et sous les auspices du Ministère de l'intérieur,
de l'agriculture et du commerce.

TRADUIT DE L'ARABE

**D'ABOU BEKR IBN BEDR,**

PAR M. PERRON,

CHEVALIER DE LA LÉGION D'HONNEUR, MEMBRE DE LA SOCIÉTÉ ASIATIQUE DE PARIS,
DE LA SOCIÉTÉ ASIATIQUE DE LEIPSICK, ETC.

*Fortes creantur fortibus et bonis.*

## PREMIÈRE PARTIE.

I.

BIBLIOTHÈQUE NATIONALE R. F. IMP.

PARIS,

IMPRIMERIE ET LIBRAIRIE D'AGRICULTURE ET D'HORTICULTURE
DE Mᵐᵉ Vᵉ BOUCHARD-HUZARD,
5, RUE DE L'ÉPERON.

1852

# LE NÂCÉRÎ.

## LA PERFECTION DES DEUX ARTS

ou

**TRAITÉ COMPLET**

## D'HIPPOLOGIE ET D'HIPPIATRIE ARABES.

—

### PREMIÈRE PARTIE.

## LIMINAIRE.

—

### Section première.

SYSTÈME HARMONIQUE DE TRANSCRIPTION FRANÇAISE DES MOTS ARABES.

### I.

Nous devons commencer par établir un système de transcription, ou, en d'autres termes, un ensemble de conventions raisonnées, qui nous permettent de représenter les mots arabes en français, sous une forme harmonique, c'est-à-dire combinée de manière à s'harmoniser, autant que possible, avec la prononciation française, en offrant les indications graphiques particulières à l'arabe.

Ce système, pour qu'il soit admis, pour qu'il puisse aboutir
à des résultats utiles, ramener à l'analogie scripturale et pho-
nétique tant de noms écrits sous différents tracés dans les livres
d'hippologie et d'hippiatrie, dans les voyages, les relations, les
rapports administratifs, les statistiques, les stud-books, etc.,
tant de noms, par conséquent, prononcés de diverses façons, et
qui doivent être écrits et prononcés de la même manière, pour
qu'il puisse conduire à homogénéiser tant de mots identiques
d'ailleurs dans le fond, différents seulement dans la physionomie qu'on leur impose, ce système doit être simple, facile ;
il doit exclure les combinaisons ou accouplements de lettres,
qui, pour les lecteurs étrangers aux langues orientales, inexer-
cés aux accentuations vigoureuses de l'arabe, sont des *vocalises*
inexécutables, et apparaissent comme des monstruosités qu'ils
n'essayent seulement pas d'articuler, qu'ils passent comme
choses trop hétéroclites, comme ayant des séries de lettres
qu'ils ne savent comment associer pour en former un énoncé,
une émission vocale.

Beaucoup de modes de transcription ont été proposés ; mais
tous nous semblent embarrassés de trop de variétés de signes,
ou donnant, en français, une peinture du mot arabe ou sur-
chargée, ou fausse ; ils ajoutent presque un nouvel alphabet
français à notre alphabet même, et surtout ils construisent et
apportent un syllabaire trop éloigné de notre syllabaire accoutumé.

Nous, nous restons fidèle aux règles de la composition scripturale française, en telle sorte que les signes ou accessoires
distinctifs que nous adjoignons à certaines lettres, ne changent
rien aux principes apparents de l'écriture et de la lecture.
Ainsi, dans les transcriptions arabes, nous rejetons le tracé de
la lettre *q* placée, seule, immédiatement avant nos quatre premières voyelles, et même placée, seule, après toutes nos voyelles.
Pour l'œil français, et même pour tout œil européen, italien, espagnol, français, anglais, allemand, etc., ces tracés sont presque
tous barbares. Les lecteurs qui n'ont pas le secret de l'arabe,
qui ne tiennent nullement à l'avoir, et il y en a un bien grand

nombre, n'ont que fort peu de plaisir à voir un mot français
écrit contrairement au génie de la langue française, lorsqu'on
eût pu très-aisément le transcrire en tout respect pour les exigences orthographiques habituelles et consacrées. Ainsi, pourquoi *qobt*, lorsqu'il est si simple d'écrire Ḳobṭ, les Coptes? *atyq*,
lorsqu'il est si simple de tracer aṭîḳ, de race pure?

Au point de vue arabe, il manquera toujours quelque peu de
chose à certains mots transcrits en français; mais l'important,
et ceci doit suffire, est de laisser aux transcriptions une physionomie simple; et cependant, en même temps, l'orientaliste,
ou le simple amateur d'arabe, doit pouvoir, toutes les fois qu'il
le voudra, retrouver sans peine, sous cette enveloppe française,
l'orthographe arabe primitive, réelle.

Pour arriver à cette double fin, il est nécessaire qu'il y ait
harmonie entre le tracé français et le mot arabe que ce tracé a
l'intention de représenter. C'est ce que nous obtenons au moyen
de points placés au-dessus ou au-dessous de quelques lettres
françaises. Ces points, tout en rappelant, pour l'orientaliste, la
différence d'articulation ou de figure de la lettre arabe, ne
changent rien à la lecture simple et naturelle du mot écrit
en français. Par là, nous avons évité deux graves inconvé-
nients, l'inconvénient de ne rien indiquer dans la transcription, et l'inconvénient, au moins aussi grand, de rassembler
côte à côte et comme équivalent d'une seule lettre arabe, plusieurs consonnes que les autres systèmes ou combinaisons scrip-
turales ont dû accoler entre elles pour figurer tel phonétisme
rude et les quatre lettres que possède en surplus l'alphabet
arabe.

Le lecteur non orientaliste, en lisant simplement, ne rendra
pas, nous le savons, les articulations arabes spéciales, exceptionnelles, uniques; mais au moins il en restera, dans les cas
difficiles, le plus près qu'il est possible pour un étranger in-
exercé, et surtout il pourra lire sans difficulté; il devra lire
absolument comme s'il s'agissait de mots français qu'il ne connaît pas. On ne doit exiger que des orientalistes la prononciation exacte de la langue vivante qu'ils ont adoptée de préfé-

rence , que par prédilection spontanée ils cultivent, ou que, par devoir encore, ils sont obligés de cultiver ou d'enseigner. Et ici , il s'agit d'une langue vivante , parlée en pays français; pourquoi, orientalistes arabisants , la laisser morte en ne la prononçant pas? Point de thèse ridicule! On rirait à la face du maître qui enseignerait la langue anglaise en la lisant ou la prononçant comme du français.

Sans plus ample préambule, nous allons tracer l'alphabet arabe avec les transcriptions harmoniques correspondantes que nous avons adoptées. Nous exposerons ensuite les quelques observations que nous croyons encore nécessaires, pour guider le lecteur d'abord , et aussi pour prévenir certaines critiques de certains orientalistes, et motiver l'exclusion de certaines prononciations particulières surtout à l'Algérie, où la langue arabe a pris beaucoup de sang barbare, impur, et en est restée imprégnée. Il y a de grandes médiocrités qui ne manqueraient pas de nous heurter , de nous rudoyer , si nous n'indiquions pas nos bases , si nous ne faisions pas remarquer tout de suite que, bien qu'il soit permis de parler patois, on n'écrit et ne pose pas le patois comme règle d'euphonie d'une langue, comme principe d'orthographe et de langage.

Pour les personnes étrangères à la langue arabe et aux autres langues sémitiques, nous devons faire remarquer que toutes les consonnes doivent se faire nettement entendre, quelle que soit la place qu'elles occupent dans les mots. De plus, il n'y a pas d'*e* muet.

## II.

### ALPHABET ARABE REPRÉSENTÉ OU TRADUIT EN LETTRES FRANÇAISES.

| LETTRES ARABES. | NOMS. | TRANSCRIPTION FRANÇAISE. | OBSERVATIONS. |
|---|---|---|---|
| ١ | élif. | a, â, é, i, o. | |
| ب | bâ. | b. | |
| ت | tâ. | t. | |
| ث | ṭâ. | t. | Équivaut au *th* anglais dur. |

| LETTRES ARABES. | NOMS. | TRANSCRIPTION FRANÇAISE. | OBSERVATIONS. |
|---|---|---|---|
| ج | djîm. | dj. | Lorsque *dj* est redoublé, on ne fait sentir le *j* qu'après le deuxième *d*. |
| ح | ḥâ. | ḥ. | Fortement aspirée. |
| خ | ḳâ. | ḳ. | Équivaut à un son parti du fond de la bouche, comme lorsqu'on crache. |
| د | dâl. | d. | |
| ذ | ẓâl. | ẓ. | Prononcé en portant la pointe de la langue entre les dents incisives. |
| ر | râ. | r. | |
| ز | zâï. | z. | |
| س | sîn. | s, c, ç. | |
| ش | chîn. | ch. | Prononcé comme *ch* en français. |
| ص | ṡâd. | ṡ, ċ, ç̇. | Prononcés avec emphase. |
| ض | ḋâd. | ḋ. | Prononcé avec emphase. |
| ط | ṫâ. | ṫ. | *Idem.* |
| ظ | żâ. | ż. | *Idem.* |
| ع | aïn. | a, é, i, o. | Prononcés d'une manière gutturale et forte. |
| غ | raïn. | r. | Grasseyé. |
| ف | fâ. | f. | |
| ق | ḳâf. | ḳ. | Prononcé du fond de la bouche et par la base de la langue. |
| ك | kâf. | k. | |
| ل | lâm. | l. | |
| م | mîm. | m. | |
| ن | noûn. | n. | |
| ة ه | hâ. | h. | A la fin des mots. — Cette *h* à la fin des mots n'a pas de son ; c'est la seule lettre finale que dans la transcription française il ne faille pas, ordinairement, faire entendre. |
| و | wâoû. | w, aû, oû, au, ou, o. | |
| ي | iâ. | î, y. | |

### III.

Dans ce système de transcription, toutes les lettres qui ont pour signalement un point placé au-dessus ou au-dessous d'elles, sont la représentation simple, en français, ou de lettres spéciales à l'arabe, ou de lettres exigeant, selon le génie de la langue, une articulation complétement étrangère aux sons ou articulations de la langue française; mais encore alors, la lettre que nous donnons pour transcription est celle qui, même prononcée selon le mode de notre langue, rappelle le plus approximativement la lettre originale arabe.

Nous ferons remarquer, surtout aux orientalistes, l'intention qui a présidé aux combinaisons que nous avons adoptées. Nous avons voulu que la place ou le nombre des points adjoints en surcroît aux lettres françaises, les catégorisât et fût ainsi un moyen mnémonique facile. Ainsi, toutes les voyelles *sous-pointées* rappellent qu'il s'agit du aîn arabe. Les seules consonnes qui soient *surpointées* sont les quatre emphatiques. Le ḳ avec deux points rappelle le *kâf* qui, en arabe aussi, porte deux points. Le ṭ sous-pointé est le *tâ* arabe ayant un point de plus que le *tâ* simple, etc.

Les trois lettres *s*, *c*, *ç*, que nous prenons pour représenter le *sîn* et le *sâd*, ne sont qu'une seule transcription. Nous avons préféré ces trois formes pour la traduction de chacune des deux lettres arabes, afin d'empêcher que le lecteur français pût jamais prononcer l's en *z*, circonstance qui n'a jamais lieu en arabe; pour prononcer un *z*, les Arabes écrivent un *z*.

Toujours la voyelle qui est seule et qui est surmontée d'un accent circonflexe, doit se prononcer longue. Pour les diphthongues qui doivent se prononcer longuement, nous ne pouvons pas placer l'accent circonflexe de manière qu'il couvre les deux voyelles; nous le mettons donc seulement sur la seconde. Ainsi, *oû* se prononcera long, comme dans notre mot « joue ; » *aû* se prononcera long, comme on prononce notre mot « eau ; » *eî* se prononcera long, comme la première voyelle de « hêler ; » *ay*, *aï* se prononceront comme l'interjection « aïe ! » *eï* se prononcera comme *èye* dans « grassèye. »

L'*i* est souvent pour représenter un *i* simple suivi d'un *iâ*. De même, *oü* est parfois pour un *o* simple suivi d'un *wâoü*. L'*a* terminant un mot, excepté dans *kariba*, indique qu'en arabe cet *a* est suivi d'un *iâ* quiescent.

Toute voyelle sous-ponctuée et surmontée en même temps d'un accent circonflexe, est l'équivalent d'un *aïn* suivi d'un élif, ou suivi d'un *wâoü* ou d'un *iâ* de prolongation. Le signe ('), qui ne désignera pas l'apostrophe française, sera pour un *aïn* sans voyelle ou quiescent.

Le *w* ne devra jamais se prononcer en faisant entendre le moindre son de *v*; c'est le même son que « ou; » et uni, ainsi que ce dernier, à une autre voyelle, il ne doit sonner que comme faisant diphthongue avec cette voyelle. Ainsi, *wa* et *oua* se prononceront comme le son « oie; » c'est une seule émission de voix à la manière de celle que fait entendre notre particule affirmative « oui. » Nous transcrivons la même lettre par *w* et par *ou*, afin d'éviter que, dans certains cas, la diphthongue *ou* se présente redoublée, par exemple : *ouou;* alors, nous mettrons *wou*, etc.

Nous ne ferons plus qu'une remarque. — Jamais nous n'écrirons *ben*, fils, ni *bou*, père, parce que jamais on ne doit prononcer que *ibn* et *abou*. En effet, pour le premier de ces deux mots, régulièrement, non pas en jargon ou patois, le *b* arabe ne doit jamais avoir de voyelle. Prononcer *ben* en arabe, c'est absolument prononcer *fi* au lieu de *fils* en français. Nous n'écrirons jamais non plus, par exemple, *mêl* au lieu de *mâl;* ce serait, à la manière de certains pays en France, prononcer *voir* comme *vouèrent;* de pareilles choses ne s'écrivent pas.

## IV.

Après ces remarques et observations, je vais donner la liste alphabétique des mots arabes qui se rencontrent dans les traités et écrits relatifs à l'hippologie, à l'hippiatrie, aux remontes, aux institutions hippiques, etc., et publiés en Europe. J'indique en regard de chaque mot l'orthographe qu'il doit avoir d'après les lettres qui le composent dans sa langue originale. Un bon nombre de ces mots ne diffèrent que par l'orthographe que leur ont affectée les langues européennes ou plutôt les auteurs qui les ont revêtus de caractères européens.

Il serait bien temps d'accepter une transcription uniforme, et d'éviter ainsi beaucoup de redites oiseuses. Les voyageurs qui n'ont pas une grande pratique de l'arabe, entendent à faux les dénominations, les appellations, et les transcrivent nécessairement estropiées.

Consentons donc tous à admettre une transcription aussi régulière, aussi simple, aussi rapprochée de l'arabe que possible. Celle que j'applique dans ce travail me paraît remplir ces conditions. Les traités et les livres d'hippologie et d'hippiatrie, les statistiques, les *stud-books* et leurs *pedigrees*, etc., en recevront une physionomie plus convenable, plus homogène, plus comparable, plus reconnaissable dans tous les pays. Il en sera de même pour tous les travaux résultant des études orientales.

## V.

LISTE ALPHABÉTIQUE RECTIFIÉE DES NOMS ARABES DE CHEVAUX ET DE LIEUX, CITÉS DANS LES ÉCRITS D'HIPPOLOGIE ET D'HIPPIATRIE, DANS LES STATISTIQUES ET RAPPORTS HIPPIQUES, LES STUD-BOOKS, LES VOYAGES, ETC.

### A.

RECTIFICATIONS ET EXPLICATIONS.

Abadoudoulak. . . .   Abad el-daûlah : durée de l'État; — ou, Abd el-daûleh : serviteur de l'État; — nom d'homme.

RECTIFICATIONS ET EXPLICATIONS.

Abaleilé. . . . . . . Abâ Leîleh : le père de la nuit; —
Leïleh est aussi un nom propre;
Abâ Leîleh signifie alors : père
de Leîleh.

Abbâs-Mirza. . . . Abbâs Mirza : nom d'un roi de Perse.

Abdala }
Abdalla } . . . . . Abd Allah : nom propre; serviteur de
Dieu.

Abdoula-Aga. . . . Abd Oullah Arâ : nom propre, le
même qu'Abd Allah suivi du
qualificatif turk Arâ, dont on a
fait, en français, agha, aga. Ce
qualificatif correspond à peu
près à « monsieur. »

Abéchy. . . . . . . Habéchî : Abyssin, abyssinien.

Abeian }
Abeyan } . . . . . Abéïàn : le bienveillant, c'est-à-dire,
dans la rigueur du mot, celui
qui s'abstient d'injure et de mal
envers les autres; — ou plutôt,
Abéïàn, et aussi Abaïàn : le brillant; l'éclat. C'est encore le nom
propre d'un éleveur arabe.

Abjar }
Abjer } . . . . . . Abdjar : ancien nom du cheval d'un
poëte cavalier appelé Antarah,
vulgairement Antar.

Abian. . . . . . . Même qu'Abéïàn.

Abou Aarqoub }
Abou Arcoub }
Abou-Arkoub } . . . Abou Orkoûb : le père aux jarrets; le
Abou Arqoüb }        solide jarret.

Abouchar. . . . . . Abou Cha'r : le père aux crins ou au
poil; beau poil.

Aboufar. . . . . . . Abou Fâr : le père du rat; —ou, Abou
Fàrr : le père fuyant, ou aussi,
père du fuyard.

| | |
|---|---|
| Aboukir. . . . . . | Abou Kîr : nom de localité. |
| Abou-Mohureph. . . | Abou Maâref : le père aux crinières. |
| Abouphaar. . . . . | Même qu'Aboufar. |
| Abouseif / Abou-Seif } . . . . | Abou Seîf : nom propre ; — père du sabre. |
| Abufar. . . . . . | Même qu'Aboufar. |
| Achmet-Bey. . . . | Aḥmed Bey : nom propre ; Bey, titre de dignité. |
| Ada. . . . . . . | Adâ : course. |
| Addal. . . . . . | Âdel : le juste ; — ou, Addâl : qui va droit et juste. |
| Adebân. . . . . . | Azbân : limpide. |
| Adim. . . . . . | Adîm : absent ; perdu. |
| Adjouce. . . . . | Adjoûz : le vieux ; la vieille. |
| Aga. . . . . . . | Arâ : agha. *Voy.* Abdoula-Aga. |
| Agib. . . . . . | Adjîb : étonnant, merveilleux. |
| Agiba. . . . . . | Adjîbah : étonnante, merveilleuse. |
| Aïcha. . . . . . | Âïchah : nom d'une des femmes de Mahomet. |
| Akaliba. . . . . . | Akàlibah : les formes, les moules. |
| Akbar. . . . . . | Grand. |
| Aladin. . . . . . | Alâ el-dìn : la grandeur de la religion. |
| Al Borak. . . . . | *Voy.* Borak. |
| Algebeck. . . . . | El-chébek : le filet, le réseau. |
| Ali. . . . . . . | Alî : nom du quatrième kalife. |
| Ali Baba. . . . . . | Alî Bâbâ : le père Alî. |
| Ali Pacha. . . . . | Alî Pàcha : nom propre. |
| Al-mansour / Almanzor } . . . . | El - Manṡoûr : le secouru ; — nom propre. |
| Almée. . . . . . | Âlemeh : danseuse. |
| Al-Sakab. . . . . | El-Sakab : le versement ; l'averse. |
| Altamar. . . . . . | El-tamar, et El-tamr : la datte. |
| Aly. . . . . . . | Alî : nom du quatrième kalife. |

RECTIFICATIONS ET EXPLICATIONS.

| | |
|---|---|
| Amine. . . . . . | Amîn, ou, Émîn : sûr ; à qui on peut se fier. |
| Amdam. . . . . . | Même que Hamdan. |
| Amrou. . . . . . | Amr : nom propre. Amrou est une lecture fautive. |
| Ana. . . . . . | Anâ : moi ; — ou bien, Inâ : l'effort. |
| Anaze<br>Anazé<br>Anazeth<br>Anéze<br>A'nezé | Anazî, et Anazeh : nom d'une tribu très-nombreuse en Syrie. |
| Anis. . . . . . | Ânas : nom propre d'un serviteur de Mahomet ; — Anîs : l'apprivoisé ; le bien traité, le bienvenu ; l'aimable. |
| Antar. . . . . . | Antar, ou, Antarah : nom propre d'un poëte cavalier. Nous aurons occasion d'en parler. |
| Aouda. . . . . . | Aoûdah : un retour, le retour. |
| Aphra. . . . . . | Afrâ : la poudroyante ; la poudreuse ; couleur de poussière. |
| Arab. . . . . . | Arab : arabe. |
| Arbi. . . . . . | Arabî : arabe ; — ou bien, Harbî : militaire ; hostile ; qui concerne la guerre. |
| Ared. . . . . . | Âred : large ; qui se met en travers. |
| Arial. . . . . . | El-Riâl : le réal ; l'argenté. |
| Asfoura. . . . . . | Asfoûrah : petit oiseau. |
| Aska. . . . . . | Aska : échanson ; — ou, azka : plus pur ; — plutôt, asfa : au toupet peu fourni. |
| Aslan. . . . . . | Aslân : qui est de race ; — ou, Aslân (nom turk) : lion. |
| Attechi. . . . . . | Atekî : de pur sang ; sans défaut. |
| Azlan. . . . . . | Aslàn (en turk) : lion ; — ou, azlàn (en arabe) : destituant ; distançant. |

Azmia. . . . . . . Aẕmîeh : l'osseuse ; — ou, Aẕmîeh : résolue.

Azus. . . . . . . Azîz : cher, chéri, précieux.

## B.

Bacha. . . . . . . Bâchâ : pacha.

Badawie. . . . . . Bédawî : Bédouin ; — ou, Bédawîeh : Bédouine.

Bajazet. . . . . . Baïâzîd : nom propre.

Balbeck. . . . . . Ba'labek : nom propre de localité.

Balizam-leben-Atdjabel. Balsam lében el-djébel ? baume-lait de la montagne.

Balsora. . . . . . Boṣra : Bostres, nom de ville.

Barek. . . . . . . Barḳ : éclair.

Bataya. . . . . . Botaïḥâ : val, petit vallon.

Bayrachter. . . . . Beïrâḳ-dâr : porte-enseigne , porte-drapeau.

Baz-el-fédawé. . . . Bâz el-fédâweh : le faucon du tertre ; — ou, Râs el-fedawie ; *voy.* ce nom.

Béchir. . . . . . . Béchîr : portant bonne nouvelle.

Bedd'redin. . . . . Bedr el-dîn : nom propre ; la pleine lune de la religion.

Beghir. . . . . . . Bédjîr, ou, vulgairement en Égypte, Béguîr : rosse, cheval commun.

Belida. . . . . . . Bélîdah : nom de localité : Blida, en Algérie ; — sotte ; extravagante.

Bellah. . . . . . Billah : par Dieu !

Ben-Agar. . . . . Ibn Hâdjar : fils d'Agar.

Béné-Schammar. . . Béni Chammar : nom de tribu.

Beni. . . . . . . Béni : les fils.

Ben-Massoud. . . . Ibn Maçôûd : fils de Maçôûd.

Benny. . . . . . . Bounnî : couleur de café en grain torréfié ou non. — Benny est probablement aussi pour *Béni.*

| | |
|---|---|
| Ben-Turkman. . . . | Ibn Turkmàn : fils de Turkoman. |
| Berck. . . . . . | Barḳ : éclair. |
| Bergout. . . . | Barroûṭ : la puce. |
| Boabdil. . . . . | Pour : Abou Abd Illah, nom d'un des kalifes d'Espagne. |
| Bobadil. . . . . | Pour Boabdil, qui, lui-même, est pour Abou Abd Illah, nom d'un des kalifes d'Espagne. |
| Bokhara.. . . . | Boukàrà : Bukarest; Bucharest. |
| Bonduki.. . . . | Boundoukî : Vénitien. |
| Borak <br> Borak (al) <br> Borak (el) | Borâḳ : le fulgurant, l'étincelant; nom du cheval ou plutôt de l'hippogyne ailé qui, selon le Koran, transporta Mahomet au ciel, dans un voyage nocturne. |
| Bozok. . . . . . | Buzuk? (mot turk) : corps irréguliers, troupes irrégulières. — Bouzâḳ? (mot arabe) : la salive. |

## C.

| | |
|---|---|
| Cadi.. . . . . . | Ḳâdî : juge, le juge. |
| Caida. . . . . | Ḳâïdah : celle qui conduit, conductrice. |
| Calif <br> Calife <br> Caliphe | Ḳalifeh : dont on a formé le mot français calife, kalife. |
| Camash.. . . . . | Ḳoumàch, et Ḳimàch : l'étoffe ; — ou, kamâch, kamìch : le véloce. — Kamîch se dit aussi d'un cheval à verge courte, et d'une jument à mamelle petite. |
| Camel. . . . . . | Ḳâmel, et kâmil : parfait. |

Camleh  }  . . . . .  Kâmeleh, et kâmileh : parfaite.
Camlet  }

Candour.. . . . .  Randoûr : le fat, le coquet.

Cashef. . . . . .  Kâchef : inspecteur.

Chaban. . . . . .  Chébaăn : bien repu, gras, bien
                      nourri ; — ou bien, Cha'bân,
                      nom du neuvième mois de l'an-
                      née musulmane.

Cheleby. . . . . .  Chélébî, ou, Tchélébi : petit-maître.

Choueyman.. . . .  Chouweïmân, ou, Chouweïmoun : le
                      noiraud, le petit noir.

Cobail. . . . . .  Ķobeïl : un peu en avant, un peu
                      avant ; l'en avant.


## D.


Dahali. . . . . .  Dahalî : étonné.

Daher. . . . . .  Żâher (vulgairement, dâher) : triom-
                      phant ; — ou, Żâher : visible,
                      évident ; — ou, Dahr : le temps,
                      le siècle.

Dahis. . . . . .  Dâḥis : nom d'un cheval ancien et
                      célèbre. — Nous en parlerons
                      plus tard.

Dahmâni. . . . .  Dahmânî : le noir.

Dahra. . . . . .  Ďaharah, et mieux, Żaharah : la
                      housse.

Dâimane.. . . . .  Dâïman ? toujours ; — ou, Dahmân ?
                      bai foncé.

Deer.. . . . . .  Deïr ? monastère : — ou, même que
                      daher.

Defy. . . . . . .  Defï : échauffement, réfocillation ; —
                      ou, Defï' : chassant, lançant.

Déma. . . . . .  Démâ : les sangs ; pur sang.

Derviche. . . . .  Derwîch : derviche.

RECTIFICATIONS ET EXPLICATIONS.

D'hou'-lokkat. . . . . Zoû l-okkâl : le mis ès liens, l'en-
                       travé ; nom d'un cheval célèbre
                       avant l'islamisme.

Divan-effendi. . . . Diwân effendî : Divân effendî ; nom
                     propre. Effendî est l'analogue
                     de : sieur, monsieur.

Djébel. . . . . . Montagne.

Djerid. . . . . . Djérîd : branche de dattier; djérîd.

Djéroua. . . . . . Djerwah, Djerweh : la vitesse ; —
                   ancien nom d'un cheval.

Djezzard. . . . . . Djezzâr : le boucher.

Djulfé. . . . . . Djelfeh : l'enlèvement.

Dnémân. . . . . . Dahmân : noir ; —ou, Dâïman? tou-
                   jours.

Dorzi. . . . . . Durzî, et Dourzî : le Druze.

Douhey. . . . . . Dohâ : matinée; —ou, Dahâ : la pé-
                  nétration.

Dursie
Durze   } . . . . . Durzî, et Dourzî : le Druze.
Durzy

<h2 style="text-align:center">E.</h2>

Eebeyane. . . . . Même que Abeian.

Egilfé.. . . . . . Même que Djulfé.

El-Ared. . . . . . El-Âred : le large; même que Ared.

El-Azus. . . . . . El-Azîz : le cher, le chéri, le pré-
                   cieux.

El-Bedavy. . . . . El-Bédawî : le Bédouin.

Elfrida. . . . . . El-Férîdah, ou, El-Férîdeh : l'unique
                   (au féminin).

Elrim. . . . . . El-Rîm : l'écume (de la bouche).

Emir. . . . . . Emîr ; un émir, officier d'un prince.

Enelbâs. . . . . . Ain el-bâz : œil de faucon.

## F.

RECTIFICATIONS ET EXPLICATIONS.

Fachan. . . . . . . Féchà : progéniture.

Fœdan (tribu des). . . Feïdàn.

Faese. . . . . . Fàïż, ou, Fâéż : abondant, surabon-
dant; débordant.

Faride. . . . . . Farîd, ou, Férîd : l'unique.

Fatima  
Fatime } . . . . . Fàtimah : nom d'une fille de Mahomet.

Fedawie. . . . . . Fédâwî : le donné en rançon ou en
rachat.

Fédran. . . . . . Fédràn : le fat.

Féridjan. . . . . . Féridjàn : le découvrant, le conso-
lant.

Fizle. . . . . . . Fadl : l'honneur, la supériorité.

## G.

Gazal. . . . . . . Razâl : gazelle.

Géada. . . . . . Djiâdah : générosité.

Gedran. . . . . . Djidràn : les parois.

Géradan  
Geredan } . . . . . Djérâdeh : locuste, sauterelle.

Ghandoura. . . . . Randoûrah : coquette.

Ghazal. . . . . . Même que Gazal.

Giafar. . . . . . Dja'far : nom propre.

Girfah  
Girfeh } . . . . . Djerfeh, ou, Djerfah : le pelage noir,
la robe noire.

Gor. . . . . . . Rourr : tromperie;—ou, Raûr : pays
bas, basses terres;—ou, Djourr :
tire.

Guidran. . . . . Djidràn, ou, selon la prononciation
égyptienne, Guidrân : les pa-
rois, les murs.

## II.

RECTIFICATIONS ET EXPLICATIONS.

Habbas. . . . . . . Abbàs : nom propre; — réfrogné.

Hachmet-Bey. . . . . Ahmed Bey : nom propre. Bey, titre de dignité.

Hadame. . . . . . . Hadam : l'appétent;—Haddàm : lion.

Hadban. . . . . . . Hadbàn : bossu; —Hadbàn : le cilié, ayant longs cils; le frangé.

Hadbanie. . . . . . Hadbànî, ou, Hadbànî : même sens que le précédent.

Haddeidi. . . . . . Hadîdî : couleur de fer, gris de fer.

Hadgi. . . . . . . Hâdjdjî : pèlerin.

Hadjadj. . . . . . . Hadjâdj : pèlerins; — nom propre.

Hadjar. . . . . . . Hadjar : la pierre.

Hadji-baba. . . . . Hadjdjî bâbà : père pèlerin.

Hadjy. . . . . . . Même que Hadgi.

Hafyr. . . . . . . Hafîr; nom d'une tribu, les Béni Hafîr.

Haleby. . . . . . . Halébî : Alépin, d'Alep.

Haly. . . . . . . . Alî : nom du quatrième kalife;—ou, Halî : joyau.

Hamdan. . . . . . . Hamdân : nom de localité, en Syrie.

Hamdani. . . . . . Hamdânî, et, Hamdâwî : le Hamdânien, qui est du pays de Hamdân.

Haras de Couba. . . . Koubbah, ou, Koubbeh : le haras établi à l'endroit appelé El-Koubbeh ou la Coupole, au nord-est du Kaire et appartenant au vice-roi actuel d'Égypte.

Harriet. . . . . . . Horrîeh : liberté.

Hatik. . . . . . . . Atîk : pur sang.

Hedchatz (le). . . . Hédjâz, et, Hidjâz : le Hédjâz, en Arabie.

Hérac. . . . . . . Irâk : l'Irâk, nom de province.

Hhezma. . . . . . . Ḥezmeh : bouquet.

Hhudjé. . . . . . . Ḥodjdjeh : certificat, pièce justificative, preuve écrite, déclaration
écrite.

Hlavie. . . . . . . Ḥalâweh, et, Ḥalawîeh : bonbon, douceur.

Houry. . . . . . Ḥoûrî : houri. — Le mot réel est
ḥoûr : ayant beaux yeux.

Houteif. . . . . . . Ḳatîf : velours.

Humera. . . . . . Ḥamrâ : la rouge; bai-clair.

Hussein. . . . . . Ḥoċeîn, et, Ḥoceîn : nom propre.

## I.

Ibahat }
Ibe-hat } . . . . . Ibâḥah : licitation; — ou, abhâ : le
beau, le brillant.

Ibrahim. . . . . . Ibrâhîm : nom propre; Abraham.

Iman. . . . . . . Imâm : le chef, l'iman; — le souverain.

Irac. . . . . . . Iṛâḳ : l'Iṛâk, nom de province.

Iranee. . . . . . Irânî : Iranéen, ou de l'Irân.—L'Irân
est la contrée qui s'étend depuis
l'Oxus jusqu'au golfe Persique et
jusqu'au Tigre. La contrée située
au-dessus de l'Oxus, est le Tou-
rân et fait partie de la Tartarie.

Ishmael. . . . . . . Ismâîl : nom d'Ismaël.

## J.

Jabel. . . . . . . Djébel : mont, montagne.

Julfeh. . . . . . . Même que Djulfé.

## K.

Kabyle. . . . . . . Ḳabîl : pris comme nom propre de
population.

RECTIFICATIONS ET EXPLICATIONS.

Kader. . . . . . . . Ḳâder : puissant.

Kadichi \
Kadischi / . . . . . Kadîchî : de race kadîch ou akdîch, ou race mélangée, mixte, demi-sang.

Kadra. . . . . . . Ḳadrâ : louvet.

Kaïda. . . . . . . Ḳâïdah : conductrice, chef.

Kaïlan \
Kaïlhan / . . . . . Kahlân : nom de cheval. Ce nom est devenu le terme déterminatif ou qualificatif d'une famille de race pure ; il est donc alors synonyme de pur sang. — Le sens primitif du mot est : brun de galène ou sulfure d'antimoine.

Kalouga. . . . . . Ḳaloûḳah, ou, maḳloûḳah : créature ; créée.

Kanut. . . . . . . Ḳounoût : le consacré.

Karchane. . . . . Ḳirchân : deux piastres.

Karouba.. . . . . Ḳarroûbah : graine de caroubier.

Kasba. . . . . . . Ḳaṡbah, ou, Ḳaçabah : la forteresse, le fort ; — la perche.

Kasym. . . . . . Ḳâcim : nom propre.

Katik. . . . . . . Kadîch ; voy. Kadichi ; — ou, Hatik ; voy. ce mot.

Kaymah. . . . . Ḳâïmah, et, ḳâïmeh : celle qui se tient debout ; — celle qui a un prix, une valeur.

Kćabé. . . . . . . Ka'beh, ou, ka'bah : talon ; — la Ka'bah, sanctuaire de la Mekke.

Kebeche \
Kébéché / . . . . Kebcheh : bélier.

Kebira. . . . . . Kébîrah : grande.

Kecklani.. . . . . Kahlânî : kahlânien, de race kahlân. **Voy.** kaïlan.

Kekhilân.. . . . . Kahlân ; voy. kaïlan.

Kenhlan. . . . . . Même que keuhlan. *Voy.* ce mot.

Ketmie. . . . . . Ḳatmìeh : rose trémière; althæa.

Keuella agouze. . . . Kaḥlân aḍjoûz : kaḥlân vieux, ou kaḥlân de la vieille. *Voy.* kaï-lan.

Keuella ghédide.. . . Kaḥlân djédìd : kaḥlân récent ou moderne.

Keuell. . . . . . Koḥeil : diminutif de kaḥlân; *voy.* kaïlan. Les chevaux koḥeïl sont aussi de pur sang. — Koḥeïl si-gnifie encore : poix liquide, naphte, dont on fait des onc-tions aux chameaux, etc.

Keuhlan hamdani. . . Kaḥlân Hamdâni : kaḥlân de Ham-dân ou du pays de Hamdân.

Keuhlan yemani. . . Kaḥlân Yéméni : kaḥlân de l'Yémen.

Khan. . . . . . Ḳân, et, Ḳân : le khan, c'est-à-dire l'empereur (mot turk et mongol).

Khellan. . . . . . Kaḥlân : même que kekhilân et kaï-lan.

Khoms. . . . . . Ḳoums : un cinquième (fraction). Nous verrons, au chapitre des généalogies , ce qu'on entend par chevaux ḳoums.

Khorassan. . . . . Ḳorâçân : nom de province.

Kochlany ⎫
Kocklani ⎭ . . . . Kaḥlâni : même que kecklani; *voy.* ce mot.

Kocilan. . . . . . Même que koheilan.

Koeyl.. . . . . . Koḥeïl; *voy.* keuell.

Koheil ⎫
Kohel ⎬ . . . . . Koḥeïl; *voy.* keuell.
Kohël ⎭

Koheila. . . . . . Koḥeïlah : ce mot est le féminin de koḥeïl. *Voy.* keuell.

Koheilan. . . . . Même que kaïlan. — Ou plutôt, koheilan est pour koheilân, mot
formé de koheil; il indiquerait
une variété de koheil; il est
pris aussi pour nom d'un cheval. — Diminutif de kahlân.
*Voy.* kaïlan.

Kohejle. . . . . . Koheil : *voy.* keuell.

Kohejle agyus. . . . Koheil adjoûz : koheil ancien.

Kohejle gyulfe. . . . Koheil djoulfeh ; *voy.* keuell, et
djulfé.

Kohejle Massatiche. . Koheil mouçaddaḳ : koheil sincère,
vrai, pur.

Kohejle ménéghi. . . Koheil mi'naḳi : koheil à belle encolure. *Voy.* ma'nekeié.

Kohejle seglavi. . . . Koheil śaḳlâwi : koheil saklawien,
ou cheval de sang koheil et de
sang śaḳlâwi. Le mot śaḳlâweh,
ou śaḳlâwah est le nom d'un
chef de famille hippique pur
sang. Saḳlâwi est l'adjectif. *Voy.*
saklahoué, saklaoui et saklaouié.

Kohel. . . . . . Koheil ; *voy.* keuell.

Koheyl du Khomb. . . Koheil el-ḳonb : le koheil de l'œil
séduisant; — ou, plus probable-
ment, koheil el-ḳoums ; *voy.*
khoms.

Koheyle )
Kohyle ) . . . . . Koheil; *voy.* keuell.

Koilan race el-fedan. . Kahlân, ou, koheilân râs el-feïdân,
c'est-à-dire kahlân, ou, koheilân
tête de l'abondance ou de la
crue. *Voy.* kokhilan, et koheilan.

Kouba. . . . . . . *Voy.* haras.

Kouella. . . . . . Koheîlah. *Voy.* koheila.

Kouer. . . . . . . Ḳoûweh? la force. M. Hamont a prétendu que le mot kouer, qui,
ainsi écrit, vient de je ne sais
où, veut dire : cœur. — M. Hamont n'a pas assez inspiré de
confiance à qui l'a connu.

Kouleli. . . . . . Koullî : qui est intégral.

Koura. . . . . . . Korah : globe, boule, balle à jouer.

Kourèche. . . . . Ḳoreîch : nom de la plus noble tribu
de l'Arabie ; c'était la tribu de
Mahomet. — Ḳoreîch est francisé par ḳoréïchide, ḳoréïchite,
coréichite.

Kowa. . . . . . . Ḳoûwah, ou, ḳoûweh : force; — ou
ḳouwâ : forces.

Kuby. . . . . . . Koûbî : à col svelte.

Kuédech ⎫
Kuedich ⎭ . . . . Kadîch, ou, akdîch; *voy.* kadichi.

Il est facile de voir, d'après la série des noms présentés dans
la lettre *k*, combien d'altérations ont subies les deux noms kahlân et koheîl, et leur féminin, kahlâneh, et koheîlah.


### L.


Laisum. . . . . . Ḥeïzoûm : nom du cheval de l'ange
Gabriel.

Laklahoué. . . . . Saḳlâweh? *voy.* kohejle seglavi.

Leila. . . . . . . Leîlah, ou, leîleh : la nuit; — nom
propre.

Leria. . . . . . . Lârîah? futilité, parole imprudente.

Leubéya. . . . . . Loûbîà? phaseolus ; féverole.

Luxor. . . . . . . Louksor : nom de localité, en Égypte.

## M.

RECTIFICATIONS ET EXPLICATIONS.

| | |
|---|---|
| Mahama. . . . . . . | Mohammed : Mahomet. |
| Mahmouth. . . . . . | Mahmoûd : nom propre ; — loué, vanté. |
| Mahruck. . . . . | Mahroûk : brûlé. |
| Mameluke. . . . . | Mameloûk, c'est-à-dire esclave. |
| Ma'nekeié. . . . . | Mi'nâkìeh : descendante de Mi'nâk. Mi'nâk signifie : qui a belle encolure. |
| Mansourah. . . . . | Mansoûrah : victorieuse ; — nom du bourg de Mansoûrah, en Egypte. |
| Marabout. . . . . | Marboût : marabout ; saint personnage ; — lié, noué. |
| Marowfat. . . . . | Ma'roûfah, ma'roûfeh : connue. |
| Mascara.. . . . . | Maskarah : moquerie, bouffonnerie, bouffon. |
| Mascate. . . . . . | Maskat : nom propre de localité. |
| Massoud.. . . . . | Maç'oûd : heureux ; — nom propre. |
| Massouda <br> Massoudé | Maç'oûdah : heureuse ; — nom propre. |
| Mause. . . . . . | Maûz : banane. |
| Medam. . . . . . | Moudâm : le vin ; — le durable. |
| Medani. . . . . . | Médénî : Médinois. |
| Medinah. . . . . | Médìneh : Médine ; — la ville. |
| Méléha. . . . . . | Melîhah : belle. |
| Melhean.. . . . . | Melhân : salé ; grêlé. |
| Merdjan.. . . . . | Mourdjân : corail. |
| Mermaid.. . . . . | Mermed, et, marmad : cendrier. |
| Mesroor <br> Mesrur | Masroûr : réjoui. |
| Mezaroum. . . . . | Mazroû? le semé. |
| Mikhawi.. . . . . | Mekkâwì : Mekkois, Mecquois. |

| | |
|---|---|
| Mina. . . . . . . | Mina : port de mer ; — nom d'une montagne près de la Mekke. |
| Miriam. . . . . . | Mariam : Marie. |
| Mnaceb. . . . . . | Mounâceb : convenable ; — le racé. |
| Mocharef. . . . . | Moucharraf : honoré. |
| Mocrabi. . . . . . | Marrabi : mogrébin, et mieux, magrébin. |
| Mogginnis. . . . . | Moudjennès : le racé. |
| Mohama. . . . . . | Mohammed : Mahomet. |
| Mohrak. . . . . . | Mouhrak : brûlé. |
| Moïna. . . . . . . | Mouinah : l'aidante. |
| Molock } Molok }. . . . . . | Mouloûk : les rois. |
| Mona. . . . . . . | Mouna : les vœux, les désirs. |
| Monaghé } Monaghi }. . . . . Monaghie } | Mêmes que ma'nekeié, mais au masculin. |
| Morbal. . . . . . | Mourbal : l'herbu, le feuillu. |
| Mouallis. . . . . . | Mouwâlis : allongeant le cou. |
| Moughâniak. . . . | Mourâni-ak : qui t'enrichit. |
| Mouse. . . . . . . | Maûz : banane. |
| Mouzaïa. . . . . . | Mouzéïiah : parée, ornée. |
| Muezzin. . . . . . | Mouézzin : le mouézzin ou annonceur de la prière sur le minarêt. |
| Muley-Moloch. . . | Maûlâ el-Mouloûk : le maître des rois. |
| Munki. . . . . . . | Mounkî : le nettoyant ; — ou le même que ma'nekeié, mais au masculin |
| Muphti } Muphty }. . . . . . | Moufti : moufti, juge consultant. |
| Musa. . . . . . . | Maûzah : une banane. |
| Mustapha. . . . . | Moustafa : nom propre ; — le qualifié, le pur, le vertueux. |

## N.

| | |
|---|---|
| Nadar. . . . . . . | Nadr : l'éclat, le brillant. |

RECTIFICATIONS ET EXPLICATIONS.

Nader.   . . . . . Nadr : l'éclat ; — ou, nâder : l'éclatant ; — ou, nâder : le rare.

Nagdi.   . . . . . Nedjdî : le Nedjdien , qui est du Nedjd.

Naïm.   . . . . . Naïm : bienfaisant, généreux.

Nâsser.   . . . . . Nâċer : vainqueur.

Nazifée.   . . . . . Nażîfeh : gentille, proprette.

Nedged }
Nedj   } . . . . . Nedjd : nom d'une province ou division de l'Arabie.

Nedjdi.   . . . . . Même que Nagdi.

Nedjed.   . . . . . Même que Nedged.

Nedji.   . . . . . Même que Nagdi.

Nedjibé.   . . . . . Nedjîbeh : la noble ; de belle race.

Nedschdi.   . . . . Même que Nagdi.

Nedsched-Baba.. . . Nedjd Bâbâ : le père Nedjd, papa Nedjd. *Voy.* Nedged.

Nedschid.   . . . . Nedjd ; *voy.* Nedged.

Nedschidi.   . . . . Nedjdî : qui est du Nedjd, nedjdien ; *voy.* Nedged.

Nejd.   . . . . . . Nedjd ; *voy.* Nedged.

Nejdi.   . . . . . . Nedjdî ; *voy.* Nagdi.

Nemerr.   . . . . . Nemr : tigre.

Nichab.   . . . . . Nichâb : le trait, la flèche.

Nissa.   . . . . . . Niçâ : les femmes.

Noâma.   . . . . . Naâmah : autruche.

Noma.   . . . . . No'mah : largesse.


## O.


Oakab.   . . . . . Okâb : vautour ; le petit aigle noir.

Obadiah.   . . . . Ibâdiah : la pieuse.

Obayan )
Obeian (
Obeyan } . . . . . Même qu'Abeyan. — Obeyah : nom d'un cheval ancien.
Obiyon )

Orkan. . . . . . . Orķân : nom propre.

Ouadi. . . . . . . Ouâdî : vallée, ravin.

Ouesel. . . . . . Ouâçel : arrivant, atteignant.

Oukab. . . . . . Oķâb : vautour. *Voy.* oakab.

Oum. . . . . . . Oumm : mère.

Ourfali
Ourfaly   } . . . . . Arfalî : qui est de la descendance
                   d'Arfal. — Arfal : qui a longue
                   queue.

Ouzan. . . . . . Aouzân : oreilles.

## P.

Pâdichah. . . . . Pâdichâh ; mot persan : roi souve-
                   rain.

## R.

Raad. . . . . . . Ra'd : tonnerre.

Raas. . . . . . . Râs : tête.

Rabdha. . . . . Rabdâ : grise ; gris d'autruche.

Ramadan. . . . Ramadân : nom du mois de jeûne.
                   — Nom d'homme.

Raz-el-Fedawie. . . Râs el-Feïdâwî : la tête ou le comble
                   de l'abondant, de l'accroissant ;
                   — ou, Bâz-el-Fédawé ; *voy.* ce
                   mot.

Reya. . . . . . . Reïiah : grande outre.

Rhadban
Rhadchan  } . . . . Radbân : emporté, colère.

Richan. . . . . . Râchin : parasite ; — ou, richan :
                   les cadeaux ; — ou, Rîchoun :
                   plume ; — ou, Rîchân : deux
                   plumes.

Rossoul-Khan. . . . Raçoûl ķân : l'envoyé souverain. —
                   Kân, ou Ķân, en mongol, si-
                   gnifie : seigneur, souverain.

## S.



Saadan . . . . . . . Sa'dàn : plante épineuse du désert, la *neurada prostrata* de Linné; *Figarea ægyptiaca.*

Saffi . . . . . . . Śâfi : pur, limpide.

Sahara . . . . . . . Śaḥrà : Sahra, grand désert, désert.

Sakal . . . . . . . Śaḳal : l'éclat, le luisant.

Saklahoué }
Saklaoué  } . . . . Śaḳlâweh : l'éclatant; nom d'un chef de famille équestre pur sang, comme les noms kaḥlân, koḥeil, c'est-à-dire le kaḥlân, le koḥeil. — Féminin de śaḳlâwi. *Voy.* saklaouié.

Saklaoui . . . . . . Śaḳlâwî : de la famille de śaḳlâweh, c'est-à-dire śaḳlâwien. *Voy.* saklahoué.

Saklaouié }
Saklavie  } . . . . Śaḳlâwîeh : śaḳlâwienne. *Voy.* saklahoué et saklaoui.

Saklavy . . . . . . . Même que saklaoui.

Saladin . . . . . . . Nom propre passé en français et dont l'origine est Śalâḥ el-dîn : le bien de la religion, la prospérité de la religion.

Sanihan . . . . . . . Sanḥân? donnant bon augure.

Saoud . . . . . . . Sooûd : nom propre ; heureux.

Saraf . . . . . . . Śarrâf : le changeur de monnaies ; — l'échappé ; — ou, Saraf : l'exagéré ; l'excès.

Sbahat . . . . . . . Śebâḥah : le matin ; — ou, sâbeḥah : nageuse.

Sbe-Hat . . . . . . Soubeîḥah : la petite nageuse.

Schaga . . . . . . . Chaḳḳah : la coupure, le coupon.

Schami . . . . . . . Châmî : Syrien.

| | |
|---|---|
| Schammar. . . . . | Chammar : retrousse - manches. — Nom propre. |
| Scheik. . . . . . | Cheîk : vénérable, révérend ; — cheik. |
| Schewaï. . . . . | Chouaïeh : un petit peu. |
| Sederei. . . . . | Sideîrî : thoracique ; — gilet. |
| Séglawé. . . . . | Saklâweh. *Voy*. Saklahoué. |
| Seglawi. . . . . | Même que saklaoui. |
| Séglawi }<br>Séglawie } . . . . . | Saklâwî, et, saklâwîeh. *Voy*. saklaoui, et saklaouié. |
| Seham. . . . . . | Sehâm, et, Sihâm : flèche. |
| Seklawi-ghidan. . . | Saklâwî djìdàn : saklâwien noble, ou saklâwien des nobles. *Voy*. saklaoui. |
| Selim.. . . . . . | Sélìm : nom propre ; — sain. |
| Selima. . . . . | Sélîmah : saine. |
| Seliman. . . . . | Soleïmân : Salomon. |
| Sennaar. . . . . | Sennâr : nom de province. |
| Seoud. . . . . . | Sooûd ; *voy*. saoud. |
| Seyda. . . . . | Seïïdah : dame ; la dame. |
| Sghir-ben-Abd-el. . . | Sarir ibn Abd el : Petit le fils du serviteur de. |
| Shah. . . . . . | Châh : roi (mot persan). |
| Shaklavi. . . . | Saklâwî ; *voy*. saklaoui. |
| Shaklavue-Amdan }<br>Shaklavie-Amdan } . . | Saklâwî Hamdân : saklâwien de Hamdàn, ou du pays de Hamdàn. *Voy*. saklaoui. |
| Shaklawy.. . . . | Même que saklaoui. |
| Shami. . . . . | Châmì : Syrien. |
| Shamil. . . . . | Châmil : le renfermant ; qualifié. |
| Shamy. . . . . | Même que shami. |
| Shanani. . . . . | Chanânì : le misanthrope. |
| Sheikh. . . . . | Cheik : vieillard, vénérable, révérend. *Voy*. scheik. |
| Sheitan. . . . . | Cheïtàn : satan, diable. |

RECTIFICATIONS ET EXPLICATIONS.

| | |
|---|---|
| Sheoud. . . . . . . | Chouhoûd : les témoins. |
| Sherk. . . . . . | Chark : Orient. |
| Shilock. . . . . . | Choulouk, et, Chilouk : nom d'une peuplade habitant les régions du haut Nil. |
| Shœman. . . . . . | Chemmâm? l'odorant. |
| Shouaiman. . . . . | Même que choueyman. |
| Shouaimani. . . . . | Chouweïmânî : noiraud. |
| Sidi Mamouth. . . . | Sìdî Mahmoûd , ou mieux , Seïdi Mahmoûd : seigneur Mahmoûd. — Mahmoûd, nom propre. |
| Sidi-Aoud. . . . . | Sìdî oûd : nom propre. — Oûd : bâton. — Pour Sìdì, *voy.* le nom précédent. — Aûd : cheval. |
| Sinan.. . . . . . | Sinàn : nom propre;—ou, isnân : les dents. |
| Soliman. . . . . . | Soleïman : Salomon. |
| Sophi.. . . . . . | Soûfî : nom d'une sorte d'ordre religieux chez les musulmans; sofi. |
| Ssabhha. . . . . . | Soubhah : le matin;—ou, Sabhah : nageuse. |

### T.

| | |
|---|---|
| Tajar. . . . . . | Tâdjer : marchand. — M. Gayot, dans son intéressant ouvrage intitulé *La France chevaline,* indique, pour le nom *tajar*, le sens de *rapide;* alors il faut lire tâïr, tâier, c'est-à-dire, lire le *j* en *i;* tâïr ou tâier est ainsi dans la signification indiquée; la racine tâ r a , veut dire *voler;* tâïr signifie également oiseau, et est le participe présent du verbe. |

Tadmor. . . . . . . Tadmour : Palmyre.
Tahir. . . . . . . Tâhir, ou, tâher : pur.
Takiani. . . . . . J'ignore d'où vient ce nom.
Tamanour. . . . . Damanhoûr : nom d'un bourg d'E-
          gypte.
Tamerlan. . . . . C'est le nom francisé de Timour Lenk,
          Timour le Boîteux.
Tanéïffé. . . . . . J'ignore d'où vient ce mot.
Toorky. . . . . . Tourkî, ou, turkî : Turk.
Turkman. . . . . Turkmân : Turkoman.

## V.

Vadné. . . . . . Widneh (en prononciation vulgaire) :
          une oreille.
Validé. . . . . . Wâlideh : mère. Titre de la sultane
          mère. — En turk, on prononce
          vâlideh.
Visir. . . . . . . Wézîr, ou, wazîr : vizir, visir.

## W.

Wahab. . . . . . Wahb, ou Wahab : nom propre ; —
          don, présent ; — ou, wahhâb :
          donnant.
Warda. . . . . . Wardah, wardeh : rose.
Warda-Bouza. . . . Wardah Boûzâ : rose-bière.
Wardan. . . . . . Wardân : rosé.
Wehaby. . . . . . Wahhâbî : Wahabite.
Woul Ali.. . . . . Wéled Alî : enfant d'Alî.

## X.

Xarifa. . . . . . Karîfah, ou, karîfeh : automne ; —
          ou, zarîfeh : gentille.

## Y.



Yemen. . . . . . . Yémen, ou, Iémen : Arabie Heureuse.

Yetman. . . . . . Yetman, ou, yetmen : il renchérit ; il est plus cher ; il renchérira.

Youssouf. . . . . . Yoûçouf, ou, Yoûcef : Joseph.

## Z.

Zacre. . . . . . . Zèker : mâle ; — pénis.

Zahé. . . . . . . Zâhî : fleurissant ; en floraison.

Zaïda. . . . . . . Zâïdah : augmentante.

Zarah. . . . . . Zarah ? semis ; — ou, zarah : la locomotion , le transport ; — ou , zahrah : la fleur.

Zeid Méhémet. . . . Zeïd Mohammed : nom propre. — Les Turks prononcent Méhémet, au lieu de Mohammed. — Zeïd est probablement ici, pour Seïid ; *voy.* Sidi Mamouth.

Zeila. . . . . . . Zeïla' : nom de localité située sur le rivage oriental de l'Afrique , un peu au-dessous du détroit de Bâb el-Mandeb (la porte du regret).

Zeiya. . . . . . . Ziah : accoutrement, parure.

Zheoman. . . . . . Zémân ? le temps ; — ou bien, zamàn ? l'altéré, qui a soif.

Zicka. . . . . . . Zikkah : sentier, chemin , rue ; — une outre à mettre du vin.

Zobeida. . . . . . Zobeïdah : nom de femme.

Zora }
Zorah } . . . . . Zohrah : nom de femme ; — nom de la planète Vénus.

Zulaika. . . . . . . Zouleïkah : nom de femme ; — nom
de la femme de Foutfïr ou Puti-
tiphar , d'après les traditions
arabes.

Zullah. . . . . . . Zoullah : l'abaissement, l'humiliation
pour les autres.

Zulmé. . . . . . . Zoulmeh, et, zalmeh : l'obscurité ; les
ténèbres.

## V.

D'après la longue liste alphabétique précédente, il est aisé de
voir qu'en admettant le système de transcription dont nous
avons posé les bases conformément au tracé orthographique
primitif des mots arabes, on diminue de beaucoup le nombre
des dénominations. Elles se trouvent ramenées à leur simplicité et à leur régularité natives; on fait disparaître la confusion qui existe par rapport à une foule de noms qui, à
l'aspect graphique qu'on leur a donné, semblent être différents,
et qui, en réalité et au fond, sont identiques. Ainsi, les deux
seuls noms kahlân et koheïl, qui, ainsi présentés, sont les deux
transcriptions convenables, remplacent au moins une vingtaine
d'appellations inexactement écrites. Le mot saklâwch est, comme
d'ailleurs il doit l'être, la figuration naturelle et voulue d'une
dizaine de transcriptions répréhensibles. On peut donc aisément
satisfaire aux besoins des hippologues et aux désirs des philologues. Tout le monde y gagnera; on s'entendra en Europe et
en Orient, en France et dans l'Algérie.

Quelques noms ne sont pas enregistrés sur la liste alphabétique précédente : la manière dont ils sont écrits et défigurés
dans les originaux, les rend méconnaissables, et il m'a été impossible de les restituer ou de les rapporter à leur origine arabe.
Il en est quelques autres que j'ai omis à dessein, parce qu'ils
sont orthographiés convenablement et qu'ils reparaîtront dans
le nobiliaire équestre par lequel je termine ce volume.

## VI.

Une dernière observation.

Le système de transcription que nous venons d'expliquer et d'appliquer, système que nous avons aussi qualifié du titre d'harmonique, n'est, rigoureusement parlant, que mis en harmonie avec le mode de lecture et d'écriture en français.

Pour s'adapter aux exigences des autres langues européennes, l'italien, l'espagnol, l'anglais, l'allemand, etc., les transcriptions françaises devront subir quelques variantes. Ainsi, notre *ou* devra être remplacé par *u* et même par *oo* anglais; notre *ch* devra être représenté,—en italien, par *c* devant les voyelles *e*, *i*, et même par *ci* devant les voyelles *a*, *o*, *u*,—en allemand, par *sch*,—en anglais, par *sh*. Le ḳ se traduirait convenablement, en espagnol, par *j* ou *x*, deux lettres qui, prononcées, rendent assez bien la prononciation dure et raclante de la lettre arabe que nous transcrivons par ḳ. Les deux sortes d'*s* arabes que nous figurons souvent, en français, par *c* ou *ç*, ne pourraient pas se figurer ainsi en italien, ou obligeraient alors à une lecture souvent trop éloignée du son de l'*s* dure. On remédierait à cela en mettant deux *s*, excepté devant *a*, *o*, *u*, et, dans ce cas d'exception, on garderait le *ç* pointé ou non pointé selon le besoin.

Notre système de transcription peut donc, sauf les quelques circonstances que nous signalons ici, être appliqué aux langues européennes. Il suffira que vous sachiez en quelle langue le mot a été écrit et transcrit, pour que vous puissiez, tout de prime abord, le revêtir de la forme exigée par la langue dans laquelle vous avez à faire la transcription; et nous supposons, bien entendu, qu'il y a quelque lettre spéciale, quelqu'une des exceptions que nous mentionnions tout à l'heure, car, dans les tracés de mots simples, les transcriptions sont identiques pour toutes les langues européennes.

En résumé, il est facile d'appliquer à ces langues un système commun de transcription, un système comparatif; l'uniformité entre toutes, se trouvera alors établie aussi complètement que possible. Évidemment nous exceptons la langue grecque.

## Section II.

### DIVISION DE CET OUVRAGE. — ORIGINE DU NÂCÉRÎ.

### I.

Nous partageons l'ensemble de notre travail en deux grandes divisions ou parties principales :

— Prodrome historique, ou traditions hippiques des Arabes;

— Hippologie et hippiatrique arabes.

### II.

La première partie, ou le prodrome historique, est l'exposé de nos recherches personnelles, de nos études arabes en Égypte pendant quatorze ans ; ce sont les données recueillies de nombreuses lectures , les résultats extraits des vieilles chroniques antéislamiques, de ces époques où l'Arabe n'avait pas encore senti le joug de la religion qui lui donna un lien de société pour ses tribus, pour ses familles; ce sont les récoltes faites par les auteurs arabes depuis l'islamisme; ce sont les récits des courses et joutes antiques, non point en champ clos, mais en pleins déserts; ce sont les coursiers et les gloires hippiques des Arabes, de ces péninsulaires chez lesquels la vie régulière et morale était le brigandage dans les plaines, le pillage dans les tribus. Qu'auraient-ils eu à faire ces Arabes, ces Bédouins, sur leurs mers de sable, s'ils n'eussent pas eu à courir en attaques, en incursions, en prouesses ? Sans cette vie remuante, au milieu d'espaces immenses, l'Arabe n'eût peut-être jamais eu la seule gloire qui lui reste aujourd'hui, toujours vivante, toujours vivace, son cheval admirable, aussi noble de sang, de pureté, que l'Arabe lui-même se croit le sang noble et pur.

### III.

La seconde division comprend la traduction du NÂĊÉRÎ.

Ce titre de l'ouvrage arabe a besoin d'être expliqué.

EL-NÂĊÉRÎ, c'est-à-dire LE NÂĊÉRÎ, est, pour ainsi dire, le nom propre de ce livre, et signifie le *Nâcérien*. Le mot arabe el-Nâċer, qui en est la base et qui signifie *adjutor*, l'adjuteur, le soutien, le défenseur, est un des qualificatifs adjoints au nom du sultan d'Égypte pour lequel cet ouvrage a été composé. El-Nàċérî est, à son tour, une forme de qualificatif dérivé de nâċer qui, lui-même, est déjà une épithète.

L'auteur en intitulant son livre El-Nâċérî, n'a point eu l'intention de présenter un sens qui rappelât l'idée de victoire ou de défenseur; c'est simplement une forme de mot qui rappelle le nom du prince pour lequel ce livre a été fait. Les titres ou adjectifs ne manquent jamais aux noms des souverains musulmans qui goûvernèrent tel ou tel pays pendant tout le moyen âge de l'islamisme , c'est-à-dire depuis environ le milieu du IIIe siècle de l'hégire (ou milieu du VIIIe siècle de notre ère) jusqu'au milieu du siècle dernier. Ce n'est guère que depuis les temps modernes que les princes, ou rois, ou souverains des populations ou des États islamiques ne portent plus ces qualifications honorifiques qui devenaient comme partie intégrante et parfois même prédominante des noms. Chez tous les peuples, d'ailleurs, on a accolé de ces formes adjectives aux noms particuliers des souverains, des rois, des empereurs, des sultans. Ainsi, dans notre histoire, nous avons aussi Charles le Grand ou Charlemagne, Louis le Débonnaire, etc.

En Orient, ces accessoires laudatifs sont plus pompeux, plus emphatiques, plus hyperboliques que parmi les nations de l'Occident.

Les qualifications ajoutées au nom du prince ou sultan d'É-gypte, le sultan El-Nâċer, fils de Ḳalâoûn, pour la bibliothèque duquel a été composé le livre appelé El-Nàċérî, sont, il est vrai, un éloge qui a le luxe oriental de l'expression, mais, pour des musulmans, elles n'ont rien d'exagéré. Tous les noms ou presque tous les noms de princes, kalifes, sultans, etc., sont allongés ou entourés de ces épithètes musulmanes qui, généralement, n'ont de valeur que pendant la vie de ceux qu'elles enveloppent ou accompagnent; et même encore alors, ce ne sont que des expressions de civilité et de vénération aulique. A la mort du personnage, tout cela s'ensevelit dans le linceul avec le cadavre et ne s'arrête même pas sur une tombe.

## IV.

Les années du règne d'El-Nâċer, fils de Kalâoûn, malgré ce qu'elles eurent d'agitation, forment l'époque la plus brillante, la plus pleine de vie, la plus essentiellement pittoresque de toute l'histoire moderne de l'Égypte. La gloire des armes, la gloire des sciences, la gloire administrative, la gloire des arts illustrèrent le nom de ce prince, et encore aujourd'hui sa mémoire est toute vivante en Égypte. Plusieurs des monuments d'architecture qui portent le nom d'El-Nâċer écrit et orné dans leurs capricieuses arabesques, sont encore debout avec toute leur beauté architecturale, donnant à lire à tous les yeux le souvenir du fils d'un illustre esclave, souvenir attaché comme une parure, comme un magnifique bandeau sur le fronton de mosquées, d'écoles, de palais.

### Section III.

COUP D'ŒIL SUR L'HISTOIRE DES SULTANS MAMELOUKS DE L'ÉGYPTE, ET SPÉCIALEMENT SUR L'ÉPOQUE DU SULTAN EL-NÂĊER MOHAMMED FILS DE KALÂOÛN.

## I.

Le nom complet d'El-Nâċer, fils de Kalâoûn, c'est-à-dire le nom avec ses accessoires distinctifs, et tel qu'il est tracé sur les monuments, ou tracé dans les chroniques et les écrits historiques, présente une sorte de résumé de la vie et une sorte d'appréciation de l'homme qu'il place au milieu des quelques célébrités qui, dans l'Égypte musulmane, ont mérité l'honneur de se survivre dans l'avenir, pour en avoir les éloges. Ce nom est presque une légende; le voici :

El-Soultân El-Mélik El-Nàċer Nàċer el-dîn Moḥammed ibn El-Mélik El-Manṡoûr Seïf el-dîn Ḳalâoûn El-Elfî El-Alâï El-Ṡàléḥi;

C'est-à-dire :

Le sultan, le roi ou souverain protecteur, protecteur défenseur de la religion, Moḥammed, fils du roi victorieux par la protection de Dieu, le glaive de la religion, Ḳalâoûn, le millier, l'Alâïen, le Ṡàléḥien.

De l'examen de tous ces mots expliqués ainsi dans leur sens réel, il résulte que le nom simple du sultan auquel le Nàċérî est dédié par le seul fait de la dénomination ou titre du livre, est Moḥammed; mais ce prince est le plus ordinairement désigné par : —Moḥammed El-Nàċer ibn Ḳalâoûn, — ou, El-Mélik El-Nàċer ibn Ḳalâoûn, c'est-à-dire —Moḥammed El-Nàċer, — ou le prince El-Nàċer, fils de Ḳalâoûn (1) (a).


## II.


Les sultans mamelouks gouvernèrent l'Egypte pendant près de trois siècles, depuis 648 de l'hégire (1250, ère chr.) jusqu'à 923 (1517, ère chr.), époque à laquelle l'Egypte, conquise par les armes de Sélîm I<sup>er</sup>, fils de Baïàzîd (Bajazet), passa sous la domination immédiate des sultans de Constantinople et devint ainsi une province de l'empire ottoman. Trois faits s'accomplirent dans un seul : — la soumission de l'Égypte, — l'extinction définitive du ḳalifat dans le dernier de ses rejetons Abbàċides, — et, par suite, la double consécration du pouvoir spirituel et du pouvoir temporel au bénéfice des sultans ottomans de Constantinople.

___

(a) Les chiffres placés entre parenthèses, indiquent les notes que nous transportons et réunissons à la fin de chaque volume.

C'est de ce moment que les sultans se sont substitués aux kalifes de naissance et de religion, et sont devenus les kalifes légaux, mais non légitimes, de l'empire islamique..... Sélîm ayant trouvé en Égypte Mohammed el-Moutéwakkel ala Allâh, qui, à titre de descendant de la famille kalifale des Abbâċides, remplissait les fonctions de pontife suprême, le fit prendre, et ne lui rendit la liberté qu'après que le jeune kalife eut solennellement renoncé à tous ses droits au kalifat et les eut cédés aux sultans ottomans. Acte authentique de cette renonciation fut dressé et signé ; et ainsi fut légalisée aux yeux du monde musulman, mais non aux yeux de l'islamisme de principe, la substitution du pouvoir des sultans actuels de Constantinople ; ainsi fut vendu le kalifat au prix de la liberté de son représentant légitime et par autorité du vainqueur.

### III.

Les sultans mamelouks d'Egypte formèrent deux dynasties.

La première, ou la dynastie des Mamelouks turkomans, ainsi spécifiée à cause de l'origine des Mamelouks qui la composèrent, fut la plus brillante ; c'est à elle qu'appartiennent les Kalâoûn, au nombre de quatorze sultans sur vingt-six qui formèrent cette dynastie et qui gouvernèrent l'Égypte pendant cent trente et un ans, depuis 1250 jusqu'à 1381. Le règne d'El-Mélik El-Nâċer, fils de Kalâoûn, absorba seul le tiers de cette durée, et fut de quarante-quatre ans et quelques mois. Les règnes, en Orient, ont rarement un aussi grand nombre d'années.

La seconde dynastie des Mamelouks ou dynastie des Mamelouks circassiens expulsa la première, gouverna jusqu'à la conquête de l'Égypte par Sélim Iᵉʳ, et donna aussi une série de vingt-six sultans.

C'est le même nombre que celui de la première dynastie; mais il y a la différence que cette première dynastie, événement unique dans les fastes de l'Orient islamique! fut inaugurée et fondée par une femme, la célèbre Chadjarat el-dourr (l'arbre de perles), mamelouke aussi, c'est-à-dire esclave du sul-

tan d'Égypte, Turque d'origine, et mère du dernier des sultans
aïoûbites ou descendants du célèbre Saladin (Salâḥ el-dîn). Elle
ne fut reine d'Égypte que pendant quelques mois ; les émirs ou
grands de l'État, qui tout d'abord s'étaient empressés de se soumettre à elle et de la reconnaître pour souveraine, la forcèrent
d'abdiquer. « Ignorez-vous, leur disait-on, cette maxime de
notre divin Prophète : « Malheur aux peuples gouvernés par des
« femmes ! »

Louis IX, ses chevaliers et les princes de sa suite assistèrent
à cette catastrophe qui anéantissait le dernier des Aïoûbites et
jetait le pouvoir entre les mains de nouveaux hommes, esclaves
asiatiques, achetés en grand nombre par le père de Toûr-in-
Châh, le dernier des Aïoûbites, et le fils de Chadjarat el-dourr.
C'est l'un des meurtriers de ce prince d'Égypte que le sire de
Joinville appelle Pharacotail (Fârès Oktây), celui-là même qui
arracha le cœur de sa victime, vint le présenter à saint Louis,
témoin du massacre, et demander une récompense. Louis, dit
un historien arabe qui l'appelle indifféremment *el-fransis* et
*Loys*, avait été mis dans les fers, et confié à la garde de l'eu-
nuque Soubeïḥ el-zimâm, qui l'insultait, le frappait, lui crachait
à la face.

**IV.**

Les nouveaux dominateurs de l'Égypte étaient Turks d'origine ou Turkomans, venus du Ḳaptchaḳ ou Ḳapdjaḳ, vaste contrée de l'Asie septentrionale, d'où ils avaient été emmenés par
les Moṛol (Mongols), qui ensuite les avaient vendus sur les
marchés de l'Asie.

Sous le commandement de Batou Ḳân (et ḳân est synonyme
de sultan), petit-fils du fameux Genghis Ḳân, les Moṛol avaient
inondé, dévasté, dépeuplé les hautes contrées de l'Asie. Ces
hordes tartares s'étaient précipitées jusque sur les contrées caspiennes et caucasiennes. Tout fuyait devant eux ; tout ce qu'ils
atteignaient leur devenait esclave ou butin. De là, des émigrations
qui se sauvèrent jusque dans la Hongrie.

Des milliers de prisonniers furent vendus par l'armée victorieuse, et le commerce les porta sur tous les bazars du sud de l'Asie. C'étaient tous hommes choisis, beaux, forts, vigoureux; tout ce qui était trop faible ou de trop vil prix était égorgé à mesure que le vainqueur s'en emparait.

Le sultan d'Égypte, El-Mélik El-Sâleḥ, le père du dernier des Aïoûbites, acheta un nombre considérable de ces esclaves ou mamelouks, et s'en fit sa Ḥalḳah, c'est-à-dire son entourage ou garde personnelle, ses gardes du corps. Cette milice nouvelle fut divisée par corps ayant leurs insignes particuliers, des figures d'animaux réels ou fantastiques, des fleurs sur leurs armes et sur les riches broderies de leur costume, véritables livrées qui donnèrent probablement aux chevaliers et croisés de saint Louis, les idées premières de distinctions militaires et auliques, d'armoiries, et, par suite, des combinaisons héraldiques.

Cette milice prétorienne d'El-Mélik El-Ṡâleḥ s'accrut tellement qu'il fut obligé de lui faire construire, dans l'île de Raûḍah, en face du Kaire, de vastes quartiers ou casernes. Ce fut une sorte de réserve fortifiée, là, sur le bras oriental du Nil. Cette circonstance fit que l'on donna encore aux mamelouks et à toute la garde prétorienne, le nom de Baḥrites, du mot baḥr, mer, qui, en Égypte, désigne le Nil, de même qu'à Paris, *la rivière* désigne communément la Seine.

V.

Débarrassés de leur maître ou sultan, dont la brutalité, d'ailleurs, avait soulevé leur colère, les mamelouks songèrent, après plusieurs jours de bouleversement, de désordres, à établir une autorité, à constituer un nouveau sultan. Mais la fierté de chacun répugnait à se soumettre à l'un d'eux ; tous se mesuraient de même valeur, de même droit; tous se voyaient égaux. Les ambitions s'animaient, se heurtaient ; une lutte terrible allait éclater entre ces rivaux jaloux.

Chadjarat el-dourr observait, pesait la position présente, la laissait se compliquer, attendait l'heure où il serait à propos de mettre la main sur le mouvement, de le diriger, d'en décider

et forcer la conclusion. Chadjarat el-dourr manœuvra si bien
les influences qu'elle s'était ménagées parmi les plus résolus des mamelouks, que les principaux officiers ou émirs ne
virent, pour prévenir l'incendie, d'autre moyen que de la déclarer souveraine ; et afin de tempérer aux yeux de tous, ce
qu'avait de singulier, d'inouï, un pareil dénoûment, on créa
pour *atâbek*, c'est-à-dire régent ou tuteur, et premier ministre
de la reine, Aïbek Ezz el-din.

Aïbek était le plus important des mamelouks ; il vivait depuis
longtemps au palais, partageait l'administration suprême, et
était en rapport plus qu'intime avec la reine ou sultane actuelle... Il parut convenable à Aïbek de légitimer et assurer sa
position ; il épousa régulièrement Chadjarat el-dourr, quoiqu'elle
eût déjà été forcée, par les émirs, d'abdiquer le pouvoir... Elle
n'avait régné que quelques mois.

Je passe le récit des agitations, des rivalités, des meurtres
qui occupèrent cette époque pendant plusieurs années ; j'omets
à dessein les noms des sultans qui se succédèrent jusqu'en 678
de l'hégire ( 1278 — 1279 de J. C. ).

Un jeune sultan, Bedr el-din, qui prit le surnom d'El-Mélik
el-Âdel (le roi juste), montait alors sur le trône. Le nouveau
sultan n'avait que sept ans et quelques mois. On lui donna
pour atâbek ou régent l'émir Kalâoûn... Quatre mois après,
Kalâoûn, qui par ses manœuvres habiles, par l'intérêt qu'il sut
inspirer, s'était fait un parti considérable, était proclamé sultan
d'Égypte, sous le nom d'El-Mélik El-Mansoûr (le roi victorieux
par le secours de Dieu)... Le jeune prince Bedr el-din était
déposé, et on l'avait relégué dans la citadelle de Karak, en
Syrie.

## VI.

Kalâoûn était du Kapdjak et de la tribu des Bourdj Ogli. Encore très-jeune, il avait été acheté par l'émir Alâ el-din, pour
une somme de mille pièces d'or. Cette circonstance avait fait
donner à Kalâoûn le surnom d'*El-elfi, le millier*, et l'autre surnom d'Alâïen rappelait le nom de son maître. Il passa ensuite

au service d'El-Mélik Ṡâleḥ Nedjm el-dîn, l'avant-dernier sultan de la dynastie des Aïoûbites, et fut encore, pour cette raison, surnommé Ṡâléḥien. Il fut tout d'abord incorporé par El-Mélik el-Ṡâleḥ dans les mamelouks bahrites.

A peine arrivé au sultanat, Ḳalâoûn diminua les impôts.

En 681 de l'hégire, les Tatâr, sous le commandement d'Abaka Ḳân, reparurent en Syrie. Abaka conduisait un corps d'armée, et Mangou Timour, frère de ce prince, commandait la cavalerie au nombre de quatre-vingt mille chevaux. Les troupes égyptiennes battirent les Tatâr à Ḥimṡ (Emesse). Mangou Timour fut tué, et Abaka Ḳân fut forcé de se retirer à Hamadân, où il fut ensuite empoisonné par son troisième frère, qui alors s'empara de l'autorité souveraine et se déclara musulman.

Après de nombreuses conquêtes qu'il étendit jusqu'en Géorgie, Ḳalâoûn revint au Kaire, et peu après désigna son fils Ạlî pour son successeur, sous le surnom d'El-Mélik El-Ṡâleh, c'est-à-dire le roi pieux. Mais Ạlî mourut en 687 de l'hégire (1288, ère chrét.).

Après une nouvelle expédition en Syrie, après avoir enlevé et détruit Tripoli, qui, depuis près de deux siècles, appartenait aux chrétiens, Ḳalâoûn retourna au Kaire où il mourut peu après (en 689 de l'hégire, 1290, ère chrét.). Il avait régné onze ans et trois mois. Son tombeau est encore aujourd'hui au Moristân (sorte d'Hôtel-Dieu).

Le second des fils de Ḳalâoûn, appelé Ḳalîl, avait été désigné par son père pour gouverner. Il fut reconnu sultan sous le surnom d'El-Mélik el-Achraf, c'est-à-dire le roi très-noble. Après avoir pris de vive force Saint-Jean-d'Acre sur les chrétiens, et après avoir porté ses armes en Arménie, il revint au Kaire où il fut poignardé par une de ses femmes (693 de l'hégire). Il avait régné trois ans et deux mois.

Le mamelouk Beïdara, qui avait ourdi et mené le complot dont le dénoûment fut l'assassinat d'El-Achraf, ne régna qu'un seul jour; il fut tué par les autres mamelouks.

## VII.

Le frère d'El-Achraf, Moḥammed n'avait alors que neuf ans.
Il fut proclamé sultan, et on le surnomma El-Mélik el-Nàċer. Il
eut pour atâbek ou régent l'émir Ketboṛa, qui avait été esclave
de Ḳalàoûn. Se rappelant la fortune de son maître, Ketboṛa songea à supplanter le jeune prince, et un an après il se faisait
déclarer sultan et reléguait El-Mélik El-Nàċer à Karak, retraite
habituelle des sultans déchus.

Mais deux ans s'étaient à peine écoulés que Ketboṛa fut déclaré inhabile à gouverner, et remplacé par Lâdjîn, qui, après
deux années aussi de règne, fut assassiné par un de ses mamelouks.

Il y eut alors un interrègne de quarante jours, pendant
lesquels l'émir Tâdjî réussit à se faire proclamer sultan ;
vingt-quatre heures après, il était assassiné par les mamelouks.

Les émirs se concertèrent; et ils rappelèrent au trône El-
Mélik El-Nàċer, alors âgé d'environ quinze ans. Quelques oppo-
sants tentèrent de soulever un parti; mais ils furent immédiatement réduits à l'impuissance.

A peine El-Nàċer fut-il replacé sur le trône que les Tatâr
tombèrent comme un torrent sur la Syrie. Le jeune sultan rassembla les troupes égyptiennes et s'empressa d'aller repousser
l'ennemi. Les deux armées se rencontrèrent à Ḥimṡ (Emesse);
les Égyptiens furent mis en déroute. El-Nàċer rallia ses troupes,
en augmenta le nombre, repartit contre les Tatâr, les tailla en
pièces, et revint triomphant au Kaire.

Les désordres des éléments, les jalousies et les rivalités des
émirs, firent apercevoir de nouveaux dangers à El-Nàċer; il
annonça le dessein de partir en pèlerinage; il sortit du Kaire
accompagné d'une escorte nombreuse et fidèle avec laquelle il
se rendit à Karak où il se fortifia et s'établit en maître. Il renvoya ensuite au Kaire les insignes du sultanat, et écrivit aux
mamelouks qu'il renonçait au pouvoir.

Ils proclamèrent souverain Beïbars ou Beïbaras (tous les ulémas du Kaire prononcent Beïbaras). Son nom complet est :
Roukn el-din Beïbaras el-Djachenkir ou écuyer tranchant.
Beïbars était un esclave et était la propriété de la famille des
Kalâoûn. Ce choix causa de vifs regrets à El-Nâcer, qui aussitôt
partit pour Damas et s'y fit reconnaître souverain. Puis il se
mit en marche pour retourner en Égypte. De nombreux partisans se réunirent à lui. L'émir Berlak, un des chefs les plus in-
fluents des mamelouks, se déclara, avec ses troupes, en faveur
d'El-Nâcer.

Beïbars, voyant sa fortune perdue, abdiqua et se hâta de
s'enfuir du Kaire, au milieu des injures et des pierres dont on
l'assaillait.

Le lendemain, El-Nâcer entrait à la citadelle et, pour la troisième fois, reprenait le sultanat. On envoya à la poursuite de
Beïbars qui fut pris, et fut ensuite condamné à être étranglé.

El-Nâcer était dans sa vingt-cinquième année. Instruit par
l'expérience du passé, par les épreuves de tant de révolu-
tions et de déchirements intérieurs, il combina les moyens
d'asseoir solidement son autorité, allia la fermeté à la prudence,
les intérêts publics à son intérêt. Il réussit à établir la paix, à
conserver la tranquillité et l'harmonie entre tous, et il eut encore trente-trois années de règne qui furent pour lui trente-
trois années de gloire.

Il s'occupa de tout, administration civile, administration militaire, administration fiscale, justice distributive, instruction
publique, constructions architecturales, travaux d'utilité publique, cadastre, etc.; il ne négligea rien, et son époque est
celle qui a laissé le plus de souvenirs honorables sur un même
nom. Tout ce qu'El-Nâcer jugeait utile, beau, honorable, devenait en lui une passion. Il animait tout, il communiquait sa
vie à tout; son époque, disons-nous, fut vivante, active, pleine
d'action, aussi fut-elle sans trouble, sans agitation, sans désordre.
Toutes les activités trouvaient une carrière où s'exercer et se
mettre en œuvre.

Les institutions hippiques les plus remarquables qu'il y ait eu en Orient sont du règne d'El-Nâcer, et furent fondées par ce prince, le plus habile hippologue de son temps, l'amateur de chevaux le plus passionné.

Les émirs, les grands de l'entourage du sultan, les gouverneurs des provinces, dans toutes les contrées soumises à l'Égypte, imitèrent à l'envi les manières du souverain, car, dit le proverbe arabe : « Les hommes se mettent de la religion de leurs rois. »

Totus ad exemplar regis compouitur orbis.

VIII.

Nous avons tracé rapidement l'aperçu historique qui précède, afin de présenter quelle fut l'époque d'El-Nâcer, d'indiquer quel était alors l'état du sultanat d'Égypte, l'état de la Syrie et les circonstances générales au milieu desquelles El-Nâcer s'occupa si ardemment de l'élève et du perfectionnement du cheval de race arabe.

El-Nâcer fit construire des haras et établit des exercices et courses équestres qu'il encouragea par ses bienfaits, par ses largesses. Lui-même assistait et souvent prenait part à ces jeux et à ces exercices.

Mais je vais laisser parler les récits arabes. Jusqu'aujourd'hui, que je sache, ils n'ont pas été traduits. Je les extrais du grand ouvrage de Makrizi : *Description historique du Kaire et de l'Égypte*, manuscrit arabe de la bibliothèque nationale, inscrit au n° 673 ; trois vol. in-fol. (2).

Je donne la simple traduction du texte arabe de Makrizi. Il résultera de ce récit, au point de vue logique, que le traité d'hippologie et d'hippiatrie intitulé Le Nâcéri, date d'une époque où les connaissances et les pratiques hippiques étaient à un haut degré de développement, et que cet ouvrage représente, par conséquent, j'ose dire la science hippique des Arabes au moment où elle a eu le plus de pratique, de relief et d'éclat.

Du reste, en offrant au gouvernement la traduction et la publication d'un travail d'hippologie et d'hippiatrie arabes, il était de mon honneur et de mon devoir de proposer le travail le plus avancé, le meilleur qui existât chez les Arabes.

Il résultera encore des extraits que nous allons traduire, un tableau des jeux, fêtes et exercices des Champs de Mars de l'Orient, il y a cinq ou six siècles, un aperçu de l'administration des haras et des écuries de l'État, une indication de l'importance que les souverains d'Égypte, dès avant le douzième siècle de notre ère, attachaient à l'élève du cheval. Le règne d'El-Nâċer fut l'époque la plus remarquable dans les fastes équestres de l'Orient.

## Section IV.

INSTITUTIONS HIPPIQUES, CHAMPS DE COURSES OU HIPPODROMES (MEÏDÂN; PLURIEL MÉÏÀDÏN), HARAS, CONSERVÉS OU FONDÉS PAR EL-MÉLIK EL-NÂĊER, OU EXISTANTS A SON ÉPOQUE. — EXERCICES DES HIPPODROMES. — DIGRESSION SUR LES MOUTONS BIRKÂWIENS.

### § I.

### « LE MEÏDÂN EL-NÂĊÉRÎ,
### ou hippodrome d'El-Nâċer. »

« Cet hippodrome faisait partie des terrains appartenant au jardin d'El-Ḥachchâb (ou du Marchand de bois), situé entre le Vieux Kaire et le Kaire. Autrefois ces terrains étaient submergés par les eaux du Nil; plus tard, ils furent désignés sous le nom que nous venons d'indiquer.

« En 714 de l'hégire (1314, ère chrét.), El-Nâċer détruisit le meïdân el-żâhérî ou hippodrome de Zâher construit par Roukn el-dîn Beïbaras el-Djachenkir surnommé El-Żâher. Cet hippodrome était situé à l'ouest du Kaire, du côté de la porte de Loûk. El-Nâċer fit abattre les manżarah (vulgairement mandarah) ou abris à rez-de-chaussée de ce meïdân (3) et planta un jardin sur tout cet emplacement. Il le peupla d'arbres fruitiers qu'il fit venir de Damas. Des jardiniers, des arboriculteurs (ou moutim) furent appelés en même temps pour les soigner et les surveiller. Tous les fruits de ce jardin et ceux du jardin de

Sériâḳoûs étaient pour l'usage des officiers et pour les crédences du sultan à la citadelle du Kaire.

« La même année on travailla à l'hippodrome d'El-Nâċer. En 718 (de l'hégire, — 1318 de J. C.), le sultan se prépara à y aller en grand appareil. Il distribua des chevaux à tous les émirs. Il imagina de faire revêtir aux pages qui l'accompagnaient, à cheval, des calottes en tissus d'or, et ayant la forme du bassinet (ou pot-en-tête, ou cabasset) (a).

« Ces pages furent appelés dj e n t â w â t. »

« Deux d'entre eux, ayant un vêtement de satin jaune, et portant sur la tête une k o û f i e h en tissu d'or et de soie (4), étaient montés chacun sur un cheval blanc couvert de caparaçons d'or. Ces deux pages précédaient le sultan depuis la sortie de la citadelle du Kaire jusqu'à l'hippodrome; de même, au retour.

« Lorsque le sultan se rendait à l'hippodrome el-Nâċérî, pour jouer à la paume (5), il distribuait aux émirs ou chefs, des ceintures dorées (6). Pendant deux mois de l'année, à partir du moment où la crue du Nil avait atteint le degré nécessaire et normal, chaque samedi, et à l'heure de la plus forte chaleur, le sultan partait pour l'hippodrome el-Nâċérî.

« A chaque jour d'hippodrome, El-Nâċer donnait encore des ceintures d'or à deux des principaux émirs; nécessairement, plusieurs ne participaient à cette libéralité, qu'après trois ou quatre ans.

« Il s'était établi comme habitude que le sultan distribuât des chevaux à ses émirs, à deux époques de l'année.

« La première était l'époque à laquelle il se rendait, sur la fin de la saison des pâturages verts (7), à l'endroit où ses chevaux étaient attachés à ces pâturages. Alors il donnait à ses émirs *centurions* ou chefs de cent (mamelouks ou) cavaliers, des chevaux tout sellés et bridés, et couverts de housses dorées. Aux émirs de T a b l a ḳ â n e h ou émirs de tambours ou de caisses (8), il donnait des chevaux nus.

(a) Je dois prévenir que dans la traduction des textes arabes, je mets entre parenthèses les mots ou explications qui me semblent nécessaires ou utiles, soit comme élucidations, soit comme rapprochements.

« La seconde époque était celle où le sultan allait se livrer aux jeu de paume et carrousels dans l'hippodrome el-Nàćéri. Mais alors, le Prince donnait à ses émirs des chevaux sellés et bridés, avec des housses relevées et émaillées de quelques légères parures en argent. En principe, les émirs *décurions* ou chefs de dix (mamelouks ou) cavaliers, ne participaient pas à ces libéralités; il n'y avait que ceux que le sultan voulait, par là, honorer spécialement d'un témoignagne de bienveillance.

« Les ḳàćéki ou favoris et courtisans les plus intimes (9), parmi les émirs centurions et les émirs de tambours, recevaient en présent un beaucoup plus grand nombre de chevaux. De ces émirs recevaient parfois jusqu'à cent chevaux dans une année.

« Comme attributs et insignes de la souveraineté, le sultan, lorsqu'il allait à l'hippodrome, montait un cheval dont toute l'encolure était couverte d'un (raḳabeh, ou) surcol en magnifique satin jaune brodé en or, descendant depuis la base des oreilles jusque sous le bord antérieur de la selle. Devant le sultan étaient deux pages montés chacun sur un cheval blanc orné d'un surcol absolument semblable à celui qui parait le cheval du sultan. Ces deux chevaux semblaient harnachés et préparés pour le sultan; car ils étaient de ceux qu'il montait.

« Les deux pages portaient des mantelets de soie jaune, historiés de broderies en or, et avaient sur la tête un ḳoub' ou calotte simple, brodé en or.

« La chabraque (ou ṛàchìeh) (10) du cheval du sultan était portée par un des écuyers qui précédaient le prince. Elle était en peau légère, toute semée de broderies d'or; l'écuyer qui la portait, marchait à pied au milieu du cortége, et était précédé d'un musicien à cheval et jouant de la flûte (sorte de pipeau ou roseau). Les sons rendus par l'instrument, au lieu d'exprimer la légèreté et la joie, avaient un caractère grave, solennel, et qui imposait à la foule.

« A la suite du sultan étaient conduits les chevaux de main. Au-dessus de sa tête frémissaient les drapeaux sultaniques ou bannières en soie jaune sur lesquelles étaient brodés en lettres d'or, les surnoms et le nom du souverain.

« Cet appareil n'était pas particulier aux jours où El-Nàċer allait à l'hippodrome. C'était la même pompe, la même disposition toutes les fois que ce prince montait à cheval et entrait au Kaire, ou dans une ville quelconque de la Syrie.

« Aux deux grandes fêtes annuelles religieuses, et lorsqu'El-Nàċer entrait dans la ville, on ajoutait à cet appareil le parasol, que l'on tenait au-dessus de la tête du prince. Ce parasol était nommé ḳazz (soie); il était en satin jaune avec broderies en or. Au sommet était une sorte de petit dôme surmonté d'une figure d'oiseau en argent doré. Dans ces grandes cérémonies, le parasol était porté par un des premiers émirs centeniers, monté à cheval, et s'avançant à côté du sultan.

« Derrière le prince étaient les hauts fonctionnaires de l'État, et le sélâḥdàr ou porte-armes du sultan (11). Autour et devant le prince étaient les tabardàr ou porte-haches. Les tabardàr étaient une troupe de Kurdes qui avaient le rang d'émirs, et possédaient des bénéfices militaires. Ces sortes de gardes marchaient à pied et tenaient en main des haches (12). »

Les chevaux de main, c'est-à-dire conduits à la main, suivaient le prince et les grands dans les cérémonies. C'était un accompagnement de luxe; en voyage, c'était autant de relais toujours prêts.

Dans le désert, et principalement en Arabie, lorsque les Arabes vont en expédition, et surtout à plusieurs journées de marche, ils montent des chameaux et ils conduisent à la main leurs chevaux, afin de les avoir plus dispos au moment du besoin, au moment de l'attaque. A l'affaire de Bedr, la première qui eut lieu entre Mahomet et les Médinois dont il voulait se venger, il y avait soixante-dix chameaux, deux chevaux, Bàredjeh et Yaċoùn, et une jument appelée Seïl. On les conduisait à la main afin de ménager leur vigueur pour le moment favorable. Les combattants étaient au nombre de trois cent quatorze hommes, et dans la route on s'alternait, Mahomet comme les autres, pour monter à chameau.

## II.

### « LE MEÏDÂN EL-MAHÂRÎ ,
### ou Hippodrome des Poulains. »

« L'Hippodrome des Poulains était près du Pont des Lions, sur la rive du canal du nord, près du Kaire. Le terrain faisait partie autrefois des jardins d'El-Zahrî.

« Cet hippodrome fut établi par El-Mélik el-Nâċer Mohammed, fils de Kalâoûn, en 720 (de l'hégire, 1320 ère chrét.). Derrière cet espace se trouvait un étang ou grande flaque d'eau dont l'emplacement était occupé précédemment par un monticule (de décombres et de poussière), appelé Monticule du kâdi El-Fâdel.

« Le biographe d'El-Nâċer dit :

« Le sultan El-Nâċer Mohammed, fils de Kalâoûn, aimait « passionnément les chevaux. Il institua une administration « spéciale où l'on enregistrait tous les chevaux qu'il achetait, « le nom de l'animal, le nom du propriétaire vendeur, la date « du jour de prise de possession.

« Lorsqu'une jument des écuries sultaniques était pleine, on « en informait le sultan, qui ensuite attendait et épiait le mo- « ment de la mise bas.

« Le nombre des chevaux du prince devint considérable, à « tel point qu'il fallut avoir un lieu spécialement affecté à rece- « voir les jeunes produits.

« En 720, El-Nâċer partit de la citadelle de la montagne (ou « citadelle du Kaire), et fixa un emplacement pour un hippo- « drome, sous le nom d'Hippodrome des Poulains. Le prince, « qui avait choisi pour cela un terrain voisin du Pont des « Lions, resta à cheval pendant tout le temps qu'il fallut pour « déterminer et mesurer les limites d'un espace nécessaire.

« On se mit de suite à y transporter de la terre grasse ou « végétale, on planta des dattiers et autres arbres. Sur les « puits (13) qui se trouvaient établis dans le terrain, on monta

« et dressa plusieurs sâḳieh ou appareils à roues pour l'arro-
« sement.

« Quelques jours après, le sultan se rendit à cheval sur
« l'hippodrome et y joua à la paume avec ses ḳâćéki ou favoris
« intimes. »

« El-Nâćer désigna un certain nombre de juments pouli-
« nières pour les placer dans cette nouvelle institution et y éle-
« ver leurs produits. Il y affecta un nombre convenable de
« palefreniers et valets d'écurie, des émir-aḳôr ou grands
« écuyers ou écuyers cavaldours (14), et tout ce qu'exigeait le
« service de l'établissement. Il distribua les constructions en
« divisions convenables, et en fit ouvrir la porte sur le chemin
« par lequel il arrivait à l'hippodrome qu'il avait fait établir sur
« la grande branche du Nil vers le lieu d'arrivage du sel.

« Quelques mois et jours plus tard, El-Nâćer jugea conve-
« nable et bon de faire, en face de ce dernier hippodrome situé
« sur les bords du grand Nil, un enclos ou zérîbeh, près de
« la mosquée de Teïbaras, et de façon que les manżarah qui
« se trouvaient dans les constructions de l'hippodrome, se pro-
« jetassent en saillie sur le fleuve. Le sultan vint lui-même exa-
« miner l'emplacement et discuta le projet avec les ingénieurs.
« Ceux-ci lui estimèrent les dépenses à une somme très-élevée,
« et parlèrent d'immenses difficultés d'exécution, alléguant le
« manque de bonne terre dans le voisinage pour servir aux
« travaux de construction. Ces raisons firent abandonner le
« projet.

« Mais on continua à conserver et élever les chevaux dans
« l'hippodrome, jusqu'à la mort du sultan Barḳoûk, en 801 (de
« l'hégire, 1398 ère chrét.). Après le règne du fils de Barḳoûk,
« cet hippodrome fut abandonné et la place en resta déserte. »

### III.

« LE MEÏDÂN DE SÉRIÂḲOÛS,
ou Hippodrome et haras de Sériâḳoûs. »

« Cet hippodrome était à l'est (du village) de Sériâḳoûs, à peu

de distance (du village) de Ḳânikâh (appelé vulgairement
Ḳanka) (15), et fut fondé par El-Mélik el-Nàĉer Moḥammed, fils
de Ḳalàoûn, au mois de zî l-ḥeddjeh (dernier mois de l'année),
en 723 (de l'hégire, 1323 ère chrét.).

« El-Nàĉer bâtit, à cet hippodrome, des châteaux élégants, de
nombreux manżarah pour les émirs ; il fit faire un vaste jardin
qu'il planta de toutes sortes d'arbres fruitiers apportés de Damas.
Avec ces arbres, le sultan avait fait venir des jardiniers pour les
cultiver, les greffer. La vigne, le cognassier, et nombre d'autres
espèces, y prospérèrent.

« A la fin de 725, El-Nàĉer partit accompagné des émirs, des
hauts personnages de l'État, et se rendit aux palais ou châteaux
de Sériàḳoûs. Les émirs descendirent dans les diverses parties
des bâtiments qui leur étaient destinées.

« Tous les ans, El-Nàĉer retournait à Sériàḳoûs, y passait
quelques jours, y jouait à la paume. Il continua ces visites annuelles jusqu'à sa mort, et ses fils, qui régnèrent après lui, conservèrent cette habitude.

« Ce voyage n'avait lieu, chaque année, qu'après les jeux et
courses du grand Hippodrome El-Nàĉérì. Alors, le sultan sortait
du palais de la citadelle du Kaire, en grand cortége, accompagné de tous les dignitaires et des hauts fonctionnaires de l'État,
émirs, secrétaires, généralissime des armées. Laissant les règles
de l'étiquette et de la gêne, El-Nàĉer se rendait à Sériàḳoûs et
allait descendre aux palais.

« Il montait à cheval, paraissait à l'hippodrome pour le jeu
de paume et distribuait ensuite des vêtements d'honneur aux
émirs, aux grands de sa cour. Quelques jours s'écoulaient ainsi
dans toute la simplicité de relations bienveillantes et amicales.
Chacun y trouvait des jouissances et des joies indicibles. Les dépenses en festins, en largesses, étaient incalculables.

« Ces fêtes annuelles se renouvelèrent ainsi jusqu'en 799 (de
l'hégire, 1396 de J. C.), époque à laquelle eut lieu la dernière
visite du sultan à Sériàḳoûs. C'était sous le règne d'El-Mélik el-
Żâher (roi triomphant), le sultan Barḳoûḳ. La cause de cette
interruption fut la révolte des mamelouks contre ce prince, à la

suite des agitations fomentées par Ali Bey. Les troubles se prolongèrent jusqu'à la mort de Barḳoûḳ.

. « Le sultanat passa entre les mains du fils de ce prince, El-Mélik el-Nàćer Faradj. Les désordres des factions ne laissèrent pas un moment de calme. La cherté des denrées, les bouleversements se continuèrent sans interruption et firent oublier les habitudes auliques des règnes précédents.

« L'hippodrome, les châteaux furent négligés, et ils se dégradèrent. En **825** (de l'hégire, **1442** de J. C.), on vendit les bois de construction, les fenêtres, etc., de ces châteaux, pour **100** dînâr ou deniers d'or. »

IV.

« LE MEÏDÀN EL-ḲALAḤ,

ou Hippodrome de la Citadelle. »

« Cet hippodrome était une restauration d'un ancien hippodrome établi par le sultan Aḥmed ibn Toûloûn (le premier souverain qui prit en Égypte le titre de sultan. — **257** de l'hégire, **870—871** de J. C.).

« L'hippodrome fondé par Aḥmed, fils de Toûloûn, fut renouvelé en **611** (de l'hégire, **1214** ère chrét.), par El-Mélik el-Kâmel Moḥammed ibn el-Ậdel, de la dynastie des sultans aïoûbites. Ce prince fit creuser et disposer à côté de ce champ de courses, trois étangs ou grandes flaques pour fournir de l'eau à l'arrosement de l'hippodrome et aux besoins imprévus.

« Une seconde fois ce meïdàn fut abandonné; puis il fut rendu à sa destination sous le règne du fils de ce même El-Mélik el-Kâmel; les sâḳieh furent reconstruites, on planta des arbres autour de l'enceinte, et l'hippodrome réparé et embelli resta ainsi jusqu'à la mort du fils d'El-Kâmel. Le meïdàn fut encore abandonné, se dégrada, et ensuite il fut détruit en **651** (**1256** de J. C.); il n'en resta plus de trace.

« Mais en **712** (de l'hégire, **1312** de J. C.), le sultan El-Mélik el-Nàćer, fils de Ḳalâoûn, restaura cet hippodrome et l'étendit depuis la Porte des Écuries jusque vers la Porte du cimetière d'El-Ḳarâfeh (sous la citadelle, et au sud-ouest).

« On réunit tous les chameaux des émirs pour transporter la
terre, renouveler le sol de l'enceinte et le regarnir tout entier;
puis on fit des plantations, on creusa des puits ou réservoirs
sur lesquels on dressa des sâķieh, on planta des dattiers de
premier choix, d'autres arbres fruitiers, on entoura le tout
d'un mur de maçonnerie, et en dehors on construisit une fontaine à réservoir pour le public.

« Tous ces travaux terminés, le sultan El-Nâćer, fils de Ķa-
lâoûn, se rendit à l'hippodrome, y joua à la paume avec ses
émirs, et leur distribua ensuite des vêtements d'honneur.
Ces jeux se renouvelaient les mardi et samedi de chaque semaine.

« Le Ķaśr el-ablaķ (ou château multicolore) avait vue sur l'hippodrome, vaste arène dont le regard allait au loin chercher les
limites.

« Le sultan, pour se rendre à cet hippodrome, sortait par les
degrés qui tenaient à sa demeure privée et intérieure du palais;
il descendait à son écurie particulière et de là passait à l'hippodrome. Il était à cheval et accompagné des émirs attachés plus
spécialement à son service. Il faisait l'inspection des chevaux
aux époques des concessions et gratifications, puis allait jouer
à la paume.

« Dans une partie des constructions appartenant à l'hippodrome, on avait réuni plusieurs espèces d'animaux sauvages et
curieux.

« Dans une autre partie étaient placés les *chevaux de prome-
nade* du sultan.

« Cet état de choses dura jusqu'à l'époque du sultan Bar-
ķoûķ; les agitations publiques firent oublier les jeux de l'hippodrome qui dès lors se dégrada. »

V.

« LE MEÏDÂN EL-ĶABAĶ,
ou Hippodrome du Ķabaķ, c'est-à-dire du jaquemard. »

« Cet hippodrome était hors du Kaire à l'est, vers l'espace

qui s'étend depuis la petite sortie de la citadelle jusqu'à la mosquée d'El-Nâçer située au-dessous du Mont Rouge (16).

« L'Hippodrome du Ḵabaḵ porta aussi les noms d'hippodrome noir, d'hippodrome de la fête ou festival, d'hippodrome vert, de champ des courses.

« C'était l'hippodrome du sultan El-Mélik el-Żâher Roukn el-dîn Beïbaras el-Bondouḵdâri el-Ṣâleḥî el-Nedjmî (le roi triomphant, la pierre angulaire de la religion, Beïbaras, l'albalétrier, le ṣâléḥien, le nedjmien).

« Beïbaras fit élever l'estrade ou terre-plein de son hippodrome, en moharrem (premier mois) de l'année 666 (de l'hég., — 1267 de J. C.), lorsque la passion du tir à la flèche et des exercices militaires le dominait; c'était presque sa seule préoccupation. Partout il appelait, excitait au jeu et au maniement de la lance, au tir de l'arc, etc.

« Ce goût, cet enthousiasme se continua sous les deux fils de Beïbaras et, après eux, sous El-Mélik el-Manṣoûr Seïf el-din Ḵalâoûn, sous El-Mélik el-Achraf Ḵalîl. Ces princes se rendaient à l'hippodrome en grande pompe, et les émirs, les mamelouks du sultanat rivalisaient dans des coursés de chevaux, le souverain lui-même en tête.

« Les milices aussi s'exerçaient au tir au ḵabaḵ. — Voici ce qu'on entend par cette appellation turque, et en quoi consiste l'appareil de ce nom. — On désignait par le terme ḵabaḵ une pièce de bois très-haute, dressée dans une plaine, et au sommet de laquelle on avait fixé un cercle en bois. — Les archers se portaient en face de cet appareil, et tiraient des flèches sur l'aire vide limitée par le cercle. Les flèches devaient traverser et aller, d'après les principes et les règles du tir, atteindre un but. »

Un autre écrivain, Abou l-Maḥâcen, ami et comtemporain de Maḵrîzî, donne l'explication suivante d'une autre espèce de ḵabaḵ qui du reste est le même que nous voyons aujourd'hui dans nos fêtes et amusements publics, et à l'hippodrome de la barrière de l'Étoile.

« Le sultan fit dresser hors du Kaire, près de la Porte de Naṣr (ou Porte de la Victoire), un ḵabaḵ dont voici la description. On planta en terre un mât élevé, en haut duquel on plaça une courge d'or ou d'argent, dans l'intérieur de laquelle était un pigeon. Des hommes habiles à tirer de l'arc se présentaient dans la lice, et décochaient leurs flèches du côté du mât, tout en faisant courir leurs chevaux. Celui des tireurs qui atteignait la courge et l'oiseau, recevait une robe d'honneur proportionnée à son rang; après quoi, il emportait la courge. » Il paraît que ce jeu a toujours été en usage dans l'Égypte, car Vansleb (Relation de l'Égypte, pag. 338) dit que le mot ḳaraḥ désigne une courge qui servait de but aux gens du pacha.

« L'auteur de la vie de Beïbaras raconte les détails que voici :

« En 667, le 17 (du mois de) moḥarrem, le sultan El-Mélik el-Żâher Roukn el-dîn Beïbaras el-Bondouḳdârî invita et appela toute la population, et surtout ses favoris et ses mamelouks, à s'exercer à tirer de l'arc et à jouer et pointer de la lance. Lui-même sortit du Kaire par la Porte de la Victoire, et arriva en plaine.

« L'hippodrome portait alors le nom de l'Hippodrome de la Fête. Le sultan y avait fait élever un long tertre en manière d'estrade.

« Chaque jour Beïbaras se rendait à l'hippodrome, dès l'heure de midi, et il n'en revenait qu'à nuit close. Il restait là en plein soleil, tirant de l'arc, maniant la lance, excitant la foule à prendre part à ces jeux, à engager des paris. Il n'y avait émir, ni prince qui ne se mêlât comme acteur à ces jeux, à ces exercices, à ces combats simulés; ce spectacle se répétait chaque jour, et bientôt l'espace ne fut plus assez vaste pour contenir la foule. Personne ne s'occupait plus que de ces exercices d'arc et de lances.

« En 672, au mois de ramadàn (qui est le mois de jeûne des musulmans et le neuvième de l'année lunaire), le sultan annonça aux milices de se préparer à monter à cheval, à jouer au ḳabaḳ et tirer de l'arc. Un événement extraordinaire, merveilleux, vint alors frapper les esprits.—Le sultan avait ordonné d'arroser l'Hippodrome Noir pour les jeux et exercices. Ce jour-là, la chaleur était excessive. La foule, par pitié pour l'arroseur, lui cria de cesser l'arrosage : « C'est jeûne, disait-on, et la chaleur est extrême. » L'homme cessa. Mais voilà que Dieu envoya subitement une pluie généreuse qui dura pendant deux nuits et un jour. La boue rendit les chemins impraticables; partout la terre cédait sous les pieds. L'averse et l'orage se calmèrent; la chaleur tomba, l'air s'adoucit... Le sultan fit aposter des gardes dans l'hippodrome pour empêcher que les marchands vinssent y vendre. — C'était un jeudi **26** ramadân. Beïbaras fit monter à cheval une petite troupe seulement de cavaliers, deux hommes sur dix, et de même pour les émirs et pour les commandants; il ne voulait pas avoir une foule trop considérable. On partit en grande parure, en brillants costumes, en ordre parfait, en cérémonie admirable, éblouissante. Le sultan, à cheval, sortit entouré de ses courtisans, et de plusieurs milliers de mamelouks.

« On commença par l'exercice de la lance; et quiconque frappait d'un coup de pointe son adversaire, recevait du sultan un vêtement d'honneur. Ensuite le prince s'avança au galop au milieu des mamelouks ses gardes, officiers et favoris particuliers, les rangea et disposa dans un ordre admirable, puis, tout d'un bond, chargea à fond, s'élançant comme la masse du flot s'élance. Ce fut pour la foule le spectacle le plus saisissant, le plus émouvant.

« Après cette évolution, on dressa le ḵabaḵ; les rivaux entrèrent en lice et se préparèrent à lancer la flèche. A ceux des moufrédi ou officiers du service particulier du prince, aux commandants des milices à pied de la ḥalḵah (**17**) et à ceux des mamelouks baḥrites et autres, qui atteindraient le but, le sultan promit, comme prix, un barloutâḵ (ou sorte de dolman) (**18**) fourré de petit-gris; à ceux des émirs qui seraient vainqueurs, il destina, comme prix, un de ses propres chevaux avec les harnais *de distinction* enrichis et ornés de leurs garnitures flottantes en argent et en or (**19**).

« Pendant plusieurs jours les évolutions de sciomachie équestre recommencèrent sous différentes formes, tantôt l'at-

taque à la lance , tantôt le combat à la flèche, tantôt la mêlée à
la masse d'arme , tantôt la bataille à l'arme blanche, au sabre
nu. Et le prince, selon son habitude , s'élançait au milieu de
l'hippodrome, tirait le sabre ; au même moment, tous les mamelouks mettaient le sabre au poing, et le prince et ses mamelouks chargeaient d'ensemble et comme un seul homme.

« La foule admirait ces exercices, images vivantes des combats. Et chaque jour ces spectacles recommençaient et se pro-
longeaient parfois depuis le matin jusque vers le coucher du
soleil.

« On avait soin de dresser des tentes où tous pussent aller
faire leurs ablutions, et leurs prières obligatoires.

« Chacun, à l'envi , cherchait à varier son costume , ses
armes, à paraître sous un appareil plus brillant, à augmenter la
foule. Et ces jours furent des jours de pompe et de solennité.
Tous, fils de princes, vizirs, émirs grands ou petits, officiers
particuliers du sultan, commandants de la ḥalḳah, chefs de mamelouks baḥrites ṣâléḥiens, chefs de mamelouks baḥrites zâhé-
riens, fonctionnaires, bâtonniers des portes du sultan, banne-
rets ou gonfaloniers du sultan , écrivains ou scribes particuliers
du sultan, reçurent des marques d'honneur, selon leurs rangs
et leurs fonctions. Ensuite Beïbaras adressa ses largesses aux
ḳâdì, aux imâm, aux administrateurs de son trésor, puis aux
wâlì (ou représentants de l'autorité préposés à l'ordre public) ;
tous sans exception furent appelés à prendre part à ces magnifiques libéralités.

« Aussi, le matin du dimanche **28** ramadàn , tous parurent
devant le sultan, revêtus de vêtements d'honneur, remarquables
d'aspect et de maintien, brillants d'élégance, coiffés de calottes
en brocart d'or, tous dans des costumes tels que jamais nulle
main généreuse n'en avait donné. Et ils étaient par milliers. On
vint en foule rendre hommage au sultan; tous baisaient la terre
devant lui, revêtus de leurs vêtements d'honneur. Puis on monta
à cheval, et la journée se passa en jeux et en exercices, comme
de coutume. De nouvelles largesses furent distribuées encore ;
on donna des festins ; on prodigua les aumônes; on affranchit

des esclaves. On continua ainsi jusqu'au premier du mois de chaouwâl (qui suit celui de ramadàn). Alors tous vinrent offrir leurs vœux et leurs félicitations au sultan. Il reçut la foule dans la grande salle de réception ; tous avaient les vêtements qu'ils avaient reçus du prince.

« Il monta à cheval le jour de la fête, 1ᵉʳ du mois de chaouwàl et alla faire la prière sous sa tente, dans tout l'appareil sulta-nique, dans tout l'éclat de la royauté. Après la prière, il re-monta à la citadelle, s'assit à un grand festin ; une foule im-mense était présente, on mangea ; puis les pauvres vinrent et profitèrent des reliefs.

« Le prince entra ensuite au Pavillon du Bonheur, le siége du sultanat. Ce pavillon était tapissé, embelli de riches tentures, de divans splendides, de bordures éclatantes, de tapis magni-fiques. Le prince avait invité les émirs à lui présenter leurs fils. Ceux-ci arrivèrent devant lui, et il leur fit distribuer des vête-ments d'honneur adaptés à leur taille.

« La générosité du sultan n'eut pas de limites ; ses dons et ses largesses furent incalculables ; il n'y eut que les musiciens et les chanteurs qui en furent exclus ; le sultan, pendant tout son règne, ne leur donna jamais la valeur d'un fétu.

« Lorsque le sultan El-Achraf, fils de Kalàoûn, fit circoncire son frère Mohammed et son neveu, il y eut une grande fête donnée dans l'Hippodrome du Kabak. Les premiers vizirs, les milices, reçurent l'ordre de prendre les armes, de paraitre en appareil militaire, eux et leurs chevaux, dans l'Hippodrome Noir..... On sortit, on dressa de grandes tentes sous lesquelles on vendait toutes sortes de nourriture et de fruits. L'hippodrome fut comme un immense marché.

« Le sultan El-Achraf descendit de la citadelle, accompagné des milices couvertes de leurs armures. Toute la population du Kaire et du Vieux Kaire, hommes, femmes, accourut à cette cé-rémonie pour voir le sultan ; il n'y manqua que ceux auxquels il fut impossible d'y aller. Le prince y resta tout le jour..... Ce fut une joie, un enthousiasme général, inouï.

« Dès le matin, le sultan était prêt avec toutes les troupes pour

le jeu du ḳabaḳ ; il avait donné ordre à ses chambellans, de permettre à tous, soldats, mamelouks ou autres, de tirer au ḳabaḳ.
Les deux émirs Beïçarî et Bedr el-dîn Baktâch, émir-silâḥ,
furent chargés de commencer le tir. Beïçarî lança son cheval en
face du ḳabaḳ ; mais l'émir était sur une selle à dossier trop bas;
pendant qu'il décoche et lance à droite et à gauche, il tombe à
la renverse. La foule se pressa aussitôt pour aller voir; l'espace
ne suffisait pas.

« Ensuite l'émir-silâḥ prit son tour, puis les autres émirs,
successivement, un à un, et selon leurs rangs ; puis les commandants de la ḥalḳah, puis les milices ordinaires.

« Le sultan admirait l'adresse, la précision du tir, et était au
comble de la joie. Les jeux terminés, il retourna à sa tente.

« A ce moment, les échansons présentèrent à boire aux émirs,
dans des coupes d'or, d'argent, de cristal ; on poussa le luxe
jusqu'à donner pour rafraîchissement de l'eau sucrée. Même
pour les simples milices, on en avait rempli de grandes auges
au nombre de cent. On but, on se divertit, pendant deux jours
consécutifs. Au troisième jour, le sultan monta à cheval, appela
l'émir Beïçarî, et le chargea de commencer le tir. L'émir pria le
sultan de l'en dispenser et de vouloir bien lui permettre d'assister comme simple spectateur au tir des émirs et des autres concurrents. Le sultan accéda à cette prière, et Beïçarî se tint à côté
du prince.

« Puis, s'avancèrent Tarî, Aïn el-Razâl, l'émir Omar, Keïl-
kinî, Chatmar le persan, Barlarî, A'nâḳ el-Hoçâmî, Baktoût, et
au moins une cinquantaine d'émirs, tous dans l'éclat de la jeunesse, tous nouvellement élevés au rang de ḳâċékî ou favoris
intimes, tous revêtus d'uniformes de satin, brillants de riches
broderies d'or, tous ayant au flanc des ceintures d'orfroi, tous
éclatants de fraîcheur, tous séduisants de grâces, tous éblouis-
sants de beauté. Et le sultan, à leur aspect, se sentit profondément ému de joie, d'admiration, s'épanouit de surprise, tressaillit
de bonheur.

« La terre tremblait sous la foule des musiciens, des chanteurs, des baladins, des bateleurs.

« Les jeux finis, le sultan, en grand appareil, retourna du
côté de sa tente. Il traversa un espace sec et désert, puis il se
décida à ne pas entrer dans la tente, et passa outre. Toute la
foule se réjouissait, se divertissait, prenait joie comme jamais
n'en fut.

« Mais voilà que tout à coup l'atmosphère s'assombrit; un
vent terrible, noir, se déchaîne, pousse la terre à heurter le ciel,
arrache toutes les tentes, culbute celle du sultan, s'irrite, s'exas-
père; l'homme ne voit plus celui qu'il a à son côté; on se boule-
verse, on s'entre-choque comme des vagues; on ne distingue
plus l'émir du pauvre.

« La populace, les gens sans aveu, se précipitent au pillage.

« Le sultan s'était hâté de prendre la fuite, et il courait se
réfugier à la citadelle. Il allait seul. Les milices cherchèrent à le
rejoindre; mais le désordre, l'épouvante troublaient toutes les
têtes. Le sultan arriva à la citadelle, après avoir échappé vingt
fois à la mort.

« Ce jour fut un jour de pillage affreux, de hontes inouïes, ini-
maginables. Chacun pensa être à la dernière heure du monde.
Joie, amusements, tout s'était évanoui en un clin d'œil.

« A peine le sultan était-il en sûreté dans la citadelle, que la
tempête s'apaisa; le soleil reparut; et il ne resta pas trace
d'orage.

« Le lendemain, le sultan fit appeler de partout les musiciens; et tous les émirs assistèrent à la circoncision du frère et
du neveu du sultan; il y eut pompeuse cérémonie dans la
grande salle *Achrafieh* construite à la citadelle par El-Achraf (et
appelée, du nom de ce prince, Achrafieh).

« L'Hippodrome Noir ou du ḳabaḳ exista et servit jusqu'à
l'époque du sultan El-Nâċer Moḥammed. Ce prince cessa de s'y
rendre; et il fit disposer, sur le plan de Ta'm Tir el-Abîd, un
vaste terre-plein d'un nouvel hippodrome près du Birket el-
Ḥadjdj (étang du pèlerinage, à deux heures environ du Kaire),
au delà de l'Hippodrome Noir. Plus tard, en 720 (de l'hégire),
El-Nâċer abandonna le champ d'exercices de Birket el-Ḥadjdj,
et revint à l'Hippodrome du Ḳabaḳ. Ce prince continua, selon la

coutume des sultans ses prédécesseurs, à se rendre aux jeux et
exercices de l'hippodrome, jusqu'au temps où les constructions
tumulaires arrivèrent à envahir l'espace, embarrasser la route ,
et s'étendre jusqu'auprès de l'hippodrome même. Mais l'hippodrome fut encore fréquenté jusque dans les derniers temps du
règne d'El-Nàċer.

« J'ai vu (dit Maḳrìzì) des colonnes de marbre , encore
debout, sur l'emplacement vide de l'Hippodrome Noir. On les
appelait les Colonnes des courses. Entre chaque colonne , était
un espace considérable. Elles ne furent enlevées qu'après 780 de
l'hégire. On les abattit par ordre de l'émir Ioûnès, déwadâr (20),
qui les employa à faire construire son tombeau. »

## VI.

Il y eut encore d'autres hipodromes où se faisaient des
courses de chevaux , où les émirs , les milices, se livraient aux
exercices militaires, aux évolutions de petite guerre ; nous ajouterons peu de chose à ce que nous venons d'exposer. En donnant les récits arabes , nous avons voulu par là tracer un aperçu
des fêtes , des cérémonies , des courses , des jeux équestres de
ces époques éloignées de nous d'au moins six siècles , et qui
avaient leurs inspirations et leurs modèles depuis près de trois
siècles en Égypte même , c'est-à-dire depuis les temps où les
Toûloûnides, en 870 de notre ère , s'emparaient du gouvernement, un siècle juste, année pour année, avant la fondation du
Kaire. Tout ce que l'on fait en Europe aujourd'hui pour l'éducation et le perfectionnement ou l'amélioration de la race chevaline se pratiquait alors, et ces pratiques n'étaient que les traditions importées de l'Arabie où elles vivaient consacrées depuis
bien d'autres siècles encore.

Maintenant, avant de dire, d'après les écrivains arabes, ce
qu'était El-Nàċer dans ses goûts, ses habitudes, ses soins pour la
conservation et le développement du cheval arabe, je traduirai
encore quelques lignes de Maḳrìzì, sur l'Hippodrome de l'Étang
du Pèlerinage , et, par occasion , sur l'espèce de mouton que

l'on élevait dans les environs. Cette sorte de digression ne me semble pas être un hors-d'œuvre.

## VII.

### « BIRKET EL-ḤADJDJ,
#### ou l'Étang du Pèlerinage et son hippodrome. »

« L'Étang du Pèlerinage est au nord-est du Kaire, à une distance d'environ un bérid (ou une poste. Le bérid est de quatre parasanges; la parasange est de trois milles; le mille est de trois mille cinq cents coudées, et la coudée est la longueur comprise depuis le pli du coude d'un homme de taille ordinaire jusqu'à l'extrémité du doigt médius, ce qui représente trente-six largeurs de doigt). L'Étang du Pèlerinage est ainsi appelé encore aujourd'hui, parce que c'est l'endroit où s'arrêtent, à leur départ du Kaire et à leur retour de la Mekke, les pèlerins qui voyagent par terre. Primitivement, cet endroit portait le nom de Djoubb Amìrah, ou Puits d'Amìrah.....

« Pendant longtemps, ce fut un lieu où les grands et les princes allaient en parties de plaisir..... Tous les ans, le prince des croyants, El-Moustanṣir Billâh, avec des femmes, et sa suite, tous montés sur des chameaux choisis, se rendait au Djoubb Amîrah. C'était un rendez-vous de fête et d'amusements. (El-Moustanṣir, Kalife fâtimite, monta sur le trône d'Égypte en 427 de l'hégire, 1036 ère chrét.).

« Ce prince annonçait, sous forme de moquerie et narguant follement les habitudes consacrées, qu'il s'en allait en pèlerinage; et il se mettait en route, emportant des outres de vin, au lieu d'outres d'eau, et il régalait tous les assistants d'abondantes libations.....

« Ṣalâḥ el-dîn (Saladin), en 577 (de l'hég., 1181 de J. C.) alla à la chasse au Birket Amîrah, puis joua à la paume, et rentra au Kaire six jours après qu'il en était parti. Plusieurs fois Ṣalâḥ el-dîn et son fils Otmân (Osman) répétèrent ces promenades et ces jeux...

« El-Nâcer Moḥammed, en 722 (de l'hégire), au mois de séfer (deuxième mois de l'année), se rendit à cheval, au Birket el-Ḥadjdj, pour chasser aux grues. Ce prince fit appeler **Kérim el-dîn**, l'inspecteur de ses domaines particuliers, et lui donna l'ordre de disposer, près du Birket, de grands enclos pour les chevaux et les chameaux, et d'établir un hippodrome. L'émir Baktoumour, l'échanson, reçut aussi les mêmes ordres. Kérim el-dîn se mit à l'œuvre; il ne laissa pas un seul des ouvriers dont il pût avoir besoin, travailler au Kaire; de cette manière, il réunit environ deux mille hommes; d'autre part, il rassembla cent paires de bœufs ou vaches..... Les travaux s'achevèrent avec rapidité.

« Le sultan alla les visiter. Et il ordonna, en surplus, de disposer un vaste emplacement pour l'élève des chevaux.

« Les successeurs d'El-Nàċer conservèrent pendant longtemps cet établissement. Mais aujourd'hui (ajoute Maḳrizî), les constructions faites par El-Nàċer sont ruinées.....

« J'ai vu au Birket el-Ḥadjdj un immense marâḥ ou pacage, dans lequel les turkomans nourrissaient des moutons avec de la graine de coton et autres aliments. Ces moutons acquéraient un degré d'obésité extraordinaire, une corpulence monstrueuse, à tel point qu'on ne les transportait et ne les entrait au Kaire que sur des charrettes; leur masse épaisse et lourde empêchait qu'ils pussent marcher. On les appelait moutons *birkâwiens*, c'est-à-dire moutons du Birket ou de l'Étang. J'ai vu de ces moutons birkâwiens, dont on pesa la moitié droite du corps; et le poids s'éleva jusqu'à soixante-quinze rotl (ou livres musulmanes de douze onces), sans le *lieh*. (Le *lieh* est la queue grasse, large, énorme, ramassée, des moutons d'Égypte et de certaines autres localités.)

« Il m'a été assuré que la seule quantité de graisse retirée de l'abdomen d'un de ces moutons, arriva à quarante rotl. Le lieh prenait des dimensions extraordinaires.

« Ces sortes de moutons ont disparu du Kaire depuis les événements qui surgirent après 806 (1404 de J. C.). Aujourd'hui, à peine quelques rares individus se rappellent les Birkâwiens..... Les habitants actuels du Birket el-Ḥadjdj sont des Arabes de la tribu des Béni Sirah. »

Makrizi, qui donne ce récit, mourut en 845 de l'hégire, 1441
— 1442 de l'ère chrétienne.

Je ne sache pas que depuis ce temps, personne en Égypte ait
essayé de donner aux moutons des graines de coton comme aliments, comme faisant partie de leur nourriture. L'expérience
serait cependant facile à renouveler; car, en Égypte, on ne
retire presque aucune utilité de ces graines; on ne les emploie que comme combustible..... On peut en retirer de l'huile.

Les moutons birkâwiens rappellent les espèces de porcs anglais à ventre pendant, à masse énorme. Il serait bon qu'un
Bakewel essayât la graine de coton, comme aliment à mêler aux
autres nourritures des animaux. Personne ne le fera en Égypte,
car on y a peu le goût et l'envie des expériences.

Les moutons à queue large et pesante sont connus depuis une
haute antiquité. Hérodote, qui voyageait en Égypte en 460
avant l'ère chrétienne, en entendit parler. Au liv. III, CXIII, (édition de Larcher), il dit, avec sa bonhomie ordinaire : « On
respire en Arabie une odeur très-suave. Les arabes ont deux
espèces de moutons dignes d'admiration, et qu'on ne voit point
ailleurs : les uns ont la queue longue au moins de trois coudées.
Si on la leur laissait traîner, il y viendrait des ulcères, parce
que la terre l'écorcherait et la meurtrirait. Mais aujourd'hui
tous les bergers de ce pays savent faire de petits chariots sur
chacun desquels ils attachent la queue de ces animaux. L'autre
espèce de moutons a la queue large d'une coudée. »

Cette dernière mesure n'est pas une exagération.

## Section V.

ORIGINE DE L'ADMINISTRATION DITE *Inspection des écuries* (NAŻAR
EL-IŚŤABLÂT, STABULORUM INSPECTIO ), OU ADMINISTRATION
RÉGULIÈRE DES HARAS, EN ÉGYPTE. — DU GOUT DU SULTAN EL-
NÂĆER POUR LES CHEVAUX. — DES COURSES SOUS LE RÈGNE
D'EL-NÂĆER. — OBSERVATIONS.

## I.

« La fonction d'inspecteur ou grand intendant des écuries ,

dit Maḳrizî, est encore aujourd'hui un emploi de haute considération. Cette fonction comporte les devoirs et attributions que voici :

« 1° Administration des écuries et haras, des manâḳ ou stations ou lieux d'attache des chameaux (21);

« 2° Administration des rations (ou fourrages, orge pour les chevaux, fèves pour les chameaux; paille hachée, car on n'en donne jamais d'autre aux chevaux, chameaux, etc.; de rîs ou regain, c'est-à-dire trèfle sec);

« 3° Administration des dépenses relatives aux employés (des écuries et stations); des travaux assignés à ces employés, de leurs bénéfices;

« 4° Administration des ventes et achats pour tout ce qui concerne les établissements susmentionnés.

« Ce fut El-Mélik El-Nâċer Moḥammed, fils de Ḳalâoûn, qui le premier inaugura ce genre de fonction et de fonctionnaire. Ce fut lui le premier aussi qui releva et agrandit l'importance et le rang de l'émir Aḳôr ou grand écuyer (14), qui s'occupa sérieusement du corps des pages, qui prit en intérêt et affection les arabes, qui donna de la considération et de la valeur aux écuyers.

« Son père El-Manṡoûr Ḳalâoûn avait en prédilection les chevaux barcéens (ou de l'ancienne Barcé des Grecs, aujourd'hui le pays de Barḳah); il les achetait de préférence aux chevaux arabes. Cependant on n'entendit jamais dire qu'il ait acquis un cheval à un prix au delà de cinq mille drachmes. (La drachme était la dix-septième ou dix-huitième partie du dînâr ou denier d'or, et le denier valait alors quinze francs de notre monnaie actuelle.) Ḳalâoûn disait : « Le cheval barcéen est le cheval d'utilité; le cheval arabe est le cheval de parade. »

« El-Nâċer au contraire aima de passion les chevaux arabes. Il s'en faisait fournir par la tribu des arabes Béni Mouhannâ, par celle des arabes Béni Fadl, et autres, toutes tribus syriennes» (des vastes contrées étendues de la Méditerranée jusqu'à Damas, jusqu'à Bagdad, jusqu'à Maûċel (Moussoul), jusqu'à Baṡrah, immense espace qui est l'aire d'un carré géographique allant se

compléter à l'Aḳabah et à Jérusalem. Ce sont les espaces habités
ou parcourus aujourd'hui par les nombreuses tribus des arabes
Anazeh. Dès longtemps déjà les Béni Mouhannâ avaient la haute
main sur les tribus des bédouins de Syrie. Les Béni Mouhannâ
et les Béni Faḋl étaient de la même famille, de la même souche,
d'origine Taïide, et par conséquent étaient venus du Nedjd. Depuis environ trois siècles, toutes ces tribus avaient émigré dans la
Syrie orientale. Mouhannâ dont le nom resta comme caractère
appellatif de la tribu de ce nom, était fils de Faḋl qui fut père
de la tribu des Béni Faḋl. Les deux tribus étaient donc sœurs.

« El-Nâċer traitait généreusement et magnifiquement les
arabes, les intéressait à lui, en leur achetant leurs chevaux à
des prix énormes, à des valeurs presque fabuleuses. Par suite,
les arabes Mouhannâ, et les autres, mirent tout en œuvre pour
avoir des chevaux des autres tribus arabes scénites, et ils recher-
chaient avec ardeur, avec persévérance, les chevaux de race
pure (aṭîḳ, au pluriel, a'tàḳ), dans toutes les contrées où ils
pensaient en rencontrer. Pour les obtenir, ils donnaient sans
discussion, sans contestations, des sommes considérables.

« Une foule d'arabes amenèrent aux Béni Mouhannâ les chevaux les plus nobles, les plus généreux (ingenui). Par là, les
Mouhannâ gagnèrent les bonnes grâces du sultan, et obtinrent
de lui les plus hautes distinctions.

« El-Nâċer ne tenait pas en grand amour les chevaux de
Barcé. Et lorsqu'il en acquérait quelques-uns, il les réservait
pour en faire présent aux émirs étrangers. Ses chevaux Mouhannâ, il n'en donnait qu'aux émirs du plus haut rang, à ses
favoris les plus intimes.

« El-Nâċer avait une connaissance parfaite des chevaux, de
leurs défauts, de leurs noblesses et descendances de familles ;
il se rappelait même les noms de toutes les personnes qui lui
avaient fourni des chevaux, et les prix des achats.

« On sut bientôt partout avec quel empressement El-Nâċer
recherchait les chevaux de noble lignée. Et (du fond de l'Arabie,
des bords du Golfe Persique), du Bahreïn, du Ḥaçà, du Ḳatîf, du
Ḥédjàz, de l'Irâḳ, on lui amena des chevaux de race pure. Pour

un cheval, il donnait depuis dix mille à vingt mille drachmes,
à trente mille drachmes, valeur qu'il acquittait par quinze
cents mitkâl (ou deniers) d'or, sans compter ce qu'il donnait de
présents en vêtements de prix pour le vendeur et pour ses
femmes, en sucre, etc. Il n'y avait tribu arabe qui n'envoyât de
ses plus beaux chevaux à ce prince. (L'expression arabe dit :
min kérâïm kouïoûl-houm, *ex generosis equorum eorum.*)

« Telle était la passion hippique du sultan El-Nâcer, que
maintes fois, pour les achats d'un seul jour, il fit payer par
Kérim el-din, l'intendant de ses domaines privés, un million de
drachmes.

« Ce prince acheta des chevaux Mouhannâ au prix de
soixante mille drachmes, de soixante dix-mille drachmes, par
tête. Il acheta des juments poulinières, au prix de quatre-vingt
mille drachmes, de quatre-vingt-dix mille drachmes, l'une. Il
acheta la fille d'El-Kartâ, cent mille drachmes, valeur qu'il paya
en livrant cinq mille mitkâl d'or, et il ajouta en cadeau une
ferme ou propriété territoriale en Syrie.

« Il observait par lui-même et suivait avec soin les chevaux
de prix. Lorsqu'il survenait quelque accident ou défectuosité à
l'un d'eux, ou lorsque l'animal commençait à prendre de l'âge,
El-Nâcer le faisait mettre dans les écuries ou dépôts de réforme.

« Les étalons dont il connaissait parfaitement la noblesse, il
les faisait, en sa présence, saillir les juments; et sur un Livre ou
*Registre d'écurie*, on consignait la date des saillies, et le nom de
l'étalon et de la jument.

« On recueillit ainsi un nombre prodigieux de produits, et on
arriva à ne plus avoir besoin de faire venir de chevaux des pays
étrangers. Toutefois il n'y eut pas, dans les écuries et haras du
prince, de quoi suffire à des exportations.

« La position, la fortune des arabes Mouhannâ, s'éleva, s'a-
grandit; leurs possessions en terres et fermes devinrent immenses; ils furent presque une puissance; leur nombre constitua
une tribu imposante que considéraient et respectaient les autres
tribus arabes.

« Les écuries ou haras du sultan El-Nâcer se peuplèrent, se

remplirent, et arrivèrent à contenir près de trois mille chevaux de choix. Tous les ans, El-Nâĉer passait lui-même l'inspection, faisait, en sa présence, appliquer les marques aux poulains de l'année..... Il confiait les jeunes chevaux à dresser aux plus habiles écuyers arabes.

« La plus grande partie de ces produits, le sultan les donnait en largesses à ses ḳâĉéki ou favoris du palais, et alors il précisait lui-même à chaque donataire le signalement, la famille, l'âge du cheval qu'il donnait : « Cette jument, disait-il, est fille d'une telle ;... la mère de celui-là a coûté telle somme. »

« De même il prodiguait la plus minutieuse insistance dans les recommandations et prescriptions qu'il donnait aux émirs pour l'*entraînement* ou mise en train des chevaux. Chaque émir devait entraîner quatre chevaux. Mais l'émir aḳôr ou grand écuyer cavalcadour devait, avant qui que ce fût, procéder à l'entraînement d'un bon nombre des chevaux du prince, et celui-ci lui recommandait expressément de commencer le traitement nécessaire sans en donner avis à personne. Puis, on répandait le bruit que le grand écuyer n'avait point devancé les autres dans les préparations d'entraînement. Au jour fixé, les chevaux du prince étaient conduits au champ de course pour y disputer le prix de vitesse... Toutes ces précautions n'étaient inspirées et mises en œuvre que dans la crainte de voir un cheval d'un émir vaincre à la course un cheval du sultan. El-Nâĉer ne savait pas se résigner à une pareille défaite ; c'était un de ces hommes auxquels est intolérable le moindre incident qui semble porter la plus légère atteinte à leur position, à leur relief de roi.

« Chaque année, la grande course de vitesse avait lieu à l'Hippodrome du Ḳabaḳ. Le sultan y assistait ; les émirs s'y présentaient avec leurs chevaux préparés et *entraînés*. Puis, les épreuves se succédaient ; et le sultan restait à cheval jusqu'à ce qu'elles fussent terminées. Cent cinquante chevaux au moins, étaient ordinairement engagés dans l'arène. L'émir Ḳatloûbaṛa El-Faḳrî eut un cheval bai foncé, qui aux grandes courses annuelles, et trois ans de suite, vainquit tous les plus fins coureurs de l'Égypte.

« Une année, l'émir Mouhannâ envoya aux courses un cheval blanc, et l'annonça ainsi : « Si ce cheval dépasse tous les « coureurs d'Égypte, il appartient au sultan; si ce cheval est dé- « passé, qu'on me le renvoie. Mais, pour la course dans l'arène, « nul ne le montera que le bédouin qui le conduit. »

« El-Nâċer partit avec ses émirs et se rendit sur le champ de course. Auprès du prince étaient Moûça et Soleïmân, tous deux fils de Mouhannâ. Comme d'habitude, on devait lancer les chevaux à partir du Birket el-Hadjdj. Parmi eux était le cheval de Mouhannâ; le bédouin était monté à poil. Le coursier part; les autres chevaux le suivent, et le suivirent jusqu'à ce qu'il eût fourni la carrière; il était nu, sans selle, et le bédouin avait pour tout vêtement une chemise et une simple tâḳìeh ou calotte de toile. Arrivé à la limite, le bédouin s'arrête, puis court en face du sultan : « A toi la palme aujourd'hui, Mou- « hannâ ! cria le bédouin ; succès complet ! »

« Le sultan fut passablement contrarié de voir ses chevaux vaincus à la course, et de cette époque-là il interrompit désormais les préparations d'entraînement. Mais les émirs conservèrent et continuèrent cette pratique.

« El-Nâċer Mohammed, en mourant, laissa quatre mille huit cents chevaux dans ses écuries, plus de cinq mille chameaux de course ou chameaux légers de hautes races et chamelles mahriennes arabes, sans compter leurs chamelins (22).

« Les courses de chevaux furent abandonnées après la mort d'El-Nâċer. Elles ne furent remises en honneur que sous le règne du sultan Barḳoûḳ (qui fut la tige ou plutôt le premier prince de la dynastie des sultans mamelouks circassiens en Égypte. Il s'empara du sultanat en 784 de l'hégire, 1382 de J. C., quarante ans après la mort d'El-Nâċer, et il prit le surnom d'El-Mélik el-Żâher, ou, comme on prononce en langue vulgaire, El-Ḋâher, c'est-à-dire le triomphant. Car tous ces souverains voulaient être étiquetés victorieux, ou vainqueurs, ou triomphants, etc.). Barḳoûḳ attacha la plus grande importance à l'élevage des chevaux, et en mourant, il laissa dans les écuries sultaniques, sept mille chevaux et quinze mille chameaux. »

## II.

Ces divers articles de Makrîzî présentent de curieux renseignements comme études hippologiques, comme indications
pratiques relativement aux moyens d'animer, d'encourager
l'amélioration de la race chevaline. Les efforts du sultan El-
Nâcer pour implanter en Égypte la race du cheval arabe, les
sommes immenses qu'il consacra pour peupler ses écuries et
ses haras, les soins qu'il mit à suivre et agrandir les résultats
de ses calculs et de ses combinaisons, montrent combien il y a
à vaincre de difficultés pour réussir; mais ils montrent, en même
temps, ce que peut, en quelques années, obtenir une administration attentive, généreuse, intelligente.

Les courses de chevaux étaient depuis longtemps établies en
Égypte, comme habitude, comme fêtes, et dès l'époque de la dynastie des Toûloûnides, elles se célébraient avec pompe, et en
présence d'une foule nombreuse. Sous Komarawièh, le second
des princes de la dynastie Toûloûnide, vers la fin du ix^e siècle
de notre ère, elles eurent lieu presque annuellement; seulement
il n'est question que d'excellents chevaux, de chevaux parfaits;
les textes n'en précisent pas la race. Sous le règne de Beïbars
el-Boundoukdârî, sultan de la première dynastie des mamelouks
Bahrites (en 1270 de l'ère chrét.), il y eut des courses, des dis-
tributions de robes d'honneur; dix-sept cents individus reçurent
des prix, et douze cents chevaux furent donnés en présents.
Mais encore ici, il n'est pas dit d'une manière précise qu'il
s'agissait de chevaux de race.

Ce fut El-Nâcer qui, réellement, et sous des proportions larges
et raisonnées, impatronisa sur les bords du Nil le cheval arabe,
et la conséquence, aidée encore par les soins du sultan El-Bar-
koûk, a été de fonder en Égypte une race particulière. Malheureusement, il n'en reste plus que le cheval égyptien actuel,
pauvre résultat de tant de travail. C'est qu'en Orient presque
tout meurt faute de soins; et si le désert, si la vie des tentes, si
la vie errante, si les mœurs affranchies, si les habitudes libres

des arabes de l'Arabie n'avaient sauvé leur cheval loin de l'administration turque, il y a longtemps que le cheval arabe aurait disparu, il se serait bientôt perdu.

Lorsqu'en Angleterre, Charles II, cet amateur si enthousiaste des courses de chevaux, établissait les règles des luttes hippiques, lorsqu'il envoyait en Asie Mineure, en Arabie, acheter des étalons et des juments de race, lorsqu'il fondait et créait réellement le cheval anglais pur sang, il y avait déjà trois siècles tout entiers que le sultan El-Nâċer fils de Ḳâlaoûn n'existait plus. Charles II mourut en 1685 ; El-Nâċer était mort depuis 1341.

Si l'on compare les sommes qu'El-Nâċer dépensa pour l'achat de chevaux arabes, aux valeurs plus que médiocres que tous les gouvernements d'Europe, sans exception, ont cru devoir consacrer jusqu'aujourd'hui à la recherche d'un résultat analogue, si l'on compare les relations immenses que le sultan établit avec tous les arabes de la Syrie et de l'Arabie, aux chétives missions européennes envoyées sans préparations nécessaires, au milieu de contrées inconnues, chez des populations hostiles, vers des tribus qui s'enfuient dans les déserts, aura-t-on le droit de dire qu'on ait tenté quelque chose de sérieux, de raisonné, je veux dire raisonné sur la connaissance des hommes, des choses, des pays que l'on allait visiter? Auprès de ce qu'a fait El-Nâċer, musulman, révéré des arabes, généreux, les administrations européennes n'ont rien fait, ou presque rien fait. Aussi, le résultat est proportionnel à l'œuvre. Il n'y a que le pays des grandes fortunes, le pays de la persévérance, l'Angleterre qui ait réussi à quelque chose.

Savez-vous ce que c'était que cent mille drachmes, avec de riches présents, avec de magnifiques largesses, avec des paroles et des caresses plus séduisantes encore, savez-vous ce que c'était que cent mille drachmes données pour le prix d'une jument ? Eh bien, cent mille drachmes c'étaient soixante-quinze mille francs. Savez-vous ce que c'était qu'un million de drachmes ou derhem, payé en un jour pour les achats d'un jour ? Eh bien, c'étaient sept cent cinquante mille francs. Et reportez-vous à cette époque, en Égypte, au commencement du quatorzièm<sup>e</sup>

siècle, et voyez tout ce qu'avait d'extraordinaire, de résolu, de
décidé, de curieux, un pareil sacrifice. Aujourd'hui ce serait
presque incroyable, ce serait impossible. Pauvre Orient !
Qu'était-il donc il y a juste six siècles ?... Je dirai plus; quel
gouvernement d'Europe, et les gouvernements aujourd'hui ré-
coltent sans peine des centaines de millions, osera jeter un
million en Syrie et en Arabie pour en retirer et gagner quelques
beaux types hippiques d'un beau sang arabe ? Un sang pur arabe
n'a pas de prix dans les déserts, dans les tribus. Il faut donner
tant qu'il faut pour l'avoir. Et encore, avant tout cela, il faut
être ami de l'arabe, il faut connaître le cheval comme il le connaît, l'apprécier et le juger comme il le juge et l'apprécie. Autrement, nous n'aurons jamais le cheval qu'il aime, qu'il met
au-dessus de tout. Je ne sais pas si jamais Européens ont eu un
cheval arabe que son maître ait regretté. Notre vanité ne veut à
aucune force admettre ce fait, mais il n'en reste pas moins vrai,
irréfragable. Et les conséquences sont là comme preuves.

Tant que nous ne serons pas plus arabes, nous n'aurons pas
de chevaux arabes comme l'Anazeh les comprend, comme le
Hédjâzien les aime, comme le cavalier du Nedjd les demande et
veut les avoir.

III.

Une déduction pratique à tirer de la manière dont El-Nâcer a
suivi, entretenu, surveillé, alimenté à ses dépens l'élevage et la
multiplication du cheval arabe en Égypte, c'est que dans un
pays où, comme en France, les grandes fortunes privées sont
peu nombreuses, le gouvernement doit se charger de la conservation des races chevalines, doit être l'éducateur et la main per-
fectionnante et directrice. Pendant près d'un demi-siècle, El-
Nâcer a été pour ainsi dire le grand écuyer de l'Égypte. L'action
persévérante d'un gouvernement dans les questions qui touchent
de si près aux intérêts et à la réputation d'un pays, est toujours
un encouragement et un appui pour tous.

Car les essais, les expériences, les risques tels que ceux dont
nous voulons parler ici, sont nombreux, sont graves, et rare-

ment les particuliers sont en état, ou par la fortune , ou par les ressources de l'intelligence , de pouvoir suffire et répondre à toutes les nécessités. C'est surtout la ténacité qui forcément fait défaut aux particuliers réduits à leurs seuls efforts personnels; souvent il faut un si long temps pour obtenir des résultats heureux !

« C'est un fait bien constaté , dit le général De Lamoricière dans son beau Rapport de 1850 au conseil supérieur des haras, page 88, que toutes les circonstances générales qui peuvent influer sur le développement de l'espèce (chevaline) restant les mêmes , quand on accouple entre eux des animaux qui se distinguent par les mêmes particularités de forme, on remarque que ces détails de structure se présentent généralement plus tranchés dans les produits.

« En répétant les accouplements pendant plusieurs générations, et dans des conditions semblables , il arrive un moment où cette conformation particulière que l'on a obtenue prend le cachet de la permanence et de la fixité; c'est-à-dire qu'en accouplant entre eux les animaux qui la possèdent, on est certain de la retrouver dans les produits, et que, de plus, elle peut résister, même pendant quelques générations , à des modifications notables dans les circonstances générales sous l'empire desquelles elle s'était produite : à ce moment , elle est , comme on le dit , passée dans le sang.

« En dehors de l'action de l'hérédité se trouve celle du climat, du terroir, des soins et du régime alimentaire auxquels l'animal est soumis surtout pendant l'élevage; de l'état de l'agriculture , duquel dépend en général la qualité de l'alimentation qu'il reçoit; enfin celle du rôle qu'il joue dans l'exploitation du sol.

« Ces divers éléments ont chacun leur part d'influence; quand ils luttent contre l'action de l'hérédité, on la voit s'effacer peu à peu et bientôt disparaître. En se combinant avec elle de façons diverses, ils produisent dans l'espèce ces nombreuses races qu'exigent les besoins de notre société. »

# PRODROME HISTORIQUE

ou

# TRADITIONS HIPPIQUES DES ARABES.

————◦◦◦————

## CHAPITRE PREMIER.

Études et données traditionnelles sur le cheval, d'après les auteurs arabes. — Distinctions ou catégories. — Supériorité du cheval sur tous les autres animaux. — Création du cheval. — Affection des arabes pour leurs chevaux. — Du soin de la race.

I.

Le cheval arabe est le type et le principe des chevaux pur sang et la plus noble des races équestres du monde.

C'est là un axiome dans le domaine de l'hippologie, de la science hippique.

Le cheval arabe est le produit de l'éducation, est un perfectionnement acquis par l'œuvre de l'intelligence humaine.

C'est un second axiome, un second aphorisme.

Aussitôt que la parole essaye l'éloge de cette noble conquête, l'œil se retrace le coursier dont Buffon s'est composé la nature, et la mémoire rappelle les quelques lignes par lesquelles le célèbre naturaliste a voulu en dessiner l'image.

Les arabes aussi ont leurs livres zoologiques, non point systématisés au point de vue d'une science régulière, synthétique en même temps qu'analytique, mais construits simplement en forme de dictionnaire. Où il n'y a pas de science, de combinaisons et de rapprochements d'ordre scientifique, il n'y a que des éléments décousus, *sparsi membra poetæ*, il n'y a que le sable du désert.

Le plus renommé des traités arabes d'histoire naturelle, est celui d'El-Damîrî. C'est une sorte de compilation sous forme alphabétique, intitulée Kitâb haïât el-haïwân, Livre de l'existence ou de la vie des animaux, comme on dirait *Biozootie*, ou *Biozoologie*. Le nom réel de l'auteur est Kémâl el-dîn (la perfection de la religion). El-Damîrî est son surnom, dérivé du nom d'un village d'Égypte, Damîrah, dont Kémâl el-dîn est originaire; mais dans l'usage le nom d'El-Damîrî a prévalu (**23**). A l'article de chaque animal notre auteur cite les données acquises, et résume tout ce qui a été dit avant lui par les zoologistes arabes, ou les savants arabes.

Dans un travail comme celui-ci, il m'a paru utile de donner la traduction de l'article où El-Damîrî traite du cheval. C'est en quelque sorte, mais non pas sous le rapport du brillant et de l'éclat du style, le pendant de l'article de Buffon. Je n'élague de notre auteur arabe que quelques explications de mots et les usages auxquels on employait plusieurs organes du cheval pour la guérison de plusieurs maladies.

## II.

### « LE CHEVAL (FARAS). »

« Le mot faras, cheval, s'applique également au mâle et à la femelle... Le Prophète, sur lui soient les grâces et les bénédictions divines! ne l'employait que dans le sens de jument.

« D'après Ibn el-Sikkît, on appelle cavalier l'individu monté sur un solipède, cheval, mulet ou âne. Imârah Ibn Akil est d'un avis différent : « Je n'appelle pas cavalier, dit-il, un individu monté sur une mule, ou sur un âne; j'appelle l'un *muletier*, et l'autre *ânier*. »

« Les surnoms ou dénominations figurées du cheval sont : l'intrépide, le poursuivant, l'atteignant, le coureur aux longues courses, l'entraîné (ou disposé à la course par l'*entraînement*), le père du refuge ou du salut. »

Je trouve dans la grande compilation arabe appelée Kitâb

el-arâni, ou le Livre des chants, à l'article consacré à la légende
du poëte guerrier Zoheîr Ibn Djénâb, les autres noms et surnoms
suivants du cheval. — Le cheval est appelé, par métonymie, le
lien ou lac des bêtes sauvages , parce que devant lui elles ne
peuvent lui échapper, étant alors comme empêchées par des
liens qui semblent entraver leur fuite lorsqu'il les poursuit.
Aucune d'elles ne peut se soustraire à lui tant il est rapide à la
course. — Heïkel est le nom qui désigne le cheval de haute et
forte taille, le cheval robuste, vigoureux, souple et léger. — Le
cheval est dit encore le lien ou filet des gageures, des enjeux
(keîd el-rihân), comme si celui qui, à la course, lui dispute le
prix ou la victoire , était empétré dans des liens qui l'embar-
rassent.

« De tous les animaux, le cheval est celui qui se rapproche
le plus de l'homme. Comme l'homme, le cheval a la générosité,
la noblesse, l'aspiration aux grandes choses.

« D'après le dire des arabes, le cheval vivait à l'état sauvage,
et Ismaïl (Ismaël) fut le premier qui monta ce fier animal.

« Parmi les chevaux , il en est qui, pendant tout le temps
qu'ils sont montés, ne laissent échapper ni urine, ni crottin. Il
en est qui connaissent leur maître et ne permettent à personne
autre que lui de les monter.

« Soleïmân (Salomon) avait des chevaux pourvus d'ailes.

« Il y a deux races ou divisions générales de chevaux arabes,
— le cheval ATÎK, c'est-à-dire pur, ou pur sang, — et le cheval HEDJÎN, c'est-à-dire mélangé, ou demi-sang.

« La différence essentielle et caractéristique entre l'un et
l'autre est que l'os du berzaûn ou cheval de race inconnue , et
privé de sang arabe, est plus massif que l'os du FARAS ou cheval
de haute race, et que l'os du cheval pur sang, est plus solide et
plus compacte, et par conséquent d'un poids plus considérable
que l'os du berzaûn. Le berzaûn porte une masse plus pesante
que n'en peut porter le faras ou pur sang; mais le cheval pur
sang est plus rapide.

« Le cheval pur est l'image de la gazelle; le berzaûn est l'i-
mage du bélier.

« L'ᴀᴛɪḳ ou pur sang est le cheval de père et de mère arabes.
On l'appelle aᵗiḳ ( c'est-à-dire libre, affranchi, purifié), parce
qu'il est pur de tout reproche, exempt de défauts qui le déprécient. L'aᵗiḳ est grand en toute chose, supérieur pour toute
chose, c'est le tigre, c'est le faucon, et autres encore.

« La qualification d'aᵗiḳ a été donnée à la Ka'bah ou sanctuaire de la Mekke, parce que jamais la main d'un maître étranger ne l'a souillée d'une tache d'esclavage, parce que jamais roi
d'entre les rois, jamais conquérant ne l'a eue en sa puissance.
Abou Bekr, le premier ḳalife, et surnommé le probe, le juste, a
reçu encore le surnom d'aᵗiḳ ou pur sang, à cause de sa beauté.
Selon certains chroniqueurs, cette qualification fut appliquée à
Abou Bekr parce que le saint Prophète lui dit : « Tu es l'affranchi de Dieu ; il t'a affranchi du feu éternel. » Selon d'autres,
Abou Bekr fut appelé aᵗiḳ par sa mère, parce qu'il fut le seul fils
qu'elle put conserver et sauver de la mort.

« Une tradition reçue du Prophète dit : « Le démon n'approche ni de l'homme monté sur un cheval de noble race, ni
de la maison où le cheval pur sang est abrité.

« C'est encore sur une tradition rattachée au Prophète que
fut modelée la réponse d'Abou Ẓarr dans le petit récit suivant :
« Après la conquête de l'Égypte, chaque corps d'arabes avait
un lieu particulier où on laissait les animaux se rouler à terre.
Un jour Moâwiah passe près d'Abou Ẓarr qui regardait son cheval se rouler dans la poussière. Moâwiah salue Abou Ẓarr, et lui
dit : « Qu'est-ce que ce cheval-là? — C'est un cheval qui est toujours exaucé dans ses vœux. — Comment! est-ce que les chevaux
font des vœux? et est-ce que ces vœux seraient exaucés de Dieu?
— Certainement. Il n'y a pas de nuit que le cheval de sang pur
ne s'adresse au ciel et ne dise : « Seigneur, tu m'as soumis aux
« enfants d'Adam, tu leur as confié le soin de ma vie et de mon
« bien-être ; fais que je leur sois plus cher que leurs familles,
« que leurs enfants, que leurs richesses. » Eh bien! parmi ces
« chevaux, les uns sont exaucés, les autres ne le sont pas. Et
« mon cheval que voilà, lui, il est toujours exaucé. »

« Les traditions disent encore : « Veux-tu aller en expédition, en guerre? Achète-toi un cheval bai foncé, balzané excepté de la main droite. Oh! alors, tu feras grand butin, et tu échapperas aux dangers. »

« Le HEDJÎN est le cheval dont le père est arabe et dont la mère est étrangère c'est-à-dire non arabe. Le terme hedjîn se dit également de l'homme né d'une mère esclave et d'un père libre. (C'est le quarteron).

« Le MOUKRIF (ou, selon la prononciation vulgaire, le mougrif) est le cheval dont la mère est arabe et dont le père est étranger c'est-à-dire non arabe.

« Le NARL ou le NARÎL est le cheval privé de sang arabe, le cheval sans naissance, le vilain. La même qualification s'applique à toute bête de charge ou toute monture d'origine ignoble (*ignobilis, spurius*). »

De tout temps, le cheval pur sang a été d'un prix très-élevé, et l'arabe a toujours répugné à vendre son cheval, à s'en séparer.

« Otmân (vulgairement Osman), le kalife, paya un cheval quarante mille drachmes. — Un cheval que le Prophète acheta d'un arabe appelé Sawâd, de la tribu des Béni Mahâzin, portait le nom de Mourtédjez (le versificateur sur le mètre rédjez). Après l'achat, le Prophète dit à Sawâd de le suivre et de venir toucher le prix de l'animal. Le Prophète marchait bon pas ; l'arabe allait d'un pas plus lent. Des individus qui ignoraient que le Prophète eût acheté le cheval, se présentèrent à l'arabe et lui dirent : « Combien veux-tu de ton cheval? » Et chacun de pousser à l'enchère ; et l'arabe de répondre : « Par Dieu! si je voulais « vendre ce cheval-là, il serait vendu. — Mais, reprit le Pro- « phète, qui s'était arrêté au bruit des paroles, et qui entendait « les offres des amateurs, est-ce que je ne l'ai pas acheté? — « Non, par Dieu, non! » répliqua vivement l'arabe. On s'attroupa autour du Prophète et de Sawâd, qui tous deux argüaient de leur droit. « Eh bien, dit Sawâd, voyons! quels témoins as-tu? « Voyons tes témoins. » Moi, je donne témoignage, dit Kozeïmah qui se trouvait présent à cette discussion. Le Prophète s'approche de Kozeïmah : « De quoi témoignes-tu? » lui dit le Prophète. — « Je témoigne et je déclare que tu dis vrai, Prophète

« de Dieu. — Mais est-ce que tu étais présent, auprès de nous,
« lorsque... — Non. — Alors comment peux-tu témoigner? —
« Prophète de Dieu, que ne puis-je donner pour toi le sang de
« mon père, le sang de ma mère ! Quoi! je te crois lorsque tu
« nous parles des choses du ciel, lorsque tu nous annonces des
« paroles venues de Dieu, lorsque tu nous dis ce que sera le
« jour de demain, et je ne te croirais pas à propos de ce cheval
« que tu as acheté? — En vérité, ton témoignage vaut deux
« témoignages, ô Ḳozeïmah. » Ḳozeïmah fut tué à la bataille de
Siffîn, l'an 37 de l'hégire.

« Une tradition prétend que le Prophète laissa le cheval et dit à
l'arabe : « Dieu veuille que ce cheval ne te porte pas bonheur ! »
Et le lendemain matin l'animal *avait les pieds en l'air ;* il était
mort.

« Voici d'autres traditions ou paroles sentencielles recueillies
de la bouche du Prophète. Le saint Envoyé de Dieu a dit : —
« Celui qui nettoie lui-même l'orge pour son cheval et le lui
donne à manger, celui-là Dieu lui inscrit et lui réserve autant de grâces qu'il y a de grains d'orge donnés. — Si tu con-
sacres et immobilises un cheval (24) dans la voie de Dieu (c'est-à-
dire pour la guerre sainte contre les infidèles), et que cette consécration soit une œuvre de foi, en vue de bien mériter auprès
de Dieu, une œuvre de confiance dans les promesses divines,
tout ce que tu auras donné à manger et à boire à ton cheval,
tout ce qu'il aura rejeté de crottins, d'urine, tout sera compté, à
la balance, au jour du jugement dernier, » c'est-à-dire tu rece-
vras alors un poids égal de grâces et de bénédictions. — « Dieu
aime l'homme vigoureux qui part et qui revient sur le cheval
qui part et qui revient, » c'est-à-dire l'homme qui part et se met
en excursion, en guerre, et qui revient, qui recommence une
incursion, une attaque après une première incursion, une première attaque, une fois puis une autre fois, et toujours. Le
cheval qui part, qui revient, est celui que son maître conduit
d'incursion en incursion, qu'il a dressé, élevé, qui est devenu
souple et docile. — Un jour les Médinois proposèrent une joute
à la course, en tirant de l'arc. Le Prophète monta un cheval

alongé, à l'étoile blanche au front. C'était un cheval appartenant à Abou Talhah. Le Prophète se lance avec les concurrents ;
et à son retour, il dit : « En vérité, il se précipite comme se précipite le flot de la mer. » Or ce cheval était mou, sans élan ; mais
depuis la parole prononcée par le Prophète, ce fut le coursier le
plus rapide, nul ne put plus l'atteindre.

« Hanbal raconte ceci : « Je partis un jour avec le divin Prophète, pour une expédition. J'étais sur une jument épuisée ; je
me trouvais avec les derniers de la troupe. Le Prophète vint à
moi : « Eh! l'homme à cheval, allons ! me dit-il ; marchons ! —
« O Apôtre de Dieu, répondis-je, ce cheval est épuisé, sans vi-
« gueur. » Le Prophète levant une baguette qu'il avait à la main,
« en frappa doucement ma monture, en disant : « Mon Dieu,
« bénis cet homme en sa monture. » Et je n'eus pas le temps de
« ramener et de sentir la tête de mon cheval, que déjà j'étais à
« la tête de la troupe... Plus tard je vendis des produits de ma
« jument, pour douze mille drachmes. »

« Kâled (le terrible batailleur, homme d'intrépide résolution,
Kâled qui dès le commencement de l'islamisme commandait les
arabes dans leurs premières guerres en Syrie) ne montait jamais,
dans les combats, que des juments, parce qu'elles hennissent
moins. Les compagnons directs du Prophète, en ligne de bataille,
préféraient le cheval ; pour les incursions, les repos ou stations,
ils préféraient la jument.

« De nature, le cheval est majestueux, fier, superbe, satisfait
et content de lui-même, aimant son maître.

« C'est parce qu'il a de la noblesse, de la grandeur, que le
cheval ne mange pas le reste d'une ration d'un autre cheval.

« Il est des juments qui sont menstruées, mais légèrement.
— A quatre ans accomplis, l'étalon est appelé aux saillies. — On
a vu des chevaux prolonger leur existence jusqu'à quatre-vingt-
dix ans.

« Ainsi que l'homme, le cheval rêve.—Il a l'œil vif et perçant.

« D'instinct, le cheval n'aime boire que l'eau troublée, non
limpide ; si elle est claire et transparente, il la brouille et la
trouble.

« On dit : « Le cheval n'a pas de rate, » pour dire qu'il est tout vitesse, tout mouvement, de même qu'on dit : « Le chameau n'a pas de fiel, » pour dire le chameau manque d'audace.

« S'il y a quelque chose de bien à avoir, disait le Prophète, c'est une femme, une maison, un cheval. S'il y a quelque chose de mauvais et de dangereux à avoir, c'est une femme, une maison, un cheval, un domestique ; — mais ce mauvais cheval, c'est le cheval qui donne des coups de pied ; — mais cette mauvaise, cette détestable femme, c'est la femme qui a connu un autre mari que son mari actuel, et qui soupire après le premier ; cette mauvaise encore, cette détestable femme est la femme qui ne donne pas d'enfants, qui a la langue trop puissante et la foi trop chancelante ; — cette mauvaise maison, c'est la maison qui est loin de la mosquée et d'où l'on n'entend pas l'annonce de la prière, ni le salut (ou première annonce de la prière) ; — ce mauvais domestique, c'est le domestique de nature corrompue, de confiance impossible. »

« En guerre, le cheval a deux parts du butin, et le cavalier qui n'a qu'un seul cheval, de race arabe ou non, mais dispos, nécessaire, utile à ce cavalier qui le conduit en guerre, n'a droit qu'à une part. Peu importe que le cheval soit emprunté ou loué. Sur mer, dans un fort, les parts de butin sont les mêmes ; car, là aussi, l'homme a besoin du cheval. Deux musulmans qui possèdent en commun le cheval, reçoivent le lot d'un homme et les deux lots du cheval, et partagent par moitié. Si deux cavaliers ont combattu sur le même cheval et si malgré ce double fardeau, le cheval a fait comme il faut l'élan et le retrait (c'est-à-dire a servi aux évolutions habituelles des arabes), on attribue quatre parts du butin ; sinon, on ne donne que deux parts.

« Dans l'islamisme, un chef de milice doit réunir les qualités de plusieurs êtres de la création. Ainsi, il doit avoir : — le cœur du lion, sans lâcheté et sans détour ; — la fierté audacieuse du tigre, qui ne s'humilie jamais devant son ennemi ; — le courage de l'ours, qui se bat de tous ses ongles, de toutes ses griffes ; — l'impétuosité du sanglier, qui se rue, et qui ne se retourne jamais ; — la tactique du loup, qui dérouté d'un côté, charge de

l'autre ; — la force habile à porter les armes pesantes, la force
de la fourmi qui porte une masse de plusieurs fois le poids de
son corps ; — l'immobilité de la pierre immobile en place ; —
l'impassible patience de l'âne, l'inébranlable résolution sous les
coups de sabre, devant les fers des lances, devant les pointes des
flèches ; — l'attention vigilante et empressée du chien, qui accourt au devant de son maître, l'accueille et le suit ; — l'ardeur
du coq à chercher et à saisir l'occasion ; — la prudence à l'œil
toujours ouvert, comme la grue ; — le tempérament du na'roûb,
auquel la fatigue donne l'embonpoint.

« Le na'roûb est un petit quadrupède du Korâçân que le travail et la fatigue engraissent.

« Le petit récit suivant est donné dans le Livre des règles et
voies de gain licite. C'est un fidèle en expédition contre les mécréants, qui parle : « Un jour je fonçai avec mon cheval sur un
onagre que je voulais tuer. Mon cheval trompa mon espérance.
Je n'étais pas habitué à pareil désappointement. Je revins triste,
consterné. Je m'assis la tête basse, le cœur brisé ; j'étais désolé
d'avoir manqué ma proie, désolé surtout de la malheureuse
épreuve que je venais de faire de mon cheval. Je m'appuyai la
tête sur une colonne (ou pieu de support central) de la tente. Je
m'assoupis. Mon cheval était debout près de moi. Je le vis en
songe ; et il me sembla qu'il m'adressait la parole et me disait :
« En vérité! il paraît clair que tu as voulu prendre l'onagre en
« trois fois ; hier, tu m'as acheté une ration d'orge et tu l'as payée
« avec une drachme mauvaise. Jamais les choses ne se doivent
« passer ainsi. » Je m'éveillai en sursaut. J'allai à la hâte chez
le marchand d'orge, et je lui changeai la drachme de la veille. »

## III.

Dans tous les récits, paroles, maximes, etc., racontés dans les
écrits arabes, ces couleurs mystérieuses, ces sortes d'excentricités
d'idées, ces sortes de folies d'imagination, comme on les appelle
aujourd'hui, ont leur vérité, leur point d'application pratique.
L'arabe croit ce que nous ne croyons guère ; son esprit voyage

où nous ne voyageons presque plus, dans les régions éthérées. Il tourne et habille les récits d'une autre manière que nous. Mais ôtez le vêtement de la donnée écrite, revenez, comme on veut toujours le faire dans notre époque qui se dit si positive, à l'homme nu, au corps matériel de la pensée, vous retrouverez sans nulle peine ce qu'il y a de pratique, ce qu'il y a de précepte utile. Notre homme qui a manqué son onagre, avait manqué à autre chose, son cheval eut à se plaindre ; et son cheval, pour quelque circonstance d'inattention, manqua, en un jour, de jambes ou de cœur. Le cheval qui apostrophe son maître endormi, est l'esprit de ce maître qui se rappelle quelque oubli, quelque faute envers son cheval.

Mahomet donne toujours à ses paroles, à ses conseils, à ses maximes, une teinte, que dis-je ! une âme profondément religieuse. Une fois qu'il eut fait admettre sa qualité d'apôtre, d'envoyé de Dieu, de prophète, il ne sut plus prononcer une parole qu'en prophète, en envoyé céleste, en apôtre. Sa parole, toujours parfumée et imprégnée ou de sentiment religieux, ou d'autorité religieuse, devint la loi, la science, devint tout. Dieu compte même les grains d'orge que tu donnes à ton cheval ; jusqu'à un grain, tout est profit ici-bas et dans l'autre monde ; une victoire peut être pour une ration d'orge, mais certainement une bénédiction, un sourire du ciel pour un grain d'orge. Et l'arabe déjà passionné pour les chevaux, vit avec bonheur que Dieu bénissait cet amour. Élever, multiplier, anoblir et ennoblir, perfectionner le cheval, fut donc pour l'arabe du musulmanisme, un devoir consacré, sanctifié ; et ce devoir était déjà un plaisir, une joie, une gloire dans toute l'Arabie ; ce devint aussi de la religion. Pensée féconde, pensée d'avenir, qui devait avoir et qui eut d'immenses résultats.

Car c'est toujours une religion, une foi quelconque qui fait marcher, courir les hommes aux grandes choses. Les anciens l'avaient senti ; ils avaient des dieux pour tout. Les chevaux aussi avaient chez le monde payen, leurs attributions dans le ciel, et Pyroïs, Eoüs, Ethon et Phlégon, transportaient le Soleil, un Dieu, à travers les incommensurables espaces du ciel. Napoléon eut la religion de la gloire militaire, la religion des armées; Mahomet eut la religion de la religion. Le premier, génie de l'éclat et de la voix des batailles, s'illustre par des conquêtes qui semblèrent éphémères et qui aujourd'hui sont, matériellement mais non moralement, effacées de dessus la face géographique de l'Europe ; le second avec sa religion conquit non pas des pays seulement, mais des nations, posa des conquêtes résistantes, vivaces, encore debout dans le cœur et dans l'imagination de vingt peuples divers, de l'orient à l'occident.

Mahomet de son œil d'aigle, de son regard rapide, vit de suite tout ce qu'il y avait à espérer, à faire du cheval de ses arabes, et il plaça le cheval au second rang de la création ; il raconta, il assura que l'admirable quadrupède avait été créé du vent du midi, du vent qui traverse rapide, tourbillonnant, les vastes solitudes du désert dont il soulève les sables en nuages immenses. Puis, cet enfant des grands espaces, des plaines ardentes, sa première éducation fut réservée à l'aïeul des arabes, au saint aïeul du Prophète ; puis un autre prophète, Salomon, aussi fils d'un prophète, Salomon le plus magnifique des rois de la terre, le plus favorisé du ciel, fut le généreux donateur du père de ces chevaux de noble origine, de pur sang, qui furent l'ornement des populations que, sur la péninsule Arabique, Dieu réservait à la glorification de l'islamisme, à la transmission de la plus sublime religion aux peuples des quatre plages de la terre.

Et puis encore, l'arabe, amoureux du coursier, le désirait pour toute l'éternité. L'amour, même de certaines choses de ce monde, veut se survivre encore pour l'autre vie ; les belles femmes, les beaux chevaux, enthousiasmaient l'arabe, toute sa vie la plus chère, la plus émouvante, était le haras et le harem ; pouvait-il espérer que dans son paradis islamique, il aurait encore ses plus chères affections, ses plus douces et ses plus glorieuses sympathies? Mahomet promit tout, tout le bonheur que désiraient ses prosélytes. Dieu ne devait pas être moins bon, moins généreux dans le ciel que sur la terre, au delà qu'en deçà de la tombe, et à l'arabe il fut promis, pour l'éternité, des houris, des chevaux, le harem et le haras. « J'aime, dit un jour avec animation

« un arabe de Médine à son Prophète, j'aime les chevaux ; Pro-
« phète de Dieu, y a-t-il des chevaux dans le paradis ? — Oui,
« répond Mahomet, oui certes, il y en a ; et aussitôt que tu seras
« entré dans le paradis, on te présentera un cheval, un cheval
« brillant comme la gemme de haut prix, un cheval à deux
« ailes ; tu monteras le coursier ; il t'emportera dans son vol ;
« il te transportera au gré de tes désirs. Les heureux du paradis,
« mais ils se rendent visite montés sur des chevaux de toute no-
« blesse, de toute pureté de sang, blancs, étincelants comme
« des pierres précieuses. Au ciel, il n'y a d'animaux, que le
« cheval, le chameau coureur, et des oiseaux. »

Dieu lui-même relève, par sa parole sainte, la haute importance du cheval. « Il suffit, dit encore notre même auteur arabe
El-Damîrî, il suffit à la gloire du cheval que dans le livre sacré
Dieu ait daigné jurer par le nom des coursiers. Le Très-Haut
a dit (dans les onze versets suivants, lesquels composent la cen-
tième sourate ou chapitre du Koran, intitulé LES COURSIERS et ré-
vélé au Prophète, à la Mekke) :

« AU NOM DE DIEU MISÉRICORDIEUX ET CLÉMENT. »

« Je le jure par les coursiers lancés, dont les flancs grondent
à la course,

« Par les coursiers dont les pieds en frappant le sol, en font
jaillir le feu,

« Par les coursiers qui vont à l'ennemi dès la première lueur
du matin,

« Qui s'annoncent par des tourbillons de poussière,

« Qui fondent à travers les masses ennemies,

« Oui, l'homme est un ingrat (il méconnaît les bienfaits de
son Dieu) ;

« Et l'homme en témoignera contre soi-même ;

« Oui, la passion de son bien-être l'aveugle.

« Il ne sait pas qu'au moment où le pied de l'ange aura heurté
le peu qui restera des morts sous la tombe,

« Au moment où sera produit au grand jour ce que renfermaient les cœurs,

« Le Seigneur, alors, saura tout reconnaître. »

Je passe, sans plus de réflexions, au complément de ce que donne El-Damîrî sur le cheval. Ce complément est à un autre article de son traité de zoologie, au mot ḳAÎL, chevaux. Ḳaîl est un terme collectif, et représente à peu près le terme français : espèce chevaline, ou simplement, les chevaux, et sans rien désigner de spécial sous aucun rapport.

## IV.

### « CHEVAUX OU ESPÈCE CHEVALINE (ḲAÎL). »

« Un contemporain du Prophète dit : « J'ai vu l'Apôtre divin rouler de ses doigts les crins flottants sur le front de son cheval, et le saint Apôtre disait : « Aux crins du toupet des chevaux sont « noués, pour jusqu'à la dernière heure du monde, le succès, « les récompenses, le butin... Mon peuple, au grand jour du « jugement dernier, apparaîtra l'étoile blanche au front comme « signe de ses prosternations religieuses, les pieds comme bal- « zanés par l'eau de ses nombreuses ablutions. Ces signes ne se « verront sur aucun autre peuple du monde. » (25)

« Le Prophète n'aimait pas le cheval choukkâl ou à balzanes croisées, c'est-à-dire, l'une au pied droit, l'autre à la main gauche, ou *vice versâ*. Selon les philologues, choukkâl se dit du cheval à trois balzanes. Cette qualification de choukkâl, signifie entravé; par comparaison, on a appliqué ce terme au cheval à deux balzanes croisées, parce qu'elles rappellent la manière d'attacher les chevaux avec des entraves. Le cheval à deux balzanes qui a la pelote en tête, n'est plus disgracieux, et même alors on ne lui donne plus la qualification de choukkâl.

« D'après un récit qui remonte à Alî (le quatrième ḳalife), c'est au Prophète qu'est due la tradition suivante : Lorsque Dieu voulut créer le cheval, il dit au vent du midi : « Je vais créer de « ta substance un être nouveau que je destine à devenir la gloire « de mes élus, la honte de mes ennemis, la parure de mes ser- « viteurs. — Crée, seigneur, dit le vent, crée cet être. » Et Dieu prit une poignée de vent, et en créa un cheval auquel il dit :

« Je t'ai créé arabe ; j'ai attaché aux crins de ton front les suc-
« cès ; j'ai mis sur ton dos la richesse des butins ; j'ai déposé des
« trésors dans tes flancs ; je t'établis le roi des quadrupèdes do-
« mestiques ; je remplirai d'amour pour toi le cœur de ton
« maître ; je te donne, sans t'en donner les ailes, le vol de l'oi-
« seau ; tu es fait pour les reconnaissances, tu es fait pour la
« retraite. Dans l'avenir, je placerai sur ton dos des hommes qui
« adoreront ma majesté, qui diront mes louanges, qui procla-
« meront mon unité, qui célébreront ma grandeur. Et ces glo-
« rifications, ces hommages à mon unité, à mon immensité, tu
« ne les entendras jamais sans que tu ne les répètes en chœur avec
« les hommes. » Et lorsque les anges apprirent la création du
cheval : « Seigneur, dirent-ils, nous sommes tes anges, nous
« aussi nous t'adorons, nous aussi nous te louons, nous procla-
« mons ton unité ; nous exaltons ta grandeur, qu'aurons-nous
« donc, nous? » Et aussitôt Dieu créa une créature au long cou
comme le cou du dromadaire, pour transporter à leur gré, les
Prophètes, les envoyés et messagers du ciel.

« Dès que le cheval se trouva debout sur la terre, Dieu lui
dit : « Par ton hennissement, humilie devant toi les infidèles,
« remplis de ta voix leurs oreilles, fais leur courber la tête, épou-
« vante leurs cœurs..... » Lorsque Dieu eut exposé aux yeux
d'Adam tous les êtres, Dieu lui dit : « Choisis parmi mes créa-
« tures, celle qui te plaît. » Et Adam choisit le cheval. » Puis
une voix dit au premier homme : « Tu as choisi ta gloire et la
« gloire de ta postérité, à tout jamais, tant que les temps dure-
« ront, tant que dureront les siècles. »

« Voici une variante de cette légende traditionnelle rattachée
également au Prophète.

« Lorsque Dieu voulut créer les chevaux, il fit parvenir au
vent du midi ces paroles : « Je vais créer de toi une créature
« nouvelle ; condense-toi. » Et le vent se condensa. L'ange Gabriel en prit une poignée et dit à Dieu : « En voici plein ma
« main. » Et Dieu créa de cette poignée de vent, un cheval bai
doré auquel il dit : « Je t'ai créé et je t'ai fait arabe ; parmi les
« animaux domestiques, je t'ai donné la supériorité par tout ce que

« j'ai attaché de fortune et de trésor à tes flancs ; les riches dé-
« pouilles se transporteront sur ton dos ; les succès et le bonheur
« sont attachés aux crins de ton front. » Puis l'Éternel donne
la liberté au coursier qui soudain part en hennissant. « Bai,
« lui dit alors le Seigneur, par ton hennissement épouvante les
« infidèles, remplis leur les oreilles du son de ta voix, fais leur
« trembler les pieds. » Et Dieu lui imprima au front l'étoile
blanche, au pied la blanche balzane. Et puis après qu'Adam fut
créé : « Adam, lui dit le Créateur, choisis de mes deux animaux
« que voilà, le cheval et Borâk, choisis celui que tu aimes. »
Borâk ou le Fulgurant était sous la forme de mulet, ni mâle, ni
femelle (26). — Adam préféra le cheval. « Tu as choisi, dit l'ange
« Gabriel à Adam, tu as choisi le plus beau des deux ; » il désignait par là le cheval. Puis Dieu dit à Adam : « Tu as choisi ce
« qui sera ta gloire, et la gloire de ta postérité, à tout jamais,
« tant que se succéderont les siècles. »

« D'après le Prophète, il y a dans le paradis, des arbres de
la cime desquels il s'échappe des housses brillantes, et du pied
desquels il sort des chevaux tout sellés de selles d'or, tout bridés
de harnais semés de perles et de pierres précieuses, des chevaux
ne donnant ni crottins ni urine, ayant des ailes aux flancs, des
chevaux dont le pas s'alonge jusqu'à l'extrême portée du regard;
ces chevaux sont les montures des élus qui, à leur gré, en dirigent le vol merveilleux... Et les élus de second ordre diront :
« Seigneur, notre Dieu, pourquoi donc a-t-il été donné à ces
« fidèles-là, tes serviteurs, de jouir de ce privilége ? — « C'est,
« répondra l'Éternel, c'est que ceux-là, priaient la nuit, pendant
« que vous dormiez ; c'est qu'ils jeûnaient, pendant les jours où
« vous mangiez ; c'est qu'ils donnaient leurs biens, pendant que
« vous étiez avares ; c'est qu'ils combattaient, pendant que vous
« trembliez de peur. » Et Dieu calmera leur cœur ; et leurs yeux
ne seront plus jaloux.

« Ismaël le premier monta à cheval. Auparavant, le cheval
vivait à l'état sauvage. Or, à l'époque où Dieu permit à Abraham
et à Ismaël, de poser les fondements du sanctuaire de la Mekke :
« Je vais vous donner, dit le Seigneur à ses deux serviteurs, un

« trésor que depuis des siècles je vous réserve. Sors, Ismaël, va
« sur la haute cime des monts, appelle ce trésor. » Ismaël sortit
et gravit sur les montagnes ; mais il ne savait pas ce qu'il devait
appeler, quel était le trésor promis. Dieu inspira à Ismaël, son
serviteur, les paroles qu'il fallait prononcer ; et il n'y eut pas un
cheval de toute la surface de l'Arabie, qui ne répondit aux paroles d'Ismaël, qui n'accourut lui mettre la crinière sous la main,
se livrer docilement à sa volonté. C'est par allusion à ce fait mi-
raculeux que le Prophète disait : « Montez les coursiers, c'est un
« héritage que vous a transmis votre père Ismaël. »

« Le Prophète engagea une course de chevaux entraînés ;
l'espace à franchir était d'El-Ḥafiâ au Défilé des Adieux. Il engagea aussi une autre course de chevaux non entraînés ; la distance était, pour ceux-ci, du Défilé des Adieux à la mosquée des
arabes Béni Zoraïḳ. Un fils d'Omar fut un des concurrents, et
son cheval franchit un mur. »

Ces courses eurent lieu à la fin de la cinquième année de
l'hégire ; la fin de cette année correspond au 23 avril 627 ère
chrétienne. Ces deux courses sont mentionnées dans l'Essai sur
l'histoire des arabes, par M. Caussin de Perceval : « Les chevaux
qui étaient préparés, mis en haleine, eurent à parcourir l'espace
de six milles environ. Le point de départ était le lieu nommé
El-Ḥafiâ, le but la Colline des Adieux. Les chevaux non préparés
franchirent seulement la distance d'un mille, entre la Colline
des Adieux et une petite mosquée appartenant aux Béni Zoraïḳ.
Il y eut aussi des courses de chameaux, dans lesquelles une chamelle de Mahomet, appelée El-Adbâ, et renommée par sa vitesse, fut battue par la chamelle d'un Bédouin, au grand dé-
plaisir des musulmans et même du Prophète » (qui pour se
consoler, dit alors : « Dieu le veut ainsi ! ne s'élève chose au
« monde que Dieu ne l'abaisse ! »)... Les chevaux n'étaient pas
communs alors chez les arabes des villes du Ḥédjâz ( vol. iii,
p. 148 ). On en trouvait en plus grand nombre chez les Bédouins
et surtout dans le Nedjd. Mahomet en fit venir, pour lui, de
cette contrée. Il confia les enfants et les femmes des Koreïẓah
(ou juifs du Ḥédjâz, et) qui lui étaient échus (en partage) ou qui

faisaient partie du quint de Dieu, au Médinois Sa'd fils de Zeïd, et le chargea d'aller les vendre aux Bédouins et de lui amener des chevaux en retour. La belle Rihàna fut la seule captive que Mahomet conserva. Elle finit par abjurer la religion juive et embrasser l'islamisme : néanmoins elle ne fut point élevée au rang d'épouse du Prophète, elle demeura sa concubine.—Ces passages sont extraits par M. Caussin, de deux ouvrages arabes, le Sîrat el-raçoûl, et le Tàrîk el-kamîci.

« Il n'y a, disait le saint Envoyé de Dieu, il n'y a jamais que trois sortes de jeux auxquels les anges assistent : aux jeux d'un mari avec sa femme, aux courses de chevaux, aux exercices des armes (c'est-à-dire du sabre, de la lance, des flèches ; l'expression arabe dit : niçâl ; le mot signifie les lances, les armes de fer, ou les armes ferrées ; ce qui correspond à ce que nous entendons par *armes blanches*).

« Les chevaux qui se sont rendus les plus célèbres par leurs victoires dans les courses, sont au nombre de dix : — Moudjell, magnifique ; — Moutill, regardant ; — Bàl, intelligence ; — Bâré', supérieur ; — Mourtàh, reposé ou se reposant sur le succès ; — Kàtî, avançant ; — Àtef, bienveillant ; — Àümel, agissant, acteur ; — El-Sikkìt, le silencieux ; — El-Fiskil ou El-Fouskoul, le dernier à la course. »

Il est facile d'apercevoir, d'après les détails que nous venons d'exposer, quel était et quel est l'amour des arabes, pour leur cheval, quel intérêt même religieux, même presque dogmatique, ils portent à en rechercher, étudier et conserver la race. L'ancien amour chevaleresque des arabes antéislamiques, est seulement devenu, depuis Mahomet et grâce aussi à Mahomet, un amour religieux. Puis, les docteurs, les théologiens, les chroniqueurs, tous les savants de l'islamisme, ont discuté même l'époque de la création du cheval, cette noble conquête qui, disent-ils, fut, à n'en pas douter, la noble conquête du fils d'Abraham, d'Ismaël l'aïeul de tous les arabes, lequel vint prendre femme chez les vieux arabes Djourhoumides, avec eux apprit l'arabe, se fit arabe dans la péninsule des arabes. Le vieux Patriarche et Prophète et ami de Dieu, Abraham, venait tous les ans le visiter en Arabie, monté sur le cheval Borâḳ dont les mortels ordinaires, à ce qu'il parait, ne voyaient pas la forme hippogyne.

« Nous sommes d'avis, continue notre auteur, El-Damîrî, que le cheval a été créé environ deux jours avant l'homme, que les mâles ont été créés avant les femelles, et que les chevaux arabes ont été créés avant les chevaux communs ou berzaûn. Le Ḳoran, notre base en toute chose, puisqu'il est le livre de Dieu, nous fournit la logique de nos raisonnements. — Au personnage de considération, d'importance, on prépare d'avance ce qui est nécessaire pour son arrivée. Par ainsi, Dieu a créé toutes créatures, animaux, corps inertes, pour l'homme et pour la postérité des hommes; c'est en raison de cela que la création de tous les autres êtres a précédé celle de l'homme; l'homme a paru le dernier parce qu'il est le plus noble des êtres. Ne voyez-vous donc pas que notre Prophète, étant le plus noble et le plus grand de tous les Prophètes, c'est pour cela qu'il a été envoyé le dernier sur la terre ? Par suite encore de la raison de prééminence, les animaux ont été créés après les corps inertes et inanimés, et le cheval, le plus noble des animaux, a été créé le dernier des ani-maux, mais avant l'homme. Seulement lorsque nous disons, « environ deux jours auparavant, » nous ne voulons établir qu'une approximation logique. Car la création a commencé, sans aucun doute, le dimanche, et l'homme a été créé le vendredi vers le moment moyen entre le midi et le coucher du soleil. Cet ordre de création, il n'y a que l'ignorance et l'impiété, ou la folie et l'aveuglement qui puissent le contester. Nous, nous n'acceptons comme réel que ce dont la vérité nous a été transmise par Dieu et par son Prophète.

« Le mâle aussi a été créé avant la femelle, et cela pour deux raisons. La première est la raison de supériorité, de prééminence; la seconde est celle-ci : le mâle a le tempérament plus ardent, plus vif, plus vigoureux, que celui de la femelle, bien que les deux êtres soient de même espèce, de même nature. Selon la règle consacrée par le Créateur, le plus ardent, le plus fort, est formé avant le moins ardent, avant le plus faible. C'est ainsi qu'Adam a été créé avant Ève. Relativement, le but principal, premier, est le cheval des batailles, de la guerre sainte contre les infidèles. Et pour les combats, le cheval est supérieur à la jument, il est plus prompt, plus infatigable, plus audacieux, plus intelligent dans la lutte et les dangers de mêlée. La jument n'a pas les mêmes qualités au même degré. Elle affronte sous la main de son cavalier les dangers les plus imminents, mais seulement lorsqu'elle est en appétence coïtale et qu'elle voit l'étalon. Ces données ne sont nullement infirmées par l'exemple de l'ange Gabriel qui, lorsqu'il s'agissait de faire pénétrer Pharaon dans la Mer Rouge, monta une jument, traversa le lit de la mer et entraîna ainsi l'Égyptien à périr dans les flots. C'est que le Pharaon montait un étalon qui alors se précipita à la suite de la jument, et le Pharaon ne put plus le retenir.

« De nombreuses traditions, soit émanées du Prophète, soit transmises par l'expérience des siècles, indiquent ce qu'il y a de mérite dans le cheval, ce qu'il a de vitesse, de qualités, ce qu'il y a de noble à l'élever, ce qu'il y a de bénédictions attachées à sa possession, ce qu'il y a de soins à lui prodiguer, ce qu'il y a d'attentions à avoir pour le soigner, pour entretenir la propreté de sa crinière. De ces traditions ou prescriptions traditionnelles, il en est qui proscrivent la castration du cheval, qui défendent de lui tailler le toupet, de lui rogner les oreilles ou le bretauder.

« Il n'est pas permis, c'est-à-dire qu'il est coupable de vendre le cheval arabe aux ennemis de l'islamisme, aux infidèles résidants en pays non musulmans. Il en est de même pour les armes.

« C'est une pratique répréhensible que d'attacher des cordes ou cordons autour du cou des chevaux. Le Prophète faisait couper ces cordons. On a dit qu'il les faisait couper parce qu'on y attachait des clochettes; selon d'autres, c'était de peur que ces cordons, qui d'ailleurs avaient pour but d'empêcher l'effet du *mauvais œil*, ne vinssent à gêner la respiration dans les courses de fond.

« Ne faites point courir sur les propriétés ou terrains d'autrui.

« Dans les courses de chevaux, c'est au cou de l'animal que s'apprécie et se détermine le rang de *précession* et que l'on juge quel est des concurrents celui qui arrive le premier au terme fixé. Dans les courses de chameaux, le point d'estimation, pour juger le vainqueur, ce sont les épaules de l'animal. — Cette habitude des Arabes date d'avant l'islamisme. — La raison de ce mode d'appréciation, est que le chameau coureur élève le cou dans l'élan de sa course, et dès lors on ne peut prendre cette partie du corps comme point d'appréciation de vitesse et comme moyen de distinguer et de déterminer quel est le concurrent qui est arrivé le premier à la limite fixée pour la course. Le cheval au contraire, lorsqu'il est lancé alonge le cou. On suppose que les cous sont d'égale longueur, ou d'égale hauteur. C'est en faisant allusion au mode établi pour examiner et juger quel est le vainqueur d'une course, que le Prophète a dit : « J'ai été en-
« voyé, moi, et l'heure fatale, comme deux coursiers rivaux
« engagés dans une course; à peine si l'un devance l'autre de
« la longueur de son oreille. »

« Engager un cheval sur l'arène avec deux autres chevaux, lorsqu'il n'y a pas certitude qu'il dépassera les deux concurrents, n'établit pas la circonstance de jeu d'intérêt ou jeu coupable; mais entrer en lice, avec la persuasion et la certitude que les deux concurrents seront vaincus, est un jeu coupable.

« Gardez-vous de laisser monter le cheval arabe par vos sujets tributaires (ou payant la capitation, qu'ils soient chrétiens ou juifs, ou autres). Car Dieu a dit : « Vous avez vos chevaux pour
« jeter la terreur parmi les ennemis de Dieu et parmi vos enne-
« mis. » Cependant certains docteurs permettent aux sujets tributaires des musulmans, de monter les berzaûn ou chevaux sans race (27).

« On ne prélève pas d'impôt sur les chevaux. Dieu a dit : «Le
« musulman ne payera d'impôt aumônier ni pour son esclave
« ni pour son cheval. » Le rite hanafite (l'un des quatre rites orthodoxes musulmans, prenant les paroles précédentes dans toute leur rigueur littérale) établit l'obligation d'un impôt sur les juments, qu'elles soient gardées isolées, ou qu'elles soient

avec des étalons ; le propriétaire a le choix ou de donner un
dinàr ou denier d'or par jument, ou d'estimer la jument ou les
juments qu'il possède et de donner, par chaque deux cents
drachmes cinq drachmes (ou deux et demi pour cent de la valeur estimative. Ce n'est point une sorte de loi somptuaire ; c'est
simplement un impôt sur les revenus possibles ou produits d'une
jument. C'est ce qu'indiquent d'ailleurs les paroles suivantes de
notre auteur). Le musulman qui ne possède que des chevaux
mâles, n'a pas d'impôts à supporter pour cette sorte de propriété (28). »

V.

Nous avons vu plusieurs fois le terme de berzaûn appliqué
comme dénomination distinctive à une espèce de chevaux.
Voici ce qu'El-Damîrî, l'auteur arabe dont nous avons extrait
les détails précédents, dit à cet égard. Rappelons-nous que le
mot faras ou cheval, en général, sans détermination particulière, désigne le cheval arabe, — que la qualification d'atîk
désigne le cheval arabe de haute race, de pur sang, — que les
deux mots hédjin et moukrif, ou vulgairement mougrif, c'est-
à-dire *qui répugne*, désignent, le premier, le cheval dont le père
seulement est arabe, le second, le cheval dont la mère seulement est arabe, — et enfin que le mot narl ou naril, désigne
le cheval ou tout animal sans race. Maintenant, il faut remarquer que le mot spécial pour désigner le cheval sans naissance, c'est-à-dire privé complètement de sang arabe, est berzaûn. Pour les arabes, ce mot est l'équivalent du *clitellarius
equus*, le cheval de bât, qu'au moyen âge, en France, on appelait *bâtier*, *bastier ;* et habituellement il signifie, pour eux, cheval turk ou mauvais cheval.

Par le mot arabe kourâ' on entend collectivement toute
espèce de cheval, qu'elle qu'en soit l'origine ou la valeur. Ce
mot fait au pluriel akrou', et au pluriel du pluriel akàré'.

## VI.

### « CHEVAL COMMUN OU SANS RACE (BERZAÛN). »

« Le berzaûn ou cheval commun, dit El-Damîrî, est appelé, par métonymie, Abou l-Aḳtal, c'est-à-dire le père de l'oreille basse, parce qu'il a l'oreille lâchée, ballottante, ou même pendante. Le cheval arabe au contraire a l'oreille hardie.

« Le mot berzaûn (qui est persan d'origine) fait au pluriel bérâzin, et au féminin berzaûneh. (Le nom berzaûn rappelle et figure les mots *veredus, burdo.* Voy. le *Glossarium* de Du Cange).

« Le berzaûn dit : « Mon Dieu, je te demande seulement ma « nourriture au jour le jour. »

On voit par cette dernière idée que le berzaûn est mis au dernier rang de l'espèce chevaline. Il est considéré comme le cheval de souffrance, le cheval de charge ; il craint en quelque sorte, que son maître ne le soigne avec trop peu d'attention ; et comme le malheureux, comme l'indigent qui compte peu sur la bienveillance des autres hommes, il ne demande à Dieu que la nourriture du jour présent. L'appréciation du berzaûn comme cheval misérable, ressort des dernières paroles du récit suivant.

« Un jour, Abou Horeïrah (surnommé le sage de l'islamisme, le vase de la science) passa assez près de Merwân ; celui-ci faisait bâtir dans sa maison, à Médine. J'allai m'asseoir près de lui, dit Abou Horeïrah. Les ouvriers travaillaient. Je me mis à leur adresser ces mots : « Allons, bâtissez solidement, léguez « vos espérances à l'avenir, et mourez prochainement. » — « Que dis-tu à ces gens ! » me demanda Merwân. Et je répétai trois fois : « Bâtissez solidement, léguez vos espérances à l'ave- « nir, et mourez prochainement, ô enfants des Ḳoréïchides, » et j'ajoutai : « Voyez ce que vous étiez hier, voyez ce que vous « êtes aujourd'hui, les valets de vos esclaves les Perses et les « Roûm. Mangez donc du pain de fine fleur de farine, man- « gez donc de la viande grasse et belle, et ne vous mangez pas « les uns les autres, ne vous mordez pas comme d'ignobles

« berzaûn; aujourd'hui, soyez petits, mais demain, demain
« soyez donc grands, levez-vous; je vous le jure par le Dieu puis-
« sant, chacun de ceux d'entre vous qui élève une assise de ces
« pierres, Dieu le rabaissera et l'humiliera au jour du juge-
« ment (29). »

« L'animal le plus mangeur est la berzaûneh qui écume.

« Omar, le second kalife, fit quatre fois le voyage de la Syrie.
La première fois, il voyagea à cheval, et la seconde, à chameau:
la troisième fois, il retourna à cause de la peste; la quatrième, il
monta un âne. Omar avait écrit aux émirs ou officiers de la cavalerie, de lui préparer un cheval de main. Le kalife enfourcha
son cheval; mais Omar s'étant aperçu que l'animal boitait, descendit. On amena un berzaûn; Omar le monta, mais la bête
avait une allure, une démarche si agitée, si saccadée, elle se
secouait tellement qu'il mit pied à terre, détourna dédaigneu-
sement les yeux, et s'écria : « Que Dieu ne reconnaisse jamais
« celui qui t'a fait connaître, et qui t'a appris une si brutale dé-
« marche ! » puis Omar monta sa chamelle. Jamais il n'avait
monté de berzaûn et jamais plus il n'en monta.

« Les berzaûn étaient les chevaux de gros service, les chevaux de service ordinaire. Les grands, les kalifes, tous les
princes de l'Orient en avaient un nombre plus ou moins considérable, et en faisaient même des présents. Car parmi les berzaûn il en est qui sont doués de bonnes qualités. Les corps de
cavalerie étaient, bien entendu, presque uniquement formés de
ces sortes de chevaux.

« Le cheval de sang pur, dit El-Damîri à l'article kaïl, est
de tempérament plus ardent, plus vif, ce qui indique qu'il a été
créé avant le berzaûn; car ce dernier est un être secondaire,
un être contingent, un être abâtardi. Nul berzaûn des temps
passés n'a laissé de nom ou de souvenir.

« Le berzaûn est le cheval dégradé, déprécié; c'est pour cela
que nos docteurs ou législateurs ne sont pas d'accord sur cette
question-ci : « Doit-on donner part au berzaûn comme au cheval arabe, dans le butin pris en guerre ? » Mais il a été dit :
« Le cheval arabe a droit à deux parts dans le butin; le hédjîn

a droit à une part. » Il y a à déduire de là que le hédjîn ne reçoit jamais le nom de faras; d'un autre côté, le hédjîn se rapproche du berzaûn. En un mot, le berzaûn est le cheval sur
lequel il n'y a à fonder réellement aucune espérance, c'est le
produit infime. »

## VII.

Ces derniers mots semblent apporter un peu de confusion
dans les désignations. Mais il résulte toujours ceci, que le mot
hédjîn désigne un cheval né de père arabe, et que le berzaûn
est — ou un sang mêlé, un cheval de qualité inférieure malgré
ce que parfois il peut avoir de sang, c'est-à-dire qu'il est un
mauvais produit de croisement, — ou un cheval dont on ignore
le père ou la mère, ou dont le père et la mère n'ont rien du
sang arabe; — c'est toujours un cheval commun, c'est-à-dire sans
race, ou c'est un produit de très-médiocre valeur. Berzaûn
s'applique donc à tout cheval de basse condition, depuis et y
compris le cheval de sang mêlé.

La fixation des parts pour les chevaux, après une expédition,
a été établie par imitation de ce que fit Mahomet. A la suite des
deux guerres qui amenèrent la presque destruction des juifs dits
Koreïżah, dans le Hédjâz, Mahomet accorda, explicitement, deux
parts du butin au cheval, et une part à l'homme, ce qui assignait
trois lots aux cavaliers. Après la ruine des juifs de Keïbar, la septième année de l'hégire, deux ans après la réduction et le massacre des juifs Koreïżah, Mahomet, lors de la distribution du
butin, fit encore une distinction entre ceux de ses cavaliers qui
avaient des chevaux pur sang et ceux qui avaient des chevaux
demi-sang. Aux premiers il accorda une gratification spéciale,
quelque chose en surplus; car il encourageait par tous les
moyens possibles la propagation et l'élève de la race pur sang.

# CHAPITRE II.



## I.

### CHEVAUX DE MAHOMET.

El-Damîrî, en donnant la liste des chevaux de Mahomet, y
ajoute à peine quelques indications explicatives très-brèves. Je
les complète ou les développe parce que présente à cet égard le
Târîk el-kamîcî ou Chronique en forme d'armée à cinq divisions, une en avant, une en arrière, une au centre et une sur
chaque côté. Par cette sorte d'épithète l'auteur veut dire : Chronique complète et développée. Cet ouvrage très-étendu et très-
détaillé est une histoire de Mahomet avec toutes les traditions
relatives à la vie du Prophète musulman. Le Tarîk el-kamîcî
est d'une époque postérieure à celle d'El-Damîrî, et est dû à Ho-
ceîn, fils de Mohammed, du Diàr-Bekr.

## II.

Le Prophète posséda plusieurs chevaux :
— 1° « SAKB, cheval bai qu'il acheta à Médine, d'un arabe
de la tribu des Béni Fézârah, pour dix onces d'argent. Ce fut le
moins beau des chevaux que le Prophète eût en possession.
Ce cheval s'appelait Daris, le difficile, l'affamé en colère. Le
Prophète substitua à ce nom celui de Sakb, le versement, ou la
chute d'eau comme la chute de l'eau qui s'échappe et se précipite d'une fontaine. Sakb signifie encore anémone. — Sakb
avait le garrot élevé et bien sorti, la pelote en tête, et trois
balzanes; la main droite était libre, c'est-à-dire sans balzane. Il
parut en lice, fut vainqueur dans une course, et causa une
grande joie au Prophète. Ce fut le premier cheval sur lequel
Mahomet alla en expédition. Sakb fut ainsi appelé à cause de la
rapidité de sa course, il versait ses pas comme l'eau sur l'arène.

(Je dois prévenir que souvent, pour désigner un des bipèdes antérieurs, je garderai l'expression arabe, qui me paraît très-simple
et très-commode; les arabes disent : la main, les mains, la main
droite, la main gauche; par suite, et comme conséquence logique,
ils disent de même : le pied, les pieds, le pied gauche, le pied
droit, en parlant des bipèdes postérieurs. Ces mêmes formes de
locution désignent, de la même manière, les membres de tous
les quadrupèdes. )

— 2° « SABHAH, nageuse. Elle fut ainsi nommée parce qu'à
la course elle semblait nager, tant son élan était parfait, grand
et alongé. Elle avait la robe isabelle. Le Prophète acheta ce cheval d'un arabe de la tribu des Béni Djoheïnah, pour dix chameaux de course. Ce fut avec Sabhah que le Prophète vainquit à
une course, et il s'écria ensuite tout émerveillé : « Soubhân
Allah, » ô grandeur divine! Et de là, dit-on, ce cheval fut appelé
Sabhah. (Il y a donc un double sens dans cette dénomination.)

— 3° « MOURTÉDJEZ, versificateur sur le mètre prosodique
appelé rédjez. Ce cheval fut ainsi appelé à cause de la beauté de
son hennissement. Mourtédjez était fils d'El-Mélâah, l'opu-
lence; il avait le pelage blanc.

— 4° « EL-LIZÂZ, l'accolé. Il fut envoyé en présent au Prophète, par le Moukaûkis ou gouverneur de l'Égypte. Le nom de
Lizâz implique l'idée de vigueur et de ramassé dans la corpulence; il signifie particulièrement : qui est d'une rapidité telle
qu'il ne s'élance jamais à la course sans se trouver presque
de suite comme accolé au but.

— 5° « EL-ŻARIB, le robuste. Il fut ainsi appelé à cause de
sa force, et de la dureté de ses sabots. Il fut donné au Prophète
par Farwah, de la tribu des Djouzâmides.

— 6° « EL-LAHÎF, l'effleurant. Il fut ainsi appelé à cause de
son extrême légèreté; il semblait à peine effleurer la terre en
courant. Quelques écrivains le nomment EL-LAKÎF, l'écumant...
Il fut donné au Prophète par Rabîah. El-Lahîf veut dire encore :
le recouvrant; certains chroniqueurs indiquent que ce cheval
fut ainsi nommé parce qu'il avait la queue tellement longue
qu'elle traînait sur le sol et le recouvrait.

— 7° « EL-WARD, le rosé, ou couleur moyenne entre l'alezan et l'isabelle. Il a été donné au Prophète par Témim de la famille des Béni el-Dàr. Ensuite le Prophète fit cadeau d'El-Ward à Omar qui le voua et le consacra au service de l'armée pour la guerre sainte. Quelque temps après, ce cheval fut mis en vente à vil prix. Omar voulut le racheter, et consulta à cet égard le Prophète, qui alors lui dit : « Ne rachète pas ce cheval. Ne « rentre pas en possession de ce que tu as consacré, comme « don pieux, au service de Dieu, quand même on ne te demanderait pour prix qu'une seule drachme. Reprendre ou recouvrer un don pieux, c'est faire comme le chien qui reprend « ce qu'il vient de vomir. »

« Les traditions et chroniques se trouvent d'accord à l'endroit des sept chevaux que nous venons de citer. Mais toutes ne donnent pas ou ne mentionnent pas les quinze autres dont voici le signalement.

— 1° « EL-ABLAK, blanc et noir, ou robe pie. Ablak qualifie le cheval qui a ces deux couleurs.

— 2° « ZOU L-OKKÂL, l'entravé des deux pieds, le mis ès-liens ; — ou encore, celui qui a les apophyses médianes des vertèbres, saillantes.

— 3° « ZOU L-LIMMEH, le chevelu, c'est-à-dire dont les crins du sommet de la tête dépassent la pointe des oreilles.

— 4° « EL-MOURTÉDJEL, le col branlant. On qualifie de ce nom le cheval qui branle le cou à la manière du cheval tenant l'amble.

— 5° « EL-SIRHÂN, le libre aux pâtis ; qu'on laisse paître ou envoie paître en liberté.

— 6° « EL-YA'ÇOÙB, ou EL-YA'TOÙB, le roi des abeilles. Dénomination qualificative du cheval de taille élancée et fine, du coursier svelte et leste à la course.

— 7° « El-BAHR, la mer, était bai. Le Prophète acheta ce cheval de marchands qui venaient de l'Yémen. Plusieurs fois El-Bahr fut engagé et fut vainqueur dans les courses. Après la première fois, le Prophète se baissa devant l'animal, et lui passa la main sur le front, en disant: « En vérité, tu n'es pas autre qu'une

mer (qui se précipite et triomphe de tout); » de là ce cheval fut
appelé mer, Baḥr. Les deux panneaux de sa selle étaient en lîf
(ou tissu végétal fait avec des fibres de l'involucre qui, au sommet du dattier, entoure et habille en quelque sorte la base des
djérîd ou grands rameaux formant le seul branchage de cette
espèce d'arbre ou de palmier). Un auteur prétend que Baḥr fut
le même que Sabḥah, et que trois fois il fut vainqueur dans les
courses. — Baḥr portait auparavant le nom de Mandoûb.
(*Voy.* ce mot au Nobiliaire, chap. xv, § ix.)

— 8° « El-Edhem, le noir.

— 9° « El-Moulâwiḥ, les grâces, les beautés.

—10° « El-Tirf, la perfection. Un auteur rapporte que c'est
ce cheval qui fut acheté de Sawâd, et à propos duquel, ainsi que
nous l'avons raconté précédemment (page 79), Ḳozeïmah rendit
témoignage en faveur du Prophète.

—11° « El-Saḥḥâ, le prodigue à la course. Ce mot signifie
encore « celui qui a la bouche entr'ouverte, » ce qui donne
alors pour nom propre : Bouche-ouverte.

—12° « El-Mourâweḥ, le vent impétueux, fut appelé ainsi à
cause de sa rapidité et de l'ampleur prodigieuse de sa course.
Ce cheval fut donné au Prophète par une peuplade arabe de la
grande tribu yamanite des Béni Mazḥidj.

—13° « El-Mouḳdâm, le bouillant.

—14° « El-Mandoûb, le regretté. — Ces deux derniers ne
sont mentionnés que par quelques auteurs de chroniques.

—15° « El-Dariman, le hardi sauteur. Le mot primitif ou
original est Darim ; en ajoutant une *n* (avec la voyelle *a*), le mot
devient : dariman.

« Dans un livre intitulé *Les dons d'en haut, ou Les dons du
ciel*, on trouve en surplus des quinze noms précédents, — celui
d'El-sidjil, le verseur, celui qui verse l'eau ; — et celui d'El-
nédjîb, le noble. Mais, selon une autre tradition, ce dernier
cheval aurait été le même que celui qui a été acheté de Sawâd. »

### III.

D'après ce que nous venons de voir, il y a à résumer que les noms donnés par les arabes à leurs chevaux, étaient ou une qualification de mérite, ou un signalement général d'extérieur, ou une désignation métaphorique, ou un souvenir d'une circonstance ou d'un incident, ou une détermination de la couleur, ou une appréciation de parenté. Rarement le nom était pris entièrement au hasard, et surtout sans signification aucune.

Mais il est à remarquer que, jusqu'à présent et dans tout ce que nous avons cité des écrits arabes relativement aux chevaux, il n'est pas une seule fois question de Koheïl, ni de Kahlân ou de Kahlânî, c'est-à-dire des noms des souches considérées comme les principes de ce qu'il y a aujourd'hui de plus beau , de plus riche, de plus noble, de plus pur sang arabe. Nous avons donc à déduire dès maintenant, une donnée d'une grave et sérieuse importance, à savoir, que jusqu'à l'époque du sultan El-Nâċer, fils de Kalâoûn, et même jusqu'à celle de la seconde dynastie des Mamelouks ou sultans circassiens, les familles des Koheïl, des Kahlân ou Kahlanî, étaient encore inconnues ou au moins sans réputation. Il y a seulement à soupçonner, et je veux même dire, à croire que les célèbres chevaux Mouhannâ d'El-Nâċer fils de Kalâoûn et les nombreuses importations de chevaux de race, qui de tous les pays furent introduits par les arabes dans la Syrie orientale, ont dû enfanter et produire successivement les fameux chevaux Anazeh ou Anazî d'aujourd'hui. Car, ainsi que nous l'avons vu, les arabes de la tribu des Béni Mouhannâ furent pour ainsi dire les maquignons en chef du sultan El-Nâċer, et pendant plus de trente ans, firent arriver chez eux des chevaux de tous les points de l'Arabie. Déjà ces arabes possédaient une race de chevaux qui avait un nom, une race qui attira l'attention du sultan El-Nâċer, et cette race n'a pu que gagner en développement de mérite et de qualités, par l'affluence de chevaux que le commerce amena dans les contrées uniquement occupées ou parcourues encore aujourd'hui par les nombreuses tribus des arabes Anazeh.

Nous avons donc un motif rationnel de diviser la race chevaline
arabe en deux familles bien distinctes : — la FAMILLE ARABE SY-
RIENNE, appelée de nos jours la famille des Anazeh, — et la FA-
MILLE ARABE PÉNINSULAIRE, ou arabe proprement dite. Il est inutile ici d'en tracer les caractères, ils sont suffisamment connus et
se trouvent amplement décrits dans les ouvrages spéciaux d'hippologie et d'hippiatrie.

Depuis des siècles avant Mahomet, les arabes avaient poussé
d'immenses émigrations au delà des limites septentrionales de
leur presqu'île. La grande tribu des Rassânides avait établi sa
patrie depuis longtemps dans les espaces où se trouvent maintenant les Anazeh. Depuis plus longtemps encore, des populations
plus méridionales que ne l'étaient les Rassânides, des tribus de
l'empire Himiarique ou les Homérites de Pline, de Strabon, d'Éra-
tosthène, avaient porté leurs armes et leurs conquêtes jusque
vers l'Euphrate, et par conséquent avaient promené leurs chevaux de l'Yémen jusque sur les plages des régions riveraines
supérieures du Golfe Persique. Depuis plus longtemps encore
que les Himiarites, les Sabéens leurs frères, et les Kahlânides
aussi leurs frères, avaient émigré des contrées de la Sabaïe ou
extrême Yémen, et étaient venus s'implanter et s'impatroniser
jusque dans l'Irâk babylonien ou l'Irâk arabique... Cette émigration si considérable dut avoir lieu, d'après nos calculs, d'a-
près nos appréciations et comparaisons de synchronismes et de
durées de générations, cinq siècles avant Mahomet.

Il n'y a donc pas à douter que ces grands mouvements de populations arabes, ces expatriations spontanées, n'aient, depuis
environ dix-sept siècles, mais non pas, certainement, pour la
première fois, importé en Syrie le cheval de l'Arabie.

Et par la suite des temps, par les influences continues d'un
nouveau climat, d'un nouveau genre de vie, d'un air, d'un soleil différents du soleil et de l'air de l'Arabie méridionale, le
cheval quoique soigné par l'homme arabe, a nécessairement
subi des modifications dans sa construction, dans sa charpente,
tout en gardant ses qualités premières, natives, tout en se déve-
loppant ou même s'améliorant encore dans les vertus de son

sang. En venant plus au nord, le cheval arabe a pris plus d'ampleur, plus d'étoffe. Il a reçu forcément l'influence de la loi naturelle de l'acclimatation ; car, comme aperçu général, il est à
remarquer que, par le fait ou en quelque sorte par la puissance
géographique, il serait mieux de dire *toponomique*, le cheval
dans les quatre continents, Asie, Europe, Afrique, Amérique,
a trois types ou caractères physiques visibles : — au sud ou
vers l'Équateur, le type le plus fin, le plus alerte, le plus har-
monieux, le plus beau; — au milieu ou zône intermédiaire, le
type le plus volumineux, le plus fort, le plus corpulent; — au
nord, le type le plus petit, le plus court.

Mais il n'en demeure pas moins certain que plus on se rapproche de l'Arabie, plus le cheval se produit et se conserve facilement avec ses riches qualités. Il semble qu'en Arabie il soit
plus chez lui ; et en effet, il est, comme dit l'expression arabe,
sur le sol qui a reçu et appuyé sa tête au moment de sa naissance. Le désert est son berceau ; son premier éducateur et son
meilleur ami est l'arabe du désert.


## IV.


Mahomet, par sa parole, par son exemple, par ses préceptes,
a voulu tracer et consacrer toute la vie arabe. Législateur adroit,
ayant l'intelligence de sa force, il a porté la main sur tout ce qui
devait constituer, affermir, étendre, diriger la société qu'il ne
fondait pas entièrement mais qu'il asseyait dans une nouvelle
pose, avec de nouvelles pensées. Mahomet résuma dans sa vie
tout l'arabe, tout le musulman présent et à venir. Il porta,
disons-nous, la main et la sanction de sa voix sur toutes choses,
même sur la science, même sur l'histoire du passé, sur la philosophie de l'histoire. Il eut tort; c'est là qu'il est faible, et c'est là
qu'il fut imprudent, à moins qu'il n'ait résolûment bravé la
force des choses, et voulu enrayer l'avenir.

Mais dans la vie pratique matérielle, dans les prévisions de
développement matériel de sa nation, il eut le regard profond...
Il encourageait l'élève et le perfectionnement du cheval arabe.

et il en avait lui-même de plusieurs points de l'Arabie et même
de l'Égypte. Il fallait qu'il donnât l'importance, c'est-à-dire la
consécration religieuse aux espèces d'animaux indispensables au
peuple guerrier qu'il ralliait sous les drapeaux de l'islamisme
pour jusqu'à la fin des siècles de ce monde. Et il finit par faire
servir à quelque chose dans son apostolat, et la mule, et la chamelle, et l'âne ; nouveau Balaam il entendit parler son âne ;
mais, de plus que Balaam, il entendit parler sa chamelle, il la fit
plier et mettre à genoux sous le poids d'une révélation... Toujours, en Mahomet, le raisonnement et la ruse ; les miracles ne
lui coûtent rien.

V.

### MULES DE MAHOMET.

« Le Prophète eut une mule blanche appelée Douldoul ou
Doldol. Elle lui fut envoyée avec d'autres présents par le Mou-
kaûḳis ou vice-roi d'Égypte et d'Alexandrie (30).

« C'est cette mule que le Prophète montait à la bataille de Ḥo-
neîn et à laquelle il dit, au fort de la mêlée : « Couche-toi, Doul-
« doul, » et la mule obéissante se mit le ventre par terre (31).

« A Médine, et en voyage, le Prophète montait cette mule. Elle
parvint à un âge très-avancé, à tel point qu'elle perdit ses dents
molaires. Après la mort du Prophète, elle servit de monture
à Oṭmân (Osman), à Ạlî, puis à Ḥaçan, puis à Ḥoceîn, puis à Mohammed, tous trois fils d'Ạlî. Enfin elle devint aveugle. Un jour
qu'elle entra dans un vallon des Béni Madledj, un arabe lui tira
une flèche et la tua.

« Les autres mules du Prophète furent :

— « Fiḋḋah, argent métallique ; elle fut donnée au Prophète
par Farwah ;

— « El-Djouzâmî, la Djouzâmienne (nom d'une tribu arabe);
cette mule fut donnée au Prophète par Abou Bekr ;

— « El-Aïlîeh, l'aïlienne ; elle fut donnée au Prophète par
le roi d'Aïlah, dans la province de Baṣrah. Aïlieh plut beaucoup
au Prophète. Elle était blanc argentin, avait la queue écourtée,

était haut montée et comme dressée sur des lances. Elle était
magnifique de démarche et d'allure. C'est en parlant d'Aïlîeh,
qu'Alî dit un jour au Prophète : « Comme cette mule te plaît, si
tu veux, nous t'en ferons une pareille. — Et comment? — Cette
mule-là est évidemment fille d'une jument arabe et a pour père
un âne. En faisant saillir par un âne une jument arabe, il en
résultera certainement une mule comme celle-là. — En vérité,
dans ces sortes de choses, on ne sait jamais bien ce qu'on fait. »

« Le Prophète eut encore deux autres mules. »

## VI.

### « ANES DE MAHOMET. »

« Les ânes que posséda le Prophète furent :

— « OFEÌR, pulvérulent, ou gris de poussière. Ofeîr fut envoyé
avec d'autres présents expédiés au Prophète, par le Moukaûkis ou
vice-roi d'Égypte.

— « YA'FOÛR, le poudrant, le grison ; on pense que c'est le
même que le précédent.

« Dans l'expédition contre les juifs de Ķeïbar (32), le Prophète prit un âne noir, qui lui adressa la parole. Et aussitôt le
Prophète de lui dire : « Quel est ton nom? — Je m'appelle, ré-
« pond l'âne, Yézîd fils de Chihâb. Dieu a donné à un de mes
« ancêtres, dans une période de plusieurs siècles, une descen-
« dance de quarante ânes dont chacun n'a été monté que par
« un Prophète. C'est par suite du privilége accordé à notre lignée
« que je t'arrêtais tout à l'heure, afin que tu me montasses. De
« la postérité de mon antique aïeul, il ne reste plus que moi,
« parce qu'en fait de Prophètes, il n'y a plus que toi. Avant que
« tu ne parusses, j'étais chez un juif appelé Mourahheb. A chaque
« fois qu'il entendait prononcer ton nom, ce juif proférait les
« plus inconvenantes paroles. Moi, je restais dans les bornes du
« devoir vis-à-vis de lui, car j'avais une raison pour cela ; et lui,
« il me serrait le ventre, il me battait l'échine. — En vérité, tu
« es YA'FOÛR; dis-moi, Ya'foûr, désires-tu des femelles? — Non,

« non. — Pourquoi? — Voici pourquoi. Mes pères, de généra-
« tion en génération, se sont transmis cette tradition de famille,
« à savoir : « Soixante-dix Prophètes monteront nos descen-
« dants; et le dernier de notre postérité sera la monture du
« Prophète divin appelé Mahomet. Je dois être, moi, ce dernier
« âne. »

« Le Prophète le garda et le montait pour aller visiter ses compagnons; et l'âne frappait à la porte, et appelait. »

Assez de lignes pour une pareille plaisanterie, pour un pareil
miracle. Voilà bien l'âne savant s'il en fut.


## VII.

### CHAMEAUX DE MAHOMET.

« Le Prophète posséda un bon nombre de chameaux :

— « El-Ḳouśwa, ayant la pointe des oreilles coupée. C'est
sur cette chamelle que le Prophète s'enfuit de la Mekke à Médine.

— « El-Aḋbâ, qui a les oreilles fendues au sommet.

— « El-Djedâ, la bretaudée.

« El-Aḋbâ était fauve. Elle avait été achetée huit cents
drachmes (ou environ douze cents francs). Lorsque le Prophète
arriva à Médine, cette chamelle était dans sa septième année.
Toutes les fois qu'étant à monture, le Prophète recevait une communication ou révélation divine, c'est toujours sur El-Aḋbâ qu'il
se trouvait monté; et El-Aḋbâ s'agenouillait alors, pliait sous le
poids de l'influence céleste. Ce fut El-Aḋbâ qui parla au Prophète, qui lui expliqua et dévoila ce qu'elle était, qui lui décou-
vrit comme quoi l'herbe des pâturages s'empressait de venir à
elle, et comme quoi aussi les bêtes sauvages s'éloignaient d'elle.
El-Aḋbâ dit encore au Prophète : « C'est toi qui es le vrai Mohammed (Mahomet). » Une fois que Mahomet fut expiré, El-
Aḋbâ ne but et ne mangea plus, elle mourut d'abstinence. »

Mahomet eut environ une soixantaine de chameaux. Ses chamelles lui fournissaient, en abondance, du lait qu'il faisait distribuer à ses femmes.

A la journée de Bedr, il prit un chameau qui avait un anneau d'argent passé dans l'aile du nez (33).

Aucune tradition n'indique que Mahomet ait possédé des bêtes bovines. Mais il avait un troupeau de cent brebis ; une d'entre elles appelée Aînah, la précieuse, le bel échantillon, fournissait spécialement du lait au Prophète.

# CHAPITRE III.

Des dispositions légales relatives — aux courses, joutes, carrousels; — aux donations ou immobilisations de chevaux pour la guerre.

## I.

Les paroles, les exemples, les préceptes de Mahomet, toute sa vie dans les plus minutieux détails, furent les bases et les modèles sur lesquels s'édifia et s'organisa la vie pratique de la société musulmane. Mahomet avait concouru dans plusieurs courses, il les avait dirigées, présidées par sa seule présence. La manière dont il se conduisit alors fut la raison des dispositions légales, jurisprudentielles, qui réglèrent ces exercices si nécessaires d'ailleurs à l'entretien sinon à l'accroissement des qualités guerrières des arabes, des nouveaux religionnaires.

Il fallait conserver cet esprit qui, depuis tant de siècles, se dépensait en incursions interminables entre les tribus errantes, entre les peuplades stationnaires; il fallait conserver ce feu sacré qui se perdait depuis si longtemps en étincelles stériles, fugitives, à travers les sables des déserts, mais il fallait en organiser les foyers, l'employer utilement pour la prospérité et l'extension de la nouvelle foi, de cette nouvelle doctrine qui dressait, pour toute la durée des siècles à venir, le drapeau de la guerre. Donner une direction, un aliment raisonné à cette ardeur guerroyante des arabes, c'était d'ailleurs caresser leur passion dominante, c'était les relier dans une même pensée générale. Et comme ils ne comprenaient guère cette vie de combats, c'est-à-dire de butin, de conquêtes, car se piller entre eux, s'attendre, se dépouiller mutuellement, d'homme à homme, de tribus à tribus, était chose légitime et consacrée par l'habitude et par le temps, comme ils ne comprenaient guère les excursions armées, les invasions, sans le secours tout-puissant de la cavalerie, ils s'exercèrent plus avidement que jamais au maniement des armes, aux exercices équestres, aux carrousels, ils soignèrent la multiplication et l'éducation de leurs chevaux. Depuis des siècles, les jeux du turf, les courses, les défis étaient pour les Bédouins de l'Arabie, pour tous les arabes, non-seulement des fêtes, des solennités de parade, mais encore des luttes d'honneur, des épreuves d'intelligence, des témoignages de succès, c'étaient les affaires importantes.

Et puis, en organisant la nouvelle société, la société devenue musulmane, il fallait effacer de son passé et de ses coutumes, tout ce qu'il était possible d'effacer, tout ce qui pouvait empêcher l'union fraternelle de tant de tribus ; il fallait faire en sorte que ne se renouvelassent plus ces anciennes querelles qui, soulevées par un acte de mauvais aloi dans une course de chevaux par exemple, suscitaient des guerres interminables entre des tribus puissantes, des guerres de quarante ans.

Ces guerres, il est vrai, et nous en parlerons bientôt, étaient peu meurtrières ; mais elles tenaient les tribus en inimitié, en hostilité ; et d'ailleurs, des efforts considérables s'épuisaient sans résultats. Après l'installation de l'islamisme, un nouvel élément d'activité se présentait ; il ne s'agissait plus de se débattre et de se battre en pure perte chez soi. Mahomet, au nom et par l'ordre de Dieu, avait ouvert une nouvelle carrière à l'ambition des arabes, il les avait chargés de régénérer les nations, il les avait envoyés à la conquête du monde. Une loi qui commandât à tous, qui appelât le musulman de toute tribu, de toute plage, de toute contrée, à se rendre, par son adresse de combattant, de cavalier, digne de paraître sous les drapeaux de la foi, était donc indispensable.

La loi fut constituée. La voici :

## II.

#### « DES JOUTES, EXERCICES ET JEUX MILITAIRES. »

« La loi permet, à la condition d'une récompense pour le concurrent vainqueur, les courses de chevaux entre eux, de chameaux entre eux, et de chevaux avec des chameaux (34).

« Le prix à remporter doit être de nature telle qu'il puisse être vendu. Ce ne peut donc être ni du vin, ni du porc, ni un esclave auquel a été promise la manumission posthume, etc. On peut proposer comme prix, l'affranchissement d'un esclave, une bonne œuvre. Les éléphants, les ânes, les mules, les mulets, sont exclus des courses, parce que ces animaux ne servent pas de montures pour combattre dans les batailles.

« Dans les courses, on doit fixer :

— « Le commencement et la fin des espaces à parcourir, mais il n'est pas indispensable qu'ils soient égaux ;

— « Le genre de monture ( cheval ou chameau, en terme général, à condition cependant que les animaux qui doivent concourir ne diffèrent pas trop visiblement de qualités apparentes) ;

— « L'archer qui doit monter l'animal ;

— « Le nombre de buts ou mires à atteindre, par exemple, quatre sur dix, et la manière de les atteindre en les perçant de telle sorte que la flèche ou le trait pénètre dans la mire et y reste suspendu, ou bien de telle sorte que le coup laboure une partie de la mire, ou y laisse une empreinte nette au point d'atteinte, ou ne frappe que l'extrémité de la mire en l'égratignant, ou bien de telle sorte que le trait frappe en avant de la mire et vienne ensuite s'y implanter, ou bien de telle sorte qu'il ne frappe que tel bord de la mire.

« Le prix à remporter sera proposé et donné par un individu étranger à la lutte, tel qu'un gouverneur, un ouâlî, etc., ou par un des concurrents. Dans cette dernière circonstance, la récompense ne sera accordée au vainqueur que s'il est autre que celui qui l'a proposée ; si ce dernier sort vainqueur, elle est donnée à qui a consenti aux conventions ou à la lutte, ou en même temps aux conventions et à la lutte.

« Il n'est pas permis à deux individus de proposer chacun un prix égal, ou différent, à condition que le tout appartiendra au vainqueur, car la règle est que celui qui a proposé le prix n'en prenne rien, et que les conventions ne présentent aucune forme des jeux de hasard.

« L'accord à mise réciproque, indiqué par l'article précédent, est défendu, quand même il y aurait un troisième concurrent sans mise, et qui aurait la chance d'être vainqueur.

« Dans la lutte du tir à l'arc, les conditions ne doivent point stipuler comment seront les flèches, la corde de l'arc, ou la longueur ou la finesse de cette corde, ou l'espèce d'arc, la forme arabe ou non arabe; chaque concurrent est libre de s'arranger à sa discrétion.

« Il est de règle aussi que chaque concurrent ignore quel est le degré de vitesse des chevaux de ses rivaux, et aussi quelle est la position sociale des cavaliers.

« Les garçons impubères sont exclus du droit de prendre part à ces exercices.

« Il n'est pas nécessaire que la récompense soit la même pour quiconque sera vainqueur. Ainsi, celui qui la propose peut s'engager de cette manière : « Si un tel est vainqueur, il aura telle chose; si un tel est vainqueur, il aura telle autre chose, ou telle somme. »

« Le point à atteindre peut être différent pour tous les concurrents. A un tel, on peut fixer tel point, à un autre, un point plus élevé ou plus bas, pourvu que les deux individus y consentent.

« La distance du but peut varier pour tous, soit à la course, soit au tir de l'arc.

« Quand un accident ou un incident imprévu arrêtera ou fera dévier la flèche lancée, quand, par exemple, elle rencontrera un animal, ou se brisera, ou bien quand l'arc se cassera, ou bien quand un coup, un choc viendra frapper en face un cheval lancé et troubler ainsi ou rompre son élan, ou que le fouet avec lequel le cavalier excite le cheval aura été enlevé, l'individu qui aura alors le dessous, ne sera point considéré comme vaincu.

« Il n'en est pas de même, pour le dernier incident mentionné, si le fouet s'est échappé de la main du cavalier, ou si le cheval a fait le rétif, ou si le cavalier est tombé, ou si les rênes se sont rompues, ou si le cheval effrayé s'est détourné.

« Les exercices et jeux de rivalité autres que ceux qui viennent d'être indiqués jusqu'ici, tels que les joutes sur l'eau, l'envoi de certains oiseaux pour l'expédition rapide d'une nouvelle, la course à pied, le jet des pierres, la lutte corps à corps, tous exercices pratiqués dans l'intention unique d'en retirer avantage pour la guerre, non d'en retirer seulement une vaine gloire de supériorité personnelle, sont permis, mais gratuitement et sans prix ou récompense pour les vainqueurs.

« Au moment de lancer la flèche, il est permis au concurrent :

— « De vanter par quelques mots la renommée de sa famille, ou de sa tribu, dans l'art de tirer l'arc; de dire : « Je suis de la famille d'un tel; je suis enfant de telle tribu; »

— « De marcher fièrement en allant au combat ; — de déclamer des vers sur le rhythme *rédjez* (35) ;

— « De proclamer son nom; par exemple, de dire avec orgueil : « Je suis fils d'un tel; »

— « De pousser un cri d'animation, ou d'effort, ou de courage.

« Ces manifestations sont autorisées par l'exemple même des compagnons du Prophète et par l'exemple du Prophète lui-même, qui, dans une rencontre, s'écriait : « Je suis le Prophète, oui, je suis Prophète, fils d'Abd el-Mouttaleb. »

« Mais dans les actes ou exclamations que nous venons d'indiquer, il est mieux de proclamer le nom de Dieu et de dire, « Dieu est grand ! » etc., que de se donner en spectacle d'ostentation.

« Les conditions d'une lutte ou d'un exercice une fois arrêtées d'après les règles, deviennent obligatoires pour les concurrents et ne peuvent être annulées que du consentement de tous; c'est une sorte de contrat de location, qui ne cesse d'avoir force obligatoire que par la volonté et l'assentiment des contractants. »

Nous verrons plus loin quelles étaient les habitudes et pratiques dans les anciennes courses.

### III.

Cet ensemble de dispositions empreintes d'un esprit de police religieuse, comme toutes les lois musulmanes, compose le chapitre IV du code général de législation, et se trouve placé, comme dépendance logique, à la suite du chapitre des lois de la guerre.

Les dispositions légales qui règlent les joutes, les carrousels, les exercices, les courses, les jeux militaires, ne sont point comme parmi nous, de simples décrets ou ordonnances variables à tout moment; ce sont des principes posés par la législation générale elle-même, et devenus parties intégrantes des pandectes musulmanes. Dans l'islamisme, toute chose a son cachet sacré, toute prescription a son inspiration religieuse ; et dans l'islamisme tout ce qui est religieux est immuable, inamovible. Les musulmans d'ailleurs croient avoir le dernier mot de tout. Cependant le temps en passant sa main sur eux comme sur le reste des hommes, les a débarrassés de bien des pratiques, de bien des lois, qui ont fini par tomber en désuétude, ou qui se sont gravement modifiées; et les choses en sont venues à un tel point que déjà en Algérie, les anciens carrousels ne sont presque plus que les *fantasia*, qu'en Égypte, en Turquie, les courses sont devenues des parties d'amusement, sont presque réduites au jeu équestre du Djérìd. En Égypte je n'ai vu que des courses eugagées de particulier à particulier. L'an passé, lorsque l'on annonça une course où devaient être engagés des purs sangs anglais avec des coureurs arabes du vice-roi d'Égypte, c'eût été un événement, si ce bruit avait été sérieux, car c'eût été un beau défi, un bel exemple à donner, une innovation intéressante à introduire. Les nations ont rivalisé à une exposition générale des produits des industries manufacturières du monde ; qui empêcherait d'ouvrir sur deux ou trois points convenables du globe, sous des températures climatériques moyennes, un hippodrome universel, une tribune en cristal où viendrait siéger un juri, où viendrait assister un public appelé de tous les coins de la terre, pour admirer et juger les produits équestres de tous les peuples? D'immenses résultats naîtraient de ces rencontres. Que d'étalons de haute valeur, de haut mérite, porteraient ainsi les germes de nouveaux descendants dans des pays nouveaux pour eux ! Combien aussi l'hippologie, l'hippographie, l'hippiatrie y gagneraient !... Je ne puis qu'indiquer ici cette idée; c'est aux hommes spéciaux, aux esprits droits et sans passions, de lui faire justice, selon qu'elle mérite.

## IV.

Il ne me semble pas hors d'importance et aussi d'à-propos, de donner encore les quelques dispositions que consacre la loi musulmane, relativement au cheval de guerre, c'est-à-dire au cheval qui, monté par son maître, a paru utilement sur le champ de bataille, ou au cheval qui, monté par un autre individu que son maître, a été fourni aux milices par un don pieux, et est immobilisé au service de l'armée.

C'est seulement depuis le commencement de ce siècle, c'est-à-dire depuis les réformes établies par Méhémet Alî, en Égypte, et par le sultan Maḥmoûd II, à Constantinople, que le gouvernement musulman entretient des corps de cavalerie exclusivement aux frais de l'État, et composés d'hommes auxquels les chevaux n'appartiennent pas. Jusqu'à cette époque-là, les milices à cheval étaient presque uniquement formées d'hommes qui se montaient et s'armaient à leurs propres dépens et dont les chevaux ainsi que les armes étaient la propriété privative. Telle était la cavalerie des mamelouks d'Égypte, cette milice que Napoléon proclama la première cavalerie du monde, et qui eût été invincible ailleurs que devant les troupes régulières et les carrés à huit rangs de profondeur que leur opposa, immobiles, hérissés de fer, le vainqueur de l'Égypte. Telles étaient les nuées de ces bédouins, véritables cosaques qui harcelaient de partout et sans cesse les troupes françaises; tels sont encore ces masses de cavaliers armés que nos soldats en Algérie ont à disperser ou à éviter.

Aujourd'hui les Tanżìmât ou organisations nouvelles du gouvernement de la Turquie, organisations qui sont complètement en dehors des règles fondamentales de l'islamisme, mais qui sont exigées par la nécessité des temps actuels, ont institué la nouvelle forme des milices à pied et à cheval, des milices permanentes et obligées de rester sous les armes, au gré du chef de l'Etat. Précédemment, toutes les milices étaient libres, et après les guerres finies, après les dépouilles partagées, les armées se dissolvaient d'elles-mêmes, et ne reparaissaient qu'à un nouvel appel public pour la guerre.

Les musulmans qui ne pouvaient assister aux expéditions, ou qui voulaient y contribuer ou les aider plus promptement, donnaient ou des armes ou des chevaux qui servaient alors à monter des cavaliers volontaires, et ces chevaux une fois consacrés ainsi à Dieu, c'est-à-dire à la guerre sainte, devenaient la propriété irrévocable, ou, selon la volonté et l'expression du donateur, propriété temporaire de l'Etat ou société musulmane, ou de la tribu en faveur de laquelle la donation, ou, pour parler plus exactement, l'immobilisation pieuse était faite. Le cheval donné était conduit dans la contrée où se trouvaient les milices, ou s'il ne pouvait y être conduit et que la donation fût irrévocable, c'est-à-dire immobilisât irrévocablement le cheval, on le vendait, et du prix de la vente on achetait des armes. Par là, on se rapprochait le plus près possible de l'intention du donateur.

Voici du reste ce que dispose la loi musulmane, au chapitre de la guerre, et au chapitre des immobilisations. Il est bien entendu que nous ne transcrivons ici que ce qui a trait immédiatement au sujet qui nous occupe.

V.

« La guerre est un devoir de solidarité pour tous les musulmans, les uns payant de leurs propres personnes, les autres de leur fortune (36).

« La guerre sainte est un devoir pour tout individu de condition libre, pour tout fidèle, homme, en âge de raison, pubère,
en état de porter les armes et de combattre.

« Sont dispensés de prendre les armes..., les individus incapables de pouvoir se suffire dans ce qu'exigent les besoins de la
guerre, en fait d'armes, de montures, de dépenses d'entretien.

. . . . . . . . . . . . . . . . . . . .

« En combat singulier, les conditions établies entre les deux
champions, soit pour un combat à pied ou à cheval ou à chameau de course, soit à la lance ou au coutelas, devront être rigoureusement observées et remplies.

« Si un infidèle vient secourir le combattant qui d'ailleurs
l'accepte, ou qui l'appelle, tous les deux seront tués, l'infidèle
combattant et celui qui l'a secouru. Ce dernier seul sera tué s'il
est venu aider son coreligionnaire sans l'assentiment de ce dernier.

« Dans le cas où un certain nombre de musulmans, d'après
des conventions stipulées entre les deux partis, combattra un
nombre égal d'infidèles, le musulman qui se sera débarrassé
de son antagoniste ira au secours de son frère en danger, si
toutefois la convention ne porte pas de clause contraire.

... « Dans le cas où le souverain, ou le chef de l'armée, mais
après qu'elle est déjà maîtresse du champ de bataille, a dit :
« Qui tuera un ennemi en aura les dépouilles, » il n'y a que les
musulmans qui aient le droit de s'emparer des dépouilles ordinaires au soldat ennemi qui a été tué, telles que la cotte d'armes,
le sabre, la lance, la ceinture avec tout ce qu'il y a de précieux,
le cheval que l'ennemi tué montait ou tenait lui-même, ou que
lui tenait un serviteur pour les chances imprévues du combat,
non les bracelets, les colliers, etc.

« Les quatre cinquièmes qui restent après le prélèvement du
quint ou cinquième du souverain, ne doivent être partagés
qu'entre des musulmans, hommes, de condition libre, doués de
raison, pubères, et ayant assisté aux dangers du combat.

« Est exclu du partage, l'individu ou le cheval qui est mort avant que les deux armées en soient venues aux mains, eût-il pénétré sur le territoire ennemi.

« A droit au partage du butin :

— « Le cheval qui boitait par suite de blessure qu'il s'était faite sous le pied, en marchant sur une pierre ou tout autre corps analogue, car l'animal était considéré comme sain ;

— « Et aussi le cavalier ou le cheval devenu malade après avoir assisté au combat et participé à la prise du butin.

« Relativement aux quotités, on accorde pour le cheval entier ou pour la jument qui a servi à un cavalier dans le combat, deux quotités semblables à celle qui a été dévolue au cavalier, car le cheval est la grande ressource des batailles.

« Cette quotité ou part double est décernée au cheval, même à bord des vaisseaux.

« Elle est pareillement accordée :

— 1° « Pour le cheval berzaûn ou cheval pesant et commun... ;

— 2° « Pour le cheval hédjîn ou de race croisée avec la race nabatéenne (c'est-à-dire non arabe et) qui est de mauvaise nature ;

— 3° « Pour le cheval jeune, si toutefois ce cheval, ainsi que celui de chacune des catégories précédentes, est en état de faire la charge et la retraite (37) ;

— 4° « Pour le cheval malade qui a servi au cavalier dans 'le combat, s'il y a lieu d'espérer que ce cheval guérisse et puisse servir encore à la guerre ;

— 5° « Pour le cheval donné, consacré à la guerre ; et alors la double part allouée appartient à l'individu qui a combattu sur ce cheval, non à l'individu qui l'a donné ;

— 6° « Pour le cheval qui, détourné du butin..., ou pris à l'ennemi avant la bataille, par tel musulman, aura servi à ce dernier pour combattre ;

— 7° « Pour le cheval pris à louage afin de combattre ; la part double de ce cheval appartient à celui qui l'avait sous lui en combattant ;

— 8° « Pour le cheval appartenant à plusieurs copropriétaires ; mais le double lot échu appartient à celui de ces propriétaires qui a combattu avec ce cheval ; seulement, cet individu paye à ses copropriétaires un prix de louage proportionnel à ce que chacun d'eux possède de l'animal.

. . . . . . . . . . . . . . . . . . . . .

« Il était défendu, de la part de Dieu, au Prophète, de quitter la cotte d'armes, une fois qu'il s'en était revêtu, avant d'en être venu aux mains, et avant que la volonté divine eût décidé entre lui et l'ennemi. »

Au chapitre des immobilisations, la loi dit :

« L'immobilisateur d'un cheval, d'armes ou autres objets immobilisés pour la guerre, a le droit de se servir, dans les expéditions, de ce qu'il a immobilisé.

« Les frais nécessaires à l'entretien du cheval livré à titre d'immobilisation, pour la guerre, ou pour le service d'un lieu fortifié, ou d'une mosquée, ou pour tout autre service analogue, sont à la charge du beît el-mâl ou trésor public des musulmans.

« Si le trésor ne peut fournir à ces dépenses, ou si le cheval ne peut être conduit à la localité où se trouve le trésor, on vend le cheval, et du prix de la vente on achète des armes, c'est-à-dire des objets qui n'exigent pas de frais d'entretien.

« On agit de même si le cheval tombe en vésanie hippique et dès lors ne peut plus être appliqué à la destination énoncée par l'immobilisateur. Du prix de la vente on achète un autre cheval en bon état.

« On agit de même encore lorsque le cheval est devenu, par vieillesse ou infirmité, impropre au service militaire.

« Si le prix est insuffisant pour acquérir un nouveau cheval, ce prix est ajouté à d'autres valeurs destinées à l'achat de chevaux pour les milices. »

## VI.

L'intention qui a inspiré toutes les dispositions légales que nous venons de citer, est facilement saisissable. Nous nous abstiendrons de la développer ou de l'expliquer. Nous dirons seulement qu'aujourd'hui, les partages du butin fait sur l'ennemi, sont passés d'habitude en Turquie, en Égypte ; que le matériel de guerre étant tout autre qu'il n'était autrefois, avant l'invention des armes à feu, ne peut pas être partagé entre les soldats, et que les musulmans, dans leurs guerres actuelles, n'ont plus en partage que ce qu'ils s'approprient par le pillage ou les captures particulières, hommes et choses.

# CHAPITRE IV.

De l'exportation ou expatriation du cheval arabe. — De la tradition relative à l'origine du cheval arabe. — Des premières émigrations en Arabie. — Importation du cheval dans l'ancienne Égypte et en Afrique. — Du cheval de Dongolah ou cheval nubien. — Mémoire sur les chevaux dans l'ancienne Égypte, par M. Prisse d'Avennes. — Cheval nabatéen. — Envoi de chevaux de Cappadoce, en Arabie. — Le cheval arabe dans le nord de l'Asie Mineure, jusqu'à Byzance, etc. — Chevaux apaméens ; haras des Séleucides. — Syrie ; notice ou mémoire de Moḥammed el-Ṣafadî, sur les chevaux actuels de Syrie et des déserts qui l'avoisinent à l'Est. — Chevaux Barcéens ou Cyrénéens. — Origine du cheval barbe ou brèbe. — Cheval d'Espagne.

## I.

Des arabes de l'antique tribu des Azdides ou **Béni Azd** allèrent du fond de l'Arabie, de l'Omân leur patrie, visiter le roi des rois, Salomon fils de David. Salomon leur donna un cheval de race, qui fut appelé Ẓâd el-Râkeb, ou viatique du cavalier. Ẓâd el-Râkeb, disent les arabes, est la souche, l'aïeul premier de leurs chevaux, le sang qui créa le noble coursier de l'Arabie.

C'est là la tradition acceptée, développée dans une légende que nous trouverons plus tard, dans le Nâċérî. Il est impossible de préciser, aujourd'hui, ce que ce récit, qui est tout islamique, peut avoir de vraisemblable ou de rationnel. Mais, quel qu'il soit, il donne au moins à croire ceci, que l'origine du cheval arabe remonte à une haute antiquité, qu'il est l'enfant de l'éducation, le produit de soins intelligents, le résultat d'une longue persévérance, qu'il a été et est encore conservé et continué par l'attention soutenue de l'homme, par des observations sérieuses, par des soins infatigables, par un amour toujours vivant, toujours jaloux.

Et le fruit de tout cela a été une race de chevaux la plus belle, la plus parfaite des races chevalines connues autrefois et aujourd'hui. Cette race précieuse a commencé depuis au moins quinze siècles à envoyer des familles et même des souches d'autres races dans presque tous les États de l'ancien monde. Déjà depuis bien d'autres siècles auparavant, des chevaux de sang arabe ont dû porter de leur nature dans ces différents pays, à d'immenses distances. Mais peut-être aussi la race du cheval arabe a-t-elle reçu parfois des influences propices d'autres races étrangères et a-t-elle su s'enrichir encore des vertus chevalines de certaines races exotiques.

De quelque manière qu'aient été conduits, surveillés, raisonnés, systématisés, suivis, l'éducation et le développement du cheval arabe, il y a cela de frappant qu'il a pris une telle supériorité de mérite que seul il a pu enfanter une autre race admirable dans sa valeur intrinsèque, mais inférieure pour la beauté et la grâce, je veux dire le cheval anglais. C'est la vérification littérale de cette magnifique et féconde maxime si magnifiquement exprimée :

« Fortes creantur fortibus et bonis ; »

maxime qui devrait être gravée sur le bronze et l'airain, appliquée partout où il s'agit de procréer et des corps et des intelligences. Et on ajouterait au-dessous de cet alcaïque posé comme leçon suprême, cette explication, ce complément que donne le poëte lui-même :

> « Est in juvencis, est in equis patrum
>     Virtus; nec imbellem feroces
>         Progenerant aquilæ columbam.
>     Doctrina sed vim promovet insitam;
>     Rectique cultus pectora roborant :
>         Utcumque defecère mores,
>             Dedecorant benè nata culpæ. » (a)

## II.

Le cheval arabe, le cheval anglais, voilà les deux types, voilà, comme dirait le style oriental, les deux brillantes étoiles du ciel.

Mais de tout temps l'arabe a dû rayonner, disons-nous, sur

---

(a) Horace, livre IV, ode iv, ayant pour titre : Drusi laudes :
« Qualem ministrum fulminis alitem, etc. »

presque toutes les régions de l'ancien monde, et de certaines
autres il a dû recevoir, puis profiter.

Remontons un peu l'échelle des siècles.

Les Phéniciens, ou plutôt, pour les nommer par leur premier
nom, les enfants de Kanaân, lequel Kanaân était fils de Coûch ou
Chus, lequel Coûch était fils de Cham , séjournèrent une longue
durée de temps en Arabie, dans l'Yémen ; puis ils remontèrent
au nord jusqu'en Syrie et devinrent ces Phéniciens, ces éton-
nants visiteurs de nations, que nous verrons bientôt importer le
cheval sur la terre des Pharaons qu'ils supplantèrent et rempla-
cèrent pendant plus de cinq siècles.

Les enfants de Coûch passent en Afrique et deviennent les
Éthiopiens. Les enfants de Sem ou les sémites, descendants de
Sem par Héber, restent maîtres en Arabie, et deviennent les
Aribâ ou Arabes primitifs, puis les Mousta'rib ou arabisés, descendants , dit-on , d'Ismaël , et qui sont les ancêtres des arabes
actuels. A toute force, Mahomet veut descendre, ainsi que les
musulmans, du fils d'Abraham, bien que Mahomet ne puisse
faire remonter clairement sa généalogie au delà de vingt et un
aïeux... Une autre branche d'arabes peupla l'Yémen. Là, par
la suite, la postérité arabe d'Ismaël déborda du Hédjâz sa patrie
première , se porta vers le Nedjd ou haut pays , vaste plateau
formant le centre de l'Arabie, et se répandit jusque dans les
sables de l'Irâk (Chaldée), en Syrie, et jusqu'en Mésopotamie.
La branche arabe, cette population qu'Isaïe (chap. XLV) appelle
les hommes de haute taille, et qui occupa l'Yémen, y fonda la
Sabaïe, puis l'empire himiarique. — Sous le nom d'Yémen, on
comprend tout le midi de la presqu'île Arabique depuis la Mer
Rouge, les passes du détroit d'Océlis ou détroit de Bâb el-Man-
dcb (porte du regret), la contrée d'Auzal ou de Sanâ, jusqu'à
l'Omân et au sud de la province du Bahreîn sur le Golfe Persique.

Je me limite ici à de très-brèves indications, à ce qui nous
est rigoureusement nécessaire dans cet ouvrage.

Les arabes continuèrent leurs émigrations, leurs courses ,
leurs conquêtes, dans toutes les directions, depuis même le fond

de l'Yémen. D'après les chroniques de George le Syncelle et d'Eusèbe, les Arabes envahirent les États de la Chaldée ou Babylonie, plus de vingt siècles avant l'ère chrétienne, et cinq rois arabes gouvernèrent successivement cette conquête.

C'est à peu près à cette même époque que l'Égypte fut envahie par les Hyksos ou Pasteurs, amalgame de Phéniciens et d'Arabes. Un synchronisme remarquable, c'est que l'époque de cette étonnante invasion, qui, d'après le récit de Josèphe, chassa le Pharaon régnant et l'obligea de se retirer dans la Haute Égypte et en Nubie, est l'époque à peu près de la mort d'Ismaël, environ dix-huit cents ans avant J. C. Les Hyksos poussèrent leurs conquêtes, dit-on, jusqu'à la mer occidentale ou Océan.

Dans ces mouvements de hordes arabes se jetant de toutes parts, sur toute contrée qui se trouvait devant eux, le cheval a été nécessairement promené avec son avide maître, qui dans ses haltes assez longues en Éthiopie, en Syrie, en Mésopotamie, en Chaldéo-Babylonie, en Égypte, l'impatronisa sur les terres conquises, y en laissa les germes, et donna des qualités hippiques de son coursier aux produits équestres et indigènes de chaque pays.

Déjà dès cette haute antiquité, les Phéniciens avaient une certaine renommée ; leurs chevaux étaient dressés en guerre, et si l'on doit en croire les histoires hiérogrammatiques, c'est-à-dire ces livres écrits si splendidement sur la pierre des monuments pharaoniques les plus anciens, c'est de l'invasion des terribles hordes arabo-phéniciennes des Pasteurs, qu'il faut dater l'importation du cheval de bataille en Égypte. Jusqu'aux premières conquêtes de ces barbares, qui, accourus des contrées araméennes ou syriennes, plus de deux mille sept cents ans avant J. C., tombèrent tout à coup comme un orage sur la terre de Chémi ou d'Égypte, les chevaux ne paraissent pas sur les monuments des Pharaons ; jusque-là les armées n'ont que des fantassins. Jamais on ne voit de cavalier combattant dans les anciennes guerres, jusqu'à la dix-huitième dynastie, mais seulement après que les rois Pasteurs furent expulsés, après qu'ils eurent régné dans la moyenne et la basse Égypte pendant cinq cent vingt-cinq ans.

Jusqu'à l'arrivée de ces Pharaons intrus, il n'y a à cheval
dans les batailles que des hommes qui fuient, et ils vont simplement enfourchés. Il semble donc certain que le cheval n'a pas plus
existé, anciennement, en Afrique qu'en Amérique. Il en est de
même pour le chameau. S'ils eussent existé en Égypte ou dans
des localités africaines connues des Égyptiens, on trouverait, à
n'en pas douter, les images de ces animaux dans les anciens
tableaux qui ornent encore les vieux débris pharaoniques antérieurs à la douzième dynastie.

### III.

Ce n'est que plus tard que ces images se trouvent tracées sur
les monuments. Et, chose remarquable, le cheval présente toujours
le type hippographique de la race ou plutôt de la famille nu-
bienne appelée aujourd'hui dongolâwî ou de Dongolah (et plus
exactement Donḳolah).

Cette concordance curieuse donne à croire que c'est la même
race conservée depuis plus de quatre mille ans qu'elle a été im-
portée sur le territoire égyptien par ces Pasteurs ou Arabo-Phé-
niciens conquérants. Les Phéniciens venus eux-mêmes de l'A-
rabie, et unis d'intérêts et de but avec les Arabes, amenaient des
chevaux qui, au moins, étaient imprégnés de sang arabe; et,
de là, il est rationnel de penser que la race chevaline arabe, si
elle n'était pas arrivée au summum de beauté et d'harmonie
physique qu'elle a aujourd'hui, était au moins déjà au degré
que présentent la forme, l'extérieur, la nature du cheval dongolâwî actuel.

Je préfère cette voie d'importation à celle qui amène de Médine, par l'Abyssinie, le dongolâwî. J'aime mieux, parce que
le fait me paraît plus saisissable et plus vrai, faire arriver le
père du dongolâwî avec les Pasteurs qui le gardèrent et l'impa-
tronisèrent pendant plus de cinq siècles en Égypte, que de le
faire exporter en Abyssinie ou en Éthiopie, comme fils d'un des
nobles chevaux avec lesquels, comme on le prétend, le Prophète
musulman s'enfuit de la Mekke à Médine.

Pour pièce justificative qui nous affirme l'origine ou plutôt l'importation du cheval arabo-phénicien en Égypte, nous avons les témoignages écrits sur les monuments; pour preuve de la filiation qui rattache le dongolâwì à une des juments du Prophète, nous n'avons rien. Car il est positivement déclaré par l'histoire, que Mahomet, au moment de fuir, n'avait pas un seul cheval, et qu'il se rendit à Médine monté sur un chameau qui appartenait à Abou Bekr. Il est vrai que l'on peut tout simplement remettre à quelques années plus tard, l'importation d'un produit d'un cheval du Prophète en Abyssinie; mais, par ces procédés, on peut arriver à résoudre toutes les questions, même les plus impossibles.

Du reste, le cheval dongolâwì est trop loin du type arabe si pur, si beau, si riche à l'époque de Mahomet. Hissé sur ses longues jambes haut juchées, le dongolâwì est peu gracieux, et n'a qu'une force moyenne; il n'a qu'un moment d'élan, il mollit vite; son arrêt est généralement une série pressée de secousses courtes et dures. Il est caractérisé encore par son long cou de cygne, et aussi par sa tête busquée, type commun d'ailleurs aux vaches et aux moutons du pays, c'est-à-dire de la Nubie et du Sennâr, et même de l'Abyssinie.

Le dongolâwì est répandu en grand nombre dans le Soudan oriental, au Kordofan ou Kordofâl, au Dârfour et au Wadây. Mais il est là, faute de mieux. En Égypte, il est peu estimé, et on peut dire que personne n'en veut. Pendant un moment on a remonté la cavalerie de Méhémet Alî avec des chevaux du Dongolah, mais on a dû y renoncer bientôt. Même en Nubie, même en Abyssinie, même au Kordofan, même au Dârfour, contrée où le dongolâwì est le cheval le plus répandu, le plus nombreux, il n'a, malgré ce qu'affirme surtout M. Hamont dans le Dict. de Cardini, à l'article *race*, que des qualités moyennes, et il serait de nulle utilité dans les chasses à l'autruche et à la girafe. Ce sont les chevaux arabes de ces contrées qui servent à ces chasses si fatigantes, si rapides, si longues, surtout aux chasses de l'autruche presque inattingible dans les interminables caprices, fugues, et ricochets de sa course.

Malgré encore ce qu'affirme M. Hamont, le cheval dongolâwi n'est pas perdu. A partir de la Nubie, puis du Sennâr et au delà vers le sud et vers l'est, le cheval dongolâwî est abondant. Au Berber, par exemple, chaque famille un peu à l'aise en possède au moins un. Les Nubiens et les Sennâriens préfèrent, contrairement aux arabes, monter les étalons. Dans ces contrées surtout, ces chevaux sont nourris avec des feuilles sèches de dourah ou sorgho, qui tiennent lieu de paille et de foin. Au printemps, on met les chevaux au pâturage d'orge verte, pour plusieurs semaines.

Un dongolâwì coûte, ordinairement, environ de quinze à cinquante ou soixante douros ou colonates d'Espagne, c'est-à-dire de quatre-vingts à trois cent vingt francs. Les dongolâwî ne sont pas, dans le pays, appelés du terme général ḥoçân, cheval, comme en Égypte, mais du terme ḥâfîr, qui signifie proprement *cornipes*, solipède.

Bientôt nous dirons encore quelques mots du dongolâwî en parlant des chevaux du Soudan, arabes et autres.

Comme élucidation surtout de la question présentée dans ce paragraphe, à l'endroit du cheval d'Égypte, question dont les bases m'avaient été indiquées d'abord par M. Prisse d'Avennes, l'égyptologue par excellence, j'introduis ici le Mémoire suivant, qu'il veut bien mettre à ma discrétion presque au moment où je livre mon manuscrit au Ministère de l'agriculture et du commerce.

**IV.**

**« DES CHEVAUX CHEZ LES ANCIENS ÉGYPTIENS. »**

« On a beaucoup discouru sur la patrie du cheval sans pouvoir prouver de quelle contrée il est originaire. Quelques écrivains influencés par la renommée de l'antique civilisation de l'Égypte, frappés à la vue des scènes militaires sculptées sur les monuments, ont avancé que le cheval était né dans la vallée du Nil, et que les conquêtes des Pharaons l'avaient répandu dans tout l'ancien monde. Cette assertion, proposée sans examen et sans critique, doit être réfutée : elle est contraire à tous les renseignements que fournissent les monuments égyptiens.

« L'histoire de ce vieux peuple se divise en trois grandes périodes : — la première ou la monarchie primitive dure depuis Ménès, son fondateur, jusqu'à l'extinction des rois de la deuxième dynastie, époque de l'invasion des Pasteurs ou Hyksos; — la domination de ces conquérants asiatiques sur l'Égypte, forme la seconde période; — enfin leur expulsion qui ouvre une nouvelle ère de prospérité et de grandeur sous les rois de la dix-huitième dynastie, forme la troisième période qui offre bien des phases diverses, mais qui n'amène pas de grands changements dans les destinées du pays jusqu'à l'invasion d'Alexandre.

« Sur les monuments de la première période, tels que les hypogées des pyramides, de Syoût, de Béni Haçan, de Kaûm el-ahmar, etc., l'armée n'est composée que de fantassins : — les uns, véritables soldats de ligne, sont armés d'une cuirasse, d'un bouclier, d'une lance, et d'une hache; — les autres forment des troupes légères composées de compagnies de frondeurs, d'archers et d'autres soldats portant *la harpé* ou le sabre. Sur ces monuments, aucun bas-relief, aucune peinture ne représente ni chevaux, ni cavaliers, ni chars de guerre; et tout conduit à croire que le cheval, ce fier et vigoureux auxiliaire de l'homme, ne fut connu des Égyptiens qu'à la fin de la douzième dynastie, par suite des campagnes des Osortasen en Asie. Mais ces aventureuses expéditions amenèrent de funestes représailles, enseignèrent aux hordes asiatiques le chemin de l'Égypte, et préparèrent les invasions et la domination des Pasteurs.

« C'est avec les Pasteurs, sans doute, que le cheval apparut et se naturalisa dans la vallée du Nil. Tous les monuments qui datent de l'expulsion des Hyksos, nous présentent des scènes militaires où les chevaux et les chars de guerre jouent le principal rôle et déterminent des changements notables dans la tactique militaire des Égyptiens.

« Une étude minutieuse des monuments de l'Égypte, m'a permis de tracer un tableau historique des accroissements successifs de la Faune et de la Flore nilotiques pendant toute la période des rois autochtones... On ne rencontre jamais, comme je l'ai déjà dit tout à l'heure, des représentations de chevaux sur les peintures ou sur les bas-reliefs pharaoniques, avant l'invasion des Pasteurs. Cette assertion me semble incontestable, et elle est d'ailleurs assez intéressante pour mériter quelques développements. On peut objecter que le cheval devait être aussi bien connu des Égyptiens que le chameau dont on ne voit pas non plus l'image sur les monuments. La Bible dit positivement que, parmi les présents qui furent donnés au patriarche Abraham par le Pharaon, il y avait des chameaux. Et l'on ne peut douter que les Égyptiens ne l'aient connu, avant cette époque, par leurs expéditions en Asie.

« Mais Abraham vint en Égypte à la fin du règne des Pasteurs, et c'est d'un roi de cette race qu'il reçut des présents. Il est probable que les chameaux étaient alors fort rares sur les rives du Nil, que les Égyptiens n'y attachaient pas une grande importance, ou qu'ils les considéraient comme immondes. Si le chameau avait été acclimaté, sous la domination des Hyksos, il se serait répandu dans l'Afrique occidentale, soit par l'expédition de Taraca, soit par celle des Ptolémées, et les auteurs romains en auraient certainement parlé à propos de la Numidie. Tout concourt à prouver, au contraire, que le chameau se répandit fort tard en Afrique, où son acclimatement a produit une révolution sociale, en y portant de nouvelles populations à travers des déserts infranchissables.

« Si le cheval eût été indigène dans la vallée du Nil, les Égyptiens qui avaient divinisé les animaux et les plantes les plus remarquables de leur pays, n'auraient pas manqué de donner à un de leurs dieux, la tête du fier et fougueux quadrupède qui partageait avec les hommes les dangers des combats. Si les Égyptiens ne lui ont pas élevé des autels, c'est qu'ils avaient en horreur les peuples auxquels était due l'importation de ce bel animal; s'ils n'ont pas institué des sacrifices de chevaux comme les *aswamédha* des Hindous, c'est que la chair du cheval était prohibée, sans doute par suite de la haine invétérée que les mœurs des Hyksos avaient laissée en Égypte. Néanmoins les

Egyptiens avaient le cheval en si haute estime qu'ils ne l'employaient pas aux travaux agricoles. Excepté dans un petit bas-relief du temple de Khons, à Karnac (*a*), jamais on ne voit de chevaux attelés à la charrue.

. « Après le départ des Pasteurs, les Égyptiens s'occupèrent beaucoup de leur race chevaline. On voit, parmi les tributs qu'apportent divers peuples conquis par Thoutmès III, de la dix-huitième dynastie, des envoyés d'une nation asiatique, probablement de la Mésopotamie (*b*), qui amènent des chevaux, un chariot, un éléphant, un ours, etc.

« On dirait que déjà les Égyptiens avaient compris l'utilité du croisement des races chevalines.

« Les chevaux égyptiens, à en juger par les bas-reliefs et les peintures, étaient d'une taille élevée, comme les chevaux niséens des plaines de la Médie, dont parle Hérodote. Ils avaient le cou effilé, l'encolure rouée, les paturons hauts, les jambes longues et minces, les pieds petits, la queue longue et bien fournie... Les couleurs sous lesquelles on représente constamment les chevaux, indiquent que les robes blanches étaient les plus communes. Cette race s'est conservée dans la haute vallée du Nil et se rencontre encore quelquefois en Égypte où elle est connue sous le nom de Dongolâwì, c'est-à-dire de la province de Dongolah, en Nubie.

« Les soins que les Egyptiens apportèrent à l'élevage du cheval, le multiplièrent en peu de temps et lui donnèrent une grande valeur. Outre le nombre requis pour l'entretien de l'armée et pour l'usage des particuliers, beaucoup de chevaux étaient vendus aux marchands étrangers qui venaient en chercher en Égypte afin de les exporter dans les contrées environnantes. Salomon en acheta au prix de cent cinquante *chekel* ou sicles

---

(*a*) **Prisse d'Avennes** : Monuments Égytiens, un vol. in-fol., planche **XXXV**, fig. **2**.

(*b*) **Sur** l'obélisque de Constantinople et dans une inscription du palais de Karnac, Thoutmès III se glorifie d'avoir porté ses frontières jusqu'aux extrémités du monde, et ses habitations fixes, ses établissements permanents, jusqu'en Mésopotamie.

d'argent, par tête. (I. Liv. des Rois, chap. x, vers. 28, 29 ; — II. Chroniques, ix, 28.) — Le sicle valait à peu près trois francs de notre monnaie actuelle.

« Avec le cheval, les Égyptiens adoptèrent le char de guerre des Asiatiques, mais ils n'y firent aucune amélioration importante ; ils le modifièrent seulement suivant le goût et l'élégance qu'ils mettaient en toute chose. Le char avait toujours deux roues ; était ouvert par l'arrière et attelé de deux chevaux ; il était monté par un combattant armé d'un arc, de flèches, de javelines ou d'une hache. Ce combattant avait à sa gauche, et debout comme lui, un cocher dont la fonction était de gouverner les chevaux et de le protéger avec un énorme bouclier. Le timon était relié au corps du char par un fort tirant qui le soutenait au point où il était recourbé pour courir entre les flancs des chevaux. L'essieu était à l'extrémité de la plate-forme, de sorte que les chevaux supportaient un poids considérable.

« Le corps du char était posé à vif sur l'essieu, ce qui rendait ce véhicule incommode et fatigant.

« C'était là cependant l'équipage de guerre des héros d'Égypte, comme des héros d'Homère ; et on ne comprend pas pourquoi les Égyptiens et les Grecs se servirent si longtemps de chars au lieu de cavalerie. Il est impossible d'ailleurs de se faire une idée de la légèreté de ces chars, sans recourir aux images ou plutôt à l'examen de ces frêles véhicules. Le musée de Florence en possède un qui est parfaitement conservé.

« Le mode d'attelage était bien mieux combiné. Les chars étaient tirés par deux chevaux attelés de front à un joug en forme d'arc, fixé par une cheville à l'extrémité du timon. Les harnais se composaient d'une sellette garnie d'un double quartier en étoffes de différentes couleurs ; placée obliquement au-dessous du garrot, elle était maintenue dans cette position par un large poitrail, par une sous-ventrière et par une espèce de martingale qui réunissait ces deux pièces. Une courroie passée par-dessus la tête du cheval, descendait des deux côtés, et, se partageant en deux lanières, allait soutenir le mors sans barre auquel s'attachaient un bridon et des guides. Le bridon était arrêté au-dessus de la sellette tantôt par une boucle, tantôt par une cheville saillante et façonnée parfois en cou de cygne. Au-dessus de ce point d'attache, on voit souvent, aux chevaux des Pharaons, une boule dorée dont l'usage est difficile à déterminer. Quant aux guides, après avoir traversé une anse fixée au bout de la sous-ventrière, elles vont se rendre dans la main du conducteur, ou s'enrouler autour de son corps avec le bridon. A ce harnachement, qui est commun à tous les chars, civils ou militaires, se joignent des ornements et des caparaçons riches et variés, pour les chevaux qui traînent le char royal.

« Le témoignage unanime des tableaux militaires, peints ou sculptés à diverses époques sur les monuments de la vallée du Nil, prouve qu'il n'y eut pas, en Égypte, de cavalerie proprement dite. L'usage de monter et de guider les chevaux ne pouvait être inconnu, cependant on ne l'adopta point. On a bien remarqué dans deux ou trois bas-reliefs historiques, un homme monté sur un cheval lancé au galop. Mais, dans un de ces tableaux, le cavalier, monté à poil, est un courrier portant une dépêche qu'il tient à la main. Dans l'autre scène, les cavaliers sont des étrangers, des ennemis ; l'un est un fuyard cherchant son salut dans la vitesse d'un cheval déharnaché, sur lequel il s'est jeté à l'imprévu ; l'autre cavalier, traversé par une flèche que son bouclier n'a pu parer, essaye encore de fuir sur un cheval lancé à toutes jambes.

« Ainsi, les bas-reliefs historiques observés jusqu'aujourd'hui dans la vallée du Nil, prouvent que la cavalerie fut inconnue dans l'ancienne Égypte : on n'en voit pas dans la composition de l'armée pendant toute la période pharaonique première. Hérodote qui voyageait en Égypte, quatre cent soixante ans avant l'ère vulgaire, n'en parle point. Lorsque Psammétique prit à son service des Ioniens et des Cariens qui couraient les mers, et qui furent forcés par les vents d'aborder en Égypte, il est certain que ces pirates n'avaient pas de cavalerie. Quelques années après, lors de la révolte des troupes égyptiennes, Amasis, le chef des rebelles, dit Hérodote (liv. II, CLXII), était à cheval lorsqu'il reçut, d'une manière fort incongrue, l'envoyé d'Apriès (38).

« Revenons aux temps pharaoniques de la première période.

« La Bible, cette tradition antique et révérée, semble contredire le témoignage des monuments ; voyons s'il y a réellement contradiction absolue.

« Au chapitre XII de l'Exode, Moïse raconte la marche des Israélites à leur sortie d'Égypte, et le passage de la Mer Rouge... Aussitôt que Pharaon fut informé que les Hébreux avaient pris la fuite, il fit atteler son char de guerre et se fit suivre par tout le peuple ; il emmena six cents chariots choisis et toute *la cavalerie* de l'Égypte. — Flavius Josèphe donne aux Égyptiens poursuivant les Hébreux, six cents chars, cinquante mille cavaliers et deux cent mille fantassins. Mais il y a là une indication que réfute la tradition sacrée.

« Les Égyptiens se trouvèrent bientôt près du camp d'Israël, au bord de la Mer Rouge. Tous les *chevaux des chariots* de Pharaon et son armée s'arrêtèrent à Pi-Hahiroth. Puis, poursuivant les Israélites sur le lit de la mer qu'ils venaient de traverser à pied sec, le Pharaon s'y engagea avec tous ses chevaux, ses chariots et sa cavalerie ; tout fut enveloppé par les flots et périt.

« Cette mention de la cavalerie égyptienne, fréquemment répétée dans la Bible, n'infirme cependant pas l'autorité des monuments. En recourant aux textes originaux, on trouve plutôt mentionnés les chevaux et les chariots de Pharaon, que des cavaliers et de la cavalerie proprement dite. Rosellini (Monumenti civili, tomo III) a très-bien discuté ce point de critique historique et prouvé que le mot hébreu qu'emploie Moïse ou l'auteur de la narration, n'exprime nullement des *chevaux montés par des cavaliers*, mais seulement des *chevaux harnachés*, ce qui doit s'entendre des chevaux préparés pour les chars et aussi des chevaux de rechange. Avec cette modification dans la signification des mots, la tradition historique n'est plus contredite par les monuments qui, soit antérieurs, soit postérieurs à Moïse, rendent constamment le même témoignage contre l'existence de la cavalerie proprement dite dans l'armée égyptienne.

« Du reste, les textes hiéroglyphiques retracent par des signes que la langue copte traduit par τηντʰτωρε (tenthatôré), mot à mot,

chevaux combattants, les soldats montés sur des chars. (Voy. Sal-
volini : Campagne de Ramsès contre les Schéta ; page 73.) Dans
le dénombrement de l'armée des Schéta (Scytho-Bactriens), sur
une des murailles du palais de Karnac, il est dit que cette armée
s'élevait à deux mille cinq cent soixante chevaux, évidemment
pour désigner un pareil nombre d'hommes montés sur des chars
de guerre, puisqu'on ne remarque aucun cavalier dans ce tableau.

« Le texte hébreu de la Bible et les légendes hiéroglyphiques
des bas-reliefs militaires se servent, comme on le voit, des mêmes
expressions. Tout concourt à prouver que, dans une haute antiquité, les Égyptiens, pendant toute leur période monarchique
première, n'avaient pas de cavalerie proprement dite dans leurs
armées. »

V.

D'après les indications historiques que nous avons données
précédemment, il paraît tout naturel de croire que le cheval
persan et le cheval turk, qui d'ailleurs, pour les arabes ne sont
pas dignes de représenter une race, doivent ce qu'ils ont de
mérite et de sang, aux exportations de l'Arabie. Le cheval appelé
par les arabes, cheval mésopotamien me semble être le type premier de ces deux familles turque et persane, ainsi que du cheval turkoman ou kurde, aujourd'hui bien supérieur au cheval
turk et même au cheval persan. C'est toujours l'éducation du
désert, des plages au grand soleil, du sable, qui a la supériorité
de résultats. Le cheval aime les vastes espaces, les lieux secs ;
c'est là qu'il se fait plus beau, plus brillant, plus pur de sang ;
mais il faut ajouter à cela l'amour de son maître, les grandes
distances à franchir, les grands dangers à traverser, à combattre,
à éluder. Car le cheval de cœur, le cheval de sang, c'est-à-dire
de hautes vertus, se plaît aux mouvements et aux émotions.

La cavalerie des Nabatéens ou Chaldéens, malgré les juge-
ments défavorables qu'en ont portés les arabes toujours décidés à
considérer ce qui était Nabatéen comme barbare et mauvais, était
renommée dans l'antiquité. Les peuples de ces contrées, c'est-à-
dire de l'Arabie Pétrée et des contrées plus septentrionales jus-

qu'en Perse, tiraient leurs chevaux de tous les points de l'Arabie centrale et méridionale. Hirtius Pansa, *De Bello Alexandrino*, parle d'un roi Malco auquel Jules César envoya demander de la cavalerie contre les Égyptiens. Sous Cléopâtre, il y avait en Égypte un corps d'archers fourni par le duc (*dux*) de Pétra ou Péthor, capitale des Nabatéens, pour la garde personnelle des Ptolémées. Le fils de Cléopâtre, Ptolémée Césarion, est mentionné dans une légende hiéroglyphique, comme le chef (en copte, θουωτ, dux) de cette garde d'honneur ou garde du corps.

## VI.

Le cheval arabe fut encore, je le crois, la souche de cette race dont s'enorgueillit et s'enrichit jadis la Cappadoce ; c'est à peu près la seule gloire qu'ait eue cette province, ce pays de la ruse, qui semblerait presque avoir été le berceau des premiers maquignons. Par le commerce, par les largesses ou les présents des empereurs byzantins, la Cappadoce expédia, exporta ses chevaux dans presque tout l'Orient. Elle en expédia même jusque dans l'Yémen. Philostorge, de Cappadoce, qui vivait sous Théodose le jeune (Théodose régna de 408 à 450), dit dans son Histoire ecclésiastique que Constance envoya en députation aux Sabéens l'évêque Théophile, l'indien, lequel sous Constantin avait déjà été envoyé aux Romains. La députation qui partit avec Théophile, vers l'an 343, emmenait deux cents des plus beaux chevaux de race Cappadocienne, comme présent pour le roi des Ḥimiarites ou Homérites. Le but de Constance était d'attirer les arabes dans ses intérêts, de s'assurer leur alliance contre les Perses, et en même temps d'engager les Ḥimiarites à embrasser le christianisme. Voici le texte de Philostorge (liv. III, § iv) :

Ὁ μέντοι Κωστάντιος μεγαλοπρεπῶς καὶ εἰς τὸ μάλιστα κεχαρισμένον τὴν πρεσβείαν στέλλων, καὶ ἵππους εἰς διακοσίους τῶν ἐκ Καππαδοκίας εὐγενεστάτων ἱππαγωγοῖς πλοίοις κομιζομένους, κ̀ πολλὰς ἄλλας δωρεὰς εἰς τὸ πολυτελέστατον θαῦμα παρασχεῖν, κ̀ θελκτηρίους συνεξέπεμψε.

« Cæterum Constantius, cum eam legationem magnificam et valde gratiosam esse vellet, ducentos equos ex Cappadocia generosissimos navibus impositos, multaque alia dona, partim ad conciliandam admirationem, partim ad alliciandos animos misit. »

« A l'époque de l'empereur Constantin, dit M. Ephrem Houël (au commencement du chap. ix de l'Histoire du cheval chez tous les peuples de la terre, Paris, 1848), les jeux équestres et les habitudes cavalières des Romains étaient à leur apogée. Tous les chevaux de la terre étaient venus s'atteler à leurs chars, ou fouler le sable de leurs cirques, sous la main des plus habiles cavaliers... Le circus maximus ou l'hippodrome, commencé par Sévère, fut achevé par Constantin... L'emplacement a cinq cents mètres de long sur cent vingt de large. Les Turks lui ont conservé son nom historique ; ils l'appellent At-Meïdàn (equorum hippodromus) lieu de la course des chevaux.

« Des envoyés de l'empereur parcouraient sans cesse les meilleurs pays de production hippique, pour y chercher et y recueillir les chevaux les plus distingués par leur origine, leurs qualités et leur conformation. Les contrées où ils trouvaient à remplir le plus heureusement leur mission, étaient, en général, la Cappadoce, la Phrygie et l'Espagne. Deux races ou variétés particulières de coursiers étaient surtout en si grande estime, du temps de Constantin, qu'elles étaient monopolisées par la cour impériale et qu'on ne pouvait les obtenir du grex dominicus ou haras du prince, que par une permission toute spéciale. C'étaient les races *palmatienne* et *hermogénienne*. La première était ainsi appelée du nom de Palmatius, célèbre éleveur de Cappadoce, dont les talents hippiques ont immortalisé la mémoire.

« Les meilleurs coureurs provenaient, dit-on, du croisement de ces chevaux avec les juments phrygiennes. »

D'après l'indication du fait d'importation que nous avons mentionné tout à l'heure et qui probablement n'est pas le seul, il est permis, il est rationnel de penser que les arabes ont pu profiter aussi de chevaux étrangers qui d'ailleurs étaient la postérité déjà éloignée du cheval arabe, pour apporter un nouveau perfectionnement à la race qu'ils possédaient. Il y a motif de penser au moins qu'ils ont dû l'essayer, surtout lorsque ces chevaux, et tels étaient ceux qui furent envoyés par Constance, venaient d'une espèce en possession d'une grande célébrité. Il est à croire que l'habitant de l'Arabie ne négligeait aucune circonstance pour améliorer son cheval, c'est-à-dire sa gloire, sa richesse, sa défense, son espoir, le gage de ses succès.

Avant le milieu du cinquième siècle de l'ère chrétienne, dans la Noticia dignitatum utrius imperii, il est question à propos des Romains, de cavaliers ṭamoûdites, *equites saraceni thamudeni;* c'était un corps d'arabes au service des empereurs, en station ou campement sur la limite de l'Égypte, et à la disposition du gouverneur de cette province de l'empire. Un autre corps semblable était en Judée sous les ordres du gouverneur de la Palestine. Ces Ṭamoûdites avaient leurs tribus entre Pétra et Yaṭrib, la Iatrippa des géographes anciens, aujourd'hui Médine. Leur centre, pour ainsi dire, était à Médâïn Ṣâleḥ jusqu'à l'ancienne Ctésiphon, jusque près de l'Euphrate.

Ainsi, en suivant l'histoire des rapports qui existèrent entre les habitants de l'Arabie et les autres contrées, on voit le cheval conduit dans toute la Syrie, dans toute l'Asie Mineure, jusqu'en Illyrie même, à Byzance, à Rome. Et par ces sortes de pérégrinations il se trouva importé dans toutes les régions que présente une large zone qui irait depuis l'extrême Perse Orientale jusqu'à l'Océan Atlantique. Mais le climat qui l'a mieux conservé dans sa pureté et sa beauté, ne va que depuis l'Asie Mineure, en ligne droite, jusqu'à l'Océan Pacifique. Le golfe Persique, l'Euphrate, le Bosphore, la Méditerranée, et la Mer Rouge ou mer de Ḳoulzoum forment en quelque sorte l'île-patrie du cheval arabe et des diverses familles nobles qui en composent la race et en conservent le sang.

Nous n'hésitons pas à rattacher encore au cheval arabe, l'origine des fameux chevaux niséens, qui ne servaient jadis qu'aux rois, et que l'on retirait de l'ancien hippobote des Portes Caspiennes. Cet hippobote, vaste prairie sur un sol fertile, avait le grand haras des rois de Perse, où l'on élevait et dressait cinquante mille chevaux.

Nous en dirons autant des anciens chevaux apaméens. Apamée, aujourd'hui Ifâmîeh, non loin de l'Âċi et de Ḥimś (l'Oronte et Emesse), fut autrefois célèbre; c'est là, d'après Strabon, que les Séleucides avaient établi leurs vastes haras et l'école de leur cavalerie. Le territoire, jusqu'à une distance immense, abondait en riches pâturages, et nourrissait jusqu'à trente mille cavales , trois cents étalons et cinq cents éléphants.

## VII.

Depuis des siècles déjà, il ne reste plus de ces riches institutions que des souvenirs.

Mais bien que la barbarie, sous tous les drapeaux, ait dépeuplé et isolé ces contrées , le cheval y est resté. Seulement , le haras est le désert; les Séleucides sont des Bédouins hardis, audacieux, et ces mêmes climats ont gardé leur clémence et leurs avantages pour la race chevaline.

Pourquoi donc l'arabe, pourquoi donc le Bédouin surtout a-t-il toujours le meilleur cheval? Avec toute notre science hippique, avec même le cheval arabe, nous n'avons pas encore pu faire de la race en France. L'arabe sauvage et ignorant, est plus adroit que nous.

Pour le moment, nous laissons cette question ; nous la retrouverons devant nous.

Voyons ce que présente cette Syrie séleucienne, depuis même Alep jusqu'à Jérusalem, Jaffa, jusqu'à Maûċel (Moussoul), jusqu'à Bagdad et Baśrah.

Ce vaste espace est tantôt parcouru, tantôt habité, ou en même temps parcouru et habité , par de nombreuses tribus, par les descendants des Mouhannâ de l'époque du sultan d'Égypte El-Nâċer, par les tribus nombreuses des Anazeh dont les chevaux sont désormais en renommée dans le monde équestre.

A ce sujet, voici la traduction d'une notice arabe que m'a écrite l'été passé (1851), un Syrien de Nâċerah ou Nazareth, Moḥammed el-Ṣafadi (ou de Ṣafad ou Ṣèfed), pendant son séjour à Paris. J'ai maintes fois et longtemps causé avec lui des chevaux de Syrie, du cheval Anazi ou Anazeh, du cheval arabe proprement dit. Moḥammed qui a suivi M. de Saulcy dans son voyage en Palestine et sur les bords de la Mer Morte, m'a semblé être un habile connaisseur en chevaux, et son secours et son entremise seraient d'un incontestable avantage pour une mission qui serait chargée d'aller acquérir des chevaux de race en Syrie. Il a la connaissance et la pratique de toutes les tribus qui se trouvent disséminées depuis Jérusalem jusqu'à Baṡrah et à Bagdad. Je le répète, son assistance serait d'une immense utilité; car, en fin de compte, il faudrait se décider à acheter des chevaux arabes. Je ne doute pas un moment de la science de nos hippologues, de nos vétérinaires; mais il y a toujours ceci à opposer à tout raisonnement, à toutes prétentions : nous n'avons jamais eu que de médiocres chevaux, toutes les fois que nous avons cru en avoir acheté d'excellents. Il n'y a rien à répondre à cela, par la raison qu'il n'y a rien de brutal comme des faits. Nous n'avons pas l'œil arabe, nous n'avons pas la lunette arabe; laissons-nous donc guider au moins quelquefois par l'arabe lui-même; tentons l'expérience à plusieurs reprises, nous n'y perdrons rien, nous aurons toujours au moins autant que ce que nous avons eu; nous ne courons qu'un risque, c'est d'avoir mieux.

Je ne dirai qu'un mot encore. Lorsque Moḥammed vit à Saint-Cloud le fameux Dourzî, qu'on a la bonhomie de regarder comme le cheval de bataille qu'avait Ibrahîm Pacha à la journée de Nézîb, Moḥammed s'écria, au premier coup d'œil : « Pieds d'âne. » Il avait reconnu le cheval; il savait que ce Dourzî a le sabot sans solidité. Car l'arabe connaît dans une immense étendue de pays, les chevaux de prix qui s'y trouvent, les chevaux qu'on a follement vantés, les moindres défauts de ceux qui ont le plus de mérite. Les chevaux dans le désert, chez les arabes, sont des êtres de première importance, et leur réputation est pesée, appréciée, jusqu'à des distances considérables.

Je vais présenter la traduction pure et simple de la notice de Moḥammed el-Ṣafadi. En peu d'étendue, cette note présente des

données intéressantes, des indications curieuses, elle est surtout
dans l'actualité du jour. Elle signale les noms employés aujour-
d'hui pour les distinctions de familles chevalines existantes dont
quelques-unes sont inconnues en Europe, les habitudes des
arabes disséminés dans les contrées de la Syrie Orientale, les
noms de ces tribus qu'il y a à explorer ou à faire explorer. C'est
donc pour ainsi dire un indicateur des marchés et des localités.
Dans cette traduction, ce que je place entre parenthèses renferme
les explications verbales que j'ai reçues de Mohammed dans nos
conversations et surtout en lisant avec lui la note qu'il m'avait
rédigée.

Mohammed el-Safadi quitta Paris au mois de juin 1851, et
retourna directement à Nazareth.

## VIII.

« NOTICE SUR LA SYRIE PROPREMENT DITE ET SUR LES TRIBUS ARABES
QUI HABITENT CETTE TERRE EN DEHORS DES LOCALITÉS A DEMEURES
FIXES, ET QUI POSSÈDENT DES CHEVAUX DE HAUTE RACE, DE DI-
VERSES FAMILLES OU VARIÉTÉS. »

« Les différentes variétés de chevaux qui se trouvent en Syrie, dans les terres cultivées et chez les arabes errants ou campés
dans le désert, sont :

« Le Saklâwi Djidrâni ;

« Le Saklâwi Irbeiri ;

« Le Djilf, ou Djoulf ;

« Le Ma'naki Héderdji ;

« Le Chouweimân, ou Chouweim ;

« Le Koheïlân ;

« Le Koheïlân Adjoûz (ou Koheïlân de la vieille, ainsi qualifié parce que, dit Mohammed, le premier de cette famille fut
élevé jadis par une femme déjà âgée) ;

« Le Keubeichân ;

« L'Abeïân el-Kadr (ou Abeïân gris de fer) ;

« L'Abeïân Djéris ;

« L'Abou   rkoûb (ou le père aux jarrets, le fort jarret) ;

« Le Soumḥ, ou Soumḥân;

« Le Sa'det el-Toûḳân;

« Le Cheneîn;

« Et beaucoup d'autres.

« Ces variétés se trouvent la plupart chez les arabes d'origine, dont les noms de tribus et sous-tribus sont extrêmement nombreux. Tels sont par exemple :

— « Les Béni Ṡakr (qui campent, la plus grande partie de l'année, entre les montagnes de Naplouse et le territoire proprement dit de Saint-Jean-d'Acre, et vont dans le pays de Ḥârétah);

— « Les Béni Ȧdwân, les Méchâléḳah et les Abbâd (au sud du Ṛaûr ou Gaûr);

— « Les arabes El-Serdieh, les Foḥeîlî ou Ofḥeîlî, les Moḥammédât, les Chourâfeh, les Kélâb, les Djobeîlât (dans le Ḥaûrân, jusqu'à l'est de Ṡafa);

— « Les Béni Ṡakr (établis dans le Ḥaûrân jusqu'à Karak ou Kérek);

— « Les Noaîm (qui vont faire paître leurs troupeaux, à l'époque des pâturages, jusqu'à Djaûlân vers Ḥaûrân; après le printemps, les Noaîm vont prendre leurs campements jusque vers Ḥimṡ et Ḥamât);

— « Les Ạnazeh (qui se trouvent depuis Hamdân ou Hamadân jusqu'à Baṛdâẓ ou Boṛdâẓ (Bagdad), et depuis Ḥaleh (Alep) jusqu'en Arabie et même jusqu'au Nedjd).

« Chez les Ạnazeh surtout sont les chevaux de qualité supérieure. Ces chevaux ne sont comparables à aucune des autres variétés, tant ils sont beaux, tant ils sont doués de qualités brillantes. Et cette excellence n'est nullement le résultat d'une alimentation exubérante; ils ont une nourriture toujours simple. Car les tribus des Ạnazeh ne séjournent point dans les voisinages des localités cultivées; ils demeurent constamment dans les plaines du désert, dans les espaces libres, sans asiles fixes, sans constructions, sans culture, loin de toutes habitations réunies en villages, ou en villes, ou en bourgs.

« Les Ạnazeh se nourrissent de la chair de leurs troupeaux,

de dattes, de beurre, du lait de leurs chamelles. Ils donnent à
leurs chevaux un peu de grain, orge ou autre, des herbes telles
qu'elles croissent naturellement en plaine libre. Ils stationnent
ou se promènent dans les contrées à l'est, à une grande distance de Haleb (Alep), dans les vastes espaces libres où ils
trouvent quelques arbres, des herbages, de l'eau, et aussi dans
les espaces déserts, dans les solitudes jusqu'aux environs de
Bardâd (Bagdad), et dans le Habl el-Souân entre Bardâd et le
Hédjâz, dans le Djaûf ou partie nord de l'Arabie.

« Chaque année une troupe d'Anazeh vient dans le voisinage des terres cultivées de la Syrie proprement dite, du côté
du Haûrân. Ils y achètent quelques modiques provisions de
grains, vendent de leurs chameaux et quelques chevaux. Mais
les chevaux sont toujours à un prix élevé, attendu que les Anazeh sont peu pressés de s'en défaire; ils aiment avec passion les
chevaux de race noble, ils se privent pour eux, ils leur pro-
diguent les soins les plus attentifs, les plus affectueux; car ces
chevaux sont merveilleusement doués, sont d'une nature morale
admirable.

« L'Anazeh, dès son enfance, a l'amour des chevaux; il les
entoure de prévenances et de caresses dès le premier jour de
leur naissance. Du moment que les jeunes poulains sont sevrés,
on les habitue peu à peu aux liens, à rester attachés, on leur
donne à boire le lait frais des chamelles, on leur donne à manger des dattes, et le cheval devient ainsi l'ami de son maître.

« Lorsque laissé aux pâturages libres le cheval s'éloigne, son
maître l'appelle, et le cheval docile arrive.

« L'étendue de pays sur laquelle se trouvent les arabes Anazeh, présente, en longueur, une surface d'au moins quarante
jours de marche à chameau, et une trentaine de jours, en largeur. (La journée de marche ne doit être évaluée, les jours l'un
dans l'autre, qu'à environ cinq ou six lieues ordinaires.)

« Après les Anazeh, il faut citer les arabes Béni Sakr ou
Sakar. Leurs tribus sont nombreuses, et elles possèdent des chevaux de haute race et de pur sang. Elles stationnent dans les
espaces qui s'étendent depuis les environs de Haûrân jusqu'à

Karak ou Kérek et Tafîleh près du Wâdi Moûça ou Val de Moïse
et à quelque distance de Karak. Ils vont aussi stationner du côté
des terres cultivées, mais dans les espaces nus et déserts qui
sont situés au delà des pays que nous venons de nommer. Ainsi,
ils se dirigent et campent temporairement dans les territoires
abandonnés au delà de Zarķah, de Balķah, de Ḥaçâ, et plus loin
encore, espaces considérables, immenses, en partie connus, en
partie inconnus et impratiqués des voyageurs. (Zarķah située au
delà du Ḥaûrân vers le sud, avait autrefois une citadelle. Balķah
est encore au delà de Zarķah. Ḥaçâ, ou la place ou citadelle de
Ḥaçâ est au sud de Balķah. )

« Beaucoup d'autres arabes sont les habitants errants de ces
contrées.

« Il y a encore les arabes du Wâdi Moûça, les arabes El-Teïâhâ,
les Térâbîn. Ces tribus se rencontrent dans la contrée qui suit
Razzah (Gaza) à l'est (jusqu'à Tafîleh). Près de ces tribus sont
les arabes Tâwî, presque dans le voisinage de Razzah. Du reste
les arabes répandus sur le territoire qui se prolonge à l'est de
Razzah, sont assez nombreux. Ils ont, pour leur usage particulier, des chevaux de prix, de race pure, et dont ils soignent et dé-
veloppent les qualités naturelles et l'éducation, qu'ils exercent
et dressent habilement aux élans, aux subites évolutions de la
charge et de la retraite.

« Il faut indiquer encore les arabes de Djébel Ķalîl ou des
voisinages des montagnes d'Hébron, les arabes Djéhélin, les
Żoullâm, les arabes du Ķouds ou territoire de Jérusalem, mais,
ainsi que chez les Aûdjeh, il y a peu de chevaux de valeur.

« Les arabes Aûdjeh, sont près de Yâfah (Jaffa). Les arabes
des environs d'Akkâ (Saint-Jean-d'Acre) sont aussi compris dans
l'ensemble des arabes dits arabes de Safad, et forment plusieurs
sous-tribus ou subdivisions. Les arabes de Safad (ou appelés plus
spécialement arabes de Safad, quoique Safad dépende du pacha-
lik d'Akkâ) achètent leurs chevaux — des arabes de la Syrie
Orientale, — des Turkomans, et des Béni Sobeîḥ (qui se rencontrent depuis Akkâ jusqu'à Djébel Toûr, ou mont de Toûr),
— des arabes du Raûr (ou bas pays des rives sud de la Mer As-

phaltique), c'est-à-dire des Béni Razâwieh, des Seķoûr el-Raûr, des Bechâtweh (leurs voisins), et autres, — et encore des Béni Saķr que nous avons déjà mentionnés tout à l'heure. Aussi, les Arabes de Safad (ou des espaces au delà et aux environs de Safad) possèdent un grand nombre de chevaux de race, ce qui constitue pour ces Arabes une puissance bien supérieure à celle des autres tribus dépendantes plus immédiatement du gouvernant ou Pacha d'Acre.

« Les Arabes du Boustân ou du Jardin présentent une foule de sous-tribus ou de variétés autres que celles dont nous avons cité les noms. Il y en a dans le désert d'Alep, dans celui de Himś, de Hamât, vers les monts des Ansârîeh ( ou Ansariens , à peu de distance de Ladaķîeh), aux alentours même de Ladaķieh (Latakieh, l'ancienne Laodicée), aux environs de Tripoli, aux montagnes des Druzes, sur les plaines de Béķâ', dans la petite Syrie, dans le Haûrân, dans les environs de Djaûlân, de Safad, dans la Tibériade, dans le Raûr (Gaûr), sur le territoire de Nazareth, sur les plages d'Atlit et d'Akkâ, près de Iâfa, etc., vers les montagnes de Naplouse, du territoire de Jérusalem, de Khalîl ou Hébron. Dans ces derniers parages, et du côté de Karak, on trouve encore les Arabes Béni Oķbah, et les Béni Hamîdeh.

« Quant aux Arabes de la Syrie Orientale, le nombre en est pour ainsi dire incalculable. Les tribus, sous-tribus, branches, se succèdent en quelque sorte les unes à la suite des autres, et sont en contiguïté avec les tribus et peuplades arabes qui se continuent jusqu'au Hédjâz, au Nedjd, à la grande vallée de l'Aćir, à l'Yémen, et jusqu'au bout du monde arabe. De tant de divisions et subdivisions de tribus, les unes sont parfaitement connues de noms, les autres parfaitement inconnues.

« Chez tous les Arabes des plaines de la Syrie Orientale et de l'Arabie, les chevaux sont nombreux. Néanmoins, les Arabes ne gardent guère et ne soignent que le cheval dont ils ont apprécié l'excellence des qualités. (Ils perdent, ou abandonnent, ou même tuent *le cheval de malheur*, c'est-à-dire le cheval vicieux, ou de sinistre présage.) Ils n'achètent un cheval qu'après qu'ils en ont scrupuleusement examiné, recherché les moindres défauts, les signes ominiques, l'état et le nombre des balzanes, les taches et couleurs de la robe, et surtout l'excellence et la beauté des jambes, le découplé et le modelé du corps, l'harmonie de l'extérieur..... De tout ce qui établit la valeur et les mérites du cheval, de tout ce qui constitue la science hippique, la science du vrai cavalier, des vrais connaisseurs, rien ne doit manquer et échapper à qui se mêle d'acquérir des chevaux, sinon, il *pataugera* dans d'incroyables bévues, et sera constamment dupé. »

Nous venons de voir le terme : Arabes du Boustân ou Jardin. Par cette dénomination, il faut entendre toute la Syrie cultivée. Par la Syrie, il faut entendre la moitié méridionale de la Syrie et particulièrement la Célésyrie. Par la Syrie Orientale on désigne tout l'espace non cultivé qui va jusqu'à l'Euphrate.

IX.

Il résulte de tout ce que nous venons de dire dans ce chapitre, que la Syrie et l'Asie Mineure sont, depuis bien des siècles, la seconde patrie du cheval arabe, que là fut sa première étape, que c'est de là surtout qu'il est parti pour exporter sa race dans l'ancien monde. Bien mieux que cela ; si l'on admettait que le cheval arabe primitif est descendu d'un père sorti des écuries royales de Salomon, le cheval arabe serait l'enfant d'un ancêtre syrien ; et bien mieux que cela encore, en admettant comme article de foi cette ascendance, on serait autorisé à supposer que le cheval arabe a bien pu avoir un père égyptien. Car nous savons, par l'Écriture sainte, que les chevaux d'Égypte étaient jadis en grande estime, et fournissaient en partie la remonte de la cavalerie des rois de Juda. Le troisième Livre des Rois (chap. ɪv et x) et le deuxième Livre des Paralipomènes (chap. ɪx) nous apprennent que Salomon avait tiré en grande partie, d'Égypte, les cinquante-deux mille chevaux qu'il avait dans ses écuries.

« Salomon, dit le quatrième Livre des Rois, avait quarante mille chevaux dans ses écuries, pour les chariots, et douze mille chevaux de selle. (Chap. ɪv, vers. 26.)

« On faisait venir aussi de l'Égypte et de Coa, des chevaux pour Salomon ; car ceux qui trafiquaient pour le roi, les achetaient à Coa et les amenaient pour un prix arrêté.

« On lui amenait un attelage de quatre chevaux d'Égypte pour six cents sicles d'argent, et un cheval pour cent cinquante. Et tous les rois des Héthéens et de Syrie lui vendaient aussi des chevaux. » (Chap. x, vers. 28 et 29.)

L'Égypte à cette époque, et depuis longtemps, soignait attentivement l'éducation du bétail et celle des chevaux. Déjà huit siècles à peu près avant Salomon, Sésostris était allé à la conquête de l'Asie, et avait conduit ses cavaliers, et son char de bataille, jusque chez les *Schéta* ou Scytho-Bactriens.

Mais, comme je l'ai déjà fait pressentir, la tradition arabe, tradition purement musulmane, par conséquent récente et abandonnée de toute preuve et de toute autorité rationnelle, n'est qu'une expression d'une idée religieuse, d'un désir de s'entourer du relief d'un grand nom, et de consacrer ou de glorifier, par un même coup, et le cheval arabe et son maître. Mahomet avait donné aux Arabes le limbe d'un Prophète fils d'un Prophète, d'Ismaël fils d'Abraham, il fallait bien donner aussi un peu d'éclat prophétique à l'origine du cheval arabe, et le cheval fut rattaché, par sa généalogie, au plus noble des noms, au plus illustre des rois du monde passé et à venir, à l'écurie d'un Prophète fils d'un Prophète, à Salomon fils de David.

Au point de vue d'ancienneté, l'âge de cette origine se trouvait ainsi remonté très-loin dans les siècles ; car, pour les musulmans, Salomon vivait à une immense antiquité, par delà un nombre hyperbolique de siècles. La chronologie et surtout la synchronologie n'a jamais été une science des Arabes ; pour eux le passé est si vieux que c'est un vaste amas de siècles où il y a place pour tout et à des distances incalculables.

Comme conséquence, nous dirons donc que l'époque des premières combinaisons tentées pour l'amélioration et le perfectionnement du cheval en Arabie, se reporte à une date indéterminée dans la durée du passé, ignorée, que par conséquent l'origine du cheval arabe est inconnue, et qu'il est devenu le premier cheval de la terre par les soins et la persévérance de ces Bédouins sauvages des déserts , peut-être , avant tout, des Bédouins du sud de l'Arabie orientale , de l'Omân, de l'Aḥḳâf, du Doân, de Baḥreîn. De là, il a fait ses émigrations.

## X.

Nous avons déjà parlé des Phéniciens, de cette nation hardie, audacieuse, qui se promena sur un si grand nombre de régions de l'ancien monde.

Habiles marchands, intrépides navigateurs, ils partirent de leur Asie, ce théâtre de leur puissance, ce bazar de leur industrie , et, l'or à la main, ils allèrent, quatorze ou quinze siècles avant J. C., asseoir quelques colonies sur les rivages de l'Europe, puis s'installer sur le littoral méditerranéen de l'Afrique, sur la Pentapole lybienne , et de là successivement jusqu'aux bords de l'Océan Atlantique.

Durant des siècles, les Phéniciens remplirent toute la côte septentrionale africaine, de leur nom, de leurs intérêts, de leur commerce, de leur civilisation . Carthage marchait à sa splendeur. Et voilà qu'environ six cent trente ans avant notre ère , trois siècles avant Alexandre , et sur un ordre précis de l'oracle de Delphes , quelques centaines de Grecs, Doriens d'origine, partirent de Théra une de ces îles qu'enfanta comme tant d'autres, une convulsion de la Méditerranée.

De cette île volcanique , l'ancienne Calliste, la moderne Sainte-Irène , dont le langage actuel a fait Santorin, la petite émigration dorienne, conduite par Battus, s'embarqua sur deux galères à cinquante rames, se réfugia sur le sol d'Afrique, au hasard. Le premier pied-à-terre fut bientôt insuffisant; et, six ans après l'arrivée de la colonie, Battus cherche un séjour plus propice, va se poster vers la source de Kyré, Κύρη, et là, fonde la ville de Kyrana ou Kyréné, Κυρήνη, Cyrène, qui devint la capitale de la Cyrénaïque. C'était à deux pas de l'Égypte. Un beau ciel; un riche territoire...; la colonie prospéra. La Cyrénaïque grandit, et se fit de la gloire, de la puissance, un commerce. Barcé, Βαρκη, se construisit et fut l'origine du nom de Barḳah donné encore aujourd'hui au grand plateau, maintenant désert, qui comprend l'ancienne Cyrénaïque, la Pentapolis ou Pentapole ainsi appelée à cause de cinq villes principales, Barcé, Arsinoé, Bérénice, Apollonias ou le port de Cyrène, et Cyrène.

Ce ne fut guère que sous Battus III que Cyrène et la Cyrénaïque prirent de l'importance et de l'éclat. Quelques milliers de nouvelles familles grecques furent envoyés, encore par ordre de l'oracle de Delphes, pour alimenter et développer la colonie qui dès lors, et rapidement, se constitua en État. Les rapports de commerce s'établirent avec la Métropole, avec l'Égypte, avec Carthage, avec toute la Libye.

Les Barcéens, Barkitæ de Ptolémée, Barkaei d'Hérodote, se mirent surtout à élever et dresser des chevaux. Ils avaient reçu le cheval phénicien, le cheval égyptien, tous deux de même souche; ils en observèrent et étendirent la reproduction, et arrivèrent à des résultats tels que le cheval barcéen, ou, comme disent les Arabes, le cheval de Barḳah, devint un type de race.

Il me paraît parfaitement admissible que le cheval barcéen est de sang arabe. Ce dut être, dans le principe, le cheval phénicien ou phénico-arabe, le même qui avait été importé en Égypte par les Hyksos.

Les chevaux de Barké ou de la Cyrénaïque devinrent célèbres dans toute la Grèce, dans toute l'Asie Mineure. Et les Grecs, dans leurs formes de langage pittoresque, si souvent imprégné de pensées religieuses, disaient que Neptune lui-même avait enseigné aux Barcéens l'art merveilleux de dompter le coursier, et que Minerve leur avait enseigné à conduire les chars.

Les haras de la Cyrénaïque eurent une immense renommée. Les chevaux de Barcé furent pendant longtemps le modèle du beau. Dans les grandes solennités et les jeux publics de la Grèce, les chars des Cyrénéens brillaient sur l'arène, et ils remportèrent plus d'une fois les prix des courses Olympiques. Lorsque Alexandre alla visiter l'Ammonium, les Cyrénéens, pour se concilier la bienveillance du héros de la Macédoine, lui firent hommage de trois cents chevaux de guerre et de cinq quadriges splendides.

A Cyrène et à Barcé, le luxe des chevaux devint presque de la folie. A Cyrène surtout, le nombre en était extraordinaire ; ce qui fit dire, un peu trop hyperboliquement sans doute, qu'à Cyrène nul ne se rendait à une visite, à un festin, à une fête de famille, sans être en char ou à cheval ; et l'amphitryon traitait et le cavalier et les chevaux.

Le cheval barcéen par son alliance avec le cheval des peuples nomades c'est-à-dire numides, et ensuite avec le cheval arabe amené par les conquêtes des Musulmans, forma le cheval barbe ou brèbe ou berbère ou bérébère.

Transporté en Espagne où il demeura pendant huit siècles, le cheval arabe améliora encore le cheval de la Péninsule espagnole, le cheval bétique déjà célèbre dans l'antiquité, et aboutit au cheval andalou.

Nous ne parlerons pas ici des importations qui, à l'époque des croisades, et depuis cette époque, transplantèrent en Europe, en France et en Angleterre, des chevaux arabes ; ces circonstances sont racontées dans les écrits hippologiques, et surtout dans La France chevaline, de M. Eugène Gayot, et dans l'Histoire du cheval chez tous les peuples de la terre, par M. Ephrem Houël.

## CHAPITRE V.



### I.

Le cheval dongolâwî, comme nous l'avons déjà indiqué, est
le cheval ordinaire de tout le Soudan oriental, c'est-à-dire du
Wadây (a), du Dârfoûr, du Kordofan, du Sennâr, de la Nubie,
de l'Abyssinie jusqu'au rivage occidental de la Mer Rouge. Il
est vrai que dans les parages déserts ou à peu près, qui bordent
cette mer, les chameaux de course remplacent en grande partie
le cheval, et lui sont même préférés à cause de leur frugalité et
aussi à cause du lait et de la chair qu'ils fournissent aux tribus
errantes ou stationnaires.

Dès longtemps, les Badjdjah, qui paraissent être les Blemmyes
des Grecs et des Latins, étaient renommés surtout pour leurs
chameaux de course. A ce sujet, Maḳrîzî cite un fait singulier
que je veux consigner ici.

« Les Badjdjah sont de constitution vigoureuse, de tempérament robuste, et ont le ventre et les reins secs et resserrés, le teint
net, et la coloration jaune bronzé.

« Les Badjdjah sont connus par leur légèreté et leur rapidité à
la course. Leurs chameaux, de couleur fauve, issus la plupart des
meilleures races de l'Arabie, sont fins coureurs, supportent fa-

(a) Prononcez la dernière syllabe de ce nom, comme l'interjection aïe !

cilement la soif, et dépassent les chevaux les plus intrépides et les plus vites. Dociles et souples sous le cavalier, infatigables à la course, habitués et dressés aux combats, ils traversent avec leurs maîtres des distances incroyables, et exécutent les évolutions les plus extraordinaires avec une prestesse et une intelligence surprenantes. Dans les rencontres, lorsqu'une lance lancée par le cavalier frappe un ennemi, le chameau se précipite comme l'éclair sur le blessé, et le vainqueur le saisit et s'en rend maître. Si la lance tombe inutile, sans férir, et se fiche en terre, le chameau encore se précipite vers l'arme, l'agite, l'ébranle de la convexité de son cou, et le cavalier reprend et emporte la lance.

« Un certain Béklâz, chef des chefs des Badjdjah, homme d'intrépidité et d'audace, célèbre parmi ses contribules, avait un chameau borgne, mais d'une vitesse inouïe à la course. Béklâz comptant sur les jarrets de sa bête, jure à ses Badjdjah d'aller voir les cérémonies de la grande fête du Beïram, à Fostât (Vieux-Caire). Le jour de la fête approchait, il ne restait plus, en vérité, le temps de pouvoir arriver assez tôt.

« Béklâz part..., et le jour même du Beïram, il apparaît tout à coup sur le haut du Moḳattam, en face de Fostât. On aperçoit le curieux; on lance immédiatement des cavaliers à sa poursuite... Béklâz disparut et s'échappa sain et sauf.

« De ce jour, il fut établi qu'à chaque fête on posterait des vedettes dans une gorge du Moḳattam. Les descendants de Toûloûn, et même leurs successeurs, conservèrent cette coutume de précaution. On plaçait une petite troupe d'éclaireurs sur le point du Moḳattam, appelé El-Djeïch, en face de Fostât. Car auparavant, les Bédouins tombaient parfois à l'improviste sur les Musulmans rassemblés et priant au Ḳarâfeh ou cimetière de l'Est, enlevaient des femmes et des enfants, et disparaissaient fuyant comme le vent. »

J'ai traduit ce récit à cause de son analogie avec ce que nous verrons tout à l'heure des habitudes des Toubou et des Touâreg ou Târgah, ces coureurs du grand Ṣaḥrâ, ces rançonneurs toujours en vigies sur les plaines du désert, ces pirates des sables, des plaines que doivent franchir les caravanes qui des pays barbaresques, depuis Aûdjalah jusqu'à l'Océan, vont porter leurs excursions commerciales au centre de l'Afrique, dans toute la Nigritie, depuis le royaume de Tounbouktou jusqu'au Dârfoûr.

## II.

Je voudrais voir fonder en Algérie des haras de chameaux et des courses de chameaux. Je voudrais que l'on fît pour le chameau ce que l'on veut faire pour le cheval, car le chameau est le coursier, le véhicule, le navire des déserts. Ce n'est que par lui, lui voyageur sobre, résistant, dur, patient, que peut-être bientôt il nous sera permis d'aller, en caravanes arabes-françaises, explorer ces centres africains, si pleins d'hommes nouveaux et de choses nouvelles. L'Algérie est une sorte d'emporium littoral, un port d'où le commerce et la science, et avec eux la civilisation, doivent envoyer leurs commis et leurs missionnaires tout à travers la Nigritie, et au delà, tout à travers un monde inconnu.

Les Romains jadis, n'ont-ils pas, de la Mauritanie, pénétré au cœur de l'Afrique? Julius Maternus et Septimus Flaccus ont conduit leurs troupes jusqu'au pays des Garamantes, la Phazanie des anciens, le Fezzân actuel, jusqu'au nord du Bâguirmeh, jusqu'à Wârah la capitale du Wadây, jusqu'au Dârfoûr et au Dâr-Noûbah, jusqu'au Fâz-Oglou..., et ils sont revenus par la vallée du Nil.

Pourquoi la France, vivant d'un tout autre esprit, d'une autre force religieuse et politique, ne ferait-elle pas, pacifiquement, par amour du bien, aussi par amour de ses intérêts intellectuels et matériels, aussi par humanité pour ces pauvres peuples de la Nigritie, ce que Rome faisait par vanité, sans conscience de son œuvre, pour le plaisir de promener ses aigles et ses faisceaux? Rome était plus ambitieuse que bienfaisante, la France est plus bienfaisante qu'ambitieuse.

Contentons-nous de ces quelques lignes de réflexions; davantage serait trop en dehors de notre sujet.

### III.

Je ne parlerai ici que des chevaux du Dârfoûr et du Wadây.
Je n'ai de renseignements écrits et bien détaillés que sur ceux-
là. Les autres contrées, d'ailleurs, ainsi que me l'ont assuré plusieurs indigènes de l'intérieur du Soudan, sont dans les mêmes
conditions hippiques générales que ces deux États que je viens
de nommer.

Au commencement de ce siècle, lorsque dans le Mella (et non
pas Melly ou Melli, comme l'écrivent presque tous les géographes), le célèbre réformateur Zâkî, connu en Europe sous le
nom de Dam Fôdio, c'est-à-dire fils de Fôdeh, parut et souleva
les Foullân ou Félâta au nom de l'orthodoxie musulmane, il
réussit à se composer une armée considérable, presque uniquement formée de cavaliers, et en peu d'années il soumit à son
autorité la totalité du Mella d'abord, puis l'Afnau, le Noufeh, l'A-
diguiz (Agâdès), le Barnau (Bournou), et la plus grande partie
du Bâguirmeh. Là, il fut battu par les Bâguirmiens et s'enfuit
lui et ses Foullân. Ce nom de Foullân ou Félâta est le nom des
habitants du Mella, au sud de la province de Tounbouctou.

Les notions que je vais consigner ici, m'ont été fournies par
un uléma arabe, originaire de Tunis; il séjourna pendant huit
années dans le Dârfoûr et le Wadây. Il me rédigea, au Kaire, la
relation arabe de son voyage. Je possède seul le manuscrit de
cette relation. Je n'ai publié du texte arabe que la première
partie ou celle qui a trait au Dârfoûr et mieux, au Fôr, ou Dâr
el-Fôr.

### IV.

Au Dârfoûr, les chevaux sont assez nombreux, surtout dans
la partie septentrionale. En temps de guerre, les Fôriens ou
Dârfouriens ont toujours au moins quinze ou vingt mille hommes
de cavalerie, sans compter les Arabes qui, des environs du Dârfoûr, viennent, à cheval, se mêler aux expéditions, afin d'attraper quelque butin.

Mais il n'y a que les Arabes qui savent avoir soin de leurs chevaux d'ailleurs d'origine arabe. Presque tous les Fôriens qui peuvent se procurer et entretenir un ou plusieurs chevaux, n'ont que des dongolâwî, ou des chevaux fôriens, chétive monture. D'autre part, tout se borne à abriter et à nourrir les chevaux ; personne des naturels du pays ne s'occupe, là, pas plus qu'au Wadây et ailleurs, à perfectionner la race.

Une habitude singulière au Dârfoûr, est celle-ci. Assez souvent le sultan sort à cheval et, en pleine campagne, lance son cheval à toute course, ou s'amuse à s'exercer à certaines évolutions. Plusieurs de ses vizirs, des grands de son entourage, l'accompagnent et font avec lui des chevauchées et cavalcades à travers la plaine. Si, par un hasard quelconque, par quelque circonstance que ce soit, le cheval du sultan bronche, le désarçonne et le renverse, ou si le sultan, emporté par le cheval, tombe, tous ceux qui l'accompagnent se jettent à terre de dessus leurs chevaux. Nul individu présent ne peut se dispenser de cette chute honorifique, lorsque le prince est démonté. Si alors on voit quelqu'un de la suite rester en selle, et être assez irrévérencieux pour oser ne pas faire la chute d'obligation, on le couche à terre immédiatement, et, sur place, on lui administre une volée de coups, fût-il, des personnages présents, le plus élevé en dignité, car il a forfait à son devoir, il a manqué de respect pour le souverain. Là, au risque de se blesser, même de se rompre le cou, il faut être poli.


## V.


Partout où l'Arabe bédouin vit en tribu, il suit avec intelligence et avec soin la conservation et la reproduction de son cheval. Aussi, au Soudan comme ailleurs, c'est toujours l'Arabe qui a le meilleur coursier. Aux environs du Dârfoûr et du Wadây, et dans presque toute la circonférence de ces deux États voisins, il y a des tribus arabes qui habitent sous la tente, et qui moyennant une redevance fixée vivent en repos dans leurs stations. Ils élèvent de nombreux troupeaux de bœufs, de moutons, de chameaux, dont ils transportent et vendent les produits aux Fôriens et aux Wadayens. Ce sont aussi ces Bédouins qui, à l'aide de leurs chevaux, vont aux chasses des animaux grands coureurs, des animaux difficiles ou dangereux à poursuivre. Chez ces tribus, surtout en dehors des limites nord du Wadây, les plumes d'autruche, les escarbeilles, les cornes de rhinocéros, les peaux d'animaux sauvages, sont en si grande abondance qu'elles n'ont presque aucune valeur.

« Ces Arabes bédouins, dit textuellement, dans sa relation arabe, mon uléma voyageur, font souvent la chasse à la girafe et à l'autruche. Ils les chassent à cheval, et le plus ou moins de succès dépend du plus ou moins de vitesse des chevaux.

« Lorsqu'un des cavaliers dépiste et aperçoit une girafe, il part au grand galop à sa poursuite. Une fois qu'il est près de la girafe, il n'en suit plus la trace pied à pied, mais il oblique et prend sur le côté, et suit l'animal par le flanc. Dès qu'il se trouve de front avec la girafe, presque côte à côte, qu'il la serre de près et la tient ainsi à la portée du bras, il lui décharge un coup de sabre sur les jarrets, et l'arrête bref sur place.

« La girafe ne rapporte guère d'autre profit aux chasseurs, que le prix qu'ils retirent de la peau. Cependant, ils en mangent la chair à l'état frais, ou en ḳadîd c'est-à-dire en lanières de viande desséchées d'abord au soleil et que l'on a gardées ensuite pour le besoin.

« L'autruche est moins difficile à atteindre ; elle n'a pas la course aussi précipitée et aussi emportée que la girafe. Peu de chevaux sont capables de gagner de vitesse la girafe, elle a pour ainsi dire la rapidité du vent...

« Pendant que j'étais au Wadây, un marchand fezzanais y vint pour acheter des plumes d'autruche. Il alla trouver le premier vizir du sultan wadayen, et obtint de ce vizir une lettre de recommandation pour le gouverneur ou chef de la tribu des Arabes Maḥâmîd, le cheïḳ Chaou-Chaou, afin que celui-ci décidât ses contribules à se mettre à la chasse de l'autruche, à des conditions et à un prix modérés. (Les Maḥâmîd, tribu très-nom-

breuse, stationnent dans un vaste espace en dehors des limites
nord-ouest du Wadây.)

« Le marchand fezzanais avait apporté en argent cinquante
*riâl fransâ*, c'est-à-dire cinquante talari. ( Le talaro ou pièce
d'argent d'Espagne vaut environ cinq francs quarante centimes.)
Muni de sa lettre, le fezzanais partit avec un guide arabe et se
rendit chez les Maḥâmîd.

« A son retour, il me raconta lui-même son expédition commerciale.

« Lorsque je fus arrivé chez les Maḥâmîd, me dit-il, on me
« conduisit à la tente du cheîḳ. Chaou-Chaou me reçut avec
« empressement et avec politesse. Après que je lui eus remis
« la lettre du vizir, il m'accabla de prévenances, de bontés et
« de soins. Il me fit donner, pour moi seul, une tente en tissu
« de poil de chameau, garnie de nattes, et pourvue de tout ce
« que je pouvais désirer. Il assigna à mon service un domes-
« tique et une servante, qui veillaient constamment à ce que
« rien ne me manquât. J'avais apporté un présent pour Chaou-
« Chaou ; je le lui donnai ; il l'accepta avec joie, et il m'en fit
« accepter un de sa part. Puis, je remis au cheîḳ les cinquante
« talari que j'avais avec moi. Il appela aussitôt un certain
« nombre de ses Arabes, et leur dit : « Cet homme est mon
« hôte ; il est venu se confier à moi ; il désire avoir des plumes
« d'autruche. Que ceux de vous qui ont envie de gagner quel-
« ques-uns de ces talari, partent demain à la chasse, dès l'aube
« du jour. Chaque peau de żalîm (40) sera payée un demi-
« talaro, et chaque peau de rabdâ, un quart de talaro. » Le
« lendemain, les Arabes se mettent en mouvement et partent à
« la chasse. Le premier jour, ils m'apportèrent une vingtaine
« de peaux de żalîm, garnies de plumes. Je restai dans la tribu
« une vingtaine de jours, et je complétai une centaine de peaux
« de żalîm ou peaux d'autruches à plumes blanches.

« Chaou-Chaou les fit charger sur quelques-uns de ses cha-
« meaux, et ordonna de les transporter pour moi à Wârah (ca-
« pitale du Wadây). Le cheîḳ qui m'avait si bien accueilli, me
« donna encore, à mon départ, des provisions de voyage, une

« quantité de graisse d'autruche fondue, du miel, etc., et tout
« cela en abondance. Arrivé à Wârah, j'y vendis près de quatre-
« vingt-dix peaux de żalîm, sur le pied de trois talari chacune ;
« ainsi, sans fatigue, je gagnai une assez jolie somme. »

## VI.

Au Soudan, les Arabes sont habiles cavaliers, soit à cheval,
soit à chameau. Avant de dire quelques mots sur leurs armes,
leur tactique, leur accoutrement militaire, et de raconter leurs
courses de chevaux, je citerai en quelques lignes une course de
chameaux assez pittoresque. Ce petit récit est tiré aussi de la
relation arabe de notre uléma.

« Le ligdâbeh ou rakoûbeh sous lequel le sultan du Dârfoûr
donne ses audiences publiques, ou tient ses assemblées, a au
moins cinquante pieds de long ; la hauteur est telle qu'un
homme assis sur un chameau peut passer par-dessous le ligdâbeh, sans se heurter la tête à la toiture.

« Le ligdâbeh ou rakoûbeh est un vaste hangar en forme de
halle, sans murs d'enceinte, soutenu par des piliers en bois
fruste, à couverture ou toiture plate faite avec des solives sur
lesquelles sont assujetties de longues fascines très-minces liées
entre elles, avec des liens d'écorce, en manière de claie à jours
de moyenne ouverture. Par-dessus, on étale et attache de minces
faisceaux de cannes de sorgho qu'on superpose en quantité convenable.

« Précédemment, le ligdâbeh était moins élevé qu'il ne l'est
aujourd'hui ; il n'avait que la hauteur suffisante pour permettre
à un homme à cheval de passer par-dessous ; car assez souvent
le sultan paraît à cheval à certaines assemblées, et les préside
sans descendre de sa monture.

« Or donc, un jour, deux Arabes viennent se présenter au
sultan, lors d'une grande assemblée. Tous les deux sont des
plus habiles à monter à chameau ; mais chacun d'eux se prétend supérieur à l'autre. Une vive contestation s'engage entre
les deux rivaux, et ils conviennent, pour décider la question,

de faire une course à chameau en passant sous le ligdâbeh
même. Un dédit est proposé et accepté de suite, et de suite aussi
la querelle doit être vidée. Le sultan et la foule qui est présente
se retirent, laissent le rakoûbeh libre, et tous attendent avec
émotion quelle va être l'issue de cette joute singulière, de cette
course qui paraît impossible à exécuter.

« Chacun des deux champions monte sur son chameau ; ils
s'éloignent à une distance assez considérable du ligdâbeh, font
volte-face et partent à pleine course... Ils arrivent tout près du
ligdâbeh : l'un d'eux s'élance d'un bond sur la toiture, laisse
ainsi son chameau franchir d'un pas rapide la longueur du ligdâbeh, en atteint l'extrémité par-dessus, et au moment où son
chameau sort de dessous, se jette à cheval sur lui et continue sa
course tranquillement. L'autre, en approchant du ligdâbeh, se
penche, se suspend à deux mains aux flancs de son chameau et
se tient ainsi jusqu'à ce qu'il soit hors du hangar.

« Le résultat était merveilleux de la part des deux rivaux. Le
sultan rendit justice à leur adresse ; la foule vanta leur habileté
et les porta aux nues. Toutefois, nombre d'assistants furent d'avis
partagés ; les uns donnaient gain de cause à celui qui, se lan-
çant de son chameau, avait couru sur le ligdâbeh ; les autres à
celui qui s'était tenu suspendu au ventre de son chameau. Le
sultan jugea en faveur du second... Cette aventure fut cause
qu'on éleva, depuis, la couverture du rakoûbeh au degré où elle
est aujourd'hui. »

VII.

Pour leurs guerres, les Soudaniens ont toujours une cavalerie
considérable ; et il n'est pas rare qu'un akîd ou émîr ou chef
commande un corps de six et même de dix mille cavaliers,
lorsque l'armée entière ne dépasse pas vingt-cinq ou trente mille
hommes. Ainsi, dans une guerre entre le Wadây et le Bâguirmeh, le sultan wadayen qui conduisait l'expédition, avait trois
corps de cavalerie, l'un de dix mille cavaliers, l'autre de quatre
mille, l'autre de trois mille. Les hommes de pied n'étaient guère
plus nombreux.

Ce sont toujours les antiques traditions arabes qui dominent dans la tactique militaire ; et si l'on se reporte seulement aux époques de la domination des Arabes en Espagne, à ces huit siècles qui n'ont presque été qu'une guerre perpétuelle, toujours entretenue ou renouvelée par cette idée espagnole : « De los enemigos, siempre lo menos, » c'est-à-dire en fait d'ennemis, laissez-en le moins possible, on rencontre, sur les pages des historiens, des armées de cinquante mille, de quatre-vingt mille, de cent mille chevaux, et plus encore.

Ainsi, d'après l'historien Marlès, Ioûcef l'Almoravide avait avec lui cent mille chevaux. A la fameuse bataille de Zalaca, livrée en 479 de l'hégire (1086 de l'ère chrét.), à quatre lieues au-dessus de Badajoz, Alphonse VI, surnommé le Brave, avait quatre-vingt mille cavaliers, parmi lesquels, disent les auteurs arabes, il y avait trente mille cavaliers musulmans qui servaient en qualité d'auxiliaires. La moitié de cette cavalerie était armée de cuirasses, le reste était de la cavalerie légère. Le terrible Abd el-Moûmin, qui se faisait accompaguer d'un timbalier ayant un tambour de quinze coudées de profondeur, envoya le wâlî ou gouverneur de Cordoue avec dix-huit mille chevaux du côté de Badajoz que menaçait le roi de Portugal. Lorsque ce même Abd el-Moûmin crut pouvoir d'un seul coup accabler l'Espagne entière, il appela tous les Musulmans à la guerre sainte, rassembla des soldats du fond de l'Afrique Musulmane, depuis Tunis jusqu'à l'Océan, de tout l'Orient, et, disent les historiens, il vit réunis, autour de la ville de Salé, cent mille fantassins, et trois cent mille chevaux dont le tiers était de vieilles troupes. Mais Abd el-Moûmin mourut avant de rien entreprendre.

Dans le centre de l'Afrique, les forces militaires des États se composent à peu près de mêmes proportions d'éléments, c'est-à-dire toujours d'un grand nombre de chevaux.

## VIII.

« Les Dârfouriens ou Fôriens, dit notre uléma, ont un certain luxe et une certaine coquetterie dans leurs vêtements de guerre, les selles de leur cavalerie, le harnachement de leurs chevaux. Au Wadây, cet appareil est rigoureusement défendu, et les vizirs mêmes n'ont que de simples selles couvertes de cuir rouge.

« Cependant, les Wadayens, comme les Fòriens, suspendent sur la face de leurs chevaux une sorte de masque qu'au Dârfoûr on appelle kardjil. Le kardjil se compose d'une plaque convexe tombant sur le front et sur le chanfrein du cheval, et de deux plaques venant sur les joues ou mâchoires. Ces trois plaques sont en tôle jaunie ou en fer-blanc, et tapissées d'une doublure de drap rouge dont le bord les dépasse un peu. Un masque ou kardjil en tôle jaunie se vend parfois au prix de deux esclaves, car, pour ces peuples, le kardjil est la plus belle partie du harnachement d'un cheval.

« L'encolure et tout le corps du cheval sont, en bataille, couverts de pièces d'étoffe fourrées de coton, piquées comme des couettes-pointes, et destinées à garantir des flèches. Le cavalier porte aussi une sorte de souquenille piquée et fourrée de la même manière, outre la cotte de mailles. (C'est absolument la jaque bourrée, les escaupilles, la hucque ou le gambeson des armures militaires des chevaliers.)

« Deux sabres droits, véritables lattes ou rapières, sont placés sous la jambe gauche du cavalier, et sont attachés par un bout à l'avant ou pommeau de la selle, et par l'autre bout, au troussequin. »

Le cheval ainsi harnaché représente ceux dont se servaient en guerre les anciens chevaliers, et rappelle assez bien les miniatures du *Manuscrit des miracles de Saint-Louis* (XIIIe siècle).

« Le cavalier a deux ou trois lances, porte une saie piquée. la *tasse* ou bassinet rond à trois baguettes de fer, une de chaque côté, descendant sur chaque tempe et l'autre sur le front et le nez. La nuquière est en tissu de cotte de mailles ou tissu de petits anneaux de fer; il tombe jusque sur les épaules.

« Les fers de lances et de javelines ont des formes assez nombreuses. De même les boucliers; et le maniement de cette arme défensive, est de première importance; le soldat habile doit

savoir, par les mouvements et le jeu du bouclier, détourner un
coup de lance, esquiver une javeline lancée. »

## IX.

La tactique militaire, au Soudan, avons-nous déjà dit, est
entièrement la tactique arabe.

« Dieu qui a donné aux hommes le fer, moyen de terreur et
d'utilité, qui a dit dans son saint Livre : « Disposez, organisez
« tout ce qu'il vous sera possible de force et de résistance contre
« les infidèles, tout ce qu'il vous sera possible de chevaux et de
« cavaliers pour épouvanter les ennemis de Dieu et les vôtres, »
a clairement manifesté sa volonté.

« Une armée a toujours cinq divisions ou corps, comme on
le voyait autrefois chez les Arabes, appelés à cause de cela, en
style de guerre, *la gent à cinq divisions*. Le premier corps était
l'avant-garde, le second, l'aile droite, le troisième, le centre ou
cœur, le quatrième, l'aile gauche, le cinquième, le sâḳah, c'est-
à-dire la jambe, ou arrière-garde. Les Fôriens et les autres
peuples du Soudan ont accepté cet ordre de marche et de bataille, comme règle, l'ont conservé jusqu'aujourd'hui (1846 ère
chrét.), et ne consentiraient pas, pour quelque avantage que
ce fût, à suivre un autre système de stratégie.

« Les drapeaux n'ont rien de particulier ; ils n'ont pas d'insignes ; ils sont simplement les uns rouges, les autres blancs, en
nombre variable. Cependant les Wadayens ont toujours un plus
grand nombre de drapeaux rouges que de drapeaux blancs. —
On porte toujours devant le sultan fôrien dix drapeaux ; et on
en porte au moins une trentaine devant le sultan wadayen.

« Lorsqu'un sultan assiste à une bataille et qu'on voit s'a-
battre les drapeaux, on sait alors que le sultan est tué ou fait
prisonnier.

« Dans le cas de défaite, le sultan n'a que deux chances, ou
être tué, ou être pris ; car jamais un sultan ne doit fuir. Tant
que les drapeaux sont debout à leur place, on est certain que
le sultan est en sécurité et vivant.

« En bataille, la cavalerie est divisée par escadrons plus ou
moins nombreux, dont chacun est sous le commandement particulier d'un même officier. La cavalerie commence par attaquer
la cavalerie, et l'infanterie attaque l'infantérie. »

## X.

Les courses de chevaux, au Soudan, remontent à une époque
aujourd'hui oubliée. Dans des pays où on use si peu de papier à
écrire, on ne conserve pas beaucoup de souvenirs d'époque,
surtout pour les choses dont l'habitude a établi l'utilité perma-
nente. On continue et répète simplement tel fait parce qu'il est
bon de le répéter et de le continuer. L'âge de l'habitude est peu
important chez des peuples dont les hommes ne savent pas leur
âge. On ne sait que l'âge des chevaux, et encore parce qu'il est
écrit sur leurs dents, parce que la vie du cheval est assez courte,
et parce qu'il y a un intérêt matériel réel à savoir le nombre
d'années qu'il a vécu.

Les courses dont nous voulons parler, sont, ainsi que notre
voyageur tunisien va nous le raconter, non pas des joutes
d'hippodromes, mais des espèces de steeple-chase, des courses
d'un lieu à un autre, à plusieurs relais, ou plutôt ce sont des
espèces de courses de fond.

Voici le récit même dont notre uléma tunisien a fait un chapitre de sa relation. C'est en même temps l'appréciation et l'histoire actuelle des chevaux du Soudan, terminée par un aperçu
piquant sur les conséquences d'une défaite pour un roi et pour
un sultan dans les hautes contrées de l'Afrique centrale, jusqu'à la ligne équatoriale.

## XI.

« Pour les populations du Soudan, le cheval est la possession la plus précieuse, le plus puissant moyen de se faire res-
pecter et de triompher de leurs ennemis... N'est-il pas écrit
dans le Ḥadiṭ ou recueil des paroles traditionnelles du Prophète :
« Aux crins qui flottent sur le front des coursiers, est attachée

« la victoire pour jusqu'au dernier jour du monde ? » Dieu a
dit à son saint Envoyé, dans le Livre de la révélation, pour
avertir les musulmans d'être toujours préparés aux combats :
« Tenez continuellement prêts contre vos ennemis tout ce que
« vous avez de forces, tout ce que vous avez de chevaux attachés
« auprès de vos demeures, afin d'inspirer la terreur aux enne-
« mis de Dieu et à vos ennemis. » Aussi, les chevaux ont toujours été pour les arabes la richesse la plus chère.

« Au Dârfoûr il y a plusieurs sortes de chevaux. Les meilleurs
se trouvent chez les grands et chez le sultan.

« Les chevaux dongolâwî et les chevaux de race égyptienne
sont recherchés au Dârfoûr. Les premiers sont assez souvent
demandés par les princes, qui en font leurs montures de parade.
Les dongolâwî ou dongoliens ont les jambes longues, la robe
brillante et généralement noire. Mais les chevaux d'Égypte sont
meilleurs; leur taille moins élevée que celle des dongoliens,
est plus régulière et plus gracieuse; les Rouzz ou anciens mamelouks d'Égypte en faisaient leur monture favorite. Ces chevaux, d'ailleurs faciles à dresser, supportent assez bien la fatigue,
et se façonnent parfaitement à l'élan de l'attaque et de la retraite.
Leur robe est bien nuancée, mais elle a souvent les diverses
teintes du pelage bai clair.

« Ceux que l'on préfère sont ceux dont la taille est convenablement haute, dont les jambes sont de longueur bien proportionnée, dont les flancs sont élancés, la croupe large et pleine,
le poitrail développé, l'encolure de longueur moyenne, la course
rapide et légère. Ces qualités seraient surtout dans les chevaux
du sultan fôrien.

« Les *sâïs* ou grooms les forment à des habitudes singulières.
Ainsi, les chevaux du sultan, soit dans les voyages, soit dans les
cérémonies de représentation, ne font aucune ordure pendant
tout le temps que le sultan les monte. Si le cheval est au repos,
comme dans les parades, dans les assemblées publiques, il ne
remue pas même les pieds; il reste tout le temps dans une immobilité parfaite, sans avancer ou reculer d'une ligne. Il ne lui est
permis que d'agiter, c'est-à-dire lever et baisser la tête.

« Si par hasard le cheval, dans une des circonstances que
nous venons d'indiquer, vient à uriner ou faire son crottin, ou
seulement à bouger, d'un point, de la place primitive où on l'a
arrêté, le sultan en descend sur-le-champ ; les grooms emmènent
aussitôt l'animal indécent, qui pour punition de sa faute, reçoit
une volée de coups comme avertissement de ne plus revenir à
pareille impolitesse.

« Lorsque j'étais au Dârfoûr, j'admirais la finesse et la grâce
des chevaux du sultan. Je demandai à des sâïs comment ils ob-
tenaient et conservaient dans leurs chevaux cette élégance et cette
délicatesse. Ces sâïs m'apprirent qu'ils les nourrissaient au vert
avec des graminées sauvages des environs du mont Kouçah, au
nord de Tendelty, et qu'on entretenait cet état de légèreté et le
dégagé svelte des chevaux, en leur donnant aussi une pâtée assez
épaisse de doukn ou sorgho concassé, mêlée de miel. « Deux fois
« le jour, ajoutèrent les saïs, le matin et le soir, on pétrit pour
« eux quatre jointées de ce doukn, et deux fois aussi on leur
« jette quelques poignées des herbes prises sur le mont Kouçah.
« De plus, chaque matin, on leur donne à boire du lait frais.
« Par ce régime, les chevaux acquièrent de la vigueur et de la
« beauté, restent fins et élancés comme tu les vois. »

« Les chevaux d'origine ou race fôrienne sont d'abominables
bidets à ventre bombé, d'un caractère rude et revêche. Bien
repus, ils sont intraitables, ruent et se cabrent à tout moment.
Montés, ils résistent à la main qui les conduit, n'ont jamais
qu'une marche indécise et tortueuse, dévient sans cesse du chemin sur lequel on veut les tenir. Rétifs, ombrageux, lorsqu'ils
sont dans leurs instants de caprices, ils regimbent et luttent
contre le cavalier. Quand même on les couperait en morceaux,
ils ne se soumettent jamais. Dès qu'ils sentent le fouet, ils se
cabrent et se dressent jusqu'à avoir le ventre debout. Indociles
au frein, ils prennent souvent le mors entre les dents, et alors
nul effort, nul jeu de bride ne peut les maîtriser ; ils emportent
leur cavalier, et en bataille ils vont parfois le jeter au milieu de
l'ennemi ; ils se précipitent à tort et à travers sur les rangs, et
il est impossible de les retenir et de les ramener. L'indomptable

bête se révolte, reste fixe en place, et fait tuer son maître. En résumé, ils sont quinteux et rebelles; c'est dire qu'ils ont les plus insupportables de tous les vices.

« S'ils ont faim, s'ils ne sont pas abondamment repus, ils sont lâches et mous; néanmoins, ils supportent bien la fatigue et les longs voyages. En guerre, lorsqu'ils sont blessés, ils bondissent, se cabrent jusqu'à ce qu'ils aient renversé leurs cavaliers. En cela, ils diffèrent essentiellement des chevaux de race, qui, fussent-ils criblés de blessures, supportent la douleur avec courage, et ramènent leurs maîtres en lieu de sûreté.

« Les meilleurs chevaux qu'il y ait au Dârfoûr sont ceux des Arabes qui habitent les alentours de cet État. C'est la race même des coursiers de la presqu'île arabique; à la poursuite, ils atteignent; à la fuite ils devancent, fussent-ils même affaiblis. Mais aussi, quelle différence entre les soins de régime et d'éducation des chevaux chez les Arabes et chez les Fôriens !

« Les Fôriens, excepté le sultan et plusieurs des grands du pays, nourrissent leurs chevaux de doukn en grain. Cette nourriture engendre le gros ventre, entretient une surabondance de sang, et donne de la pesanteur. Les Fôriens paraissent avec ces lourdes montures aux fêtes et aux cérémonies; avec ces mêmes montures, ils voyagent assez commodément à des distances assez grandes; mais pour cela, il faut, comme du reste c'est l'habitude parmi les personnages élevés, prendre des relais de deux en deux heures. Alors la bête ne se fatigue pas et ne fatigue pas non plus son cavalier.

« Les Arabes n'ayant que peu de doukn, nourrissent leurs chevaux aux pâtis; ils les abreuvent toujours avec du lait frais, les frottent et les lavent tout entiers avec du beurre fondu; et ils ont des chevaux appropriés et pliés à leurs besoins d'excursions, à leurs habitudes de rapines; car c'est là la vie des Arabes.

« Le Bédouin soudanien, dans ses plaines isolées, attache pour la nuit, au pied de son cheval, une entrave de fer assujettie à l'extrémité d'une chaîne longue au moins d'une brasse; cette chaîne est fixée au *lit* sur lequel dort l'Arabe. Quand le cheval, accoutumé qu'il est aux courses, aux attaques, aux fuites, aux incursions, entend dans l'obscurité le plus léger bruit, le plus léger indice d'alarme, il hennit, s'agite, frappe du pied la terre, et éveille ainsi son maître. De jour, il est attaché près de la tente du Bédouin.

« A quelque heure que ce soit, dès qu'un cri d'alerte vient à retentir, la femme du Bédouin, ou sa sœur, ou sa mère, etc., s'empresse de placer sur le cheval sa petite selle légère, de le brider ; et le Bédouin, soit de nuit, soit de jour, monte aussitôt et part avec les hommes de sa tribu là où la circonstance les appelle. En un clin d'œil, une troupe de cavaliers débouche hors des tentes.

« En raison de ces habitudes de vie guerroyante et inquiète, les Arabes estiment les chevaux à des valeurs extraordinaires. Un cheval qui s'est acquis quelque réputation, se vend à un prix démesuré ; ainsi, une jument de quatre ans avec son poulain se vend parfois au prix de cent vaches.

« Les chevaux les plus chers sont les coureurs *à trois kamîn* ou *trois relais*. Voici l'origine de cette dénomination. — Il y a des chevaux, chez les Arabes des environs du Dârfoûr, qui ne vainquent à la course qu'à un kamîn ; d'autres gagnent de vitesse à deux kamîn, d'autres à trois. Ces derniers sont les plus fins et les plus rudes coureurs. Pour ces courses d'épreuve, on établit, au moins à une heure de distance chacun, trois relais ou kamîn, et à chaque relais ou poste dix hommes à cheval. L'individu qui prétend avoir un cheval *à trois relais* part au galop du premier relais avec les dix premiers cavaliers rivaux, et se dirige avec eux au second kamîn. Dès qu'il arrive en face de celui-ci, les dix cavaliers qui y sont postés, tout prêts à lutter de vitesse avec le coureur en question, s'élancent avec lui, et les onze rivaux courent alors à toute bride vers le troisième kamîn, où le cheval d'épreuve doit les devancer. De là, les dix chevaux frais qui l'attendent partent au grand galop, et le cheval d'abord vainqueur des vingt premiers, doit arriver encore le premier au lieu où l'attendent les juges qui doivent décerner la victoire. De ce lieu au troisième kamîn, il y a la même distance qu'entre chacun des autres relais.

« Au Dârfoûr et au Wadây, on rencontre quelques chevaux dignes émules des meilleurs chevaux arabes pour la rapidité, la vigueur et la force à supporter la fatigue. Le récit suivant en offre un exemple curieux.

« Un Tâmien, c'est-à-dire un habitant du Dâr Tâmah (ou pays de Tâmah, au nord-ouest du Dârfoûr), avait acheté un très-jeune poulain de race arabe et de sang noble. Il l'avait élevé, dressé avec la plus soigneuse attention. Quand le poulain fut en âge d'être monté, son maître le conduisait en rase campagne, l'exerçait à lutter de vitesse avec les plus lestes coureurs ; et le jeune coursier devint tel que nul rival ne put l'atteindre, nul fuyard lui échapper.

« Le Tâmien, enchanté des succès de son élève, songea à en tirer profit et à se mettre bientôt en incursions.

« Il y a entre les limites respectives du Tâmah et du Wadây, un ravin en forme de canal, encaissé dans des bords naturels distants l'un de l'autre d'environ deux ḳaçabah ou environ six brasses. Le Tâmien eut l'idée d'aller essayer, à ses risques et périls, si son élève serait capable de sauter ce dangereux fossé.

« Notre homme part, lance son cheval... Le cheval saute, et atteint à l'autre bord. Le lit du ravin est profond : si l'animal eût manqué son coup, il se tuait et tuait son maître avec lui. Assuré, par cette expérience, de la vigueur et de la robuste solidité de son cheval, le Tâmien se mit dès lors à rôder sur les terres limitrophes du Wadây. Il allait auprès de quelque puits, et là il examinait les jeunes filles qui venaient puiser de l'eau. Lorsqu'il en apercevait une dont la beauté lui convenait, il l'enlevait, la prenait en croupe, s'enfuyait à toute course, et ne laissait atteindre à ceux qui le poursuivaient que la poussière qui volait sur ses pas. Quelquefois les Wadayens lancés sur sa trace, furent près de le rejoindre ; et comptant sur la largeur du ravin comme un obstacle qui leur permettrait d'attraper et de saisir le ravisseur, ils se flattaient de l'espoir d'une juste vengeance. Mais le hardi Tâmien frappant à coups redoublés les flancs de son coursier, franchissait le ravin comme un trait, et laissait les cavaliers wadayens stupéfaits de cette fuite audacieuse, déroutés dans leurs espérances, immobiles au bord du dangereux passage traversé par le fuyard... Et il leur fallait s'en retourner à vide.

« Un jour, le larron enleva une jeune Wadayenne, fille unique. Des cavaliers poursuivirent le Tâmien ; il leur échappa comme aux autres; les cavaliers repartirent, désespérés de l'insuccès de leurs efforts.

« Le père de la jeune fille rentra chez lui, tout irrité ; il résolut de se venger. Or, il avait une jument près de mettre bas. Quand elle fut délivrée et qu'ensuite la chaleur du rut lui fit désirer l'étalon, notre Wadayen prit une poignée de coton bien nettoyé et bien préparé, l'attacha avec soin sur les parties génitâles de la jument, et l'y laissa pendant un jour entier. Il le retira tout humecté du suintement échappé de la vulve de la cavale, l'enveloppa avec précaution dans d'autre coton frais, et le plaça dans une sacoche bien close.

« Cela fait, le Wadayen s'affuble d'un costume tâmien, se déguise le mieux qu'il lui est possible. Caché sous son accoutrement qui le rend méconnaissable, notre homme passe au Dàr Tâmah. Simulant le dénûment d'un étranger voyageur, il traverse le pays en mendiant, s'abritant là où il trouve asile.

« Un jour, il aperçoit et reconnaît sa fille vers un puits. Sans rien dire, il observe de quel côté elle se dirige; il la suit à distance; il la voit entrer dans la demeure de celui qui l'a enlevée. Le Wadayen attend la chute du jour. Il va frapper à la porte de la maison : « Un hôte de Dieu ! dit-il, un malheureux voyageur !» On le reçoit, on l'héberge... Il a aperçu le cheval et remarqué l'endroit où il est attaché et gardé.

« Pendant la nuit, lorsque tout dort, le Wadayen se lève, se rend auprès du cheval, se dispose à s'en emparer et à prendre la fuite. Mais l'animal est retenu par des entraves de fer fixées à une chaine; il ne peut être détaché. Le Wadayen tire le coton de sa sacoche, l'approche des narines du cheval qui, aspirant l'odeur du rut, s'anime, s'échauffe... Le Wadayen approche le coton, et Dieu voulut que le coton fût arrosé. Notre homme replie le coton, le replace dans sa sacoche... et attend la fin de la

nuit. Il part de grand matin, et reprend à la hâte la route de
son village.

« En quittant sa demeure, le Wadayen avait laissé sa jument
attachée, et avait défendu qu'on la déliât, ne fût-ce que pour un
moment, de peur qu'elle ne vînt à être saillie. En rentrant chez
lui, il se presse de retirer le coton de sa sacoche, le glisse dans
les parties génitales de la jument, et l'y abandonne un certain
temps. La semence se délaye, puis est absorbée par le fait de la
chaleur locale : Dieu voulut que la jument conçût. Elle fut laissée
à l'attache encore quelque temps. La conception devint mani-
feste ; la cavale mit bas ; il naquit un beau poulain, l'image de
son père.

« Le Wadayen, heureux de ce résultat, soigna attentivement
l'éducation de son poulain. Quand l'époque de monter le jeune
coursier fut arrivée, le Wadayen le dressa peu à peu à la course,
aux manœuvres de force et de souplesse. Et puis, pour le préparer aux incursions, il le conduisait au ravin de Tâmah, et,
bravant tout danger, il exerça son cheval à sauter ce redoutable
espace... Le jeune poulain devint plus intrépide et plus fin coureur même que son père.

« Le Wadayen savourait la joie de la vengeance. Enfin il part
pour le Dâr Tâmah. Il descend aux environs du puits près
duquel autrefois il a aperçu sa fille. Elle paraît, elle vient au
puits. Le Wadayen dispose son cheval, le bride, monte et appelle sa fille. Elle s'approche ; il se fait connaître à elle ; il la
prend en croupe ; il fuit au grand galop.

« Des cris poussés de toutes parts annoncent que l'esclave du
Tâmien est enlevée. En un clin d'œil il a rassemblé quelques
cavaliers, et s'élance avec eux à la poursuite du ravisseur ; et de
loin le Tâmien lui criait : « Où emmènes-tu cette fille ? Arrête !
« insensé ! arrête ! — Que me veux-tu ? répondait le fuyard ;
« que demandes-tu ? que t'importe, brigand que tu es ? viens
« la prendre, si tu le peux. — Tu crois donc m'échapper ?...
« échapper à mon cheval ? — Oui ! je t'échapperai ; et puis
« encore je vous enlèverai tous vos enfants, s'il plaît à Dieu...
« et avec ce cheval-là, entends-tu ? »

« Le Tâmien, furieux, presse son cheval de toute sa force, serre de près son ennemi et va peut-être l'atteindre. Le Wadayen redouble d'efforts et ne laisse au Tâmien que la poussière qui tourbillonne. Le larron du Tâmah s'étonnait de voir son cheval vaincu à la course. Mais, c'est au ravin que le Tâmien espérait triompher, qu'il s'attendait à saisir son ennemi au bord du précipice que le cheval wadayen ne pourrait franchir. « Va, « cours, disait le Tâmien; le ravin est devant nous. — Oui! au « ravin ! » disait le père de la fille en ricanant.

« Ils arrivent presque en même temps. Le Wadayen frappe à grands coups les flancs de son cheval, le prépare à l'élan... il vole... il a franchi le large fossé. Là, il s'arrête, il attend son ennemi. Le Tâmien stupéfait est resté à l'autre bord. Ses compagnons le rejoignent; tous d'un œil ébahi regardent le père et la fille. « Au nom du ciel, crie le Tâmien, dis-moi où tu as eu « ton cheval. Que cette fille soit à toi ou bien à un de tes pa- « rents, tu l'as reprise, c'est une affaire finie. Mais où as-tu « trouvé ce cheval ? — Mon cheval est fils du tien. — Fils du « mien ! et comment ? »

Le Wadayen lui dit en quelques mots l'histoire.

« Le Tâmien surpris et confondu se retourne vers ses compagnons : « Mes amis, dit-il, la race de mon cheval a passé chez « nos ennemis; gare à vous désormais ! » Et ils repartirent tout étonnés de leur mésaventure.

« Il existe, dans les divers pays du Soudan certaines croyances bizarres relativement aux chevaux. Je vais en indiquer quelques-unes.

« Un individu avait un cheval qu'il aimait à la folie, qu'il admirait, qu'il choyait nuit et jour. Or, une certaine nuit qu'il alla le voir à pas sourds et à une heure inaccoutumée, il l'aperçut avec des ailes aux flancs, déployées comme celles d'un oiseau. L'homme s'arrêta pétrifié de peur. Le cheval, à l'aspect de son maître, replia soudain et cacha ses ailes, et lui dit : « La « première fois que tu viendras de nuit me voir, sans que rien « me prévienne de ton approche, tu t'en repentiras. »

« Les gens du peuple, au Dârfoûr, sont persuadés que les chevaux ne sont si rapides à la course , surtout quand ils fondent sur l'ennemi, que parce qu'ils volent alors avec des ailes véritables, mais invisibles. On croit encore au Dârfoûr, comme chose indubitable, que les chevaux ont un langage, et que jusqu'à un certain degré, comme l'homme, ils sont accessibles à la pudeur pour certains actes. Aussi, le Fôrien qui possède une jument de race a grand soin, lorsqu'elle reçoit la saillie d'un étalon également de noble race, de jeter sur les deux acteurs un grand voile, tel qu'un milâyeh, afin d'empêcher que les émotions de la pudeur ne nuisent au succès de la conception.

« Un Fôrien avait un cheval qu'il aimait à l'excès, dont il surveillait attentivement la nourriture et faisait soigneusement nettoyer la litière. Toutes les fois que le Fôrien s'était trouvé en danger, il avait été sauvé par son cheval. La femme du Fôrien mourut; il se remaria. Souvent la nouvelle femme donnait au cheval la ration mêlée de poussière et de terre, et laissait la litière malpropre. Le Fôrien, depuis son dernier mariage, n'avait plus pour son cheval les mêmes attentions, les mêmes soins. Notre homme se trouva un jour dans un danger pressant, et ne put en sortir. Il fut fait prisonnier lui et son cheval, et ensuite on l'obligea à soigner l'animal. Dès lors , le Fôrien nettoyait et pansait parfaitement le cheval, vannait la nourriture avant de la lui donner. Un beau jour , le quadrupède dit à son ancien maître : « Voilà la récompense de qui néglige son cheval. » L'homme épouvanté demeura immobile, et le cheval reprit : « Ne crains rien, il n'y a pas de mal. Veux-tu me promettre , « si je te rends la liberté, d'avoir toujours pour moi les soins « que tu me donnes aujourd'hui ? — Je te le promets. — Eh « bien ! enlève mes liens; monte sur moi... et sois tranquille. »

« Le Fôrien détache le cheval et l'enfourche.

« Le maître de la maison, informé presque aussitôt de l'évasion de ses deux prisonniers, part à leur poursuite avec plusieurs cavaliers; les fuyards leur échappent; les poursuivants en furent quittes pour les frais de leur course. Les habitants du Dârfoûr ont des milliers d'histoires et de rêveries pareilles, mais dont le sens pratique est frappant.

« Les Témourkeh, peuplade du sud du Dârfoûr, ont des croyances d'une autre espèce. Ainsi, ils croient que lorsqu'un d'eux meurt, il sort, trois jours après, de son tombeau, se transporte dans un autre pays que celui où il est mort, et qu'il y épouse une nouvelle femme. Les Maçâlît, population très-nombreuse qui borde presque tout l'ouest du Dârfoûr et l'est du Wadây, pensent que chacun d'eux, après sa mort, passe dans le corps d'un animal, d'une hyène par exemple, ou d'un matou. Cette foi en la métempsycose n'admet chez eux aucun doute.

« Les chevaux du Wadây et du Dârfoûr varient beaucoup de valeur et de qualités. Chez les Arabes qui entourent ces deux États, les chevaux sont supérieurs en beauté et en race. Généralement, au Wadây, les chevaux sont de taille peu élevée, et ressemblent à ceux qu'on nomme en Égypte sîçâniât, sortes de petits bidets ou poneys que montent les enfants des grands. Les Wadayens appellent ces chevaux djerkélîeh, c'est-à-dire qui tiennent l'amble pressé (*rahwân*). Ces chevaux marchent beau, et ils ont le pas tellement vite et d'aplomb, qu'aucun autre cheval ne peut les suivre, qu'en un jour ils parcourent aisément un trajet ordinaire de deux jours. J'ai eu un djerkélîch, et je faisais souvent avec lui le voyage de Wârah au Boteïhâ. Aucun autre cheval ne pouvait aller de pair avec lui. Mon père eut aussi une de ces montures.

« Les Fôriens distinguent dans les chevaux certaines conditions qu'ils recherchent et certaines dispositions qu'ils réprouvent. Ainsi, ils aiment le pelage isabelle clair, la pelote en tête et les trois balzanes. Lorsque la jambe antérieure droite est sans balzane, ils caractérisent le cheval par le nom de : matloûḳ el-yémîn rekoûb el-salâtîn, libre de la droite, monture des sultans. Si la jambe antérieure gauche est sans balzane, ils le caractérisent par la dénomination de : matloûḳ el-chemâl rekoûb el-ridjâl, libre de gauche, monture des braves. Mais le cheval qui a la pelote en tête et les quatre balzanes est dit : mouḥaddjel el-arbaah djoullâb el-menfaah, balzané des quatre, portant bonheur. Dans des vers en arabe, à l'éloge d'un sultan du Dârfoûr, un poëte fôrien a dit :

« Il va sortir de son palais ; on lui apprête son coursier, enfant d'une mère pur sang,

« Coursier aux quatre balzanes, et dont la cinquième marque blanche est au front.

« Il vient au camp, et il modère l'ardeur de son coursier.

« Prince illustre ! Les mères des hommes, comparées à la sienne, ne sont que des esclaves ; la sienne seule est d'un sang libre et noble. »

« Le cheval sans balzanes est appelé tôto. Ce nom se trouve dans des vers composés à la louange de l'ab cheîk Moḥammed Kourrâ (41) :

« Il va sortir ; on lui sangle son tôto :

« Les trompettes retentissent, les maugueh (ou baladins des princes) poussent de grands cris.

« Criez, célébrez le héros.

« Les hommes du Dârfoûr se sont assemblés en foule autour de lui.

« Kourrâ sans le secours de l'injustice,

« A su inspirer la crainte et le respect. »

« Après la robe isabelle clair, les Fôriens recherchent et aiment dans les chevaux la couleur alezan foncé, puis l'alezan doré, et enfin le pommelé bleuâtre. Quant aux blancs purs ou à peu près, personne ne les estime ; on ne trouve à les vendre qu'aux individus qui ne peuvent en acheter d'autres. Cette répugnance tient à ce que l'on croit que les chevaux à robe blanche ne voient pas au milieu du combat, et l'expérience semble avoir justifié cette croyance. Je me rappelle à ce sujet ces deux vers :

« Au nom du Ciel, écartez les chevaux blancs ; jamais ne venez avec eux en bataille.

« Ne savez-vous donc pas ce qu'on a dit ? On a dit qu'au milieu des combats ils sont aveugles. »

« Les vers que nous avons cités tout à l'heure à la louange d'un sultan et à la louange de Kourrâ, ne sont pas selon les règles métriques et grammaticales arabes. Toutefois, ils ont une certaine cadence rhythmique qui rappelle les formes et les principes de la versification. Les poëtes qui composent ces espèces de vers les improvisent, et n'ont aucune connaissance de la prosodie ; souvent ils se livrent à des luttes *poétiques* dans lesquelles chacun d'eux s'efforce de surpasser les autres en verve et en couleur.

« Ces luttes ont ordinairement un motif d'intérêt. Toutes les fois que le sultan monte à cheval et sort, il est précédé immédiatement de deux poëtes qui, à tour de rôle, récitent chacun un vers à l'éloge du prince. Ceux de ces poëtes qui prétendent au talent poétique s'étudient à acquérir une certaine facilité rhythmique, s'exercent à trouver impromptu de poétiques images, des saillies spirituelles, et par conséquent à plaire au sultan et à l'émouvoir. Ceux qui montrent une certaine supériorité sont préférés et sont admis à improviser devant le prince, dont ils reçoivent alors des dons et des récompenses, selon le temps qu'ils l'ont accompagné et le nombre de fois qu'ils l'ont régalé de leurs rimes. Ces poëtes sont presque toujours des Arabes nomades. On ne voit pour ainsi dire pas de Fôriens qui aient assez d'inspiration et de sens du rhythme pour être admis comme poëtes du sultan (42).

« Il est certains mouvements des chevaux dont les Fôriens tirent augure. Ainsi, en campagne, si quelques chevaux étendent en avant les jambes antérieures, en manière de pandiculation, c'est présage de victoire. Si au contraire on en voit tendre et porter en arrière les jambes postérieures, c'est signe de déroute. Les Fôriens ont une foi sans réserve dans ces indications *ominiques*.

« Voici une petite aventure qui eut lieu sous le règne de Tîrâb, sultan du Dàrfoûr.

« Ce prince avait pris en amitié un faguih ou cheik appelé Moûça Taràouis, remarquable par l'à-propos et le piquant de ses reparties, par la fécondité et l'aisance de sa conversation.

« Le faguîh Moûça suivit Tîrâb dans une expédition au Kordofan. Le détachement de troupes dans lequel était Moûça fut mis en déroute dans une rencontre. Le faguîh montait alors un cheval à grandes taches blanches et noires. Craignant de tomber entre les mains des ennemis, qui peut-être à l'allure remarquable du cheval et à son harnachement, croiraient avoir à capturer dans le cavalier un personnage important du Dàrfoûr, le faguîh mit pied à terre, s'enfuit et échappa au danger. Le cheval aussi prit la fuite ; il arriva au camp de Tîrâb ; on saisit l'animal et on le conduisit au sultan. « Voilà, dit-on au prince, « le cheval de Moûça. Il paraît que le faguîh a été tué, puisque « le cheval s'est enfui. » Tîrâb, tout ému, plaignit le malheur du faguîh. » Ensuite, le sultan ordonna d'attacher le cheval avec les siens, en attendant plus ample information.

« A une heure ou deux après le coucher du soleil, Moûça rentre au camp, et va se présenter au sultan. Tîrâb surpris et content de le revoir, lui demande des nouvelles de l'affaire. « Aujourd'hui, dit Moûça, j'ai souffert et vu dans le combat tout « ce qu'on peut imaginer d'affreux et de terrible. Mon cheval « blanc et noir a été tué, et si la main de Dieu même ne m'eût « protégé, j'étais tué aussi. » Tîrâb sourit à ce détour de malice, mais ne laissa pas apercevoir qu'il savait le secret de l'histoire. « Ce n'est rien, mon cher Moûça, dit le sultan. Je te rendrai « tout ce que tu as perdu ; tu as montré trop de courage pour « que je me permette de te laisser aller à pied. »

« Le lendemain matin, Moûça vient revoir Tîrâb. Le prince s'informe de la santé de son faguîh et le prie ensuite de lui donner les détails de la bataille. Moûça débita son récit, et ne manqua pas de répéter ce qu'il avait déjà raconté sur les dangers qu'il avait courus. Alors le sultan dit à ceux qui l'entouraient : « Donnez de suite un de mes chevaux au faguîh Moûça. » Tîrâb avait ordonné à l'avance que lorsqu'il demanderait un cheval pour le faguîh, on amenât le cheval blanc noir. On amène donc le cheval... Moûça le reconnaît, et, tout ébahi, il crie au coursier : « Tudieu ! animal ! tu ressuscites avant le jour de la « résurrection ? » Et le sultan et l'assemblée de partir d'un bruyant éclat de rire.

« Les Fôriens exagèrent de beaucoup les qualités et la valeur de leurs chevaux, et ils attachent une grande importance à certains signes que leur présentent la couleur ou les taches de la robe, ou la position et le nombre des endroits du pelage dans lesquels le poil se contourne en forme de petite rosace. Il est hors d'utilité de rapporter ici toutes les interprétations que l'on fait de ces signes pour l'appréciation des défauts ou des mérites des chevaux. On répète aussi, à propos de ces animaux, une foule de vers, des anecdotes interminables.

« Au Wadây, les habitudes et les formes de tactique sont à peu près les mêmes qu'au Dârfoûr. Nous nous dispenserons donc d'entrer à cet égard dans de nouveaux détails, qui ne seraient que des répétitions oiseuses. Nous ferons remarquer seulement que les Wadayens sont moins recherchés que les Fôriens dans leurs vêtements de guerre, dans les harnachements et appareils de leur cavalerie, dans les *kardjil* ou *kerguel* ou plaques métalliques qu'ils suspendent sur le front des chevaux, etc. Une différence à noter encore entre les Wadayens et les Fôriens, c'est que les Wadayens ne chantent jamais ni avant ni pendant le combat. Ils considèrent les chants de bataille comme des puérilités. Au lieu de cela, ils ont le son des trompettes droites et longues (*tubæ* des Romains), et le bruit étourdissant du *tikdjil* ou tambourin.

« Les Fertît (43) ou habitants du Dâr Fertît n'ont pas de chevaux ; en animaux domestiques ils n'ont guère que des bœufs : encore n'en trouve-t-on en abondance que chez quelques-unes de leurs tribus, telles que la grande tribu des Djengueh. Dans leurs courses et leurs voyages, les Fertît, n'ayant pas de bêtes de somme, font transporter leurs bagages par les femmes. Elles réunissent ces bagages en paquets, ou en ballots, qu'elles se chargent sur la tête.

« En voyage, ou en campagne, ou au combat, les Fertît portent leur roi sur un *koursî* ou espèce de tabouret en ébène. Ils s'alternent et se relayent quatre par quatre ; le koursî est toujours tenu à hauteur de l'épaule par les porteurs. En bataille, si les Fertît sont vaincus, les quatre porteurs du mélik ou roi déposent Sa Majesté par terre et se sauvent ; Sa Majesté doit rester et reste là où on l'a placée. Car, au Soudan, jamais un roi ne doit fuir, même lorsque ses soldats sont en déroute complète ; un roi, en cas de défaite générale, descend de cheval, ou bien on le pose par terre, s'il est porté à bras, comme chez les Fertît, et il demeure en place ; s'il fuyait, il serait déshonoré.

« Il est encore d'usage antique au Soudan, que, dans les guerres, jamais le prince qui se trouve enveloppé dans une déroute, ne soit tué par l'ennemi, à moins que ce soit par hasard et dans la mêlée ; s'il est trouvé à terre et arrêté en place, on l'épargne. Il n'y a que des gens sans aveu et du bas peuple, qui parfois osent se permettre de le tuer ; s'il est aperçu d'abord par des gens même de condition ordinaire, il est toujours respecté. Le prince que l'on fait ainsi prisonnier, est conduit aussitôt au prince victorieux, qui l'accueille avec bienveillance, lui rend les honneurs dus à la majesté royale, et lui assigne pour quelques jours une place dans le camp, afin de traiter immédiatement des conventions à régler. Dès que les stipulations sont consenties, on renvoie le prince vaincu, et on l'entoure de tous les égards que comporte son rang.

« On laisse aussi la vie sauve aux ḳâdî et aux ulémas qu'on prend dans une bataille, aux maûgueh ou bouffons, aux individus qui battent du tambourin et des timbales devant les sultans. Tous ces prisonniers ne sont ni tués ni vendus par l'ennemi ; on les met en liberté et on les renvoie dans leur pays. De même quand un roi fertit est pris, on le traite avec honneur, et on le renvoie chez lui. Ces lois de la guerre sont observées de temps immémorial au Soudan.

« On ne tue pas non plus un prisonnier ordinaire, à moins qu'il ne soit reconnu coupable de meurtre particulier, de tentatives ou de projets de trahison, après qu'il a été pris, ou bien encore si on l'entend injurier, invectiver, ou dénigrer ses vainqueurs.

« Lorsqu'un sultan tombe au pouvoir des ennemis, on lui enlève tout, ministres, vizirs, officiers, chevaux, armes, chameaux. Ensuite, on lui recompose un nouvel entourage d'officiers, de serviteurs, choisis parmi les troupes victorieuses, et par conséquent qu'il ne connaît pas ; ce sont eux qui reconduisent l'illustre prisonnier dans ses États. Si les femmes du sultan vaincu ont été la proie des vainqueurs, on ne les lui rend jamais ; elles sont emmenées captives. Ensuite, elles sont déposées dans une demeure convenable où elles sont entretenues aux frais de l'État. Quant à celles qui étaient esclaves ou concubines, le sultan vainqueur en dispose à son gré; il les vend, ou les donne, ou les réserve pour son harem. »


## XII.

Pour terminer et compléter ce chapitre, il nous reste à parler des montures, c'est-à-dire des chameaux coureurs appelés *hédjîn* ou *dromadaires*, des Toubou du Šahrâ. C'est encore la relation arabe de notre uléma qui nous fournira cette presque digression.

Lorsqu'il partit du Wadây pour retourner à Tunis, il faisait partie d'une caravane nombreuse dirigée par un caravanier appelé Ahmed.

« Ahmed était un homme déjà âgé et sur lequel avaient passé les vicissitudes du monde. Il était d'une peuplade des Toubou nommés au Fezzân, Toubou Réchâd, c'est-à-dire Toubou des montagnes.

« Ahmed avait tué autrefois un individu d'une autre peuplade de Toubou; et après l'accident, Ahmed s'était enfui au Wadây. Il y séjourna plus de dix années. Il craignait, s'il se hasardait à retourner plus tôt dans sa tribu, de réveiller les souvenirs de ses ennemis et de payer de son sang le sang qu'il avait versé. Mais enfin il ne sut plus résister au plaisir de revoir son pays, ses huttes, son ancienne demeure. Il pensa que dix années d'absence suffisaient à faire oublier le talion qu'il devait, et il partit avec notre caravane, qu'il se chargea de guider.

« Il emmena avec lui sa famille, des esclaves. Le reste de la caravane se composait d'une quinzaine de Wadayens, de cinq Arabes, de deux Fezzanais, de deux Tripolitains, d'Ahmed et de moi. Je ne compte pas les esclaves, ils étaient nombreux...

« La caravane s'égara. Nous nous arrêtâmes... Ahmed prit avec lui quelques-uns de ses parents et alla battre le désert à droite et à gauche, cherchant à découvrir le puits où nous devions faire halte. La matinée était déjà fort avancée, lorsque nos éclaireurs débouchèrent à quelque distance, revenant à nous.

« Ils avaient la face toute grise de poussière. En nous abordant, ils nous annoncèrent le succès de leurs recherches... Nous nous remîmes en marche.

« Nous stimulions nos chameaux... Nous n'étions pas en mouvement depuis plus d'une heure, quand nous avisâmes les arbres de Daûm qui marquaient la station du puits; et alors de nous écrier : « Les voilà, les voilà ! C'est vers ces arbres, c'est « là que se trouve cette eau que nous cherchons; c'est là que « nous nous reposons aujourd'hui. »

« A peine avions-nous prononcé ces quelques paroles, que nous dépistâmes une troupe des Toubou appelés Toubou-Turkmân et dont la station capitale est à Marmar. Ils vont rarement à l'affût des caravanes; mais depuis deux ou trois mois ils avaient su par leurs voyageurs revenus du Wadây, que le chef de la nôtre serait Aḥmed, sur lequel ils avaient à prendre un talion. Cela seul les avait appelés sur notre route, pour épier notre passage.

« Ils nous barraient le chemin...

« Ils détachèrent de leur troupe un homme qui vint sur nous à grande course de chameau; il allait le plus rapide élan d'un cheval.

« En vérité, c'est merveille de voir avec quelle adresse la plupart des tribus touboues manient les chameaux de course ou *dromadaires*. Les Toubou dressent ces chameaux, les exercent, comme des chevaux les plus fins, à une foule de manœuvres des plus délicates, des plus dégagées; et pour toutes rênes il n'y a que le zimâm ou la corde légère qui, par un bout, est attachée à un trou pratiqué au bord flottant de la narine de l'animal, et qui, par l'autre bout, est à la main du cavalier. Presque tous les Toubou qui montent ces dromadaires afin de courir à la maraude dans les déserts, ont pour vêtements des bisquains ou peaux de mouton en laine.

« Le Toubou qui nous arriva en parlementaire, avait le liçâm ou litâm sur la face, c'est-à-dire qu'une extrémité de l'étoffe de son turban était ramenée sur la figure, dont elle fai-

sait le tour deux ou trois fois d'avant en arrière, de manière à
ne laisser apercevoir absolument que les yeux.

« Une fois que ce parlementaire fut assez près de nous, il
nous cria dans son langage toubou : « Eh! les gens de la cara-
« vane! notre sultan vient avec ses soldats et se rend vers le
« puits. Vous, il vous défend d'en approcher. Sachez bien que
« vous n'y arriverez que lorsque vous nous aurez livré votre
« guide, pour être tué en expiation du meurtre commis par lui
« sur un de nos frères. Dites-moi quelle est votre intention à
« cet égard ; il faut que j'en informe notre sultan ; il m'a en-
« voyé ici pour vous questionner là-dessus. »

« Un des Toubou de notre caravane nous traduisit cette
brève allocution. Tous, d'un commun accord, nous décidâmes
que nous ne livrerions pas Aḥmed à ses ennemis, et que, ces
Toubou et leur sultan, ne demandassent-ils qu'un bout de corde,
nous le leur refuserions. « Retourne sur tes pas, dîmes-nous à
« l'envoyé ; retourne auprès de ton maître ; nous n'avons rien
« à démêler avec vous ; nous n'avons personne ici à vous livrer.
« Voilà. »

« Le parlementaire part et va rendre compte du résultat de
sa mission. Le sultan se dispose à nous attaquer. Alors, les Toubou qui faisaient partie de notre caravane, se séparent de nous,
et, excepté Aḥmed et sa famille, tous s'éloignent à quelque distance. Notre troupe particulière, y compris Aḥmed, ne se composait plus guère que de vingt-cinq individus. Je ne compte pas
les esclaves.

« Au moment où nous approchions du puits , les Toubou
arrivèrent en masse, tous montés couple par couple, sur soixante
à soixante-dix chameaux environ. Ils se ruèrent en furieux sur
nous et nous lancèrent leur javelines. Nous , c'est-à-dire les
cinq Arabes, nous leur fîmes face et leur lâchâmes une bordée
de coups de fusil. Les Toubou , surpris , tournèrent le dos subitement et s'enfuirent comme des loups chassés. Nous restâmes
maîtres du puits , et nous y campâmes. Nous bûmes , et nous
laissâmes nos chameaux paître les herbes sauvages des environs.

« Nous crûmes que ces sauvages Toubou, que nous ve-

nions de mettre si aisément en fuite, avaient regagné leurs demeures ; et nous nous reposâmes à notre puits pendant deux
jours entiers. Mais le troisième jour, nous entendons tout à coup
de grands cris, d'effrayantes vociférations. Nous allons à la découverte, nous dirigeant sur le point d'où arrivait le bruit et
nous apercevons cinq chameaux accroupis et une foule d'individus armés. Nous trouvons auprès d'eux notre conducteur
Aḥmed, debout, avec ses gens et des Wadayens de notre caravane. Au milieu des hommes armés était un vieillard, qui paraissait être leur chef ; il avait une bande de tissu de tapis, roulée
autour de la tête, large d'environ cinq à six doigts et longue
peut-être d'une coudée. Ce vieillard était accroupi, à la manière
d'un chien ou d'une hyène, le derrière sur les talons. Le chef
des Wadayens lui dit : « Qu'est-ce qui te ramène de ce côté-ci ?
« Tu étais parti, que reviens-tu faire ? que cherches-tu encore ?
« que prétends-tu ? — Apprenez donc que je suis sultan de ces
« déserts, et que j'ai tant de soldats que vous n'êtes pas capable
« de les compter. Ce que je viens faire ? Je viens vous conseiller
« de me livrer Aḥmed, si vous voulez partir sans coups ni plaies.
« Je sais bien que nous ne sommes pas, vous et moi, en état
« d'hostilité ni en guerre ; mais si vous refusez de m'aban-
« donner Aḥmed, vous vous attirerez de l'embarras et des dan-
« gers. Cet Aḥmed a tué mon cousin, et ce cousin je l'aimais
« comme un fils de ma mère. C'est à moi de venger mon cou-
« sin, à moi de laver l'affront que laisserait sur nous l'impunité
« de ce meurtre. — Mais, répliqua le chef wadayen, n'as-tu pas
« peur d'être tué, comme a été tué ton parent ? — Je n'ai pas
« la moindre peur ; celui qui me tuerait serait à son tour bien
« sûr de son affaire. Nous autres, nous ne faisons jamais grâce
« du talion , quand même on nous déchiqueterait à coups de
« couteau. »

« A ces mots suffisamment nets, Aḥmed s'emporta contre le
vieux sultan et l'insulta ; il allait le tuer. On arrêta Aḥmed. Mais,
profitant de la préoccupation et de l'agitation de la troupe, il se
glissa derrière les Toubou et coupa les jarrets au chameau du
sultan. Alors celui-ci dit à Aḥmed : « Voilà encore un coup qui

« nous sera payé cher ! tu verras que mon chameau sera aussi
« vengé, et que je taillerai les jarrets à plus d'un de vos cha-
« meaux. Vous, vous n'aurez pas un moment de repos; vous
« nous verrez sans cesse à vos trousses, sans cesse à vous har-
« celer. » A ces menaces, le chef wadayen cingle un grand coup
de fouet par les reins du vieux chef, et : « Va-t'en, lui dit-il;
« va-t'en au diable, et fais tout ce que tu voudras. Que le Ciel
« te confonde, toi et celui qui t'a engendré de ses reins ! »

« Le vieux sultan et ses gens se levèrent tranquillement et
s'en allèrent avec un air d'indifférence et de mépris, concen-
trant en eux tout ce qu'ils avaient d'indignation contre nos
Wadayens.

« Le jour passa. Nous remplîmes nos outres; nous dispo-
sâmes nos bagages. Le lendemain matin, au moment de charger
nos chameaux et de nous mettre en marche, on cria dans la
caravane : « Attendez un instant, un chameau des Wadayens a
« disparu. » Nous attendons; puis soudain les cris s'élèvent
de toute part; la caravane s'émeut, s'inquiète, se trouble, et
nous apprenons que les Toubou-Turkmân se sont emparés du
chameau disparu, qu'ils ont pris un de nos Wadayens et l'ont
tué. Nous nous partageons de suite en deux bandes, l'une court
du côté de l'endroit où avait été tué notre compagnon, et l'autre
reste auprès des esclaves, des bagages et des chameaux.

« J'étais du nombre de ceux qui allèrent à la recherche de
la victime : nous trouvons le Wadayen noyé dans son sang et
s'agitant encore des dernières convulsions de la mort. A distance
nous découvrons une nuée de chameaux dont chacun portait
deux cavaliers à la face couverte d'un liçâm noir. On eût dit des
corbeaux juchés sur des chameaux. Ces sauvages faisaient manœuvrer leurs montures avec une légèreté et une habileté incroyables. Le cheval n'est pas plus rapide, plus docile, plus impatient sur le champ de bataille.

« Un de ces Toubou se présente en parlementaire et nous
crie : « Où allez vous? que prétendez-vous faire? êtes-vous fous
« de nous refuser ce que nous vous demandons? Pour le cha-
« meau que vous nous avez fait perdre hier en lui coupant les

« jarrets, nous vous avons enlevé un chameau bien meilleur.
« Le prix du coup de fouet, c'est la vie d'un de vos meilleurs
« voyageurs, celui-là... que vous voyez tué. Et vous en verrez
« bien d'autres encore ; vous vous repentirez de votre sottise
« quand il n'en sera plus temps. N'étaient vos fusils, nous vous
« tomberions sus tout d'une masse, et nous vous dépècerions,
« nous vous mettrions en mille morceaux. »

« A cette oraison assez étrange, nous répondons par une décharge de coups de fusil sur la troupe qui observait à distance.
La troupe prend la fuite au grand galop, et en un clin d'œil, ces
Toubou qui étaient assez près de nous, ne nous paraissent plus
que comme des points au fond de l'horizon.

« L'inquiétude, le souci, la crainte de voir peut-être les sauvages Turkmân nous attaquer à l'improviste, s'emparèrent de
nous. Nous calculâmes tout ce qui pouvait nous survenir de
dangers et d'ennemis, nous levâmes le camp et nous nous éloi-
gnâmes du puits. Mais les Toubou nous escortaient de loin, et à
chaque instant se précipitaient sur nous. Nous les eûmes toute
la journée sous les yeux, revenant, fuyant, se rapprochant de
nous, manœuvrant à nos côtés, jusqu'à nuit close et noire.

« Alors, nous nous arrêtâmes ; nous avions besoin de repos.
Mais les insupportables Toubou ne nous laissèrent ni paix ni
trêve. Malgré les ténèbres, à toute heure ils nous assaillaient ;
une partie d'entre eux nous inquiétait, nous menaçait, nous
tenait constamment en alerte, tandis que l'autre partie dormait ;
leur nombre leur permettait de se relayer à leur gré, pour nous
tourmenter ; nous, peu nombreux, nous ne pouvions reposer
que pendant quelques minutes entrecoupées, et le sommeil nous
touchait à peine l'angle des paupières. De plus, nous savions que
si l'un de nous venait à être pris par ces Toubou, il serait tué
immédiatement. Nous ne pouvions songer à en user de même
avec eux, eussent-ils lancé un des leurs au milieu de nous ; ils
nous auraient écrasés de leur nombre ; et puis, nous étions dans
leur pays. Pour eux, d'ailleurs, tuer un homme n'est rien.

« Il fallut donc nous résoudre à une simple résistance pas-
sive, nous résigner à tout endurer ; cet état fatigant, ces me-

naces incessantes, ce harcellement perpétuel durèrent pendant vingt jours ; ce furent vingt jours d'ennuis et de tourments intolérables. Nous ne fûmes délivrés de ces hargneux ennemis qu'en abordant sur le territoire d'un autre sultan Toubou, celui des Toubou-Réchâd ou Toubou des montagnes. »

# CHAPITRE VI.

**Des signes naturels considérés par les Arabes comme pronostics d'heur ou de malheur, de qualités ou de défauts. — De l'amour de l'Arabe pour son cheval. — De la différence d'appréciation d'un cheval par un Arabe et par un Européen. — L'Arabe, sa jument et le Chérif. — Le châtreur de Kaçâf. — Nécessité d'étudier les idées hippiques des Arabes. — Chant. — Des épis ou molettes et du sens qu'y attachent les Arabes.—L'Arabe tenait compte de tout dans son cheval, dans son chameau. — Odeur cutanée du cheval et du chameau. — De certaines pratiques anciennes relatives aux mères et aux jeunes produits.**

## I.

L'Arabe connaisseur a le coup d'œil rapide pour juger un cheval, non-seulement d'ensemble, de nature générale, de race et de famille, mais aussi de détails, de circonstances que nous considérons comme de fort minime importance, ou de nulle valeur, et que lui, Arabe, envisage et estime comme ayant une haute gravité.

Dans le jugement que portent à propos d'un cheval, un Arabe et un Européen, il y a ceci de particulier que l'Arabe tient comme important ce qui est énoncé comme tel par l'Européen, et que l'Européen tient pour futile ou ridicule, une partie de ce que l'Arabe estime et admet comme sérieux, rationnel, expérimental.

Rien n'est curieux comme l'allure et l'attitude physique et morale de l'un et de l'autre de ces appréciateurs mis en face, examinant et prononçant, se mesurant l'un l'autre. Ce sont deux juges appelés à décider sur un même fait, un même ensemble de qualités ou de défauts, et ces deux juges ont l'un pour l'autre, et quant à l'appréciation dont ils se font les arbitres, une imperceptible dose d'estime, une confiance aussi imperceptible.

L'Européen retranché dans ce qu'il se sent de connaissances, de science, d'acquis par les livres et par les maîtres, par l'étude enfin, entièrement persuadé de sa supériorité en toute chose, et en même temps de l'ignorance de l'Arabe qui ne sait le plus souvent ni lire ni écrire, qui n'a jamais entendu une seule leçon d'un seul maître, cet Européen ne tient compte que de son propre savoir, ne voit que par l'aide de sa science ; et ce que sa science n'a pas dit, ce que même elle n'a pas encore expérimenté, ce qu'elle a condamné ou plaisanté, est jeté au mépris, ou au moins regardé avec indifférence, si ce n'est avec pitié.

L'Arabe laisse dire, laisse regarder, et s'aperçoit de suite que sa partie adverse ne voit pas aussi loin que lui. Lui, Arabe, retranché dans ce qu'il connaît de pratique, d'expérience par soi-même et par les autres, persuadé, lui aussi, de sa supériorité, acquise qu'elle est par l'observation de chevaux supérieurs, mieux étudiés, mieux et plus incessamment observés, convaincu qu'aucun livre n'enseigne à l'œil à bien voir ce qu'il ne voit pas pour ainsi dire tous les jours, il ne sent en soi-même que peu, très-peu d'admiration pour l'Européen en face duquel il se trouve ; il lui vend ou lui procure un cheval, mais au double, au triple de ce que lui Arabe l'estime pour soi.


## II.

Il n'y a pas en Europe, un seul cheval d'Orient, dont un Arabe connaisseur donnerait la moitié du prix que ce cheval a coûté. Depuis que l'Europe achète des chevaux d'Orient, il n'en est pas dix peut-être que les Arabes eussent voulu reprendre même à perte. On aura beau se récrier sur de pareilles déclarations, les faits n'en sont pas moins vrais. La mauvaise humeur ou le dédain ne prouve rien. Les résultats sont là, et accusent bien plus amèrement, bien plus sévèrement que toute parole.

L'Angleterre seule a eu le bonheur d'obtenir quelques bons chevaux arabes, et elle a su, par ses soins et aussi par ses sacrifices, en tirer d'admirables produits, une race nouvelle.

Tant que nous irons ou que nous enverrons en Orient acheter des chevaux, comme nous l'avons fait jusqu'à présent, nous n'aurons rien. Tant que nous ne voudrons que des chevaux ou des juments de quatre, cinq, six mille francs, nous n'aurons pas grand'chose.

Une jument d'espérance pour un Arabe, une jument qu'il aime, qu'il adore, est un animal inappréciable; elle vaut ce qu'en demande son maître, parce qu'une excellente chose vaut toujours tout ce qu'on veut. Et non-seulement il faut se décider à donner le prix, en feignant de marchander, mais il faut, avant tout, savoir être assez adroit pour amener l'Arabe à se défaire de son cheval. C'est là qu'est la plus grande difficulté, lorsqu'il s'agit de cheval pur, irréprochable aux yeux de l'Arabe, non à nos yeux. Trop souvent l'Arabe ne supporte pas la pensée que le cheval, que la jument qu'il aime autant que ses enfants, qu'il a plaisir à admirer tous les jours, à caresser avec bonheur, vive loin de lui, en la possession d'un autre maître.

### III.

Je me rappelle toujours l'émotion avec laquelle un Wahabite me racontait, au Kaire, quelle fut la résolution désespérée d'un Arabe du Nedjd, auquel un frère du grand Chérif de la Mekke était venu demander de lui vendre une jument que cet Arabe, jusqu'alors, n'avait voulu céder ou vendre à aucun prix.

L'Arabe se sentit pénétré de douleur, à la première parole du Chérif, mais il n'osa pas refuser, comme il l'avait fait à tous les demandeurs. Il prodigua les éloges à sa chère cavale, il en vanta la beauté, la douceur, la robe de soie, l'inépuisable souplesse, l'admirable gaieté, les élans incommensurables; puis il se tut en poussant un soupir. Le Chérif offrit de donner tout ce que l'Arabe voudrait, pour le bonheur de posséder la jument.

— « Tu l'auras, répondit l'Arabe avec un accent de profonde émotion; comment te refuserais-je! C'est un pénible sacrifice pour moi. Mais..., tu es le descendant de notre saint Prophète, en toi est toute bénédiction...

— Dieu te récompensera...

— Il suffit; seulement reste ici encore aujourd'hui...; demain, je ne te retiens plus... »

Et l'Arabe se lève, bégayant, entrecoupant encore quelques paroles, s'excuse de s'absenter un moment... Il sort... Il rentre peu après; il a la paupière débordant de larmes, la face tout émue, tout agitée. Il avait changé de vêtement, et semblait n'être sorti que pour cela.

— « Qu'as-tu, dit le Chérif, que t'est-il arrivé ?

— Rien..., rien, dit l'Arabe en s'efforçant de composer et de calmer sa figure... Je viens d'embrasser ma chère jument pour la dernière fois. » Et une grosse larme tombe des yeux de l'Arabe; il ajoute aussitôt : « Parlons d'autre chose, mon sa-« crifice est fait. »

La conversation prend un autre sens; le Chérif paraît heu-reux du succès de sa démarche... Le soir arrive. On sert à manger. Le domestique chargé du service du repas, paraît con-sterné, accablé. Des plats de viande se répètent sous différents assaisonnements; trois fois cependant, contre toute habitude, le rôti est renouvelé; le Chérif étonné de cette abondance, ne savait comment s'expliquer ce nombre de mets. A chaque nouveau plat, il regardait son hôte et semblait touché de la gé-nérosité de l'Arabe, de cette magnifique hospitalité. L'Arabe pressait son hôte de manger... Enfin il lui dit :

— « Pardonne moi, au nom de notre saint Prophète ! au nom de notre Temple saint ! pardonne moi de n'avoir pu te traiter d'une manière plus splendide, plus digne de toi.

— Par la vie de mon auguste Ancêtre, par le Prophète, sur lui soient les faveurs de l'Éternel ! tu as fait plus que tu ne de-vais; que Dieu rémunère ta générosité !

— J'ai suivi les impulsions de mon cœur, je n'ai fait que ce que bien d'autres auraient fait, à ma place. Dis-moi seulement comment t'a paru le goût de ces viandes qui nous ont été ser-vies.

— Excellentes ! je n'en ai jamais mangé...

— Je suis heureux de t'avoir pu être agréable.

— Je n'oublierai jamais...

— Ni moi non plus; j'ai été trop honoré aujourd'hui.

— Que Dieu te comble de ses faveurs ! Je ne veux plus que te demander une grâce : fais en sorte que demain, dès avant le lever du soleil, je puisse repartir.

— Tu partiras à l'heure qu'il te plaira.

— Ta jument sera prête, tout sera prêt ?

— Il n'y a plus rien à préparer.

— Pourquoi ! Est-ce que tu me la refuses ? Est-ce que tu rétractes ta parole ?

— Je ne te refuse rien ; je t'ai tout donné.

— Comment ? Je ne te comprends pas.

— Tu l'as ma jument, ma pauvre jument ! tu l'as, puisque tu voulais l'avoir, car tu savais bien que je ne pouvais pas te la refuser. Tu l'as, te dis-je ; en voilà les restes devant toi, tu l'as mangée. »

Le Chérif reste muet, immobile ; pas une parole ne lui vient sur la langue. Il se lève après un moment de réflexion... « Adieu ! dit-il douloureusement à son hôte, adieu ! » et il s'éloigna ; il partit à l'heure même.

L'Arabe avait mieux aimé tuer sa chère jument, et la faire manger au Chérif, que de la lui vendre.

Qu'on juge alors s'il eût jamais consenti à la vendre à un chrétien, à un mécréant.


## IV.


Bien plus encore ; parfois même l'Arabe répugne invinciblement à céder une saillie de son étalon ; et cette répugnance, qui a sa source dans un sentiment de bonheur et de satisfaction, exista de tout temps parmi les Arabes. En voici, entre autres, un exemple.

Un cheval appelé Ḳaçâf, dont le nom a passé dans un proverbe et par conséquent dans l'histoire, appartenait à un Arabe appelé Ḥamal, fils d'Aûf, fils de Bekr, de la grande tribu des Békrides. Le roi El-Mounẓir, qui gouvernait à Ḥîrah à peu de distance de l'Euphrate, demanda à Ḥamal de lui prêter son cheval pour des saillies. Ḥamal, blessé de cette demande, sentit son orgueil se révolter ; et d'une main ferme, résolue, fière, sous les yeux mêmes du roi, l'Arabe châtra son cheval... De ce jour, Ḥamal reçut le sobriquet de Châtreur de Ḳaçâf. Ce cheval était renommé pour sa rapidité extrême à la course ; son maître était réputé le plus habile cavalier ; et afin d'indiquer tout ensemble un habile cavalier et un cheval fin coureur, on disait : « Plus rapide que le châtreur de Ḳaçâf ; » l'expression resta en proverbe.

Deux autres chevaux de même nom furent aussi célèbres que leur homonyme premier, et l'on dit en forme proverbiale : « Plus vite que le cavalier de Ḳaçâf, » pour dire qu'un tel a un cheval des plus rapides à la course et des plus nobles de race. De ces deux chevaux, — l'un appartint à Mâlek fils d'Amr de la tribu des Ḥassânides dont une partie embrassa le christianisme et habita le désert entre Naplouse et l'Euphrate, — l'autre appartint à Somaîr, de la tribu des Bâhilides. — Le proverbe qui a trait au cheval de ce dernier ne présente que ces mots : « Plus vite que Ḳaçâf. »

V.

Je le répète, il y a souvent de grandes difficultés à se procurer des chevaux arabes de haute race. Le voyageur étranger aux habitudes de l'Orient, à la nature des musulmans, ira, s'il le peut, parmi les tribus chercher des chevaux ; il y aura des chevaux de premier mérite dans les tribus, dans toute la contrée ; le voyageur en demandera, fera entendre qu'il les payera aux prix qui lui seront obligés ; mais si, par répugnance religieuse, ou par tout autre motif, on est décidé à l'éconduire, on lui répondra de partout, qu'il n'existe pas un seul bon cheval chez les Arabes de ce pays, à trente ou quarante lieues à la ronde. Sur un marché, on lui répondra partout que le cheval qu'il marchande est vendu. Il ne faut pas avoir vécu trois mois en Orient, pour savoir ces rubriques arabes. Que le voyageur se montre vêtu à l'européenne, et cela seul suffira pour qu'il ne trouve à acheter que ce que personne ne veut acheter... Et il arrivera un rapport, bien circonstancié, déclarant que dans tel pays il n'y a pas un seul beau cheval à acquérir.

## VI.

Apprenons donc les idées chevalines de l'Orient avant d'y aller chercher des chevaux, des chevaux de noble race. Soyon plus arabes, si nous voulons avoir, puis produire des chevaux de sang arabe.

En vérité, avec notre science que nous mettons toujours en avant, nous sommes parfois d'une fatuité poussée jusqu'à l'extrême. Cependant, il y a, au moins en matière d'hippologie, ou, si l'on veut, d'*hipponomie*, des renseignements utiles à recueillir au désert; dans cette prétendue ignorance flanquée, selon nous, de tant de préjugés, il y a d'excellents procédés trouvés. Il y a des sauvages qui ont du bon, n'en déplaise à notre orgueil; il y a des rustres qui ont de la sagesse; il y a des ignorants qui en montrent à des savants; dans les déserts il y a des oasis, des stations verdoyantes; ce sont les points de repère pour se reconnaître... Et il y a peu d'Européens en état de traverser le plus petit désert sans s'y perdre, sans peut-être risquer d'y périr.

Pourquoi ne pas au moins expérimenter toutes les idées des Arabes sur l'appréciation et la connaissance du cheval? pourquoi rejeter *à priori*, d'emblée, tout ce dont ils composent leur expérience hippique. Nous voulons qu'on estime et admette notre expérience à nous, mais nous refusons de goûter un mot de la leur.

Nous savons très-bien que les Arabes, désœuvrés dans leurs déserts, s'amusent parfois, pour passer le temps et pour vivre, à courir de longues plaines de sables, à chevaucher dans des espaces interminables, à bondir avec leurs chevaux à travers les terrains les plus capricieux, les plus intraitables, nous savons que les Arabes ont passé des siècles à se former une race de chevaux que nous envions, ont passé plus de siècles encore peut-être, à conserver et améliorer cette race admirée, nous savons, nous voyons qu'ils ont la possession privilégiée de ces chevaux, nous désirons, nous voulons les avoir, en profiter, en procréer à notre nom une race française, nous avons, de plus, toute l'intelligence nécessaire, — mais nous ne voulons pas faire comme nos maîtres; philosophes, et sachant que nous le sommes, nous dédaignons ces Arabes, philosophes sans le savoir.

Ils ont prouvé par les résultats; nous, nous n'avons encore rien prouvé, nous sommes sans résultat, et nous prétendons pouvoir et savoir mieux faire que les Arabes. Nous voulons les effets, sans mettre en œuvre les moyens éprouvés de les produire. Les théories sont longues; il me semble qu'il serait plus simple de tourner court et de nous prendre de suite aux pratiques arabes. Je ne pense pas qu'il y ait fort à risquer en renouvelant, chez nous, des observations, des expériences, des études qui ont eu des fruits dont nous sommes jaloux. Quel si grand déshonneur y aurait-il donc pour notre réputation, de faire des chevaux arabes par les moyens arabes ?

Nous avons tort, je crois, de mépriser cette logique d'expérience minutieuse, cette attention si pleine de scrupules qui fait tout examiner dans le cheval, qui prend des bases d'inductions sur les moindres incidents, qui cherche un signe dans la rencontre de quelques crins, une indication pratique dans telles nuances ou telles taches du pelage, qui veut tout savoir dans le cheval, afin de profiter de tout, afin de distinguer ou de faire produire en lui le dernier détail de perfection; car enfin, le mot suprême de la question, sous quelque face qu'on la veuille envisager, est que nous n'avons encore rien ou à peu près rien obtenu qui mérite d'être mis sérieusement en parallèle avec le cheval arabe pur sang. Et l'Arabe, lui, avec les moyens que l'on qualifiera comme on voudra, est en possession, depuis on ne sait combien de siècles, du plus beau cheval du monde.

Certaines nuances de la robe ont aussi une signification relativement à la valeur et au caractère des chevaux. A cet égard voici la traduction d'un petit chant arabe dont le texte m'a été donné par M. Prisse qui l'a reçu, en Égypte, d'un écuyer arabe. L'orthographe et la tournure scripturale de l'original sentent parfaitement l'étable.

I.                                        13

« Tout cheval bai-clair est des plus fins coureurs, c'est une belle dame que servent de belles esclaves.

« L'isabelle (ou alezan-saure), lorsqu'il vole, je le jure par les filles du vent! rien ne le surpasse en vitesse.

« Le coursier noir, donnez-lui abondante ration, et réservez-le pour traverser les ténèbres des nuits.

« Le blanc coursier est la monture des princes et des rois; mais le gris mat est race de mulet.

« Le louvet, ne vous oubliez jamais quand vous êtes sur lui; car c'est un faucon qui plonge et se rue sur le but qu'il veut atteindre. »

## VII.

Mais, arrivons à la question qui est surtout considérée, — par les Européens, comme la plus absurde, la plus ridicule, la plus vide de sens et de vérité, — par les Arabes, comme de grave importance, comme sanctionnée par l'expérience de milliers de faits, par des siècles d'observations hippiques. C'est la question des signes appréciatifs et ominiques de l'extérieur du cheval, autrement dit, le sens et les indications qu'il y a à tirer de certaines positions des épis ou molettes. Nous ne parlerons pas ici, des balzanes; notre Nâçérî nous traitera cette question. Nous dirons seulement qu'aujourd'hui, à propos des balzanes, les Arabes, les Turks, et les Persans ont certaines appréciations plus minutieuses encore qu'autrefois.

Ils aiment le cheval à trois pieds blancs. « Un cheval à une balzane, disent-ils, vaut cinq cents piastres (de quarante paras ou vingt-cinq centimes à très-peu près); deux balzanes, mille piastres; quatre pieds blancs, cinq paras (ou trois centimes).» Ces derniers mots sont l'équivalent ou au moins l'analogue de notre proverbe : « Quatre pieds blancs, quatre francs. »

## VIII.

Les épis, leur direction, leur nombre, leur position, sont souvent, aux yeux des Arabes, des signes importants sur lesquels est fondée une sorte de physiognomonie. Ce qu'il y a de certain, c'est qu'il suffit de la présence de tel épi sur un cheval, même du plus pur sang, pour lui faire perdre la moitié, le tiers, les trois quarts de la valeur qu'il a à nos yeux.

Notre scepticisme nous décide très-vite à nous moquer de ces appréciations. Cependant, ces croyances que l'on ne veut pas qualifier autrement que du nom de préjugés, doivent avoir eu des raisons de naître, doivent avoir été enfantées par des observations longuement et souvent renouvelées. Tout superstitieux ou crédules que soient les musulmans, Arabes ou autres, ils ne consentiraient pas volontiers à perdre les deux tiers d'un cheval d'ailleurs bien né et riche de formes, s'il n'y avait pas quelques données de vérité dans les explications des nîchân (pluriel : néiâchîn) ou signes naturels extérieurs appelés épis ou molettes.

Anciennement, il n'y avait que deux épis qui fussent réputés signes favorables, c'est-à-dire aimés des Arabes. D'autres sont des signes de réprobation, c'est-à-dire de dispositions naturelles qui, à un moment ou incident donné, entraîneront le cheval à des écarts ou des folies dont les conséquences peuvent entraîner, pour le cavalier, diverses chances de dangers ou même de mort. Par signes défavorables, on entend aussi des signes indiquant des dispositions qui diminuent le mérite, ou les qualités, ou le prix d'un cheval. Les signes défavorables sont, en un seul mot, ceux qui répugnent aux Arabes. Aujourd'hui les Arabes, à les en croire, ont une expérience plus avancée que celle de leurs pères dans les explications des signes ou épis. Quelques épis n'ont pas de signification précise ; dans certaines contrées ils sont indiqués comme de mauvais augure ou défavorables, et déprécient ; dans d'autres contrées, ils sont considérés comme nuls.

Les Arabes actuels ont quatorze signes dont ils connaissent, disent-ils, parfaitement le sens, et la valeur ominique. Ces signes ou nîchân que, d'après les traditions, on appelle encore dawâïr, c'est-à-dire *des ronds*, sont placés et désignés dans les figures et la liste suivantes que je dois à l'obligeance de M. Prisse d'Avennes. Les noms actuels de chacun de ces ronds ou épis ou signes, diffèrent des anciens noms ; nous ne donnerons ici que ceux qui ont cours maintenant ; nous retrouverons les anciennes dénominations au chapitre que l'auteur du Nâcérî consacre à l'exposition de ces signes.

## IX.

EXPOSÉ DES SIGNES NATURELS OU ÉPIS QUE PEUT PRÉSENTER LA ROBE DU CHEVAL, D'APRÈS LES RENSEIGNEMENTS ET SIGNALEMENTS FOURNIS PAR UN ÉCUYER ARABE, EN ÉGYPTE.

« Les chiffres renvoient aux mêmes chiffres écrits sur les deux planches ci-contre (fig. 1, 2, 3), et mis à la place des épis ou molettes ou rosettes sur tel ou tel point du corps du cheval.

N° 1. « Kanâdil, prononcé vulgairement ganâdil (pluriel de kandîl), c'est-à-dire lumières, petites lampes, sorte de veilleuses. — *Candela.* — On donne le nom de kanâdil à deux épis situés sous le toupet, près des tempes. — SIGNES FAVORABLES.

N° 2. « El-chérikein, les deux associés. On donne ce nom à deux épis situés au-dessus des yeux. — SIGNES FAVORABLES.

N° 3. « Kabr maftoûh, prononcé vulgairement gabr maftoûh, c'est-à-dire tombeau ouvert, parce que ce signe est un présage de mort pour le cavalier. — LE PLUS NÉFASTE DE TOUS LES SIGNES. — C'est un épi placé au milieu du front et formant comme deux petites cornes.

N° 4. « Nadabât, noudbât, les plaintes, les éjulations ; épis des deux côtés des ganaches. — SIGNES NÉFASTES s'ils se trouvent sur une jument, sans importance sur un étalon.

N° 5. « Ranadjât, les petits soupirs ; on appelle de ce nom, l'épi qui se trouve sous la gorge près de l'auge. — Il est considéré par les uns comme FAVORABLE, et par les autres, comme DÉFAVORABLE. — Il est sans importance pour l'Arabe qui a fourni ces renseignements.

N° 6. « Hédjâb, le voile intermédiaire ; la cloison ; le voile qui ferme une ouverture. — On désigne par ce nom les épis situés sur les deux côtés de la trachée. — SIGNES FAVORABLES.

N° 7. « Chakk el-djeib, fente de la poche, c'est-à-dire ouverture de la poche. Long épi placé devant le tiers inférieur du cou. — SIGNE NÉFASTE. — Le cheval qui le porte est défectueux.

N° 8. « Nichàn el-śidr, signe du poitrail. L'épi appelé de ce nom est sur le devant du poitrail. — SIGNE FAVORABLE.

N° 9. « El-djéràïd, les escadrons. Long épi placé sous la crinière. — SIGNE FAVORABLE.

N° 10. « Nichàn el-chérìhah, signe de la dilatation. On appelle ainsi l'épi placé sous la poitrine vers le passage des sangles. — SIGNE FAVORABLE.

N° 11. « Nichàn el-déra', le signe du bras; épi placé à l'extérieur et au bas du bras. — SIGNE SANS VALEUR.

N° 12. « Nichàn el-sourrah, signe du nombril, épi ombi-lical; ou nichàn el-sabak, signe du flanc ou des flancs. On donne ce nom à deux épis placés l'un sur un côté du nombril, l'autre sur l'autre côté. — SIGNE FAVORABLE.

N° 13. « Bôch nîchàn, mauvais signes. On appelle ainsi les épis placés sur les fesses, en arrière. — SIGNES NÉFASTES.

N° 14. « El-irmàh, le lancement, le pointement, le coup de pointe. Épi de chaque côté de l'anus ou de la vulve. — (La jument qui a ces deux épis, est, en Syrie surtout et dans l'Asie Mineure, qualifiée de *mérìmeh*, c'est-à-dire désireuse, libidineuse, *mœcha*; elle recherche et désire sans cesse le mâle; la jument ainsi passionnée pour le coït, disent les Arabes, ne garde pas la semence, elle la rejette, et conséquemment elle est difficilement fécondée. — Au haras de Saint-Cloud, il y a une jument de cette espèce; et Mohammed el-Safadì (dont j'ai parlé précé-demment, page 141) n'eut pas plutôt aperçu cette jument par derrière, qu'il s'écria : « Une mérìmeh, » une catin. — SIGNES RÉPRÉHENSIBLES, défauts; SIGNES DÉFAVORABLES; SIGNES NÉFASTES. — Une mérìmeh est généralement une mauvaise poulinière.)

N° 15. « Djennàbât, les latérales : molettes des côtés. Si la selle de longueur ordinaire les couvre, c'est-à-dire si le cheval est assez court pour qu'une selle ordinaire arabe couvre les djen-nàbât, elles sont SANS IMPORTANCE; mais si le cheval est assez alongé pour qu'une selle ordinaire arabe les laisse à découvert, elles sont DÉFAVORABLES : le cheval est défectueux.

N° 16. « El-maramm (ou plus exactement el-merammî), le labial. Épi placé à l'extrémité de la lèvre supérieure. Si la lèvre supérieure est blanche en dessous, près des gencives, le maramm est un SIGNE FAVORABLE ; si elle est noire, le maramm est un SIGNE DÉFAVORABLE.

« De ces signes au nombre de seize, les quatorze premiers sont connus et pris en considération par tous les Arabes. Le quinzième et le seizième n'ont de valeur que chez certaines tribus et dans certains pays.

« En résumé, des seize signes que nous venons de mentionner et d'expliquer, neuf sont favorables, cinq sont défavorables ou de mauvais augure, ou annoncent quelque défaut. Les deux derniers n'ont pas une importance qui, jusqu'à présent, soit suffisamment accréditée. »

## X.

L'interprétation, j'oserai dire, physiologique, mais certainement pratique de tous ces signes, indications présentées par la disposition des poils en sorte de rosaces ou de ronds sur tels ou tels points de la robe du cheval, repose, pour l'Arabe, sur des observations, sur une longue étude. Pour l'Européen cette interprétation n'est basée que sur des préjugés, sur des aberrations d'une crédulité trop facile ; elle porte à faux, elle est assise sur le vide.

Comment, dit notre philosophie trop sceptique à la philosophie trop croyante des Arabes, comment s'expliquer rationnellement que quelques poils tournés et rangés en ronds, en rosaces, en épis alongés, sur tels endroits du corps, aient une signification si profonde, si extraordinaire, correspondent par une aussi intime connexion aux qualités morales du cheval ? Comment concevoir cette sorte de relation symptomatologique ? Je n'en sais rien, ni vous non plus. Mais étudions-les, cherchons ce qu'elles peuvent signifier.

Et je demande, à mon tour, si nous n'avons pas dans l'homme, dans la femme, des indications qui offrent ce genre d'analogie. Je demande si des cheveux de telle nuance ne sont pas l'indice de tel tempérament; si ces cheveux plantés de manière à envahir le front et par en haut et par les côtés, n'ont pas un sens physiognomonique presque toujours certain. Je demande si les points-lentilles qui, là ou là sur la figure de la femme, se permettent ou s'abstiennent de se munir de poils, ne veulent pas dire que d'autres signes se retrouvent ailleurs dans une place presque toujours certaine. Je demande si la femme qui, par le progrès de l'âge, se garnit la lèvre d'une sorte de moustache, n'acquiert pas alors une tournure de complexion, de vie physiologique qui la rapproche de la manière d'être de l'homme; la femme, lorsqu'elle cesse d'être sous l'influence physiologique de son sexe, lorsqu'elle ne va plus guère être femme que par la forme, rentre dans l'expression physionomique de l'homme, qui, lui aussi, par le fait des années, est mis hors de la vie sexuelle masculine. Quand tous deux ont fini ou vont finir leur existence au point de vue de leur sexe, ils se rapprochent par l'expression extérieure, en ce sens que la femme passe dans le camp de l'homme et se voit la lèvre prendre de la moustache, le menton prendre de la barbe.

N'a-t-on pas même donné la conformation extérieure, pour ainsi dire, des cheveux, comme caractère distinctif des deux familles humaines, hommes blancs, hommes de couleur? N'a-t-on pas distingué comme caractère plus général et plus ample, les *ulotriques* ou peuples à cheveux crépus, et les *léiotriques* ou peuples à cheveux lisses? Trouvez donc des cheveux crépus et feutrés chez un blond et surtout chez une femme blonde. Trouvez donc beaucoup de femmes blondes dont l'odeur cutanée ne soit pas plus prononcée que celle des femmes brunes. Je défierais presque de montrer une main féminine très-veineuse qui n'appartînt pas à une femme d'un caractère souvent difficile, ou résolue... Il y a toute une science à faire, malgré ce qu'ont déjà dit tous les Lavater passés, c'est la science de l'extérieur de l'homme et de la femme.

La science de l'extérieur du cheval est plus avancée, mais il faut travailler à la compléter, et ne fût-ce que pour arriver à un résultat négatif, il faut étudier la valeur significative des épis, de tous les incidents du pelage. Si l'on aboutit à des données sans applications utiles, ou parfaitement insignifiantes, mais j'entends qu'il faut y arriver par la voie seule des expériences, ce sera au moins une branche d'observations complètement tranchée et jetée hors de la science. Ce sera un litige jugé et fini.

**XI.**

Les plus anciens Arabes, s'étaient arrêtés à dix-huit signes ou épis observés, suivis, examinés par eux : — deux signes qu'ils aimaient; — cinq qu'ils réprouvaient et dont ils ne voulaient pas dans un cheval; — onze dont la valeur n'était pa bien appréciée dans un cheval, ou, selon l'expression arabe rigoureuse, onze sur lesquels ils gardaient le silence et ne décidaient pas.

Maintenant, les Arabes prétendent que l'on a remarqué jusqu'à présent soixante-dix ou soixante-douze sortes de ronds ou épis, qui diffèrent soit par la place, soit par la direction concentrique ou excentrique ou alongée ou sinueuse etc., des poils. Mais les seize espèces que nous avons mentionnées et exposées, sont les seules qui soient acceptées par le plus grand nombre des tribus et des populations arabes.

**XII.**

Donnons la preuve irréfutable, aujourd'hui, de la connexion naturelle physiologique de signes présents à tel degré sur le pelage des animaux, avec l'existence, ou l'absence, ou la médiocrité de certaines qualités que l'on préfère.

Il est démontré maintenant qu'à la seule inspection, on peut, à l'instant même, juger et déterminer — quelles sont les qualités des vaches considérées comme laitières, et même comme propres à l'engraissage, — quelles sont les qualités des taureaux sous le rapport des produits de la fécondation et de la parturition. C'est le résultat de trente années d'études et de recherches.

Or, je le demande, sur quoi repose la découverte de M. Gué-

Fig. 1. — Signes ou épis ou molettes.

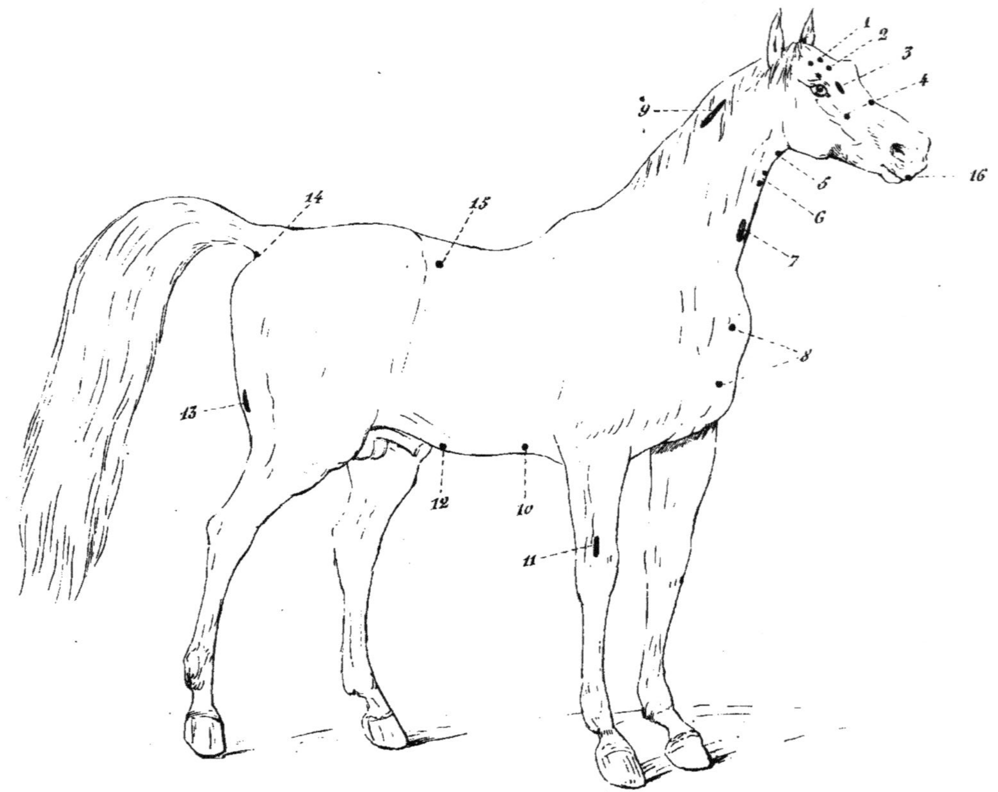

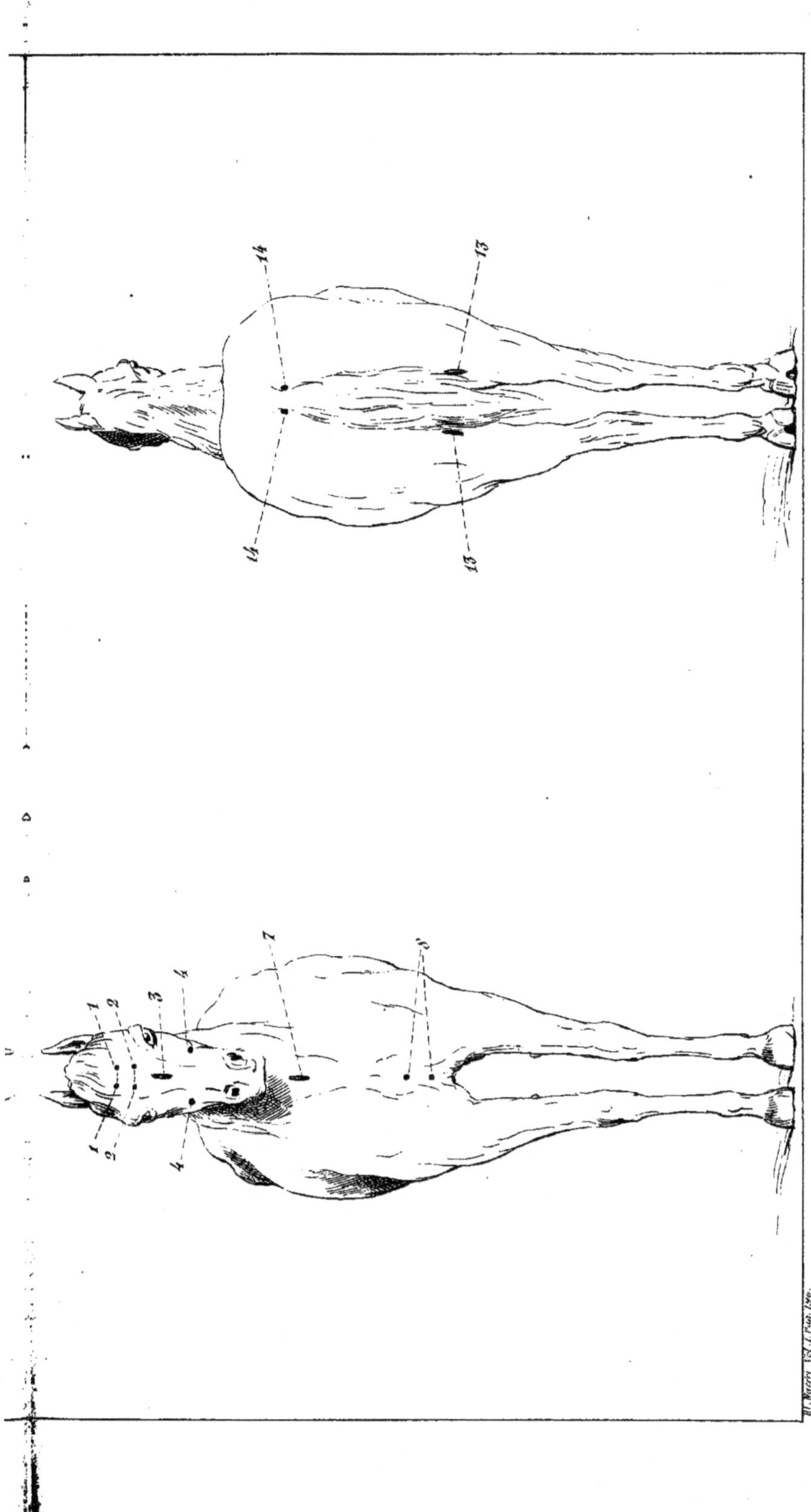

non ? uniquement sur l'inspection des formes des signes naturels que présente l'extérieur des bêtes bovines. Et, chose singulière, étonnante ! l'écusson, par ses variétés de longueur, de cir-
conscription, d'étendue, de teinte, d'incidents, est un signe
qui donne la mesure des propriétés lactifères de la vache, la
mesure du temps pendant lequel elle conserve et maintient son
lait après une nouvelle conception. De plus, l'écusson, sorte de
grand épi, varie de sens ou de pronostic, s'il présente des épis
plus petits à sa surface ou à ses bords. D'où est sortie cette précieuse découverte qui, d'un coup d'œil et sur des signes offerts
par des directions ou des incidents de pelage, sert de guide au
plus simple paysan, au plus simple bouvier, et lui apprend à
dire : « Voilà une vache qui donnera à peu près tant de lait, tant
« de beurre ; voilà un taureau qui en saillant telle vache, don-
« nera un produit de telles qualités ? » D'où est née cette nouvelle branche d'étude et de pratique, de science et d'industrie
agricoles ? Tout simplement de signes écrits par la nature sur le
pelage des bêtes bovines, tout simplement de l'étude des épis
qui sont là, sur l'extrémité postérieure du train de derrière,
comme un tarif fixé et comme imposé à chaque vache pour la
quantité de lait qu'elle pourra fournir.

Cette doctrine expérimentale des épis prouvée d'ailleurs par
l'inspection des vaches laitières, a été depuis peu vérifiée sur
des juments qui allaitaient, et le même fait a été observé et reconnu ; les mêmes lignes ont appris les mêmes résultats. Le
gouvernement lui-même a fait procéder à quelques épreuves sur
ce point, et la vérité des indications de M. Guénon, s'est, pour
ainsi dire, trouvée vraie.

Pourquoi d'autres épis sur la robe d'une jument, d'un cheval étalon, ne pourraient-ils donc pas avoir de sens ? La science
a-t-elle le droit de décider que l'écusson et ses épis n'auront de
significations que chez les bêtes bovines ? Je ne le pense pas, et
elle ne l'oserait pas. Eh bien, elle n'a pas plus le droit, en se
plaçant au tribunal ou à la chaire de la raison, de la logique, de
décider que l'étude des incidents dans le cours ou la direction
des poils, sur certaines autres parties de la robe des chevaux,

est une étude nulle et stérile. On ne décide pas *à priori* dans le
domaine des faits matériels, dans le domaine de la matière,
dans les rapports du corps avec la vie, dans les expressions si
multiples, si nuancées de l'individualité physique et morale.

Je le répète encore, il y a là un nouveau thème d'études. Les
épis doivent être soumis désormais à l'expérience physiologique.

Il y a même à examiner quels pelages en présentent en plus
grand nombre, à bien constater si véritablement les pelages fins
et soyeux en comportent moins que les autres. Ce seul fait, déjà,
s'il était vérifié, serait une donnée précieuse, et il en résulterait
ceci que les épis les plus forts, les plus âpres, ou les plus nombreux, ou les plus développés, ne paraissent pas ou paraissent
moins sur les chevaux de première race, de premier sang.

Je suis sûr que personne ne voudrait acheter un cheval, même
de la plus haute naissance, s'il avait la robe parsemée d'un très-
grand nombre d'épis. Pourquoi ?

## XIII.

Les Arabes examinaient et appréciaient tout dans un cheval.
Le hennissement aussi a ses significations ; une belle voix, une
voix forte, claire, sonore ne vient que de poumons et d'une poitrine robustes, par des conduits aériens bien nets et bien construits. Cette tradition est encore vivante. C'est surtout un
beau hennissement qui met en fuite le diable, car le malin esprit
n'aime rien de ce qui est pur. Aussi, jamais le diable ne s'avise
de monter un cheval pur sang ; le cavalier qui monte un tel cheval, disent les Arabes, peut être toujours sûr de n'avoir jamais
en croupe le diable, et par suite, il n'arrivera jamais de mal au
coursier ou au cavalier que par la volonté de Dieu ; le Satan
n'y sera jamais pour rien.

Le noir souci, pour parler Horace, ou pour parler Boileau, ne
se campe donc derrière le cavalier, ne s'assied en croupe, que
lorsque le cheval est sans race, est un berzaûn.

Ces idées exprimées sous forme allégorique ou mystique,
ont leur signification matérielle.

L'Arabe et surtout l'Arabe scénite ou nomade flairait l'odeur
qu'exhalait la peau de son coursier, l'odeur de la sueur qui en
transpirait, qui humectait cette peau au tissu dermique fin et parfait, au pelage court, poli et glissant comme le satin. Il flairait
l'odeur qui s'élevait de la robe de son cheval, comme on aime à
aspirer les effluves légères et les senteurs naturelles qui s'é-
chappent comme un parfum de l'épiderme d'une femme à la
peau doucement odorante. Par là, l'Arabe avait encore un signe
de la santé, de la pureté du sang de son cheval. On en faisait de
même pour les chameaux. On appelait *fárah* la bonne odeur qui
s'échappait du chameau, lorsque ayant brouté des herbes et des
fleurs, il revenait du torrent ou de la flaque où il avait bu. Car,
dans les déserts, l'Arabe n'est pas toujours sans pâturages verts,
sans herbes fraîches, sans eaux. Les déserts de l'Arabie et surtout depuis le plateau du Nedjd jusqu'au Baḥreïn, et à l'Omàn,
jusqu'au Mahrah, au Ḥaḍramaût, et à l'Yémen, et plus encore
dans l'Âlidj, c'est-à-dire cet espace qui court de Tàïf jusqu'à l'est
du Ḥaḍramaût, sont semés de vallées dont quelques-unes même
ne sont jamais entièrement à sec. Aux époques des pluies et des
orages, toutes reçoivent des inondations pluviales qui renou-
vellent les herbages et les pâtis. Les émigrations ou les promenades obligées des tribus, à certaines époques fixées, n'ont pour
but ordinaire que la recherche de ces pacages naturels restaurés
chaque année par les variétés des saisons. L'ancien mot qui
était employé pour indiquer ces départs, ces translations mo-
mentanées des tribus, ne veut dire autre chose que s'en aller à
la recherche de pâtis, à la recherche des eaux pluviales réunies
en flaques dans le sein des vallées, au fond des ravins.

## XIV.

Certaines habitudes, dont quelques-unes étaient l'expression
d'un sentiment religieux, témoignent que, dès les temps antéislamiques, les Arabes cherchaient, par tous les moyens, à faire
prospérer et à améliorer leurs animaux, et aussi à les ménager,
à prévenir la dégénérescence des produits.

Ainsi, dans l'ancienne Arabie, les Arabes païens fendaient
l'oreille du dixième chamelin, mâle ou femelle, qu'avait donné
une chamelle, et l'abandonnaient à lui-même ; on ne buvait
jamais de son lait, on ne le prenait jamais pour monture, et si
on lui faisait porter une charge, on la laissait de beaucoup plus
légère que celle des autres.

Avant l'islamisme, la chamelle que l'on avait fait vœu de li-
bérer, ou bien qui avait mis bas dix chamelles de suite, ou qui
était de retour d'un très-long voyage, de pays lointains, ou qui
avait survécu à de grands dangers et aux souffrances de la
guerre, ou dont tous les produits existaient, ou dont, par suite
de maladie, on avait extrait de l'échine un fragment d'os, était
affranchie de tout travail, de tout service domestique , était entièrement libre, et personne ne l'empêchait de s'abreuver à telle
eau, de paître à tel pâturage. Cette chamelle on ne lui faisait
plus porter le moindre fardeau ; on ne la montait plus ; son lait
n'était donné qu'aux jeunes animaux et aux étrangers que l'on
hébergeait. Après qu'elle était morte , hommes et femmes en
mangeaient la chair ; ensuite son dernier chamelin, auquel
d'ailleurs on fendait l'oreille, succédait aux priviléges dont
jouissait sa mère.

On sacrifiait aux dieux le premier-né de la chamelle et le
premier-né de la brebis. On voulait ainsi appeler la bienveillance du Ciel sur les autres produits que concevraient les mères
dont on immolait le premier fruit.

Mais jamais ces habitudes ne furent appliquées aux chevaux.

Parfois, en sevrant un jeune poulain ou une jeune pouliche,
on lui tournait la face du côté de Canope, on lui montrait cette
étoile en disant : « Vois-tu Canope ? Eh bien ! je le jure par
« Dieu , tu ne tetteras plus désormais une goutte de lait. » Et
de ce moment l'animal était façîl, c'est-à-dire *séparé* de sa
mère, sevré.

On procédait à la même cérémonie pour sevrer le jeune chamelin ou la jeune chamelle ; seulement, après avoir prononcé les
mots, « Vois-tu Canope ? Eh bien, par Dieu ! tu ne tetteras plus, »
on appliquait un soufflet au jeune animal et on l'enlevait à sa

mère. — Canope, entre autres noms, avait reçu des Arabes celui de Faḥl, étalon. On voulait indiquer par là que de même que l'étalon, chez tous les quadrupèdes, après la saillie accomplie, se retire et s'éloigne, de même Canope apparaît distincte, séparée de la troupe des autres étoiles environnantes.

On sevrait le jeune chameau, pour avoir le lait de la mère et en nourrir la famille et aussi le poulain et les autres chevaux appartenant à la famille... Mais il arrive assez souvent que la chamelle arrachée ou prématurément ou brusquement à son petit, se prend de douleur, de regrets, même de dépit, et refuse de se laisser traire. C'est alors que l'Arabe avait recours à une ruse pour tromper la chamelle mère et l'amener à se laisser approcher, à se laisser saisir les trayons. Pour cela, on fabriquait un *baw* ou mannequin de nourrisson chamelin. On cherchait à se procurer de la peau de jeune chameau, ou bien on en égorgeait un; on formait avec la peau, en la taillant s'il était nécessaire, une enveloppe que l'on remplissait d'herbes sèches, et qui représentait ainsi le jeune chamelin que regrettait la mère; et la mère, trompée à l'aspect et au flair, permettait qu'on approchât d'elle le mannequin et se laissait traire et laissait couler son lait. En un jour ou deux, on habituait aussi la chamelle à ne plus voir son chamelin et à donner son lait. On agissait de même si le chamelin était mort, ou était égorgé, et que la chamelle refusât de se laisser traire.

On avait encore un autre procédé dont le succès était au moins aussi assuré. On dépouillait le jeune animal mort, et de la peau on revêtait un autre jeune chameau vivant, qu'ensuite on approchait de la mère. Trompée par l'aspect, par l'odeur, par le mouvement, elle se laissait traire, ou bien, si tel était le but que se proposait l'Arabe, elle se laissait teter par le chamelin intrus.

Un procédé plus singulier est celui qu'employaient les anciens Arabes, afin de faire croire à une chamelle laitière qu'elle venait de mettre bas, et afin de lui faire accepter comme sien un chamelin étranger. — On pliait une étoffe quelconque en une sorte de tampon alongé, on l'insérait ainsi dans le vagin de la cha-

melle, et on l'y laissait quelques jours. Ensuite, on enlevait le
tampon, mais après avoir eu soin de mettre un bandeau sur les
yeux de la chamelle et lui avoir aussi couvert et bandé les narines. Puis, on approchait le jeune chamelin étranger, on dé-
couvrait les yeux et le nez de la chamelle qui, trompée ainsi, et
s'imaginant, comme dit l'Arabe, qu'elle avait mis bas, acceptait
facilement cette maternité improvisée, et se laissait teter par ce
chamelin.

# CHAPITRE VII.



## I.

Donnée générale, presque absolue, l'entraînement est en quelque sorte l'état ordinaire, le régime habituel du cheval chez les Arabes bédouins ou Arabes des déserts ; il est donc, pour ainsi dire, toujours entraîné, toujours disposé, toujours prêt. Il est, comme son maître, toujours libre de graisse inutile, de tissu flasque, de tissu cellulaire lâche ; la fibre musculaire, ferme et élastique, dégagée de tissus accessoires surabondants, manœuvre énergiquement les muscles qu'elle compose, dans les espaces et directions que leur fixe la nature. Homme et cheval sont à l'unisson. Rarement, très-rarement le Bédouin prend du ventre ; il aime avoir les muscles abdominaux bien dessinés, et le ventre au moins aplati, ou sec. Et ce qu'il aime pour lui, cet extérieur de gladiateur, de désulteur, il l'aime encore plus pour son cheval ; il aime être, comme dit l'expression arabe, dâmir, moudmar, c'est-à-dire tombé de ventre, *entraîné*. Un homme replet est peu considéré dans les déserts, on le plaint ; un cheval replet, rond, serait hué.

C'est que l'Arabe des déserts a besoin d'être toujours dispos, toujours sur le qui-vive ; il aime l'enthousiasme des vastes plaines, des courses imprévues, des attaques subites, soit pour surprendre, soit pour se défendre. Alors il veut et il lui faut, pour lui, et pour son cheval plus encore que pour lui, non de la graisse, mais du muscle, mais du nerf, mais du sang, mais de la vie, il veut être, lui et son cheval, *totus nervis et sanguine*.

La force que l'Arabe veut voir à son cheval, c'est la force à tenir longtemps la course et la tenir avec fermeté et résolution, non à porter ou traîner telle ou telle masse. Car l'Arabe bédouin est exposé à chaque heure du jour et de la nuit aux coups de main ; il faut que son cheval et lui soient toujours sur le point de partir. Nous donnerons bientôt l'exemple d'une surprise où Rabiah Ibn Moukaddem eut à soutenir un cartel à la course, à cheval, et lorsqu'il y pensait le moins. Surtout avant l'islamisme, c'est-à-dire dans les temps de la gentilité arabe, les imprévus de cette espèce étaient comme une menace incessante.

J'ai vu des chevaux bédouins avec les gens qui composaient la suite du grand Chérif de la Mekke, pendant qu'il était retenu au Kaire, j'ai vu des chevaux bédouins vrais nedjdî ou vrais enfants du Nedjd, dont on aurait aisément compté tous les muscles de la périphérie du corps, et dont on aurait mesuré la saillie ou relief de chaque muscle sur la peau fine, luisante, miroitante. Et ces chevaux, à peine le maître était-il sur un d'eux, qu'on voyait tous les muscles frémir de plaisir ; tout l'animal petillait de joie, de bonheur, de force, de grâce, de souplesse. Puis le cavalier descendait, laissait sa monture, et elle ne bougeait mie jusqu'au signe du maître.

## II.

Au moment où le jeune poulain vient à la vie, lorsqu'il sort des entrailles de sa mère, le Bédouin arabe, en présence de témoins, lesquels, s'il est possible, sont les témoins mêmes qui ont assisté à la saillie de la mère, reçoit le poulain dans ses bras, le recueille comme son enfant, puis le lotionne doucement, attentivement, par lotions entrecoupées, lui déploie et détend les membres, le caresse, lui parle, et tout cela pendant plusieurs heures, jusqu'à ce que l'œil du jeune animal se soit bien ouvert, se soit animé ; c'est alors seulement que le poulain est mis à terre, debout, et l'on suit avec curiosité ses premiers pas, et déjà on cherche à deviner, à prévoir, à dire quelles qualités ou quels défauts il annonce. On lui maintient les oreilles attachées légèrement et dressées; on lui refoule la queue en la poussant par en haut, ou bien on la maintient de manière à ce qu'elle porte horizontale.

Un mois après la naissance, parfois le poulain est sevré; mais ensuite, pendant cent jours, on ne le nourrit que de lait de chamelle. Après cette seconde période, on ajoute, en surplus du lait de chamelle, une poignée de froment digéré dans l'eau, et peu à peu on augmente cette quantité. Cette troisième période dure également cent jours. Ensuite, on laisse le poulain manger de l'herbe, et on lui donne de l'orge, toujours en lui fournissant chaque soir une pleine sébile de lait de chamelle. Au Nedjd, on ne donne ni blé ni orge aux poulains, mais une pâte de dattes et de l'eau, et aussi tous les reliefs et les eaux grasses ou autres qui restent des repas et du lavage des ustensiles de cuisine.

Aux chevaux, on donne cette même nourriture dont ils sont d'ailleurs très-friands. Les dattes surtout, comme toutes les autres substances sucrées, sont une nourriture que le cheval aime avec passion et mange avec délice. Deux choses d'ailleurs, lorsqu'elles sont bien combinées, l'une après l'autre, dans les repas ou dans un repas du cheval, engendrent ou au moins conservent la fibre abondante et solide, ce sont le sucre et le sel. Surtout dans le Nedjd et le Ḥaçá, à l'est du Nedjd, les chevaux consomment beaucoup de dattes. Et on en mêle presque toujours au *bersîm* sec (*trifolium alexandrinum*), ou au bersîm du Ḥédjàz (*medicago sativa*).

Il n'est pas d'Arabe, en Arabie et en Syrie, dans les déserts surtout, qui ne donne à son cheval de la viande crue ou bouillie, même de la viande de gazelle et de cheval, ou des nourritures animalisées, c'est-à-dire contenant des matières animales, par exemple les restes de bouillon, les eaux grasses qui restent de la préparation culinaire des viandes. Par là, l'Arabe communique à son cheval plus de vigueur, plus d'énergie, plus de solidité.

Un habitant de Ḥamât, en Syrie, raconta à Burckhardt que pour ne pas être obligé d'abandonner son cheval aux convoitises du gouverneur de cette ville, il avait nourri l'animal pendant quinze jours avec du porc rôti; cette alimentation monta l'ardeur du cheval à un tel point qu'il devint intraitable, et le gouverneur ne voulut plus d'une pareille monture.

L'idée que l'alimentation par les substances animales augmente la force et l'audace du cheval, s'est produite dès la plus haute antiquité ; elle est indiquée dans les récits des faits attribués aux temps héroïques. On sait qu'Hercule fut surnommé dans la mythologie, Hippoctonus, Hippocténien, ou tueur de chevaux, parce qu'il tua les coursiers terribles, furieux, qu'un certain Diomède autre que le fils Tydée, nourrissait de chair humaine.

La morve et le farcin sont presque inconnus en Arabie et dans les déserts de la Syrie. On a pensé, avec raison peut-être, que les nourritures animales empêchent ces maladies de naître dans l'espèce chevaline. Le lait de chamelle doit très-probablement aussi être compté dans la cause préservatrice de ces deux sortes de fléaux. Ce lait a une autre nature, une autre composition ; il a moins d'éléments butyracés ; il a une nature alimentaire plus sauvage pour ainsi dire, et ces sortes de qualités ont sans doute, pour résultats, des conséquences nutritives différentes. En général même, le lait paraît hâter et affermir l'ossification des enfants, des jeunes animaux, en raison du phosphate de chaux qui abonde dans cette nourriture.

Pourquoi donc en Algérie, n'aurait-on pas toujours un haras de chameaux auprès d'un haras de chevaux ? Est-ce que, sur ce point encore, sur cette question si importante d'alimentation, sur cette question qui intéresse si puissamment la création d'un cheval français ou arabe-français, on ne voudrait pas des expériences et de l'expérience des Arabes ? J'en ai presque peur ; j'ai presque peur de l'esprit de notre science, de sa présomption.

Qui empêcherait encore, lorsque mourrait un jeune cheval, un jeune chameau, un bœuf, un mouton, d'en faire cuire les viandes, si elles ne présentaient rien de malsain, et d'en distribuer le bouillon, froid, aux chevaux, aux chameaux ? Nous avons à expérimenter, mais avec prudence, mais aussi avec persévérance, toute la diététique arabe dans l'élève du cheval. Il ne **faut se moquer de rien**, dans les choses qu'on n'a pas mises à l'éprouvette de l'expérience. Combien de choses étaient moquées, repoussées hier, qui aujourd'hui sont vantées et admirées! Combien étaient, hier, jetées à l'égout de l'étable, qui aujourd'hui sont placées sur les tribunes de la science!

*Experientia fallax*, disait le Patriarche de la médecine. Est-ce que cela veut dire qu'il ne faut pas expérimenter? Non ; cela veut dire, expérimentez, et expérimentez encore, puis encore. Car l'art est difficile et long, *ars longa et vita brevis*. Ne nous impatientons pas, ne nous hâtons pas follement ; ce que nous ne terminerons pas, d'autres après nous le termineront, mais à la condition que nous ayons bien commencé, et alors le nom des expérimentateurs consciencieux et habiles restera dans la science ou la portion de la science acquise.

### III.

Ce que nous disons des nourritures animales comme utilité certaine pour les chevaux, nous le disons aussi de l'usage des dattes.

En Arabie, tous les animaux domestiques, même le chien, mangent la datte avec plaisir. C'est le mets fin des Arabes, c'est la friandise de l'Arabie entière. Le dattier, pour le musulman, est le premier arbre du monde, en prééminence et en âge, car il existait pour Adam au paradis terrestre.

La datte macérée dans le lait, ou dans l'eau que l'on donne aussi à boire au cheval, au chameau, est une nourriture que l'animal mange avec plaisir et digère avec facilité. C'est surtout avec la datte que l'Arabe rend son poulain si familier, si joueur, si docile à venir et accourir au premier appel, au premier cri, si prêt à se soumettre, si habile à s'inquiéter de l'apparence des dangers que court son maître et même à le sauver.

Du reste, le cheval arabe ne se dresse si bien qu'à cause de son intelligence, de sa capacité d'éducation et d'attachement. Un Wahabite pris comme otage en Arabie, et qui avait été amené en Égypte au retour de l'expédition des troupes de Méhémet Alì, raconta maintes fois en ma présence que, mort ou vif, il n'eût jamais été pris et retenu en otage, si son cheval Sahm (flèche) n'avait pas été tué.

« Sahm, disait le Wahabite, avait l'œil brillant de l'antilope, le pied léger de la gazelle, la gaieté de l'enfant, la soumission de l'esclave, la beauté de la belle Abyssinienne, la robe de soie de la fiancée, la rapidité du vent, l'intelligence humaine, le courage du plus intrépide soldat. Dans les montagnes du Nedjd, à quelques lieues de notre principale localité, de notre capitale, Dérieh, nous eûmes une chaude rencontre avec les Arabes de Méhémet Alì. Je fus blessé, je fus renversé d'un coup de lance. Mon cher Sahm s'arrête court ; mon ennemi passe outre, emporté par l'élan de son cheval. Sahm se retourne vers moi ; avec les dents, il me saisit par les vêtements, il m'emporte, par les chemins les plus âpres, loin du combat... Sahm ! On m'aurait donné son poids d'or, les richesses de la terre, que je ne l'eusse pas séparé de moi pour une heure seulement. Sahm était la prunelle de mes yeux !... Combien de fois accablé de fatigue, harassé, épuisé, il veilla pendant mon sommeil, l'oreille au vent, au moindre souffle ; sentinelle toujours attentive, à l'oreille fine et délicate, il m'avertissait du pied, m'annonçait les pas de loup de l'ennemi. Sahm avait traversé cent batailles ; le feu des mousquets l'animait. Que mon Sahm était beau dans les combats, qu'il était infatigable, qu'il était patient !... Sahm était déjà bien vieux, oh ! il ne pouvait mourir que de la foudre ! il fut tué par un boulet.

— « Mais comment pouvait-il si longtemps, sans sommeil?...

— « Mais vous ignorez donc ce que c'est que le cheval arabe, ce que c'est qu'un Sâfineh, ce que sont les Sâfinât, cette race de nos races que la main et la patience et l'adresse de l'Arabe ont créée parmi nous, que nous avons appelée Sâfineh, parce qu'elle a ces chevaux merveilleux qui ne savent pas se coucher, qui ne savent pas dormir, qui s'assoupissent debout, un des bipèdes postérieurs ne touchant le sol que par la pince? C'est que mon Sahm était des plus purs, des plus nobles Sâfineh ; et pendant son demi-sommeil, il me gardait ; assoupi sans dormir, de sa

belle queue soyeuse il chassait les mouches de son pelage de satin, de sa peau si douce, si sensible, si frémissante, si coupée de
blessures.

— « Il est merveilleux vraiment que l'on ait pu se faire une
pareille race de chevaux.

— « Vous autres vous n'y entendez rien. Vous n'aurez jamais que des akàdich, des berzaûn, des panses de turks. La
grande étable, la seule étable des chevaux, c'est l'Arabie ; et la
case, la tente privilégiée des beaux coursiers, ce sont les plateaux
du Nedjd. C'est là que la semence de l'étalon produit le beau,
c'est là seulement que la jument engendre les coursiers du plus
beau sang. Si vous aviez vu Sahm! Mais des milliers de mes
frères, les Wahabites, ont aussi leurs Sahm. Maudit le boulet
qui m'a éventré mon bel enfant du Nedjd! Vous le dirai-je, ou
non? Il n'y avait que le boulet qui fût capable de nous atteindre
à la course ; nous nous moquions bien de vos bataillons, de vos
escadrons aux lourdes masses, lourds comme de lourds buffles.
Est-ce que cela sait courir !

— « Quel prix pourrait valoir un Sâfineh comme était ton
Sahm.

— « On ne vend pas un cheval pareil, on ne se sépare jamais.....

— « Mais enfin, si je t'eusse demandé...

— « Je te l'aurais peut-être donné, mais le vendre ! Ah !
pour cela il faut être le plus ignoble avare, ou être fou..., ou
être au désespoir.

— « Tu nous as dit souvent aussi que tu donnais des dattes
à ton cheval.

— « Tous les jours, au moins quelques-unes, et aussi du zébîb
(ou raisin sec, et surtout celui de Corinthe). J'avais un cri pour
annoncer à mon Sahm que je pensais à lui donner une datte;
et il m'entendait, et de son petit hennissement il faisait trem-
bloter son gosier. En voyage, parfois je laissais Sahm la bride
jetée libre sur le karboûs (pommeau ou saillie antérieure) de la
selle; il allait, il jouait à son gré; je faisais entendre mon cri,
et à quelque distance que fût Sahm, Sahm arrivait de toute sa

vitesse... et de sa lèvre il cherchait ma main. Toujours alors il gagnait quelques dattes. La datte est le bonheur du cheval. Sahm, s'il eût su parler aurait osé renier Dieu et le Prophète pour une datte. »

Je ne terminerais pas s'il fallait rappeler toutes les circonstances de la vie de Sahm. Le cheval de l'Arabe de Jéricho, dont M. de Lamartine a donné l'histoire, me semble être le cheval de mon Wahabite.

## IV.

De tout temps l'Arabe a pris comme viatique pour lui et pour ses montures, cheval ou chameau, une petite provision de dattes. Il n'est pas de désert traversé, où, d'intervalle à intervalle, dans les vallées, près des réserves d'eau, près des pâtis accidentels et éphémères qui suivent les cours des torrents des eaux pluviales, on ne rencontre des noyaux de dattes, soit laissés comme reliefs des repas des voyageurs, soit débarrassés des crottins que le soleil a desséchés et que le vent a mis en poudre ou a dispersés.

Jadis surtout, les dattes et l'eau, me dit une note d'un manuscrit, étaient les seules provisions que tout prince arabe ou chef de grandes tribus ou de plusieurs tribus, fût dans l'usage de fournir aux soldats, cavaliers et autres, qui se réunissaient sous ses drapeaux.

## V.

Je n'ajoute plus rien à cette question d'alimentation; notre auteur du Nâćérî nous donnera de plus amples détails. Mais je vais indiquer ici, en passant, quelques renseignements qui peuvent être utiles, et qui sont fournis par le célèbre voyageur arabe Ibn Battoûtah, dans la partie de sa relation où il parle du Ḳifdjaḳ ou Kaptchak à l'est de la Crimée et dans le pays d'Azof ( 44 ).

D'après Ibn Battoûtah, les Turks de ces provinces voyagent comme les pèlerins dans le Ḥédjâz. Ils partent dès le matin après

la prière, se reposent pendant la forte chaleur du jour, se re-
mettent en route à trois ou quatre heures après midi et s'arrêtent le soir. Ils campent où ils se trouvent; ils délient leurs
chevaux, leurs chameaux, les vaches qui traînent les arabah
ou voitures. Ces voitures ont une couverture arrondie, en ro-
seaux tenus entre eux par des lanières de cuir, et couverts avec
une tenture en drap. Ce sont des espèces de carrioles à petites
ouvertures latérales et auxquelles on attelle des chevaux, ou des
chameaux, ou des bœufs.

A toutes les haltes, on laisse les animaux en liberté, soit de
nuit soit de jour. Ils paissent ainsi à discrétion; car dans maintes
localités, les herbes des pâtis tiennent lieu d'orge; cette propriété
nutritive des pâturages est spéciale au pays. Les animaux laissés libres, sont rarement pris par les voleurs, tant les lois contre
le vol sont sévères.

La viande du cheval est celle dont on consomme le plus dans
le Kifdjak. Une boisson très-aimée des habitants de cette contrée, est le kumizz, ou gumizz, que Guillaume Rubruk ou Ru-
bruquis, dans son voyage en Tartarie, appelle *cosmos*. C'est une
liqueur enivrante préparée avec du lait de jument aigri et fer-
menté. Les Mongols et les Kalmouks en font usage.

Ibn Battoutah dit que les chevaux dans le pays d'Azak (Azof)
sont en nombre incalculable, mais tous akâdich ou kadich,
c'est-à-dire sans race, ou chevaux communs; on peut avoir un
excellent cheval pour cinquante ou soixante drachmes. Il n'est
pas rare qu'un Turk-Kaptchak possède des milliers de chevaux.
Une sorte de luxe singulier, est que le Turk attache à un des
angles de la carriole de ses femmes, un bâton debout, auquel
il fixe tant de morceaux de gros drap; le nombre de morceaux
indique le nombre de milliers de chevaux que possède le propriétaire de la charrette. Il y a des bâtons qui portent jusqu'à
dix morceaux de drap. — Ceci me rappelle que les anciens
Scythes de ces mêmes contrées ou à peu près, se faisaient des
serviettes de peau humaine qu'ils portaient, comme témoignages
de leur valeur, suspendues à la bride de leurs chevaux. Plus un
Scythe avait de ces sortes de serviettes, plus il était estimé vaillant

et courageux. C'est là du moins ce que raconte Hérodote, plus en détail, liv. IV ou Melpomène, LXIV.

Il se fait, selon Ibn Battoûtah, des exportations très-considérables de chevaux kaptchak dans les Indes : ils y sont conduits par caravanes qui quelquefois emmènent jusqu'à six mille chevaux; chaque marchand en conduit parfois de cent à deux cents. Dans le trajet, on les fait paître comme des troupeaux de moutons, divisés par cinquantaines et sous la surveillance d'un k a c h î ou gardien ou garçon de service. Cette sorte de groom voyage monté sur un des chevaux qu'il est chargé de conduire, et tient à la main un long fouet.

Quand les caravanes arrivent dans le Sind, les chevaux sont remis aux rations d'orge, parce que, là, les pâturages ne sont plus assez réparateurs, assez substantiels.

Malgré les taxes qui se prélèvent en plusieurs endroits du Sind sur les chevaux importés, il reste encore aux caravaniers des bénéfices assez considérables; car alors, le plus communément, chaque cheval vaut un prix de six à douze fois plus élevé que celui qu'on en retirerait dans le Kaptchak.

Les Indiens n'achètent ces chevaux que pour le service militaire, et les différences de valeur du cheval sont en raison de sa force et de sa marche à pas alongés. Les chevaux de course, dans les Indes, sont toujours amenés de l'Yémen, de l'Omân et du Fàrsistàn; un cheval de ces contrées, se vend dans le Sind, depuis mille jusqu'à quatre mille dinâr, c'est-à-dire de quarante jusqu'à cent soixante fois plus cher que les chevaux amenés par es caravanes de la Crimée et d'Azof.

# CHAPITRE VIII.

Un récit arabe : — éducation du jeune Bédouin ; — attaques des tribus ; incursions; cavaliers. — Les juments Ḥadfah, Ḳa'çâ, et le cheval Ḥaouwâr, à propos de la mort de Zoheîr.

## I.

Le petit récit que je vais donner m'a paru empreint d'un caractère si patriarcal, si sincère, que je n'ai pu résister à le traduire. Il retrace d'ailleurs dans sa naïveté, sa fraîcheur, sa transparence aussi nette, aussi pure que l'air pur du désert, la nature du Bédouin, sa pensée vitale pour toute la durée de son existence. Il s'agit d'un beau jeune homme, que sa mère adore, qu'elle est heureuse de voir jouer à la guerre, aux dangers, aux évolutions d'adresse, sur un beau cheval élevé pour ainsi dire avec lui dans la même vallée, au milieu des mêmes tentes.

Le récit se rapporte à un fait postérieur à l'établissement de l'islamisme. Mais ce fait n'est que la répétition d'incidents qui perpétuellement se renouvelaient dans le désert des Arabes païens. Mahomet a réussi à changer la pensée religieuse ou la foi de l'Arabie tout entière, mais il n'a pas changé la vie de relation entre les tribus, elle est la même chez ce peuple toujours le même ; car l'Orient est la patrie de l'immobilité, la patrie pour ainsi dire d'Encelade qui, comme on le sait, change rarement de côté.

L'Arabe bédouin est essentiellement pillard, c'est son existence; il ne se concevrait pas lui-même sans cela : il est le pirate du désert. Aujourd'hui comme autrefois, les tribus sont à tout moment en hostilité; une troupe de cavaliers tombe subitement sur une station, enlève ce qui se présente, et repart au galop. Si les hommes d'une petite tribu attaquée, sont absents, sont eux-mêmes à une expédition, cette tribu peut être pillée complétement: troupeaux, femmes, enfants et surtout jeunes filles, tout peut être enlevé par les agresseurs. De là, bien entendu,

des représailles , des courses interminables ; les cavaliers des
deux tribus ennemies vont être sans cesse à s'épier , à se surprendre dans le désert, et jusqu'au milieu même des tentes.

Le récit suivant est un échantillon de cette vie des Arabes. Il
est extrait du M o u s t a t r a f, ou Compendium des connaissances
morales ou éducatrices, manuscrit de la bibliothèque nationale,
supplément arab. n° 1766, chap. XLI ou chapitre *Des braves et
des héros Arabes*, fol. 190, verso.

## II.

« El-Moufaddal fils de Yézîd raconte ceci :

« Une année , des Tarlabides ou Béni Tarleb , vinrent en
grand nombre planter leur station sur notre territoire. — Je
n'avais pas de désir plus impatient que celui de rechercher les
récits arabes , de les entendre , de les recueillir ; c'était en moi
une obsession, une passion.

« Un jour que je rôdais en curieux à travers les tentes de ces
Tarlabides, Arabes du désert, j'arrive assez près d'une femme
qui était devant sa tente, et qui tenait entre ses mains, la main
d'un jeune homme d'une beauté merveilleuse, d'une grâce inef-
fable ; sa magnifique chevelure coquettement séparée par une
ligne sur le devant de la tête , lui ruisselait jusque sur les
épaules. Charmant enfant ! Sa mère le caressait de sa parole
douce et humide, de sa voix fraîche et limpide, parole délicieuse
qui frémissait à l'oreille avec volupté, qui instillait dans l'âme
le calme et le bonheur.

« J'entendais cette mère répéter surtout, et avec tendresse :
« Mon cher fils ! » et le bel enfant souriait d'un léger sourire ;
il était heureux, son visage était imprégné d'une rougeur en-
fantine ; on eût dit une jeune fille, une jeune vierge innocente ;
il gardait le silence, il écoutait sa mère.

« J'étais ému. Je contemplais avec délice ce tableau ravis-
sant ; ce que j'entendais me pénétrait d'une douce agitation. .
Je m'approche, je salue ; on me rend mon salut. Je m'arrête,
debout, l'œil fixé sur cette mère si heureuse.

— « Citadin, me dit-elle avec douceur, que désires-tu ?

— « Oh ! rien , rien que d'entendre encore ce que je viens
d'entendre, rien, que de jouir encore de la vue de ton fils.

— « Citadin, reprend-elle avec une aménité inexprimable ,
si tu veux, je te conterai la toute simple histoire de mon fils ;
simple récit, je t'assure, mais plus beau encore que mon fils.

— « Oh ! oui, oui, je le veux, que Dieu te comble de ses mi-
séricordes !

— « Eh bien ! cet enfant , ce cher fils , mon sein l'a porté ,
et nos jours étaient pénibles, et notre vie n'avait que des heures
de peines et de besoin!... Mais..., mon sein l'a porté avec joie,
fardeau léger, fardeau de bonheur ! Les neuf mois se passèrent,
et puis Dieu voulut, le Dieu de grandeur et de majesté ! que je
misse au monde mon enfant; je l'ai mis au monde; oh oui,
enfant de bonheur, créature embellie de tous les dons du Ciel.
Oui ! par le Seigneur que tu adores ! mon fils fut le reflet et la
prospérité de son père et de sa mère, car Dieu dans sa majes-
tueuse bonté , lui a donné les vertus , lui a donné sa généreuse
protection, lui a prodigué ses plus riches bienfaits. Et j'ai allaité
mon cher enfantelet, pendant deux années tout entières. Et puis
je le sevrai, mon fils; et puis, alors, je le retirai des langes du
berceau, et je le portai au lit de son père. Et son père éleva son fils
comme le lion attentif et fier soigne et élève son jeune lionceau ;
il l'abritait du froid glaçant des hivers , de la chaleur brûlante
du milieu du jour. Ainsi jusqu'à cinq ans ; et lorsque mon fils
eut cinq ans, je le confiai à qui put l'instruire , à un maître qui
lui fit apprendre de mémoire notre saint Ķoran, qui le lui fit lire,
qui lui enseigna l'art des poëtes. Et ce maître, cet éducateur, lui
apprit aussi les traditions, les légendes de nos vieux Arabes, lui
donna le goût et la passion des grandes choses, lui fit aimer la
gloire de notre nation , la gloire de ses pères , la gloire de ses
ancêtres. Et mon fils devint pubère ; et lorsque son corps s'af-
fermit , que ses os furent durcis, que sa force fut développée ,
alors je lui fis monter les chevaux de noble race, les chevaux de
pur sang ; et mon fils devint bien vite le cavalier brillant, superbe, le plus habile, le plus fin cavalier. Et puis, mon fils re-

vêtit les armes. Et il marchait avec les plus hautes familles de la tribu. Il accueillait les voyageurs, les étrangers, leur servait les nourritures, les enveloppait d'une magnifique hospitalité!... Mais je tremblais pour mon fils, je tremblais qu'un œil envieux et méchant ne le frappât d'une malheureuse influence...

« Un jour nous campâmes près d'une eau, à une de ces réserves placées au milieu de nos tribus d'Arabes. Une troupe composée des jeunes guerriers partait en expédition, allant redemander un talion pour le sang d'un de leurs frères. Dieu voulut qu'une maladie subite empêchât mon fils de suivre ses contribules. Tous nos hommes, à cheval, furent bientôt loin dans l'espace; mon fils seul dut rester. Nous étions tous dans le calme le plus parfait, restant cois, attendant que s'enfuît la nuit, que vînt apparaître le jaune crépuscule du matin, quand tout à coup, nous vîmes poindre les fronts étoilés d'une nuée de coursiers, et les éclaireurs empressés de l'ennemi. En un moment, en un rien, les troupeaux sont enlevés, la tribu est dépouillée de ce qu'elle a. Et mon fils me questionnait, me demandait ce que signifiaient ces cris d'alarme. Je me gardai de lui en dévoiler la cause; je craignais de l'émouvoir, d'irriter sa souffrance. Mais bientôt le bruit, le tumulte s'approche et grossit, les femmes courent éperdues; mon fils jette le vêtement qui le couvre, il bouillonne comme un lion, il fait seller son coursier, il endosse son armure au tissu d'acier, il saisit sa lance, il se précipite sur nos ennemis. Il porte un coup de sa lance au premier cavalier qu'il rencontre, le plus près de lui, l'étend mort, puis va chercher le plus éloigné, le renverse tué. Et les plus hardis des guerriers tournent bride, s'enfuient comme fait le peureux onagre; hommes faits, et jeunes combattants, tout s'échappe à la hâte et prend la plaine.

« On s'aperçoit qu'il est seul; on charge sur lui, il tourne du côté des tentes; et nous, nous demandions à Dieu de lui sauver les jours; il court vers nos demeures afin de laisser les ennemis derrière lui, de leur faire alonger et désunir leur troupe sur ses traces; puis soudain il leur fait volte-face, et il les déroute, et il les disperse, les chasse de partout. Le plus grand nombre prend

la fuite; et il plongeait sur eux comme plonge la flèche qui perce
le vent; et il leur criait : « Les troupeaux, laissez nos troupeaux;
« je le jure, je ne repartirai qu'avec nos troupeaux, ou vous pé-
« rirez tous. »

« L'ennemi se retourne contre mon fils, les cavaliers se précipitent sur lui, la fureur les emporte, ils le chargent tous d'une
masse; les lances sont tendues en arrêt contre lui, chaque cavalier rassemble son cheval, serre la bride. Mon fils se rue sur
eux en bondissant, et il grondait du ronflement de l'étalon derrière la chamelle. Sur tout endroit qu'il chargea, il le rompit;
tous les groupes qu'il attaqua, il les mit en déroute; il ne resta de
la troupe que ceux que leurs coursiers sauvèrent de la mort.

« Puis, mon fils, triomphant, chassa devant lui nos troupeaux, nos chameaux, les ramena à la tribu. La tribu entière
accourut admirer mon fils, et tous étaient dans la joie, heureux
de le voir enfin échappé au danger. Non, certes, non, jamais
nous n'avons vu d'heures si pleines de bénédiction, un matin
plus pur, un soir plus doux, un jour plus beau. Et, plus tard,
j'entendis mon fils nous rappeler cette Journée dans la langue
des poëtes; il disait :

> « O filles de ma tribu ! elles ont vu ce que j'ai fait; avez-vous vu ja-
> « mais jour pareil, et comme, à travers le danger, le souffle du lâche
> « lui roulait rauque dans la gorge? »
>
> « La terre lui était trop étroite; la frayeur ne lui avait plus laissé ni
> « résolution ni cœur. »
>
> « N'est-ce pas ? j'ai donné à chacun ce qui lui était dû, sa part méri-
> « tée; je l'ai servi généreusement de la hampe brandissante de ma lance,
> « de la pointe affilée de mon sabre. »
>
> « C'est que je suis le fils d'Abou Hind, fils de Kaïs fils de Mâlek, l'enfant
> « des grandes actions, des vertus généreuses, des nobles familles. »
>
> « Il n'a pas voulu, dans ma main, porter d'injustes coups, ce sabre à
> « la lame si solide du dos, du dedans et du flanc. »
>
> « Toujours bonne intention de ma part, certes ! car si, de ce rude
> « tranchant j'eusse abattu un coup sur la tête des montagnes, elles se
> « seraient trouvées la tête dans la poussière. »
>
> « Notre honneur ! toujours pur; et je me garde bien de lui faire la
> « plus légère tache. Notre famille ! famille illustre, toujours habile à
> « chasser les grands malheurs. »
>
> « Vous toutes, femmes de notre tribu, tant que je n'aurai pas suc-
> « combé dans la bataille, soyez-en sûres, je vous protégerai, je vous dé-
> « fendrai et d'estoc et de taille. »

« Qu'elles parlaieut avec l'accent de la sincérité, celles qui allèrent à
« mon père le féliciter de son fils le cavalier intrépide, au coursier si
« rapide ! »

### III.

La petite peinture qui précède donne une idée des incursions
des Arabes, des attaques entre tribus; mais il y avait aussi les
poursuites, et pour ainsi dire les chasses continuelles dans les
déserts. Celle dont je vais donner le récit et qui forme un tableau
tout différent du précédent, un tableau d'une surprise dans le
désert, est antérieure à l'islamisme. La mort de Zoheîr qui succomba dans cette rencontre est datée de l'an 567 de J. C. Ces
sortes d'événements de la vie ordinaire et intérieure des Arabes,
prouvent que les conflits, les attaques, les pillages, les vengeances n'avaient guère lieu qu'au moyen de cavaliers. On n'a-
perçoit pas, à priori, comment il aurait pu en être autrement;
et les textes des traditions ne parlent presque partout que des
cavaliers des deux partis, attaquants et attaqués.

Zoheîr qui avait le titre de mélik, prince, roi, était le chef
des tribus des Arabes Ṛatafân et de la tribu des Hawâzin. Ces
tribus campaient dans le Alîah du Nedjd ou Haut Nedjd, dans le
Nedjd proprement dit, et dans le Ḥédjâz oriental.

Châs, un des fils de Zoheîr, fut tué par un Arabe de la tribu
des Ṛanî. Zoheîr, pour venger le meurtre de Châs, envoya une
expédition contre cette tribu; mais les gens de Zoheîr furent
battus, et de plus, un neveu de Zoheîr fut encore tué. Pour satisfaire à son ressentiment, Zoheîr massacrait tous les Ṛanî qu'il
parvenait à saisir, ou leur coupait le nez. Un jour, une vieille
femme de la tribu des Hawâzin vint apporter à Zoheîr le beurre
qu'elle devait fournir comme tribut. Zoheîr goûta le beurre, le
trouva mauvais, et du bout de son arc repoussa brutalement la
vieille. La pauvre femme tomba à la renverse et se trouva dans
un état dont elle fut toute confuse. Cet acte de brutalité indigna
les Hawâzin; un des leurs, Ḳâled, se chargea de la vengeance.

« Plus tard, Ḳâled rencontrant Zoheîr au marché d'Oḳâż (45)

lui dit : « N'es-tu pas assez vengé des enfants de Raní? Ne ces-
« seras-tu enfin de les poursuivre? » Zoheîr, courroucé de ce reproche, y répondit par des injures et des menaces. Ķâled, levant
les bras au ciel, prononça à haute voix cette prière : « Mon Dieu,
« accorde à cette faible main l'occasion de tenir la gorge de Zo-
« heîr, et prête-moi ta force pour triompher de lui! » Zoheîr à
son tour, faisant un geste semblable, s'écria : « Mon Dieu, ac-
« corde seulement à cette main puissante l'occasion de tenir la
« gorge de Ķâled! Je ne réclame de toi aucun secours pour lui
« arracher la vie. — Zoheîr, dirent les Ķoréïchides présents à
« cette scène, tu as blasphémé ; c'est toi qui succomberas. —
« Taisez-vous, répliqua-t-il en fureur ; vous ne savez ce que
« vous dites. »

« A quelque temps de là, Zoheîr, qui, malgré son âge, avait
la témérité présomptueuse de la jeunesse, alla camper loin de sa
tribu, avec un petit nombre de personnes de la famille de Rou-
wâhah, ses fils Ḥâreṭ et Warķâ, sa femme Toumâdir, ses frères
Zenbâ et Oçaîd, et quelques esclaves, dans un lieu nommé *Nefrâwât*, pour y faire prendre le vert à des chamelles pleines et
près de mettre bas. Les Béni Âmir étaient à peu de distance.
Un frère de Toumâdir, appelé Ḥâreṭ le Solamide (c'est-à-dire de
la tribu de Solaîm), arriva à Nefrâwât, et fit une visite à sa sœur.
Il nourrissait une haine profonde contre Zoheîr, qui l'avait mal-
traité. Zoheîr, n'ignorant point les sentiments de Ḥâreṭ, le soup-
çonna de quelque projet perfide, et dit en l'apercevant : « Voilà
« un espion des Béni Âmir. » Les fils de Zoheîr voulurent gar-
rotter Ḥâreṭ et le retenir prisonnier. Toumâdir s'y opposa. « Quoi!
« dit-elle, est-ce ainsi que vous exerceriez l'hospitalité envers
« votre oncle? » On relâcha Ḥâreṭ, après lui avoir fait jurer qu'il
ne dirait à personne en quel endroit il avait vu la famille de
Zoheîr. Toumâdir ne laissa pas partir son frère sans lui offrir
quelques provisions. Elle fit traire les chamelles, et lui donna
une outre remplie de lait.

« Ḥâreṭ prit congé de sa sœur, et se rendit tout droit chez les
Béni Âmir. Parvenu à leur camp, il se dirigea vers un lieu où
étaient réunis les principaux membres de la tribu, descendit de

sa chamelle, et, versant au pied d'un buisson une partie du lait
contenu dans son outre, il dit : « Pauvre arbuste, bois de ce
« lait, et vois quel goût il a. » Son action et ses paroles attirèrent
l'attention des Béni Âmir ; ils reconnurent en lui le beau-
frère de Zoheïr, et comprirent à l'instant son intention. On
goûta le lait ; il était doux, et n'avait encore contracté aucune
saveur acide. « Notre proie est près d'ici, » s'écria Ḳâled. Aussitôt il monta sa jument Ḥadfah, et accompagné de quelques cavaliers, au nombre desquels étaient Ḥondodj, fils d'El-Bekkâ,
et Moăwiah, fils d'Obâdah, surnommé El-Aḳial, il suivit les
traces des pas de la chamelle de Ḥâreṭ. Ces traces le condui-
sirent jusqu'à Nefrâwât. Dès qu'il distingua de loin les troupeaux
de Zoheïr et de ses frères, il mit pied à terre ; ses gens l'imitèrent, et ils firent halte en attendant la nuit, pour s'avancer à
la faveur de l'obscurité, et surprendre Zoheïr au point du jour.

    « Cependant les bergers de Zoheïr, en revenant le soir vers
les tentes, dirent qu'ils avaient remarqué quelque chose dans le
lointain, en un lieu où ils n'avaient encore rien vu jusque-là.
Une femme, gardienne du troupeau d'Oçaïd, fit à son maître le
même rapport. Oçaïd dit à Zoheïr : « Les Béni Âmir sont en
« embuscade dans les environs. » Zoheïr se moqua de cet avis,
et répondit, en faisant allusion à la longue chevelure d'Oçaïd :
« *Tout animal à long poil est poltron*, » mot qui est passé en
proverbe. Persuadés du danger de leur position, les frères de
Zoheïr et les autres enfants de Rouwâḥah, qui étaient avec lui,
voulurent profiter de la nuit pour se soustraire à l'attaque qu'ils
prévoyaient. « Allez, leur dit Zoheïr ; pour moi, je jure de ne
« point quitter la place avant demain. » Ils partirent donc, à
l'exception d'Oçaïd, qui continua à faire d'inutiles efforts pour
l'engager à s'éloigner. Les deux fils de Zoheïr, Ḥâreṭ et Warḳâ,
restèrent aussi auprès de leur père.

    « Vers le matin, Zoheïr entendit hennir sa jument Ḳa'çâ
(placide, docile) ; elle était pleine, et, sentant les chevaux des
Béni Âmir qui se mettaient en mouvement, elle commençait à
s'inquiéter. « Qu'est-ce que cela signifie ? » dit Zoheïr. Puis il
ajouta : « Sans doute ce sont quelques cavaliers de l'Yémen qui

« passent près de nous. — Non, répliqua Oçâid, ce sont les en-
« nemis dont je t'annonce l'approche depuis hier au soir. » En
parlant ainsi, il s'élança sur sa monture, et prit la fuite. Zoheïr
se plaça en selle sur Ḳa'çà, aussi vite que son âge et sa corpulence le lui permirent. Ses fils Ḥàreṭ et Warḳà avaient déjà sauté
sur leurs juments et étaient à ses côtés.

« Les premières lueurs du jour paraissaient en ce moment.
Les Béni Âmir, reconnaissant qu'ils avaient été aperçus, essayè-
rent de dissimuler qui ils étaient, en criant : *Youhâïïr!* mot de
ralliement usité parmi les Arabes de l'Yémen. « Je l'avais bien
« pensé, dit Zoheïr; ce sont des gens de l'Yémen. Regarde,
« Warḳà; que distingues-tu? — Je vois, repartit Warḳà, un
« homme armé de toutes pièces, sur un cheval alezan qu'il ex-
« cite à grands coups de fouet. » C'était Ḳâled, fils de Dja'far,
sur sa jument Ḥadfah. « Oh! oh! dit Zoheïr, *Ce n'est pas pour*
« *rien que le fouet frappe l'alezan.* » Cette parole est devenue
proverbiale.

« La course rapide de la troupe qui arrivait, indiquait assez
des intentions hostiles. Zoheïr lâcha enfin la bride à Ḳa'çà, et
s'enfuit suivi de ses fils. Les Béni Âmir les serraient de près.
Ḳâled, s'attachant à la poursuite de Zoheïr, s'écriait : « Que je
« meure s'il m'échappe, ce tyran, ce coupeur de nez! » Mais
la jument de Zoheïr gagnait du terrain sur celle de Ḳâled. Celui-
ci appela Moâwiah, le plus jeune de ses compagnons, qui montait un cheval fameux, nommé Ḥaouwàr. « Moâwiah, lui dit-il,
« à toi Ḳa'çà. » Moâwiah, pressant son cheval, fut bientôt derrière Ḳa'çà. « Pique-la, cria Ḳâled. » Malgré les efforts des fils
de Zoheïr pour protéger la jument de leur père, Moâwiah porta
un coup de lance dans la cuisse de Ḳa'çà, qui commença à boi-
ter, mais continua néanmoins de courir avec vitesse. « Re-
« double, cria Ḳâled, et frappe à la même place. » Moâwiah
perça d'un second coup de lance la même jambe de la jument.
Alors Ḳa'çà boita si bas, que Ḳâled put joindre Zoheïr. Il le saisit
par le cou, et cherche à le renverser. Zoheïr s'accroche à lui;
ils tombent à terre ensemble. Ḳâled se trouve sur son ennemi;
mais celui-ci l'étreint de ses bras. Ne pouvant frapper Zoheïr,

Ḳâled lui arrache son casque, et s'écrie : « A moi, les enfants
« d'Âmir! Tuez-le, et, s'il le faut, tuez-moi avec lui.—Détourne
« ta tête, » dit Hondodj à Ḳâled; et d'un coup de sabre il fend
le crâne de Zoheîr.

« Au même instant Warḳâ frappait Ḳâled; mais le fer, rencontrant une double cotte de mailles dont Ḳâled était revêtu, ne
pénétra point. Les deux fils de Zoheîr parvinrent à dégager leur
père, et l'emportèrent tout sanglant, sans que Ḳâled, satisfait de
sa vengeance, s'opposât à leur retraite. Cependant il dit à Hondodj : « Es-tu sûr d'avoir blessé Zoheîr à mort? — Mon bras est
« robuste et mon sabre affilé, répondit Hondodj. J'ai entendu
« la lame résonner contre le crâne. En la retirant de la blessure,
« j'ai vu sur le tranchant quelque chose qui ressemblait à de la
« graisse; j'y ai goûté : c'était une substance molle et fade; j'ai
« reconnu la cervelle de Zoheîr. — C'est bien; il n'en reviendra
« pas, » dit Ḳâled; et il reprit avec ses gens le chemin de sa
tribu.

« Zoheîr n'avait plus qu'un souffle de vie, et éprouvait une
soif dévorante. Ses fils lui refusaient de l'eau, dans la crainte de
hâter sa mort. « Faut-il donc que je périsse de soif? » dit-il; et
le souvenir de l'aîné de ses enfants se présentant à son esprit
troublé par les souffrances, Zoheîr répétait le nom de Châs, il
appelait Châs à son aide. Ses fils lui donnèrent enfin à boire,
et il expira peu après. »

(Cette anecdote de la mort de Zoheîr est extraite de l'*Essai
sur l'histoire des Arabes, etc.*, par M. Caussin de Perceval.)

# CHAPITRE IX.

De l'appréciation descriptive ou pittoresque du cheval par les Arabes. — Excursions dans le désert. — Force du cheval arabe. — Des femmes arabes par rapport à l'appréciation et à l'élevage du cheval, à la connaissance des animaux. — Hind fille d'El-Kouss. — Cinq jeunes filles arabes dont chacune décrit le cheval de son père. — Tofail el-Kail ou Tofail aux chevaux, Abou Douâd, et El-Nâbiŗah. — Zeïd El-Kail ou Zeïd aux chevaux. — Le voleur. — Du grand nombre des chameaux en Arabie. — Familles chevalines n'existant plus en Arabie. — L'Arabie chevaline n'est pas explorée. — Rabïat el-Faras ou Rabïat aux chevaux. — Descriptions de chevaux, tirées des Poëmes Dorés ou Moallakât. — Antarah ou Antar, le chevalier, poëte guerrier.


## I.

Tous les Arabes, hommes, femmes, enfants, étudiaient le cheval et le chameau, en appréciaient et pesaient les qualités, les défauts, la noblesse. Les poëtes aussi célébraient et décrivaient dans leurs carmina ces deux coursiers des déserts.

Les Arabes eurent leurs poëtes des batailles, leurs Tyrtées, leurs aédes, ils eurent leurs poëtes amoureux, leurs Ovides, leurs Tibulles, leurs poëtes buveurs, leurs Anacréons, leurs femmes poëtes, leurs Saphos, leurs poëtes de religion, leurs Dantes, leurs Vidas, etc.; mais ils eurent aussi leurs poëtes des coursiers. Deux poëtes surtout, dans l'Arabie, furent dits poëtes équestres, Tofaïl el-Kaïl, ou Tofaïl aux chevaux, et Zeïd el-Kaïl, ou Zeïd aux chevaux. Tofaïl fut antérieur à l'islamisme; Zeïd mourut à l'époque de Mahomet.

Je ne vois pas trop où sont les poëtes équestres, en France, les poëtes dont le rhythme et la couleur se sont dépensés à peindre et chanter les mérites, les beautés, les vertus du cheval. Ce n'est pas que nous demandions de nouveaux poëmes descriptifs, en aussi peu de chants qu'on pourrait le supposer, non ; heureusement ces sortes de muses-là ne sont pas vivaces ; cela meurt vite, tout ainsi que les poëmes qu'elles ont cru devoir inspirer à des versificateurs ou même à des poëtes.

Mais nous voulons simplement faire remarquer, qu'il y eut, chez les Arabes, des poëtes qui ont dû toute leur réputation, toute l'admiration qu'ils pouvaient espérer, à leur talent pour dessiner et analyser, *intus et in cute*, ce noble animal qu'enfanta l'Arabie.

Bien mieux que cela, presque tous les grands cavaliers, les cavaliers des cavaliers, comme dit l'expression arabe, ce qui veut dire en même temps aussi, les chevaliers des chevaliers, presque tous furent poëtes. Pour être digne du nom de chevalier des chevaliers, ou, selon une autre expression pittoresque des Arabes, chevalier dînâr, chevalier denier d'or, comme on dirait aujourd'hui, chevalier sterling, cavalier sterling, le Bédouin de ces vieux temps devait savoir faire retentir en vers les exploits, les longues courses des chevaux dans les déserts, les charmes des belles filles arabes qui admiraient si bien leurs héros, et si souvent les accompagnaient dans leurs excursions même lointaines.

## II.

Souvent des troupes de jeunes cavaliers s'en allaient tout au hasard, à travers les sables, loin, cherchant, flairant dans le désert une bonne fortune imprévue, une bonne attaque inattendue, une caravane quelconque, des voyageurs, une autre troupe de cavaliers partis d'une autre tribu, et allant aussi demander au hasard une rencontre, un coup de main, le divertissement et le profit d'une encontre inespérée.

C'était de la chevalerie errante, mais sérieuse, mais souvent intéressée, mais souvent n'ayant d'autre but que de surprendre quelque à-propos de capture pour en faire des générosités aux besogneux, aux voyageurs. Singulière générosité ! dit-on ; sans doute, mais les temps ont leurs mœurs, et les mœurs ont leurs temps.

Deux troupes se dépistaient dans le désert ; elles n'avaient rien à se réclamer l'une de l'autre, à démêler entre elles ; elles ne se connaissaient même pas. Alors, il y avait les procédés de bon aloi, les devoirs de neutralité ; on ne se ruait point, comme des

fous, les uns sur les autres  On se disait presque : « A vous,
« tirez les premiers, messieurs les Anglais. » Et donc, on s'approchait, à une distance respectueuse on s'arrêtait, et tous les
cavaliers des deux troupes présentaient et tournaient en avant
le talon de leurs lances. C'était le fait du savoir-vivre, la quin-
tessence de la civilité, le suprème bon ton de loyaux chevaliers.
Puis, des deux côtés, quelques hommes se détachaient au galop,
d'un bond rapide s'avançaient les uns près des autres ; un colloque s'engageait, on s'informait…, et si le colloque ne conduisait pas à une conclusion amicale, à un accord pacifique, les
parlementaires revenaient à grand élan , chacun à leur troupe ,
et soudain on retournait les lances, le talon en arrière, la pointe
en avant, et la bataille chauffait. Et des hommes étaient tués,
des hommes étaient blessés, des chevaux étaient pris ou tués.

### III.

Parfois , les attaques contre les tribus étaient conduites avec
une sorte de tactique. Ainsi, dans une rencontre, les Bekrides
ou Arabes de la tribu de Bekr, au nombre de trois cents cavaliers, divisés par petits pelotons de familles, et ayant à chaque
peloton un chef particulier, furent battus par les Béni Yerboü'
qu'ils attaquèrent au moment où ceux-ci quittaient leurs sta-
tionnements d'hiver et passaient dans un autre canton afin d'y
séjourner durant le printemps. Cette affaire eut lieu vers 629 de
l'ère chrétienne. Le succès fut promptement décidé ; et cette
journée fut dite Iaûm el-oẓâla ou Journée de ceux qui mon-
tèrent les uns sur les autres, parce que nombre de Békrides dont
les chevaux furent tués ou pris, s'élancèrent derrière leurs contribules et chaque fuyard s'esquivait ayant en croupe deux ou
trois hommes.

Un incident pareil donne à juger de quelle force était doué le
cheval arabe, puisque après une bataille, un grand nombre de
chevaux durent s'enfuir, et, de plus, échapper à la poursuite
de l'ennemi, tout en emportant jusqu'à trois cavaliers.

### IV.

Les femmes elles-mêmes avaient aussi les connaissances nécessaires à l'appréciation des mérites et des qualités du cheval. L'éducation du coursier d'élite, le développement et l'amélioration de la race, étaient les préoccupations incessantes des Arabes. Dans le calme des soirées, dans les causeries de famille, sous la tente, dans les soirées des déserts, où des cercles d'auditeurs, au clair de lune, au frais de la nuit, s'assemblaient, assis, accroupis sur le sable, les jambes croisées entre les genoux écartés et repliés, ou les cuisses relevées sur le devant du corps et les mollets appliqués contre les cuisses et maintenus ainsi par les mains réunies sur le devant des tibias, les amis, les voisins, se groupaient sur l'espace libre qui fait une sorte de petit parvis en face de chaque tente ; et là, on écoutait, ou bien on discutait les incursions faites ou à faire, on vantait les beaux et bons coups de lance des guerriers de la tribu, on vantait le meilleur cheval, on comptait ses blessures, on disait son ardeur, son courage si patient, si endurant, ses qualités, ses beautés, les beautés et les qualités de sa mère, de son père, de ses aïeux équestres. C'étaient des cercles où sans apprêt, sans prétention, sans système préconçu, se transmettait, comme en famille, l'enseignement mutuel des choses du désert, des hommes et des chevaux des tribus. Car chaque enfant, chaque homme, chaque femme, chaque fille aimait sa tribu, en aimait les guerriers, les chevaux, les poëtes, apprenait de bonne heure et tous les jours à les connaître, à les juger.

### V.

Pendant les années qu'Imrou l-Ḳaîs, le poëte des Arabes le plus vanté, passa dans la tribu de Béni Taïi, à quelque distance de Taïf, dans le Nedjd, il épousa une femme de cette tribu ; cette femme s'appelait Oumm Djoundoub... Imrou l-Ḳaîs naquit vers l'an 500 de notre ère.

Un jour, le poëte Alḳamah vient rendre visite à Imrou l-Ḳaîs.
Ils parlent de poésie, des poëtes, dont ils étaient la sommité, les
noms les plus honorés, les plus admirés, les plus aimés des
hommes et des femmes ; et la femme poëte alors n'était point
une rareté ; la femme qui aimait la poésie, les belles cadences
rhythmées, les rimes sonores, les paroles opulentes et pompeuses,
ou la mesure douce, caressante, gracieuse, était dans toutes les
tentes ; la poésie avait alors de l'écho partout, trouvait partout
bel accueil, francs sourires, franche justice.

Alḳamah sous la tente de Ḳaîs causait donc poésie avec son
admirateur qu'il admirait. Ils s'animèrent; leur verve s'échauffa;
ils se régalèrent mutuellement de leurs rimes ; puis. chacun en
vint à vouloir être supérieur à l'autre ; les deux amis n'étaient
plus que poëtes , et, de là, un défi poétique. On convint, sur
la proposition d'Alḳamah , de prendre pour juge la femme de
Ḳaîs, présente à leur entretien, à leur scène poétique... La
proposition fut agréée.

Alors Oumm Djoundoub leur règle ainsi la lutte : « Que cha-
« cun de vous, leur dit-elle, compose une petite pièce de vers,
« sur la même rime , et qui soit la description d'un cheval. »
La lutte est acceptée sous cette forme, et chacun des deux rivaux de composer une ḳaćîdeh ou pièce de vers sur le thème
convenu. Imrou l-Ḳaîs décrivit son cheval , et termina par ces
mots :

> « La jambe qui lui presse sur le flanc, allume son ardeur impatiente ;
> « le fouet précipite sa course ; animé encore par la voix, il semble em-
> « porté par la folie, et le cou tendu en avant, »

Alḳamah décrivit aussi son cheval, et dit dans un de ses vers :

> « Il a la tête ramenée sous la bride qui le guide; lancé, il passe
> « comme disparaît l'antilope au pied si rapide , au flanc ruisselant de
> « sueur. »

Oumm Djoundoub jugea supérieure la description donnée par
Alḳamah. Ḳaîs demanda sur quels motifs s'appuyait la jument;
Oumm Djoundoub répondit : « Le coursier d'Alḳamah est meil-
« leur que le tien. Tu excites ton coursier de la voix, des jambes
« et du fouet; le coursier d'Alḳamah a besoin d'être retenu. »

Imrou l-Ḳaîs, piqué de cette décision, répudia Oumm Djoundoub. Alḳamah épousa Oumm Djoundoub.

●

## VI.

La femme , je le répète encore , avait sa part active dans les
conversations, dans les solutions relatives à l'élève du cheval, à
l'élève du chameau , ces deux grands intérêts des populations
arabes. La jeune fille, elle aussi, aimait de passion, le cheval, la
jument , le poulain de son père; elle aimait le troupeau de chameaux, le troupeau de moutons, de chèvres, qui nourrissaient
la famille , les voisins pauvres , les voyageurs , les troupes de
voyageurs arrivant quelquefois par escouades de cinquante , le
soir , à la tente hospitalière de l'homme généreux. Et parfois
l'homme généreux égorgeait alors, même son cheval pour donner à souper à ses hôtes inconnus ; ainsi fit Ḥâtim le héros, le
nom même de la générosité bienveillante , sans réserve , sans
limite, sans restriction... Prisonnier dans une tribu, des femmes
lui demandent de saigner un chameau à la cuisse, afin d'en recueillir une grande jattée de sang que l'on devait faire cuire ,
car telle était l'habitude du désert et surtout en voyage ; il y
avait des hôtes; on devait ainsi les régaler. Ḥâtim accepte le
couteau, passe devant le chameau , et lui enfonce le couteau
dans le cœur. On se récrie. « Voilà comme je saigne, moi, dit-
« il, quand il y a des hôtes. »

## VII.

Les récits qui forment ce paragraphe VII et les trois qui le
suivent, je les extrais de la fin du cinquantième et dernier *noû*
ou chapitre de mon manuscrit du Mouzhir fî oloûm el-
loṛah , le Parterre fleuri de la philologie ou la Flore philolo-
gique , par Djélàl el-dîn el-souyoûtî, écrivain arabe du IX<sup>e</sup> siècle
de l'hégire, mort vers la fin du XIV<sup>e</sup> siècle de l'ère chrétienne.

Hind , la fille d'el-Ḳouss. — La fille d'El-Ḳouss ne trouvait
rien de plus beau à voir que de vrais Arabes des déserts, accom-

pagnant une troupe de chameaux défilant sur des hauteurs, au loin, ayant, par de là, un horizon brillant et limpide.

El-Kouss voulant un jour acheter un étalon à ses chamelles, dit à ses gens : « Conseillez-moi; comment faut-il choisir cet « étalon ? » Alors Hind : « Mon père, reprit-elle, choisis-le « comme je te le décrirai.

— « Voyons, ma fille, parle, décris.

— « Les joues fines et sèches, les deux plans de la face polis « et très-rapprochés par en bas, l'orbite profonde, le cou plein « et ferme, le *sanglage* (ou passage des sangles) rond et vigou- « reux, la stature haute, le sang pur. Si on le contrarie, qu'il « s'anime et résiste; si on lui cède, qu'il se ramasse et se pelo- « tonne sur lui-même. »

Hind vint dire un jour à son père, en lui signalant une de leurs chamelles : « Mon père, telle chamelle est à son heure de mettre bas.

— « A quoi t'en es-tu aperçue.

— « Les veines périnéales frémissent; elle a l'œil effaré; elle marche çà et là, les jambes écartées.

— « Elle va mettre bas; c'est vrai, ma fille. »

Une fois on demandait à Hind : « Qu'est-ce que cent chèvres comme richesse ?

— « Eh ! richesse mesquine, chétive, troupeau dont la pau- vreté est le guide, richesse de malheureux, industrie d'in- digents.

— « Et cent moutons ?

— « Propriété d'habitants d'une station sans défense, expo- sée à être la proie du premier venu.

— « Mais cent chamelles ?

— « Oh ! les chameaux, richesse magnifique, superbe, ri- chesse d'espérance et d'avenir.

— « Et cent chevaux ?

— « Cent chevaux !... cent chevaux, richesse d'un maître qui peut devenir tyran de sa tribu; heureusement peu d'hommes possèdent cent chevaux.

— « Mais cent ânes sauvages, qu'en dis-tu ?

— « Richesse d'ennui. Le soir, il faut toujours les garder loin de votre demeure. Et puis, désagrément, contrariété, lorsque quelqu'un vous arrive ; qu'il vous vienne un hôte, comment vos ânes vous donneront-ils du lait ? et puis encore, quelle toison en recueillez-vous ? Tenez-les à l'attache, ils ne produisent que du crottin ; laissez-les libres, ils s'enfuient.

— « Mais enfin quelle est donc la meilleure richesse, la richesse la plus agréable, la plus désirable ?

— « C'est le dattier, planté dans une terre généreuse et pleine de sucs ; c'est là la ressource par excellence dans les années de disettes.

— « Et quoi encore ?

— « Les troupeaux de moutons ont leur avantage dans une contrée sans épizooties ; vous en recueillez les belles brebis à ventre blanc et dos noir, qu'on peut traire, même entre les heures ordinaires des traites, et dont la toison épaisse et drue foisonne en laine surabondante. Je ne vois guère alors de plus belle richesse.

— « Cependant, quant à l'usage, la chamelle...

— « Oui ; la chamelle est la monture des voyages, le prix expiatoire des offenses et des dommages..., et aussi le douaire des femmes. »

El-Ḳouss, dit une tradition conservée dans les *Naouâdir* ou Raretés, c'est-à-dire Beautés des anciens temps arabes, demanda un jour à sa fille Hind : — « Le djéza' ou chameau de cinq ans féconderait-il bien une chamelle ?

— « Non... ; il ne la couvre pas très-bien, mais aussi il ne l'abandonne pas ensuite comme le chameau étalon complet.

— « Le ṭanîï ou chameau de six ans peut-il féconder ?

— « Oui, mais son coït est lâche et lent.

— « Et le rabâî ou chameau de sept ans ?

— « Certainement. Et ses mouvements de copulation sont de toute la force de ses nerfs.

— « Le chameau de huit ans ou sadîs, féconde-t-il bien ?

— « Sans doute, et avec feu et rapidité.

— « Et le chameau de neuf ans, ou bâzil ?

— « Oui, il se jette tout d'un coup sur la femelle; mais après l'union, il reste coi, fatigué et comme sans mouvement. »

## VIII.

On demandait à une femme arabe : « Quelle est la meilleure chamelle?

— « C'est celle dont le trayon verse de suite son lait, au premier presser des doigts, celle qui sait supporter le froid de l'hiver, celle que la tribu estime comme la fille de noble sang, de naissance entièrement libre.

— « Sans doute, reprit une autre femme, voilà des qualités d'une excellente chamelle ; mais il y a encore mieux que cela.

— « Et quoi?

— « La chamelle aux riches flots de lait, à l'appétit avide et impatient, qui franchit d'immenses espaces, au grand pas alongé, et broutant et glanant tout en courant. »

## IX.

Une troupe d'Arabes alla fondre sur une autre troupe. Nombre de morts restèrent sur la place. Un individu échappé au carnage s'enfuit, et, à toutes jambes, retourna à la tribu. Il arrive, et se trouve en face de trois jeunes femmes qui l'avaient aperçu et qui l'attendaient. Chacune s'empresse de demander ce qu'est devenu son père.

— « Que chacune de vous, leur dit l'individu, m'indique le signalement de son père, et de ce qu'il avait avec lui.

— « Mon père, dit l'une d'elles, montait une jument longue, aux os alongés, pleins de moelle et de vigueur, aux oreilles suantes et battantes entre elles comme les lèvres mollement battantes d'un vieillard qui goûte du bouillon en claquant un peu de la bouche et bavant.

— « Ton père est sain et sauf.

— « Mon père, dit l'autre, montait une jument, à la longue

échine, aux formes vigoureuses, à la large encolure large comme
un bouclier.

— « Ton père est sauvé aussi.

— « Moi, dit la troisième femme, mon père montait une
jument ramassée, ronde comme une boule, à respiration bouil-
lonnante, de ces excellents coursiers qu'on abreuve de lait de
chamelle.

— « Ton père est tué. » Quand la troupe fut rentrée à la
tribu, on vit que ce récit était vrai. »

Ainsi, tous se connaissaient au signalement, à l'aspect, hommes et chevaux.—Ainsi, le cheval trop court, quoique de noble
race, n'échappe pas si aisément et si souvent à la main des assaillants.

## X.

« Cinq jeunes filles arabes étaient à converser ensemble.
« Voyons, se dirent-elles, que chacune de nous décrive le cheval
de son père. »

« Et une d'elles commença et dit : « La jument de mon père
est Wardah, la Rose (de couleur et de nom, nuance entre l'a-
lezan et l'isabelle). Mais superbe Wardah! La croupe tout entière est ronde et polie, l'échine douce et droite, le ventre arrondi et fort. Wardah a une gaieté vive et folle, son œil pénètre
les plus longues distances: son pied fait sauter au loin les cailloux ; sa main, à la course, nage dans l'air ; Wardah a l'élan
rapide de la flèche ; même à plusieurs joutes de suite, Wardah
est toujours victorieuse. »

« La seconde continua : « Le cheval de mon père est Loâb,
le Joueur, mais quel Loâb! Il part d'un seul coup, comme l'a-
verse subite du nuage sombre ; il frémit comme s'agitent et frémissent les branches remuantes d'une forêt. Il a les membres
solides, la nuque haute, l'échine à vertèbres fortement enche-
vêtrées ; et son cavalier est un cavalier généreux et brave. Loâb,
sa chasse ardente surprend son gibier. Quand Loâb fond vers
vous, vous lui voyez la fine allure de la gazelle à la course si lé-

gère; quand il repart, c'est la jeune autruche à la jambe élastique et souple, au pas alongé. Est-il fatigué, c'est encore le
sauvage onagre à la fuite emportée. »

« La troisième reprit : « La jument de mon père est Hozamah,
la Légère; et qu'elle est belle Hozamah! Elle vous semble fuir
comme une lance fine et polie. Elle part..., sa croupe, relief gracieux, paraît, au soleil, comme un brasier bien ramassé et arrondi. Vient-elle à passer devant vous, vous croiriez une louve
bondissante. Elle a le poignet souple et délié, les articulations
des membres sèches et rases. Sa course est l'élan du torrent qui
se rue d'une colline; et sa marche simple est un pas rapide et
vite. »

« La quatrième alors continua : « Le cheval de mon père
est Kaïfak, le Palpitant; et quel Kaïfak! La joue osseuse et sans
chair, les coins de la bouche gracieusement fendus; la robe lisse
et douce; les formes élégantes, le garrot hautement sorti et
plein; l'encolure mollement cambrée en cimeterre; les bonds
vifs et rapides. C'est la légère sauterelle tigrée, faisant voler la
poussière. Qu'il s'élance vers vous, à peine il effleure le sol;
qu'il parte en pleine course, il est scintillant comme l'éclair à la
lumière frémissante. »

« La cinquième enfin : « Le cheval de mon père, dit-elle,
est Hozloûl, l'Agile. Qu'Hozloûl est beau! Le rival qui l'anime
dans les élans de la course, est, auprès d'Hozloûl comme empê-
tré dans des filets, il est vaincu. Qui s'efforce de l'atteindre,
semble être serré dans des entraves. Hozloûl a la lèvre délicate
et fine, le jarret ferme et vigoureux, le passage de la sangle fort
et bien rempli. A la course, il franchit le sol comme le ricochet
de la pierre qu'on y lance. Il a le garrot élevé, la pince haute,
la crinière touffue à crins longs et brillants, l'encolure gracieusement courbée, le hennissement hardi et sonore; la robe pure
et chatoyante, le toupet flottant en ondulations épaisses. Et les
autres qualités, il en a tout ce qu'on en peut exiger. »

## XI.

TOFAÎL EL-ĶAÎL OU TOFAÎL AUX CHEVAUX; — ABOU DOUÂD; —
EL-NÂBIĶAH.

Tofaîl el-Ķaîl vivait, dans le milieu du cinquième siècle de l'ère
chrétienne. Il était de la tribu des Béni Ranî, une des quatre
principales branches de la grande tribu des Arabes Béni Âmir
ibn Sa'çaah, qui parcouraient les plaines à l'est des monts situés
entre le Tihâmah et le Nedjd. Ces monts forment une chaîne qui
court depuis l'Yémen jusqu'en Syrie.

Il est à remarquer que ce fut toujours chez les tribus du Nedjd
et des espaces qui composent le Nedjd méridional, le Ḥédjâz
oriental et l'Yémen septentrional, que se trouvèrent les meilleurs
chevaux, la cavalerie la plus remarquable, la plus terrible pour
les rencontres et les combats, le plus de chevaux qui laissèrent
des souvenirs en Arabie, dans l'histoire du paganisme antéislamique de la péninsule ou Terre Rouge, comme l'appelaient
les Pharaons d'Égypte, et dans l'histoire des temps postérieurs à
l'islamisme... Ce n'est que lorsque Mahomet se fut rendu maître
de la Mekke, et de Tâïf, lorsqu'il eut vu arriver des hommes
nedjdiens sous les drapeaux de sa foi, qu'il commença à avoir
une cavalerie de quelque valeur, des cavaliers de courage et d'a-
dresse. Le Tihâmah ou Téhâmah ou *pays bas* de l'Arabie, n'a
jamais produit de chevaux remarquables.

Tofaïl, poëte célèbre des temps du paganisme arabe, fut toujours connu sous le nom de Tofaîl el-Ķaîl ou Tofaîl aux chevaux.
On l'appelait aussi Moḥabbir, le Connaisseur, c'est-à-dire le
connaisseur par excellence, le plus habile homme de son temps
et des autres temps, à apprécier les mérites, les qualités ou les
défectuosités d'un cheval, à les saisir et distinguer au premier
coup d'œil, à deviner la race et le sang, à les juger. Jamais
poëte arabe n'égala Tofaîl à décrire, préciser, et peindre en
langage poétique, les beautés, les grâces, en un mot les vertus
physiques et morales du cheval.

Les deux seuls poëtes arabes qui approchèrent de la poésie

équestre pour ainsi dire de Tofaïl, furent Abou Douâd et le Nà-birah de la tribu des Béni Dja'dah. Et encore ce dernier, dont le nom d'ailleurs est célèbre dans les fastes littéraires arabes, ne se forma comme poëte à la connaissance et à la description des chevaux, que sur ce qu'il en entendit et étudia dans les conver-sations, dans les discussions des Arabes, dans les dissertations ou les controverses auxquelles il assistait et qu'il recherchait. — Le Nàbirah des Béni Dja'dah fut de l'époque de Mahomet.

Tofaïl et Abou Douâd, à part leur talent naturel, ont dû leur habileté descriptive, leur richesse de langage et leur éloquence de poésie équestre, à l'expérience directe, à l'étude immédiate, à l'habitude d'élever et de dresser les chevaux. Car, disent les vieilles chroniques citées dans le Kitâb el-Aŗâni el-Kébîr, ou Grand livre des chants arabes, dont j'extrais ces renseignements, Tofaïl et Abou Douâd avaient des chevaux en assez bon nombre, une sorte de haras particulier, et ils en élevaient et dressaient aussi pour autrui, pour les rois ou chefs des tribus arabes.

Toutefois, les anciens livres arabes donnent Tofaïl, Abou Douâd et le Nàbirah, comme les trois Arabes qui aient été les plus habiles connaisseurs en chevaux. Zeîd el-Kaïl est mis après ces trois noms comme connaisseur et surtout comme poëte, mais non comme cavalier. Tofaïl fut le connaisseur par excellence, et aussi le poëte par excellence. C'est de lui que le premier des kalifes Omeïiades (Ommiades) disait : « Vantez tous les autres « poëtes tant qu'il vous plaira ; mon poëte à moi, laisse-le moi, « c'est Tofaïl. »

Tofaïl commanda une expédition dirigée contre la tribu des Béni Taïi ; il les battit, leur tua nombre de cavaliers, et enleva des troupeaux considérables. C'est à propos de cette affaire qu'il dit dans une Kaćîdeh ou pièce de vers :

> « Mort pour mort, chameaux pour chameaux, coups pour coups,
> « voilà ce qu'il faut à ceux qui se prétendent égaux à nous. »

Les cordes avec lesquelles Tofaïl attachait ses chevaux, étaient fabriquées avec le plus grand soin, les unes lisses et nues, les autres revêtues et enveloppées de lanières de cuir pour qu'elles

fussent plus douces de contact. C'est ce qu'indique le poëte dans
un vers, en décrivant sa tente dressée au désert, au souffle des
vents, visible à tous, jamais close, ayant pour toile un antique
tissu de l'Yémen, et pour sol une antique étoffe d'Açabah :

> « Et les cordes qui tiennent aux pieux, sont de ces cordes dont j'at-
> « tache les chevaux de haut prix et au poil ras ; elles semblent être des
> « hampes flexibles, à la poignée nue ou entourée de lanières douces.
> « Je l'ai dressée là, afin d'y voir se réunir les guerriers dont les lances
> « savent vider de sang les veines des ennemis soit impubères, soit dans
> « la force de la vie. »

## XII.

### ZEÏD EL-KAÏL OU ZEÏD AUX CHEVAUX.

Zeïd, fils de Mouhalhil, fut la gloire de la célèbre tribu des
Béni Taïi. Il fut surnommé Zeïd el-Kaïl, c'est-à-dire Zeïd aux
chevaux, parce qu'il possédait un grand nombre de chevaux de
noble race.

Là, presque chaque chef de famille avait des chevaux pur
sang, mais rarement un Arabe en avait plus de deux ou trois.
Souvent chaque fils, quoique encore adolescent, avait aussi son
coursier. Des familles, nombreuses comme sont ordinairement
celles des déserts, en Arabie où la stérilité de la femme est
presque une honte, où les fils multiplient de bonne heure les
ramifications des noms et les variétés des descendances, formaient
parfois un corps de défense dans la tribu, un corps de cavaliers sous le nom du père. C'est ainsi qu'à Rome, autrefois, se
fit un souvenir pour la postérité, la famille des trois cent six Fa-
bius. Dans l'Yémen, jadis, un chef de famille, de la tribu des
Béni Mazhidj, Sa'd, surnommé Sa'd el-Achîrah, le Sa'd à la
nombreuse famille (et il paraît avoir existé plus de six siècles
avant Mahomet), fut connu sous ce surnom, parce qu'il vécut
assez longtemps pour voir trois cents de ses enfants, fils et petits-
fils, tous à cheval avec lui.

C'était un honneur que d'être le chef, l'inspirateur, le roi
pour ainsi dire d'une famille nombreuse, d'avoir ainsi, au service des intérêts de la tribu, un secours, une force que l'on pût

au premier signe appeler à la défense commune, à une incursion. Et ces chefs, ces rois de famille, devaient présenter le caractère qu'exigeait en quelque sorte leur espèce de souveraineté des tentes. Ainsi, au commencement du cinquième siècle,
chez le roi de l'Irâk Babylonien, Mounzir, fils de Mâ el-Sémâ
(Mâessemâ), un Arabe appelé Ohmaîr, après avoir exposé ses
titres de noblesse antique, se mit à dire : « De plus, comme mé-
« rite de famille, je suis père de dix garçons, oncle paternel de
« dix, frère de dix, oncle maternel de dix. — Très-bien! lui
« répondit l'assemblée, voilà pour ta famille, mais toi qu'es-tu
« en toi-même? — L'aspect de ma personne rend témoignage
« de moi. » Et il s'avança, porta un pied en avant, en appli-
quant et étendant la jambe sur le sol : « Celui, dit-il alors, qui
« est capable de déranger ce pied-là de sa place, je lui donne
« cent chameaux. » Personne ne se présenta pour faire l'expérience.

Ces hommes vigoureux, robustes, charnus, au corps tout bos-
selé de reliefs musculaires, n'étaient pas chose bien rare chez
les Arabes. Et la stature colossale de Zeîd el-Kaïl, sa prestance
noble et belle, son air majestueux, n'ont pas été pour rien dans
la manière flatteuse et laudative dont Mahomet l'accueillit. « Tu
« es le seul homme, lui dit Mahomet, que jusqu'ici j'aie trouvé
« supérieur à l'éloge qu'on m'avait fait de lui. Appelle-toi dé-
« sormais Zeîd el-Kaïr (Zeîd l'homme de bien). » Cette parole se
rapproche d'assez près de : « Tu es Pierre et sur cette pierre je
« bâtirai mon Église. »

Zeîd était d'une haute stature, on l'appelait Moukabbil el-
żouqûn, l'embrasseur des femmes en litière, parce que, debout, il pouvait atteindre et embrasser une femme assise dans
une litière fixée sur le côté d'un chameau. Lorsque Zeîd était
à cheval, ses pieds, abandonnés, touchaient presque le sol. Zeîd
cultiva la poésie, et ses vers ont conservé les noms de ses chevaux favoris : Lahîk, Żooûl, Kâmil, Ward, Komeît, Haïtâl.

Zeîd conduisit de nombreuses incursions. En revenant d'une
attaque contre la tribu des Béni Saïdâ, dit M. Caussin de Perceval (Essai sur l'histoire des Arabes, vol. II, p. 132), attaque dans

laquelle Zeïd avait fait un butin assez considérable, il fut forcé
de laisser en arrière un cheval qu'un accident avait rendu boi-
teux. Ce cheval fut pris par les gens de la tribu qui venait d'être
dépouillée. Ils guérirent le cheval et l'employèrent à porter des
fardeaux. Zeïd adressa ces vers à la tribu :

> « Enfants de Saïdâ, rendez-moi ce coursier que vous traitez comme
> « une vile bête de somme ;
> « Ou du moins ne le dégradez pas. Moi, enfants de Saïdâ, je ne l'ai
> « pas accoutumé à d'ignobles travaux.
> « Usez-en comme j'en usais moi-même. Franchir les déserts dans
> « l'obscurité de la nuit, fouler aux pieds les cadavres sur un champ de
> « bataille, voilà l'emploi qui lui convient. »

Zeïd el-Kaïl avait confié ou prêté aux Béni Fézârah un troupeau de chamelles. Étant un jour allé redemander ces animaux,
il trouva tous les Fézârah en émoi. « Tu nous reprends ton trou-
« peau, lui dirent-ils, dans un moment où il nous fera faute ; »
et on l'informa qu'Âmir, fils de Tofaïl, venait à l'instant d'enlever la plus grande partie des chamelles appartenant à la tribu,
et une femme nommée Hind.

« Âmir, fils de Tofaïl, l'un des chefs des Béni Âmir ibn Sa'-
çaah, était un guerrier de grande réputation ; sa valeur était
passée en proverbe. Tandis que les Fézârah faisaient leurs
préparatifs pour marcher en force sur ses traces, Zeïd el-Kaïl,
les devançant, se mit seul à sa poursuite. Il l'atteignit, et lui
cria : « Rends cette femme et ces chamelles ! » Âmir se présenta aussitôt à sa rencontre pour le combattre ; mais, étonné
de sa taille gigantesque et de son air martial, il s'arrêta, et lui
demanda : « Qui es-tu ?

— « Un des Fézârah, dit Zeïd.

— « Non, non, reprit Âmir, je connais les enfants de Fézârah ; tu n'as pas cette ligne qui divise en deux leur lèvre inférieure.

— « Rends cette femme et ces chamelles ! te dis-je.

— « Et toi, dis-moi qui tu es.

— « De la tribu d'Açad.

— « C'est impossible. Les enfants d'Açad sont de mauvais
cavaliers, qui n'ont pas en selle la même assiette que toi.

— « Encore une fois, rends cette femme et ces chamelles.

— « Avant tout, réponds franchement à ma question : Qui es-tu?

— « Eh bien! je suis Zeïd el-Kaïl. »

« Ce nom fit perdre à Amir tout espoir de résistance. Sans essayer de lutter contre un adversaire trop supérieur, il se déclara prisonnier. Zeïd el-Kaïl lui prit sa lance, lui coupa le toupet, et le laissa aller. Puis, ayant reconduit Hind et les chamelles aux Fézârah, il emmena son propre troupeau.

« On lit dans l'Arâni (46) le récit suivant d'une aventure de Zeïd el-Kaïl avec un voleur de la tribu de Cheïbân; c'est le voleur lui-même qui parle :

« Des malheurs m'avaient réduit à la misère. Je menai ma femme et mes enfants à la ville de Hîrah, et je leur dis : « Restez « ici et implorez l'humanité du roi ; il ne vous laissera pas mou- « rir de faim. Pour moi, je vais tenter la fortune, et je jure de « revenir avec du butin, ou de périr. » Je partis muni d'une petite provision de vivres. A la fin de la première journée, je vis un superbe cheval qui paissait, avec des entraves aux pieds, à quelque distance d'une tente isolée. Personne ne paraissait le surveiller; j'eus l'idée de m'en emparer. J'allais lui ôter ses entraves et sauter sur son dos, quand ces mots, prononcés par une voix menaçante, « Fuis, ou tu es mort! » m'obligèrent à détaler au plus vite.

« Je marchai ensuite pendant six jours, sans qu'aucune chance favorable s'offrît à moi. Le septième, j'arrivai en un lieu où une grande et belle tente était dressée près d'un parc à cha- meaux actuellement vide. Je me dis à moi-même : « Ce parc se « remplira ce soir. Il y a ici quelque chose à faire. » Je plon- geai mes regards dans l'intérieur de la tente. Un homme seul y était assis ; c'était un vieillard courbé sous le poids de l'âge. Je me glissai furtivement derrière lui, et me blottis dans un coin. Au coucher du soleil, un cavalier semblable à un colosse, monté sur un puissant cheval, parut devant la tente, escorté de deux esclaves noirs. Il ramenait du pâturage cent chamelles avec un étalon, et un troupeau de brebis. Le cavalier dit à l'un des

nègres de traire une chamelle qu'il lui désigna, et de donner à
boire au cheîk. L'esclave obéit, apporta une jatte de lait qu'il
plaça près du vieillard, et se retira. Le vieillard but lentement
deux ou trois gorgées, et posa le vase à terre. Dévoré d'une soif
ardente, je ne pus résister au désir de la satisfaire. J'étendis doucement la main, je saisis la jatte, et j'avalai le reste du lait.
Un instant après, le nègre revint, emporta la jatte, et voyant
qu'elle était vide, il dit au cavalier : « Mon maître, il a tout bu.
« — Tant mieux, répliqua le cavalier ; eh bien, trais cette autre
« chamelle. » Bientôt une seconde jatte de lait fut présentée
comme la première fois au vieillard. Il ne fit qu'y tremper ses
lèvres, et la remit à côté de lui. Je la saisis encore, et j'en bus
seulement la moitié, pour ne pas éveiller de soupçon. Le nègre
vint reprendre la jatte, puis il dit à son maître : « Il en a laissé, il
« n'a plus soif. » Pendant ce temps, les chamelles étaient en-
trées dans le parc, et s'étaient couchées autour de leur étalon.
Une brebis avait été tuée, et rôtissait devant un feu petillant. Le
meilleur morceau fut servi au cheîk, qui soupa seul ; le cavalier
mangea hors de la tente avec ses deux nègres.

« Quand ils furent tous endormis, et que le bruit de leur respiration m'eut fait connaître que leur sommeil était profond, je
sortis de ma cachette, j'entrai dans le parc, et, allant droit à l'é-
talon, je le débarrassai de son entrave, je le montai, et le poussai
dans la direction de Hirah. Les chamelles suivirent le mâle, et
je m'éloignai rapidement avec ma capture.

« Je cheminai toute la nuit. Lorsque le soleil se leva, je re-
gardai derrière moi ; je ne découvris personne. Plein d'espoir,
je pressai le pas, me retournant de temps en temps afin de voir
si j'étais poursuivi. Vers le midi, j'aperçus au loin un objet qui
s'approchait avec la vitesse d'un oiseau. En un moment l'objet
prit la forme d'un cavalier ; enfin je reconnus le guerrier et le
cheval que j'avais vus la veille.

« Aussitôt je sautai à terre, j'entravai l'étalon, et, me plaçant
entre le troupeau immobile et mon adversaire, je vidai mon
carquois à mes pieds, et préparai mon arc. Le cavalier s'arrêta
à une petite portée de flèche, et me cria : « Délie la jambe de

« ce chameau et sauve-toi. — Non, répondis-je ; j'ai juré à ma
« femme et à mes enfants de revenir avec du butin ou de périr.
« — En ce cas, tu es mort, dit-il ; obéis. — Non, répétai-je, je
« saurai défendre ma prise. — Insensé ! s'écria-t-il, ta perte est
« certaine. En veux-tu la preuve ? ajouta-t-il en prenant son
« arc ; fais cinq nœuds à la longe du chameau, et laisse-la
« pendre. »

« Désirant juger de son adresse, j'exécutai ce qu'il m'indiquait. « Maintenant, dit-il, lequel de ces nœuds veux-tu que je
« perce de ma flèche ? » Je désignai celui du milieu. A l'instant
la flèche partit, et le traversa. Puis, en un clin d'œil, quatre
autres flèches, décochées avec la même justesse, vinrent successivement frapper les autres nœuds.

« Alors je détachai l'entrave du chameau, et, croisant les
mains l'une sur l'autre, je restai dans l'attitude d'un homme
qui se rend prisonnier. Le cavalier vint à moi, me désarma, et
m'ayant fait monter en croupe, il chassa devant lui l'étalon toujours fidèlement suivi par les femelles, et regagna sa tente.

« Que penses-tu que je vais faire de toi ? me demanda-t-il en
« arrivant. Hélas ! répondis-je, j'ai tout lieu de craindre un
« traitement rigoureux. » Le matin, en découvrant le vol des
chamelles, il avait compris que la quantité plus qu'ordinaire de
lait présentée la veille au vieillard, avait dû être bue en partie
par le voleur caché dans la tente. « Est-ce que tu crois, dit-il,
« que je sévirai contre un homme qui était hier le convive de
« mon père Mohalhil ? — Ton père Mohalhil ! m'écriai-je ; tu
« es donc Zeïd el-Kaïl ? — Oui, dit-il. — Un guerrier tel que
« toi, continuai-je, doit avoir l'âme généreuse. » Il répondit :
« Bannis toute crainte. Si ces chamelles étaient ma propriété,
« je te les abandonnerais volontiers. Mais elles appartiennent à
« la fille de Mohalhil ; je ne puis en disposer. Au reste, demeure
« ici quelques jours ; je suis sur le point d'entreprendre une
« expédition. »

« En effet, il se mit en campagne le lendemain. Peu de jours
après, il revint ramenant cent chameaux qu'il avait enlevés
aux Béni Nomaïr. Il m'en fit présent, et me congédia en me

donnant une escorte qui m'accompagna jusqu'à la ville de
Ḥîrah.

## XIII.

Des faits précédents et de mille autres de toute nature, qui
remplissent pour ainsi dire chaque page de l'histoire et de la vie
des Arabes avant et après l'islamisme, il résulte que dans la
presqu'île arabique et dans tous les déserts qui ont été et sont
encore les séjours des Arabes en Asie et en Afrique, les chameaux étaient en quantité presque incalculable. Là, ses services
variaient à l'infini; on promettait, on donnait, on jouait cent,
deux cents chameaux. Des luttes de noblesse, c'est-à-dire des concours et défis publics, ou en présence de juges choisis et qui devaient juger quel était celui des rivaux qui apportait des preuves
d'une plus grande noblesse, d'une noblesse plus richement en-
tourée et relevée de qualités et de mérites dans les ancêtres et
dans le prétendant lui-même, avaient parfois des enjeux ou dé-
dits de mille chameaux.

Nous donnerons bientôt une idée de ce qu'étaient ces joutes
morales.

## XIV.

Il est rationnel encore de conclure de plusieurs récits répandus dans ce Prodrome historique, qu'il y a, ou au moins qu'il y
a eu des familles de chevaux arabes qui n'existent plus ou que
les hippologues européens n'ont jamais connues. Je veux parler
de ces chevaux vigoureux et à forte ossature, tels que les chevaux que Zeîd el-Kaîl était obligé d'avoir pour son usage, lui cavalier de stature prodigieuse.

Quel Européen est allé au fond du Nedjd oriental, jusqu'au
Ḥaçâ ou Baḥreïn, jusque sur le Golfe Persique? Quel Européen
est resté assez longtemps chez ces Arabes qu'on peut appeler les
Arabes aux chevaux, soit en Arabie, soit en Syrie?

Il faut le dire nettement, parce que cela est vrai, nous avons
encore à visiter, d'un bout à l'autre, depuis Boṡrah à Médine,

depuis la Mekke à El-Haçâ. L'espace compris entre ces quatre points est à explorer, mais à explorer lentement; c'est dix ans de la vie d'un homme qu'il faut pour aboutir à quelque chose de bon et d'utile. Il faut, de plus, que cet homme soit assez résolu pour vivre ces dix années à la manière des déserts. Nous faisons toujours les voyages au grand train ; on n'apprend rien ainsi, ou à peu près rien. Pour que fructifie un voyage dans ces régions à peuplades difficiles, et cependant avec lesquelles, pour peu qu'on ait d'adresse et de calme et de persévérance, on arrive à se mettre en bonne harmonie, il ne faut jamais être pressé. Un musulman chez lui, en paix, ne se hâte jamais en rien ; il ne sait pas ce que c'est que vivre avec précipitation. Ce qu'il ne fait pas aujourd'hui, il le fera demain. Demain est le grand refuge, le grand ami des Arabes. Demain n'est-il pas frère d'aujourd'hui?

Je le répète, on connaît à peine l'Arabie centrale, et on la connaît moins encore au point de vue équestre qu'à tous les autres points de vue. Cela n'empêche pas Burckhardt, Niebuhr et vingt autres, de prononcer en dernier ressort qu'il n'y a pour ainsi dire pas de chevaux en Arabie. En Arabie, chez toutes les populations nomades, on ne sait rien par informations, on ne sait que *de visu*. Parler de chevaux aux Arabes scénites! mais jamais ils ne vous déclareront le vrai ; ils se le cachent même entre eux, de tribu à tribu. Le désert est l'espace où chaque peuplade a son retranchement fermé, bien gardé. Chaque tribu a à craindre toutes les tribus jusqu'à une grande distance ; et comme la loi coutumière du désert est de rapiner où il y a rapine possible ou présumée possible, on ne se hasarde pas de découvrir à un étranger de la tribu ce qu'elle a chez elle. On ne va même pas ou presque pas en pèlerinage à cheval ; on n'y va jamais sur un cheval de race ; il serait très-probablement volé. La monture des pèlerins est le chameau, ou le cheval qui n'excitera les convoitises de personne.

Avouons-le, nous ne savons ni l'homme ni les pays de l'Arabie. Ces déserts-là sont lettre close pour nous. Nous ne savons qu'un bout du littoral occidental, et nous nous prononçons sur tout le reste. Et le reste ne ressemble pas plus au littoral que le sable ne ressemble à la terre végétale, pas plus que le désert ne ressemble à la Mer Rouge, ou à toute autre mer.

Ne disons donc plus qu'il n'y a presque pas de chevaux en Arabie ; disons que nous ne savons pás.

Que la race actuelle soit dégénérée, cela est possible, mais nous l'ignorons aussi. Nous n'avons ni renseignements suffisants, ni pièces justificatives ; renvoyons donc le jugement après plus ample informé..... Nous reprendrons cette question.

Qui de nous sait réellement ce que sont les chevaux dans ce centre de l'Arabie, jusqu'à ses limites orientales, dans ce centre où dès un demi-siècle avant l'ère chrétienne, un des quatre fils de Nizâr, le dix-huitième aïeul de Mahomet, recevait pour sa part dans l'héritage de son père, tout ce que le défunt laissait de chevaux à robe colorée, sans tache de blanc ; et cette circonstance toute simple, indice encore de l'importance que les Arabes ont toujours attachée à la possession des chevaux, fut cause que le fils de Nizâr, dont le nom était Rabîah, fut spécifié dès lors dans les récits et traditions péninsulaires, par l'appellation individuelle et distinctive de : Rabîat el-Faras, c'est-à-dire Rabîah aux chevaux. Ce même Rabîah aux chevaux fut l'aïeul direct d'Anazeh, ce nom resté, depuis ce temps-là, le nom d'une si immense postérité qui aujourd'hui encore, c'est-à-dire tout simplement depuis une époque qui tient aux commencements de l'ère chrétienne, depuis tout à l'heure dix-neuf siècles au moins, garde et promène ses tentes et ses habitudes dans d'autres déserts plus au nord, c'est-à-dire du Nedjd septentrional jusqu'à la hauteur de Palmyre, et plus encore.

## XV.

Maintenant, convient-il ici, dans ces recherches relatives aux connaissances et aux pratiques appliquées par les anciens Arabes à l'éducation, au perfectionnement et à l'emploi du cheval, convient-il de donner les descriptions que les poëtes les plus célèbres de l'Arabie ont tracées dans leurs rimes ? Est-il important de pré-

senter ici de quelle manière ces poëtes parlaient du cheval? Ces
poëtes eux-mêmes comme presque tout Arabe de l'antiquité,
étaient cavaliers ; ils écrivaient donc en connaissance des choses.
Les Poëmes Dorés, c'est-à-dire écrits en lettres d'or, appelés
aussi les Moallakàt ou suspendus, parce qu'en effet on les sus-
pendait au temple ou à la porte du temple, étaient livrés à l'admiration et à la critique publique et libre. C'est des descriptions
hippiques données dans ces poëmes, lesquels sont au nombre de
sept, que nous voulons spécialement parler. Ces descriptions,
au moins quant à la donnée pittoresque, quant à l'extérieur du
cheval, n'ont pu dire que la vérité ; la réalité alors, car il s'a-
gissait de chevaux de haute race, de pur sang, était assez palpi-
tante d'intérêt et de passion, était assez poétique ; il n'y avait à
la discrétion ou au caprice du poëte que la forme du langage,
que la couleur du style ; la sincérité matérielle et essentielle du
fait existait.

De ces poëtes, un surtout se rendit célèbre comme cavalier
et comme chevalier, et son cheval a laissé aussi à la postérité,
son nom et ses exploits. En effet, le nom du poëte cavalier et
chevalier Antarah ou Antar, rappelle toujours le nom d'Abdjar, si
dur à la souffrance et à la fatigue, si patient sous les pointes des
lances et dans les interminables traversées du désert, dans les
luttes presque incessantes des tribus, dans les perpétuelles courses
aux pillages et aux vengeances.

D'ailleurs, des sept Poëmes Dorés, trois seulement contiennent
une courte description hippique. Et d'autre part encore, il n'est
pas sans importance de savoir comment les Arabes exprimaient leurs appréciations du cheval ; dans ces expressions, on
retrouve l'énumération et les nuances des qualités qu'ils préféraient, qu'ils aimaient voir réunies, les défauts qu'ils repous-
saient avec le plus d'aversion, ou qu'ils croyaient modifiés ou
atténués ou compensés par tels ou tels avantages. C'était d'ailleurs, chez les Arabes, toujours l'inspiration de la pratique qui
guidait leurs paroles et leurs indications à l'endroit du cheval.
Et comme l'inspiration de la pratique, en pareille matière, vaut
mieux que les recherches de l'esprit, comme à ce sujet la poésie

devait être et était seulement la parole plus pittoresque de choses vraies, ce que les Arabes ont gardé de ces pensées descriptives, est la vérité expérimentale, la vérité du temps où elles furent écrites.

Les Poëmes Dorés sont tous antérieurs à l'islamisme. Tous aussi sont de peu d'étendue. Les longues compositions poétiques n'ont jamais existé en Arabie ; le plus long des Poëmes Dorés n'a que cent un vers.

## XVI.

La Moallaḳah ou le Poëme Doré d'Ibn Koulṭoûm est une sorte de plaidoyer en faveur des Taṛlabides ses contribules ; ils habitaient les confins de la Mésopotamie où ils vinrent s'établir après avoir émigré du Nedjd. Le plaidoyer d'Ibn Koulṭoûm fut prononcé en présence d'Amr, fils de Hind, roi de Ḥîrah, peu après l'année 562, ère chrét., époque de l'avénement de ce prince.

Ibn Koulṭoûm dit en parlant des cavaliers et des chevaux de sa tribu :

> « Aux jours des combats, nous montons des chevaux au poil fin et ras, des chevaux dont la noble race nous est connue, nés et sevrés chez nous, par nous enlevés à l'ennemi qui nous les avait enlevés.
>
> « Ils se lancent au milieu de la bataille, bardés de fer ; ils en reviennent couverts de poussière, fatigués comme sont fatigués les nœuds de l'extrémité des rênes dans la main du cavalier.
>
> « Ces nobles coursiers sont l'héritage que nous ont laissé nos pères aux vertus généreuses, et, à notre mort, ces coursiers seront l'héritage que nous laisserons à nos enfants.
>
> « Pendant la mêlée, derrière nous, sont nos femmes, blanches et belles, et nous savons les dérober à la captivité et à la honte.
>
> « Elles ont fait jurer leurs maris qu'à tous les braves qu'ils rencontreront portant les insignes des guerriers intrépides,
>
> « Ils enlèveront et les chevaux, et les armes au fer éclatant, prendront des prisonniers qu'ils emmèneront en lesse, enchaînés.
>
> . . . . . . . . . . . . . . . . . . . . . . .
>
> « Ce sont nos femmes qui donnent la nourriture à nos coursiers, et elles nous disent : « Vous n'êtes pas nos époux, si vous ne savez pas « nous défendre. »

## XVII.

Imrou l-Kaîs, dans sa Moallakah, trace ainsi qu'il suit, le portrait de son cheval :

« A l'aube du jour, quand l'oiseau est encore dans son nid, je pars sur un coursier au poil ras, au pied leste et léger, à l'élan plus vite que l'élan des bêtes sauvages, coursier robuste et puissant.

« Coursier parfait à la charge, à la retraite, à la poursuite, à la fuite ; c'est un quartier de roc que d'une hauteur lance un torrent.

« Alezan brillant, la selle lui glisse incertaine sur son dos poli, comme glisse la pluie sur la face polie de la pierre.

« Maigre, ardent, il semble, lorsque son feu le transporte, qu'il bouillonne comme la chaudière sur un brasier.

« Il vole encore, il vole léger, lorsque les plus vites coursiers las et brisés après leur course fournie, font jaillir une poussière épaisse du sol ferme et dur qu'ils battent de leurs pieds alourdis.

« Vitesse incroyable ! il est lancé, et le cavalier trop fluet et encore imparfait lui échappe du dos ; le cavalier habile qui le domine de son poids et de sa main, sent ses vêtements comme jetés au vent.

« Vitesse inouïe ! course rapide, insaisissable à l'œil, comme les mouvements si rapides du jouet que la main habile de l'enfant avait, à plusieurs tours suivis, serré de fouet solide !

« Il a le flanc sec et fin de la gazelle, la jambe osseuse et haute de l'autruche, le trot dégagé et facile du loup, le galop juste et battant le pied sur la trace de la main comme le jeune renard à la course.

« De fortes côtes lui charpentent une large poitrine. Vue par derrière, sa queue luxuriante et touffue remplit l'intervalle des jambes, presque jusqu'à terre, et tombant droite et parfaite.

« Pendant l'élan de la course, son dos durci semble être une de ces pierres polies sur laquelle la fiancée broie ses parfums, ou sur laquelle on brise la coloquinte (pour en séparer la graine).

« Le sang des bêtes sauvages qu'il atteint à la course, paraît, sur son poitrail, comme paraît la couleur du henné sur une barbe blanche que le peigne a parée.

« J'avise au loin une masse que je pense être une troupe d'antilopes ; elles se promènent, calmes, comme de jeunes vierges, à la chlamyde traînante, lors de leurs tournées pieuses autour de la statue de leur Dieu ;

« J'approche, tout prend la fuite ; on croit voir comme une série d'onyx qui semblent séparés entre eux par d'autres pierres, et qui entourent en collier le cou d'un enfant de noble famille.

« Mon coursier part..., et il a déjà atteint la tête de la troupe des antilopes, que les dernières n'ont pas encore eu le temps de se disperser.

« Il gagne de vitesse et étend morts sur le sable, et le mâle et la femelle, tout d'un même élan, et il n'est point encore inondé de sueur.

. . . . . . . . . . . . . . . . . . . . . .

« L'œil peut à peine embrasser d'ensemble toutes les beautés de mon coursier; à peine le regard a-t-il admiré la tête, que l'on se hâte, d'enthousiasme, à lui admirer les jambes.

« Il passe la nuit sellé, bridé, il veille près de moi, sans avoir touché au pâturage. »

## XVIII.

Antarah ou Antar, le cavalier des cavaliers de l'Arabie, disons le chevalier de l'Arabie, le héros, le poëte batailleur, l'intrépide détrousseur, l'audacieux pirate du désert, qui joua tant de fois sa vie pour la belle Ablah, la belle fille aux formes rondes et potelées, Antar dont la beauté, sur sa peau noire comme la plume du corbeau, était de nombreuses cicatrices presque toutes gagnées pour l'amour d'Ablah, Antar eut un cheval aussi célèbre que lui, aussi intrépide, aussi sensible même et aussi terrible, aussi couvert de blessures que son maître. Nous l'avons déjà dit, les deux noms Antar et Abdjar ne doivent pas être séparés; car en vérité c'étaient deux guerriers toujours par monts et par plaines, toujours prêts, toujours *entraînés*. Le roman les fait accompagner par Cheïboûb, surnommé *le fils du vent*. Cheïboûb était frère utérin d'Antar, mais Cheïboûb était l'infatigable coureur, le coureur que les chevaux ne pouvaient dépasser, pas même atteindre... Les hommes coureurs étaient une autre sorte de coursiers arabes; nous en dirons bientôt quelques mots.

Fils d'un père libre et d'une esclave abyssinienne, Antar, le poëte de nature, le poëte cavalier, le laid esclave à la lèvre inférieure fendue, le buveur généreux, gagna sa liberté sur le champ de bataille, un jour qu'il sauva d'une déroute les cavaliers de sa tribu, les Béni Abs. Cette tribu avait son centre principal, son territoire, dans le canton de Charabbah situé, à ce que pense M. Caussin de Perceval, entre les parallèles de Médine et de la Mekke, dans le Nedjd, au nord de la contrée des Béni Taï.

Antar, dans sa Moallakah, dépeint son Abdjar :

« Le soir, le matin, Ablah repose mollement appuyée sur le dos ar-

roudi de moelleux coussins ; moi , je passe mes nuits sur le dos de mon
noir coursier toujours bridé.

« Mon lit, c'est la selle de mon cheval aux jambes pleines et solides ,
aux flancs fournis, à la poitrine superbe et puissante.

. . . . . . . . . . . . . . . . . . . .

« Demande donc, Ablah , fille de Mâlek, demande donc aux cavaliers
ce que je sais faire, si tu l'ignores ;

« Tu sauras que toujours je suis sur la selle de mon coursier rapide,
robuste, criblé des coups que lui ont portés des guerriers couverts de
fer, criblé de glorieuses cicatrices.

« Tantôt sortant des premiers rangs , je le lance sur les ennemis ; et
tantôt je le maintiens vers les groupes nombreux de nos archers à la
main si habile.

. . . . . . . . . . . . . . . . . . . .

« Lorsque nos guerriers se sont fait un bouclier de mon corps contre
les fers des lances, je n'ai pas bronché ; et si j'ai dû reculer ensuite, c'est
qu'il était impossible d'avancer.

« Mais aussitôt que j'aperçus nos guerriers se jeter tout d'une masse
en avant, voler d'enthousiasme à mon secours, alors je me précipitai
avec fureur sur l'ennemi.

« Antarah ! Antarah ! » criait-on de toutes parts ; et les lances semblaient s'alonger comme de longues cordes à puits, et venaient plonger
dans le poitrail de mon noir coursier.

« Et nous pressions la charge, et il culbutait tout de son cou , de sa
poitrine, il était couvert comme d'une housse de sang.

« Abîmé des coups de lance qui lui perçaient le poitrail, il tourna
tristement vers moi, son œil mouillé d'une larme , et poussa un faible
hennissement.

« Oui , s'il eût pu parler il m'eût dit sa souffrance ; s'il eût pu s'exprimer, il se fût plaint de tant de blessures.

« Tous, coursiers au corps long et élancé, juments, chevaux, tous se
confondaient, s'agitaient sur le sol mouvant où s'enfonçaient leurs pieds,
tous avaient la face abattue de fatigue.

. . . . . . . . . . . . . . . . . . . .

« Aujourd'hui je n'ai plus qu'une crainte, c'est de mourir avant de
voir les deux fils de Damdam écrasés sous la meule des batailles. »


Antar, dans ses récits, n'oublie jamais l'éloge de son cheval.
Sans Abdjar, il n'aurait eu ni autant de combats, ni autant de
courses, ni autant de succès ; il n'eût pas eu autant de présents,
trophées de glorieuses maraudes, à consacrer à l'amour d'Ablah,
et à l'insatiable exigence du père de la belle Arabe.

Ce qu'Antar glorifie surtout dans son Abdjar, c'est la *patience*,
comme dit le mot arabe, c'est-à-dire cette résolution courageuse
qui est l'essence du cheval de noble sang , cette résistance in-

flexible devant le danger et dans la douleur , cette solidité de
cœur qui ne bronche jamais sous le coup qui le menace ou sous
le coup qui lui déchire la chair , qui lui fouille le poitrail. C'est
là la grande , la magnifique qualité du cheval arabe pur sang ,
il ne recule devant rien, ni fatigue, ni souffrauce, il est saboûr
ou docile et patient, dur à toutes les épreuves.

# CHAPITRE X.



## I.

Tous les peuples ont leurs préservatifs mystiques, parce que tous ont leurs croyances relativement aux causes mystérieuses des effets inattendus. On pense toujours à conjurer certains incidents que la raison, ou l'inexpérience, ou l'imprudence ne saurait prévoir. C'est une conséquence de la logique de l'inconnu, c'est la philosophie de l'instinct, la sagesse élevée contre ce qu'on appelle le hasard, c'est-à-dire la diversité si multiple et si abstraite des incidents, contre le destin ou fatalisme dont la puissance ne dispose les événements qu'à la condition que telles précautions auront été négligées, contre ces mille détails de la vie qui forment l'imprévu dans l'existence ou isolée ou combinée de certains êtres.

L'esprit religieux et superstitieux des musulmans, a fait de tout cela une métaphysique pratique. Pour le musulman, le monde est tout rempli d'esprits et de puissances invisibles pour le plus grand nombre des hommes, aperçus quelquefois par certains individus, et ces esprits, follets ou autres, la plupart malfaisants, ces puissances multiformes, djinn, farfadets, vampires, gnomes, afrit, goules, brucolaques, stryges, éphialtes, walkyries, etc… encombrent de toutes parts le monde et l'atmosphère islamiques.

Il faut donc penser à se préserver des influences, des caprices, des colères, des malices de ces milliers d'êtres qui peuvent à tout moment assaillir tout ce qui vit, dans notre vie ordinaire, aussi bien le cheval que les autres animaux. A ces dangers dont menacent les puissances invisibles, il faut opposer la plus imposante protection, celle qui réside dans les paroles mêmes de Dieu, c'est-à-dire du Koran. La volonté, les efforts, le bras de l'homme restent, en face de ces périls, dans une inertie forcée ; il faut élever alors comme bouclier, comme protection interposée (ḥâdjeb, et au pluriel, ḥawâdjeb), la protection céleste. Des paroles, un mot du Koran peuvent mettre en déroute les innombrables tentatives de mal que préparent les mauvais génies.

Et alors on n'a rien de mieux ni de plus facile à mettre en œuvre que la force miraculeuse des paroles du Livre Saint. On écrit donc sur un fragment de papier, ou, plus sagement encore on fait écrire par un homme réputé pour sa piété, ou revêtu d'un caractère religieux, quelques paroles ou un verset du Koran; on enferme ce papier dans un tout petit sachet de cuir, le plus ordinairement triangulaire, ou dans une petite enveloppe en argent, ou en fer-blanc, etc., et l'on suspend cela au cou de l'animal, au cou du cheval. Cet appendice tenu à un cordon en cuir tressé, ou à une cordelette en soie, est en même temps une parure; souvent il est tenu par une simple ficelle.

## II.

Cela protége ou cela ne protége pas; ce n'est pas la question en litige. Je n'ai envie de rien faire remarquer là-dessus. On croit ou on ne croit pas; ces choses-là ne se discutent pas; ce serait un temps parfaitement perdu. On ne dissuade jamais celui qui croit, cependant on fait assez souvent douter celui qui ne croit pas, et on aboutit alors à ce principe de commune pratique : « Si cela ne fait pas de bien, cela ne fait pas de mal. »

Les Arabes croyaient à l'efficacité des talismans, dès avant l'islamisme; ils y croient depuis l'islamisme, et plus encore qu'auparavant, parce que leur foi les met en communication avec le Dieu qui n'était pas celui du paganisme; vous ne leur ferez jamais dire, en dernier mot, que ceci : « Si nos ḥâdjeb « ou talismans ne vous protégent pas, c'est que vous n'êtes pas

« musulmans, c'est que vous n'êtes pas dans la vraie religion ;
« vous êtes mécréants, tant pis pour vous. »

Et le musulman garde, avec la plus ferme confiance, ses
moyens de protéger sa propre personne et la personne de son
cheval. Il les garde, ses moyens, même contre vous, contre tous
les envieux, contre tous les regards malintentionnés, contre ces
jaloux qui, par exceptions encore assez nombreuses, ont la
propriété naturelle de lancer un mauvais coup d'œil, d'envoyer une maladie à un animal, de renverser, même à distance,
un cavalier.

Le talisman est le plastron que l'Arabe place sur le front ou
sur le poitrail de son cheval, pour le protéger contre les malins
esprits visibles et invisibles.

Le regard malfaisant, qui même à l'insu de l'individu, arrive
d'abord sur le talisman, a son effet anéanti, ou presque toujours
anéanti, mais au moins toujours amorti. Les paroles enfermées
dans le talisman ont la vertu de chasser les mauvais génies,
quels qu'ils soient, et d'empêcher les effets du mauvais œil.

C'est surtout dans les déserts et pendant les heures de la chaleur brûlante de l'été, que le talisman est jugé utile, indispensable, car c'est à ces heures terribles que l'on se trouve le plus
souvent en butte aux méchancetés des redoutables Ḳirrît, lu-
tins affreusement méchants qui ne se promènent ou ne courent
à travers les sables que lorsque les sables étincellent et frémissent aux feux du soleil, ou brûlent le serpent agité qui les
laboure de sillons impatients, lorsque les mirages tremblotants
inondent à distance autour de vous la face calcinée du désert.


### III.


Soit impressions imaginaires, soit dispositions naturelles, soit
préoccupations de crainte, soit ces émotions singulières, pro-
fondes, agissant si avant dans un si grand nombre de personnes qui n'en veulent pas convenir, le musulman, en face
de l'inconnu le plus vague et au milieu des espaces les plus
vastement solitaires, le musulman a toujours par lui-même ou

par les autres, des visions, des incidents merveilleux. Pour lui, ces visions sont d'aussi franches réalités que les visions de l'esprit étourdi ou surexcité par une substance narcotique ou enivrante. On voit toujours ce que l'on voit, même quand il n'existe pas.

Mahomet lui-même a aidé à la consécration de ces sortes de croyances. Soit sincérité, soit politique, il voyait souvent les anges, et dans les combats il a vu, dit-il, plus d'une fois les anges, les cavaliers des anges, et surtout Ḥeïzoûm le céleste cheval de l'ange Gabriel, venir à son secours et au secours des musulmans. A la fameuse journée de Bedr, ce fut une légion d'anges qui donna la victoire à Mahomet. Ce qui justifie ce fait, c'est que même un Arabe idolâtre le confirma. Cet Arabe raconta, dit-on, qu'il était avec un sien cousin sur une montagne qui dominait Bedr « et, continua l'Arabe, pendant que nous attendions que la victoire se décidât, afin de nous mêler aux vainqueurs et de piller avec eux, un nuage épais s'approcha de nous, et de ce nuage nous entendîmes partir des hennissements de chevaux; et une voix répétait : « En avant, Ḥeïzoûm, en avant ! »

Des musulmans assurèrent aussi que, pendant la bataille, ils avaient parfaitement distingué les anges ayant des turbans blancs, dont un bout flottait sur l'épaule; mais que leur chef, l'ange Gabriel, portait un turban jaune.

Maintes visions analogues sont mentionnées et certifiées dans le Ḳoran.

## IV.

Il n'y a pas seulement le mauvais œil, le *cattivo occhio*, il y a encore la mauvaise parole et, chose singulière, cette mauvaise parole est toujours une bonne parole. Ceci a tout l'air d'un paradoxe, ou d'une plaisanterie, et cependant rien n'est plus vrai. Ne vous avisez jamais, en regardant quoi que ce soit, être inanimé, être humain, ou être brut, homme ou cheval, enfant ou poulain, de vous récrier sur sa beauté, d'exprimer tout de prime accent, votre sincère admiration ou louange sur ce que vous trouvez admirable ou louable. Toute exclamation élogieuse est un appel aux malins esprits qui, en leurs qualité et titre de malins esprits, mettent leur malheureux bonheur à contrecarrer les hommes, à les faire mentir, à frapper de mal ce que nous jugeons et disons marqué de bien. La bataille du mal est perpétuelle contre le bien; saint Michel a toujours la lance au poing et le pied sur le diable; mais le diable n'est jamais mort, nul encore n'a pu le tuer.

Donc, si vous voulez exprimer un éloge à propos d'une chose belle, à propos d'un bel animal, laquelle chose ou lequel animal vous avez sous les yeux, ou que vous venez de voir, ne commencez jamais de parler que par ces mots : *Má chá Allah*, qu'il plaise à Dieu ! etc. Le nom de Dieu prononcé ainsi avant toute idée exprimée de votre part, arrête et renverse les mauvais esprits et leurs mauvais projets. Les mots mâ châ Allah, sont la formule imprécatoire obligée tout d'abord, et si vous ne la disiez, les Arabes vous éviteraient; ils ne voudraient pas même vous montrer un cheval, s'ils savaient que vous ne le saluerez pas de l'apostrophe initiale mâ châ Allah. Si vous commencez par dire du mal de la bête, tant mieux, on vous en saura gré, parce que votre expression avec ses mots injurieux, vrais ou non, peu importe, ne peuvent, au moment où vous les prononcez, éveiller l'attention ou la méchanceté de quelque lutin ou mauvais génie qui passe en ce moment ,ou qui peut-être vous épie et vous écoute pour vous punir sur la pauvre bête et par conséquent sur son maître, du bien que vous allez dire d'elle. Votre imprécation sera plus efficace encore, si avant mâ châ Allah vous prononcez *bism Illah*, ou nom de Dieu. Du reste, mâ châ Allah se prononce toujours plusieurs fois.

Toutes ces choses, dans les rapports avec les Arabes , ont beaucoup plus d'importance qu'il ne le semble d'abord. Il y a des gens qui feront tout au monde pour éviter votre regard , pour que votre œil ne tombe jamais sur tel cheval.

## V.

Il y a mieux que cela encore ; si l'on vous laisse voir un beau cheval , on aura soin qu'il ait une couverture qui lui garnisse le dos , la poitrine , et surtout les reins et la hanche. Ce sont ces points qu'avant tout on veut défendre de la première influence de votre regard , que vous vous présentiez comme acheteur ou non.

N'allez pas vous-même , non plus , et de votre main , détourner la couverture ; ce serait du plus sinistre présage. Faites signe au palefrenier, à un musulman présent, autre que vos gens, de découvrir l'animal ; l'Arabe ou le maître ou le maquignon arabe qui procédera à cette petite opération, n'oubliera pas, comme vous pourriez l'oublier, de prononcer la formule imprécatoire mâ châ Allah, contre votre regard. Et puis , il n'est pas sans danger peut-être, que vous, mécréant , vous portiez si promptement la main sur le cheval, et principalement sur la hanche, car c'est par là que pénètrent le plus facilement les causes des coliques, des tranchées, de l'entérocéphalite ou *rage hippique* des Arabes.

Ces remarques et conseils vous paraissent peut-être frivoles ; que vous importe ! Respectez ces croyances, vous serez regardé comme sensé, comme sage et intelligent ; méprisez-les , vous serez parfaitement tenu pour extravagant, pour ignorant, pour Européen. Et que peut servir de prendre une aussi ridicule position en face de gens auxquels toutes vos raisons, toute votre force d'esprit fort, ne feront que pitié ?

En Égypte il n'y a qu'un haras, celui du vice-roi actuel. Ce haras renferme des chevaux de haute race ; mais sans les formes de prudence, de convenances locales, de calme et de sang-froid, de respect de toutes les idées musulmanes, vous n'arriverez pas à y apercevoir ceux que vous désirerez le plus connaître.

## VI.

### HARAS DE ḤAŚWAH, AU KAIRE.

L'entrée de ce haras situé à Ḥaśwah, à une petite heure environ à l'est de l'extrémité nord du Kaire, est, par ordre du Pacha, soigneusement défendue, rigoureusement interdite aux curieux. Ce n'est qu'à grand'peine que les voyageurs, même les mieux recommandés, même les plus élevés en considération, obtiennent la permission de visiter ce riche établissement où sont soignés et conservés environ huit cents chevaux. On craint le moindre *coup* d'œil, venu du dehors ; et de terribles punitions ont été infligées aux sâïs ou palefreniers qui ont été assez imprudents ou assez inattentifs pour laisser pénétrer un regard d'un passant curieux qui pouvait être un passant envieux, ou à l'œil malfaisant.

Le vice-roi actuel d'Égypte, Abbâs Pacha, a toujours eu la passion des chevaux. Dès le temps que Méhémet Ali occupait le Ḥédjâz, Abbâs Pacha cherchait tous les moyens de se procurer dans le Nedjd, dans le Ḥédjâz, dans l'Yémen, des chevaux de pur sang et de première valeur. Ḳourchid Pacha qui commanda quelque temps l'expédition au Ḥédjâz, et qui, pendant mon séjour en Égypte, envoya au Kaire, comme prisonnier, le Grand Chérif de la Mekke, se procura plusieurs chevaux pur sang, et s'en fit acheter dans l'Yémen. Après la rentrée de Ḳourchid Pacha en Égypte, les chevaux qu'il amena furent achetés ou obtenus par Abbâs Pacha. Le Grand Chérif, après son retour à la Mekke, s'occupa de fournir le haras commençant, de chevaux choisis avec soin, soit du Nedjd, soit de l'Yémen ; et ainsi, depuis au moins quinze ans, le haras d'Abbâs Pacha recèle les plus beaux sujets qu'on ait pu ou voulu lui expédier de l'Arabie.

Mais aucun n'est sorti ensuite des écuries de Ḥaśwah, à moins qu'il n'ait été trouvé indigne d'y rester. Pour aucun prix,

que je sache, on ne vendrait un des chevaux de premier rang
de ce haras. Le haras garde tous les beaux produits, les produits
pour ainsi dire irréprochables qu'il engendre. Les meilleurs
qui en soient sortis, étaient des réformés ou des exclus dont on
vantait très-fort la supériorité à qui a pu les acheter, Européens
ou autres.

Le haras d'Abbâs Pacha est aujourd'hui le seul au monde
qui renferme un aussi grand nombre de chevaux arabes, dans
le goût et l'appréciation arabes. Nous disons dans le goût et
l'appréciation arabes, parce que les quelques voyageurs européens qui ont vu ces chevaux, ne les ont point jugés comme ju-
geaient les Turks et les Arabes; les chevaux que les amateurs ou
connaisseurs européens estimaient comme supérieurs, leur auraient été vendus comme étant d'un rang au-dessous des autres...
Encore une fois, nous ne voulons pas, pour apprécier et connaître un cheval arabe, voir avec des yeux arabes. Défions-nous
d'un cheval superbe que l'Arabe consent facilement à vendre ;
cette règle de conduite est presque absolue. — Vous croirez
souvent avoir trouvé un pur sang, et vous n'aurez trouvé qu'un
demi-sang, un Dourzi, comme celui de Saint-Cloud.


## VII.


Pour terminer, nous donnerons un échantillon de certaines
croyances et de certaines pratiques qui sont en honneur parmi
les Arabes et qui entrent dans la médecine vétérinaire du vulgaire, qui forment pour ainsi dire le chapitre de la médecine
cabalistique dont la thérapeutique repose, pour plusieurs cas,
sur la confiance qu'inspirent les influences mystiques de paroles
écrites, de mots inconnus et rapportés à des langues antiques.

Ainsi, le sâïs bâchî ou groom en chef de Tâher Pacha, au
Kaire, assura à M. Prisse avoir guéri plusieurs chevaux atteints
de coliques ou de dyssenterie, en traçant en lettres pointillées
avec un poinçon, sur les quatre fers, les deux mots syriaques

فنجل, لقى, findjal, lémak. Chaque fer ne doit avoir que quatre étampures. Étant ajusté, il a la forme suivante :

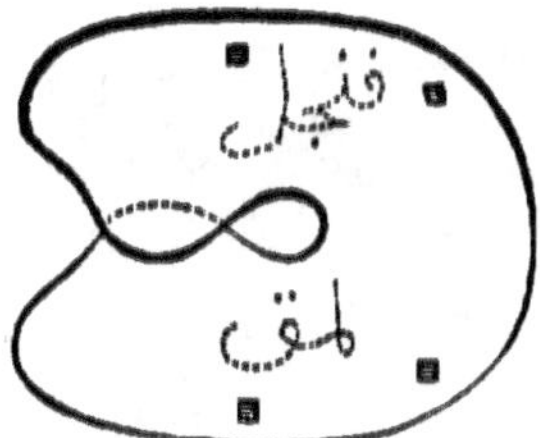

Il est inutile de dire que ce fer rappelle celui que l'on nomme fer à planche; nous en dirons bientôt quelques mots.

# CHAPITRE XI.



## I.

Dans les derniers temps de la gentilité arabe, quelques années seulement avant Mahomet et son islamisme, quatre hommes du désert se rendirent célèbres comme coureurs. Ils étaient poëtes, ne sachant ni lire ni écrire. Ils composent dans l'histoire de la péninsule arabique, un petit groupe pittoresque, singulier, que j'appelle le groupe des poëtes coureurs. Ce sont : Chanfara, Taabbata Charran, Amr ibn Barrâ, et Solaîk.

Ces lions du désert, que les chevaux ne pouvaient atteindre à la course, étaient la terreur des tribus, l'effroi des caravanes, l'épouvante des voyageurs, le désespoir des cavaliers. Véritables coursiers, aux muscles durs et bosselant la peau, ces terribles détrousseurs étaient toujours *entraînés*, toujours maigres, toujours prêts, toujours en incursions, toujours l'œil fixe et plongeant dans les profondeurs du désert, toujours la narine béante, flairant de partout le brigandage et le meurtre.

Quelques pages sur ces hommes d'industrie si excentrique à nos yeux, sur ces sortes de ribauds, seront un complément nécessaire, utile, dans un travail comme celui-ci, dans une étude qui cherche à faire connaître cette Arabie sous le rapport de ses forces ou qualités qu'on pourrait appeler hippodromiques. Il est au moins curieux de voir ce que ces vieux Bédouins imaginaient et trouvaient de moyens pour parcourir leurs sables, pour remplir leur vie par la satisfaction de leurs penchants, par l'exploitation de leur nature.

Les quelques indications que je vais donner sont traduites du Kitâb el-Arânî el-Kébîr ou Grand Chansonnier ou mieux Grand Romancero (46), recueil considérable de traditions histo-

riques des époques qui ont précédé l'islamisme et de celles qui
forment les trois premiers siècles de son existence (46).

Ces traditions sont toujours accompagnées de vers, car aucun
événement ne passait dans la vie de la plupart des Arabes, sans
qu'il fût consigné dans quelques rimes. C'était le moyen de dé-
poser et faire rester facilement dans la mémoire de tous, les détails de l'histoire des tribus ; de cette manière, les vers devenaient comme le thème mnémonique des légendes et traditions,
des souvenirs des choses et des hommes.

## II.

Les grands coureurs étaient nombreux autrefois parmi les
Arabes. Mais il est quatre noms, disons-nous, que les chroniques
ont enregistrés comme les plus extraordinaires, quatre noms qui
rappellent d'audacieuses prouesses, qui personnifient le groupe
des poëtes coureurs, ces infatigables pillards si pleins de patience
et de malice. C'est Chanfara aux os maigres, aux muscles co-
riaces, à l'humeur noire, à la flèche infaillible, au pied dur et
faisant sauter les cailloux dans sa course, Chanfara l'ami de
l'hyène et du loup-cervier ; c'est Amr ibn Barrâk, le lion à l'audace sarcastique, à la face orgueilleuse ; c'est Solaïk, ce loup
bondissant, loup avec des jarrets de gazelle ; c'est Taabbata Charran, hantant les serpents, les noirs, longs, affreux scorpions
dont l'aspect de loin met en fuite le chameau terrifié ; Taabbata Charran, le tueur de goules, aux mille aventures.

Tous les quatre, ils se connaissaient ; tous les quatre étaient
liés entre eux d'amitié. Pour tous les quatre, piller était bel et
bon, mais piller et tuer était magnifique, était superbe.

Taabbata Charran était caractérisé en trois mots : il était tout
oreilles, tout jambes, tout yeux.

« Rien, dit-il, dans ses vers, rien ne peut lutter de vitesse
« avec moi, que le noble coursier à la crinière longue et touf-
« fue, ou l'oiseau que son aile battante emporte du sommet
« des monts... Non, l'autruche ne fuit pas comme je fuyais,
« quand elle court vers le nord, par un ciel sombre, retrouver

« ses petits, l'autruche aux courtes ailes, au pied léger comme
« l'éclair, au ventre à plumes grises, l'autruche franchissant
« d'un coup les déserts, plissant la peau de ses flancs, effleu-
« rant à peine le sable. »

Lorsque Taabbata Charran avait faim, il savait se satisfaire
immédiatement. Ainsi, apercevait-il de loin des gazelles, il choisissait des yeux la plus grasse, puis se lançait à sa poursuite...
et jamais elle ne lui échappait. Une fois prise, il la tuait avec
son sabre, la faisait rôtir et la mangeait.

Taabbata Charran, dans une expédition qu'il fit avec Amr ibn
Barrâk, contre la tribu des Badjîlah, enleva quelques chameaux... On s'aperçoit du vol; on se met à la poursuite des
deux pillards; mais ils gravissent le mont Sarâh, et prennent
route ensuite par les sables mouvants et difficiles. Les Badjîlah
coupent par les plaines et arrivent avant eux à une eau sur le
territoire de Tâïf. Ils placent des hommes en embuscade au milieu des joncs. Les deux fuyards, pressés par la soif, arrivent
près de cette eau. Ils s'y arrêtent. Et Taabbata Charran dit à son
ami :

— « Amr, ne bois pas beaucoup (afin de ne pas être gêné
à la course); car, cette nuit, nous allons recevoir une chasse.

— « Et d'où peux-tu le savoir?

— « Je te le jure par le Dieu qui me protége en me faisant
deviner l'avenir, j'entends sous mes pieds, palpiter des cœurs
d'hommes. »

Nul Arabe n'eut jamais l'ouïe plus sensible et plus fine que
Taabbata Charran; nul ne fut plus prudent, plus pénétrant que
lui. — « Ces battements de cœur que tu entends, dit Ibn Bar-
rak, ce sont les tiens.

— « Jamais mon cœur ne tremble ; il ne sait pas trembler. »

Et Taabbata Charran prend la main d'Amr et se la pose
sur la poitrine. Puis, se baissant contre le sol pour écouter :
« Oui, dit-il encore, je te le jure, j'entends palpiter des cœurs
d'hommes.

— « Pour moi, je descends boire le premier. » Et Ibn Bar-
rak descend, s'agenouille et boit.

Les Badjilah regardaient Ibn Barrâḳ comme l'homme le plus
vigoureux de sa tribu. Ils le laissèrent boire et restèrent cachés.

Taabbata va boire à son tour ; il entre dans l'eau ; l'embuscade
se lance sur lui et le saisit. On lui lie les mains sur le dos et on
le fait sortir de l'eau. Ibn Barrâḳ était à peu de distance, à
quelques pas ; on n'essaya même pas de s'emparer de lui, on
le savait trop rapide à la course. Mais Taabbata dit aux Badjîlah :

— « Voyez cet Ibn Barrâḳ ; c'est le plus orgueilleux des hommes,
coureur présomptueux. Je vais, si vous le voulez, l'inviter à se
rendre prisonnier avec moi ; sa présomption le poussera à vouloir vous échapper. Seulement sachez bien ceci : il a trois élans
à la course ; au premier élan, il va comme le vent ; au second,
il va comme un bon cheval ; mais au troisième, il bronche et
chancelle à tout pas ; c'est alors que vous pourrez le prendre. Je
vous découvre son secret, parce que je veux le voir avec moi
entre vos mains ; car il n'a pas écouté mes conseils, et il est
cause que je suis ici.

— « Va, lui dirent les Badjîlah , et fais comme tu l'entendras. Taabbata appelle Ibn Barrâḳ, et d'une voix haute :

— « Dis donc, mon compagnon de peines et de plaisirs ; ces
Badjilah m'ont promis qu'ils nous traiteraient avec générosité,
toi et moi ; viens te rendre leur prisonnier ; viens partager et
alléger mon malheur, toi qui fus toujours mon compagnon de
fortune. »

Ibn Barrâḳ se mit à rire, et comprit bien que ce n'était là
qu'une ruse imaginée pour jouer les Badjîlah.

— « Un moment, dit-il, mon cher Taabbata ! est-ce qu'on
se rend si vite prisonnier, quand on a des jambes aussi fortes à
la course ? » Et il part.

C'était son premier élan ; il s'enfuit comme le vent, selon le mot
de Taabbata Charran. Au second élan, ce fut le pas d'un cheval
rapide ; au troisième, il heurtait du pied, bronchait, tombait
sur la face. « Allons, dit Taabbata aux Badjîlah, voilà le moment
de le prendre. » Et tous de s'élancer à la fois. Mais quand ils
sont à distance convenable, Taabbata Charran part à toute

vitesse, les mains toujours liées derrière le dos. Ibn Barrâḳ tourne
à sa rencontre, lui coupe les liens, et ils disparaissent tous deux.

Dans une autre incursion, Taabbata Charran se joua encore
des Badjîlah d'une manière à peu près semblable. Il était avec
Amr ibn Barrâḳ, et avec Solaïk, fils de Solakah, ou, selon d'autres
récits, avec Chanfara. Trompés dans leur espoir, nos trois maraudeurs ne purent rien voler aux Badjîlah. Toutefois, ceux-
ci détachèrent quelques hommes à leurs trousses. Amr fut pris,
et on lui lia les mains derrière le dos. Les deux autres échap-
pèrent par la rapidité de leur course; il fut impossible de les
atteindre.

Mais ils surent bientôt qu'Amr était prisonnier. Alors, Taabbata Charran dit à Solaïk : « Toi, va te cacher à quelque distance de l'endroit où est Ibn Barrâḳ. Moi, je vais me faire apercevoir aux Badjîlah, les allécher, les attirer à ma poursuite. Lorsqu'ils seront assez éloignés, va droit à Ibn Barrâḳ, coupe ses liens,
et sauvez-vous. »

Solaïk alla se poster. Taabbata Charran s'avança ensuite du
côté des Badjîlah. Quand il fut en vue et assez près, ils s'élancèrent sur lui. Taabbata, pour les attacher sur ses pas, ne courait qu'à demi-course, se laissait approcher, et les priait, toujours en continuant sa fuite, de ne pas exiger de lui une trop
forte rançon, de lui laisser la vie sauve, et, à ces conditions, il
se rendrait leur prisonnier. Et les Badjîlah de lui tout promettre,
mais en le serrant de près. Taabbata Charran, toujours en demi-
course, se gardait à peu de distance. Il arrive ainsi au haut d'une
colline, d'où il pouvait découvrir le lieu où devaient être ses
deux compagnons. Ils étaient enfuis et en pleine course. Les
Badjîlah alors s'aperçoivent de la ruse; ils courent en toute hâte
pour les atteindre; mais tous deux leur échappent. Et Taabbata
leur criait : « Eh ! les Badjîlah ! Ibn Barrâḳ ne court pas mal aujourd'hui, n'est-ce pas? Tenez, moi, je vais vous lancer aussi
un pas de course superbe, qui vous fera même oublier la sienne. »
Et il part, vole et disparaît.

C'est à propos de cette aventure que Taabbata Charran composa une assez longue Ḳaċîdeh.

Taabbata, avec sept autres individus, parmi lesquels se trouvaient Ibn Barrâk et Chanfara, partit en expédition contre les
Béni Oûs, sous-tribu des Badjilah. Nos pillards tombèrent à l'improviste sur les Béni Oûs, leur tuèrent trois hommes, deux cavaliers et un fantassin, leur enlevèrent nombre de chameaux,
et leur prirent deux femmes. Ils s'en allèrent avec leur butin.
Ils étaient encore à un jour et une nuit de leur contrée, lorsque
se présentèrent à eux des Arabes de la tribu des Béni Katam, au
nombre de quarante hommes.

— « Mes amis, dit Taabbata à ses compagnons, n'abandon-
nons notre butin qu'à la dernière extrémité.

— « Maintenant que nous avons ce que nous voulions, dit
un autre, sachez encore appliquer à ces Katam de bons et solides coups.

— « Allons! dit un troisième; une charge vigoureuse sur ces
gens-là ; pas de poltrons ici.

— « Un moment de courage et de chaleur, reprend Ibn Barrâk ; la victoire est toujours au brave. »

— « Et Chanfara continue par ces deux vers :

> « Nous sommes les ribauds, les braves, les intrépides ; quand nous
> trouvons l'ennemi face à face, nous ne savons pas demander merci. »
> « Nous aimons tous le feu de la guerre, les combats dévorants. »

— « Vous êtes tous résolus de bien battre l'ennemi, dit
Taabbata ; chargez-le, mais tout d'une masse, car ils sont plus
nombreux que nous. »

Ils fondirent sur les Katam, en tuèrent plusieurs ; puis revinrent à la charge et en tuèrent encore ; puis chargèrent une
troisième fois ; les Katam furent mis en déroute, et s'enfuirent
de çà, de là, par les hauteurs.

Taabbata s'en fut avec la troupe ; ils emmenèrent leur premier butin et de plus emportèrent les dépouilles des morts.

Nous ne raconterons pas la longue série des exploits de Taabbata. Le récit détaillé en serait déplacé ici. — Taabbata mourut
dans une attaque, percé d'une flèche qui lui entra dans le flanc.
Les narrateurs disent, pour exprimer en une métaphore singulière, la farouche nature de Taabbata, que les hyènes, les lion s

et les oiseaux de proie qui vinrent goûter de son cadavre, crevèrent tous.

Chanfara, c'est-à-dire Grosses Lèvres, était *hédjîn* et de la tribu des Azdides. On disait proverbialement : « Plus agile coureur que Chanfara, » pour exprimer l'hyperbole extrême de la vitesse à la course.

Chanfara s'est peint lui-même dans son petit poëme appelé Lâmiât el-Arab, magnifiquement traduit en français par M. F. Fresnel consul, et aujourd'hui en mission scientifique à Moussoul. (Cette traduction a été publiée en **1836**.)

Chanfara demeurait chez les Béni Salâmân, où il était captif, mais traité comme leur enfant. Ayant reçu un soufflet de la fille de l'Arabe qui l'avait adopté, Chanfara s'enfuit de la tribu, résolu de se venger. Il eut aussi à venger le meurtre de son père. En quittant la tribu, « Je ne vous laisserai, dit-il, ni repos ni « trêve que je ne vous aie tué cent hommes, pour m'avoir « retenu en esclavage. »

Il quitta même sa propre tribu. «A défaut de vous, dit-il dans ses Lâmiàt, j'ai là-bas toute ma famille : le loup, coureur infatigable, la panthère au poil ras et lisse, l'hyène au poil hérissé; voilà mon monde..., tous sont braves...; moins braves que moi cependant, quand il faut soutenir le choc des premiers chevaux de l'ennemi... Lorsque la plante calleuse de mes pieds frappe une terre dure semée de cailloux, elle en tire des étincelles, elle les fait voler en éclats... Je me mets en course le matin, n'ayant pris qu'une bouchée, comme un loup aux fesses maigres et au poil gris, qu'une solitude conduit à une autre... Tout maigre que je suis, j'aime à faire mon lit de la terre, et c'est avec plaisir que j'étends sur sa face un dos que tiennent à distance des vertèbres arides. J'ai pour oreiller un bras décharné, dont les jointures saillantes semblent des osselets lancés par un joueur et tombés de champ... Combien de fois par une de ces nuits froides durant lesquelles le chasseur, pour se réchauffer, brûle son arc et ses flèches, ne me suis-je pas mis en course à travers les ténèbres, ayant pour compagnie la faim, le froid, la rage, et la terreur! Combien de fois par un de ces jours où les vipères s'a-

gitent sur le sable comme sur des cendres brûlantes..., n'ai-je
pas exposé ma tête au soleil, sans autre voile qu'un manteau
déchiré et une épaisse chevelure d'où s'élevaient, quand le vent
soufflait, des touffes compactes et feutrées, que le peigne n'approchait point..., enduites d'une crasse solide, — sur lesquelles
une année entière avait passé depuis le dernier lavage!... Dans
la rapidité de ma course, je réduisais le diamètre des déserts à
un point, et je terminais ma carrière en grimpant sur un pic
élevé. »

Chanfara, en abandonnant sa tribu, se retira chez les Béni
Fahm où il avait passé une partie de son enfance et où il s'était
lié d'amitié avec Taabbata Charran, fils, comme lui, d'une esclave.

Par la suite Chanfara, tua aux Salâmânides ou Béni Salâmân
quatre-vingt-dix-neuf hommes. Le plus souvent il partait seul
en expédition... On lui faisait la chasse comme à une bête fauve,
à l'affût, à la course, avec un chien nommé Hobeïch. Chanfara
savait échapper à tout.

Enfin, trois hommes s'embusquèrent sur un chemin où il devait passer. C'étaient, continue le récit de M. F. Fresnel, Ouçaïd
le Salâmânide, avec le fils de son frère, et Hâzim le Teimide.
Chanfara passa effectivement, de nuit, près du lieu où ils s'é-
taient postés, et ayant aperçu quelque chose de noir, fit deux
grands sauts en arrière, et simula une fuite, pour voir si quelqu'un le suivrait; puis il revint, s'approcha..., et décocha une
flèche. C'était sa coutume, quand il voyageait de nuit, de lâcher un trait sur toute masse noire. La flèche qu'il avait tirée
perça l'avant-bras du neveu d'Ouçaïd, dans toute la longueur,
du poignet jusqu'au coude. Mais le jeune homme ne souffla pas.
Chanfara dit alors à l'objet suspect : « Si tu es quelque chose,
tu en tiens; si tu n'es rien, je ne t'ai pas manqué. »

Hâzim était couché à plat ventre dans un enfoncement du
chemin, guettant du coin de l'œil un instant favorable pour
sauter sur l'ennemi, quand Ouçaïd lui donna le signal, en disant : « Hâzim, dégaîne! » Chanfara, qui l'entendit, s'écria :
« Je dégaîne pour tous, » et tomba à coups de sabre sur Hâzim,

auquel il coupa deux doigts de la main, le petit doigt et l'annulaire. Mais Ḥâzim ne fut pas plutôt sur pied, qu'il se jeta sur Chanfara, et l'étreignit dans ses bras. Le neveu d'Ouçaîd s'étant joint à Ḥâzim, Chanfara les renversa tous deux sous lui, et tomba avec eux. Ouçaîd survint alors, désarma Chanfara, puis saisit une des six jambes du groupe qui s'agitait par terre, en disant : « A qui cette jambe-là? » — « C'est la mienne, » répondit Chanfara. — « N'en crois rien, mon oncle, » s'écria le neveu d'Ouçaîd, c'est ma jambe que tu tiens. »

Les adversaires de Chanfara, étant parvenus à se rendre maîtres de sa personne, l'amenèrent au milieu de leur monde..... Ensuite on lui coupa une main, qui sauta en l'air à une grande distance, et fut agitée durant quelques instants d'un mouvement convulsif...

Ouçaîd, ayant bandé son arc et encoché une flèche, dit à Chanfara : « A ton œil! » et lui perça l'œil de sa flèche. Chanfara, éborgné, dit tranquillement : « Voilà de mes coups! » Et en effet, lorsqu'il rencontrait un homme des Béni Salâmân, il avait coutume de lui dire : « A ton œil! » et lui crevait l'œil d'un trait.

On mesura les deux bonds que Chanfara avait faits la nuit où il fut pris ; le premier était de vingt et un pas, et le second de dix-sept.

Chanfara fut décapité. Sa tête abandonnée roulait depuis longtemps dans la poussière, quand un Salâmânide heurta du pied contre le crâne desséché et se blessa. Le Salâmânide mourut des suites de cette blessure, et compléta ainsi la centaine que Chanfara avait juré d'immoler à sa vengeance.

Je n'ajouterai plus que quelques lignes sur Solaîk. Elles confirmeront surtout l'habitude qu'avaient les Arabes de se créer, pour traverser leurs solitudes et suffire aux exigences de leur vie guerroyante, des coureurs de toute espèce, hommes, chevaux et chameaux.

Solaïk a été un des plus agiles coureurs qui aient existé, au moins dans l'Arabie. Son nom est celui d'un oiseau coureur des déserts, le tetrao alkatha, ou le ganga. Ainsi que ses trois compagnons, poëtes et coureurs comme lui, Solaïk était fils d'une esclave noire. Elle s'appelait Solakah, c'est-à-dire ganga femelle.

Solaïk, pendant l'hiver et le printemps, mettait en réserve de l'eau de pluie dans des œufs d'autruche qu'il déposait ensuite et cachait sous terre, à différentes distances dans les sables. Cette eau lui servait pour ses grandes courses pendant l'été. Nul n'était plus habile que lui à reconnaître ses points de repère dans les solitudes, à retrouver les chemins les plus sûrs et les plus courts; il savait tous les détours et tous les secrets du désert. D'un pied rapide et infatigable, il échappait à toute poursuite, déroutait et trompait tous les chevaux à la course. — D'ordinaire il allait en maraude ou en incursion sur les terres de l'Yémen.

Une fois il passa près d'une tribu des Béni Cheïbàn. Il avait avec lui deux autres larrons. C'était un soir de printemps. La terre était couverte d'un pâturage abondant. Le ciel était sombre, chargé de nuages. Solaik dit à ses compagnons : « Allez là-bas, à cet endroit, et attendez-moi. Je vais à cette tente isolée, la plus rapprochée de nous. Je vous préparerai quelque bonne aubaine, ou au moins je vous apporterai de quoi manger. »

La tente en question était celle du vieux Roaìm. Il était en dehors, à quelques pas, avec sa femme. Solaïk approche par derrière la tente et y entre. Un moment après, arrive le fils de Roaîm avec les chameaux de son père, et les range à leur place. Mais le vieux se fâche : « Pourquoi, dit-il à son fils, ne les as-tu pas fait manger encore pendant une heure? — Ils ne veulent plus manger. — Eh! ceux qui soupent donnent de l'appétit à ceux qui n'en ont pas. » (Proverbe.)

Et Roaîm, tout de mauvaise humeur, agite et secoue son vêtement au nez des chameaux et les fait ainsi retourner au plus proche pâturage. Notre vieux les accompagne... Il s'assied sur l'herbe et les chameaux se mettent à brouter. Roaîm s'enveloppe en ramenant son vêtement sur sa tête, car il faisait froid.

Solaïk avait suivi Roaìm, et lorsqu'il le voit tranquille et sans défiance, il vient à pas de loup, par derrière, et d'un coup de sabre lui fait voler la tête. Puis, pressant de la voix les chameaux, il les chasse devant lui. Ses compagnons impatients l'attendaient; ils craignaient qu'il n'y eût eu mésaventure. Mais voilà qu'ils aperçoivent Solaïk poussant les chameaux; ils courent le rejoindre... On partit sans encombre.

La course la plus extraordinaire de Solaïk est la chasse qui lui fut donnée par deux cavaliers d'une troupe de cavaliers békrides qui, un jour, le dépistèrent. Ces Békrides allaient en incursion sur une tribu des Béni Témîm, qui ne s'attendaient nullement à une attaque. Les cavaliers reconnurent Solaïk.

« Si ce larron, disent-ils, découvre qui nous sommes, il va courir de suite donner l'alarme aux Témîm. » Et on détache aussitôt contre Solaïk deux cavaliers montés sur d'excellents chevaux. Ils le lèvent; Solaïk part, se lance à pleine course, plus rapide que la gazelle. Les deux cavaliers le chassent à grand galop, durant tout le jour. « Quand va venir la nuit, se disent-ils, il sera fatigué, éreinté; sa course se ralentira, et alors il nous sera facile de le prendre. » Espoir déçu. Solaïk, à la nuit venue, avait encore toute sa vigueur, toute son agilité, tout son élan.

Au matin, en reprenant la trace du fuyard, les deux cavaliers remarquèrent qu'il avait heurté du pied un tronc d'arbre et avait bondi, que son arc lui était tombé de la main, s'était brisé, et un morceau en était resté fiché en terre. « Ah! le gredin! s'écrièrent-ils, que Dieu le confonde! quelle force il a! » Et ils pensaient à revenir sur leurs pas. « Mais, dirent-ils, il passait peut-être ici au commencement de la nuit; il aura dû ensuite céder à la fatigue. » Et ils se remirent à la piste. Peu après, ils trouvent sur ses pas une large et profonde trace d'urine qui en jaillissant à terre y avait moussé et y avait creusé un sillon. « Vive Dieu! disent-ils, quels reins solides et vigoureux! inutile de le poursuivre. » Et ils rebroussent chemin.

Solaïk était arrivé à sa tribu. Il donna l'alerte, annonçant l'arrivée des Békrides. Mais on le traita d'imposteur, lorsqu'il dit quel espace immense il avait franchi en si peu de temps. — Les Békrides parurent, fondirent sur la tribu, et lui enlevèrent un butin considérable.

Dans une visite amicale qu'il fit aux Béni Kinânah, Solaïk

fut bien traité, et reçut en présent un certain nombre de chameaux. Les Kinânah lui demandèrent de leur donner un échantillon de ce qui lui restait encore de vigueur, car alors il était
déjà avancé en âge. Solaïk acquiesça à la demande : « Donnez-
moi, dit-il, une lourde cuirasse, et réunissez ici quarante de
vos jeunes hommes les plus lestes et les plus robustes. » On dispose tout selon son intention. Solaïk revêt la cuirasse, et il dit
aux quarante jeunes Arabes : « Maintenant, courez après moi,
si vous voulez. » Et il se lance à toutes jambes. Ses quarante rivaux se lancent à côté de lui ; mais ne peuvent d'abord le suivre
qu'à distance. Ensuite il les dépasse au loin, fait un long circuit,
et revient à grand élan vers la tribu, mais seul ; et la cuirasse
lui sonnait et cliquetait sur les épaules, et bondissait comme un
chiffon, tant il allait d'un pas rapide.

Solaïk fut tué par plusieurs cavaliers qui le surprirent dans
le désert.

# CHAPITRE XII.



## I.

Les soins nécessaires à l'éducation et au perfectionnement du cheval, et aussi les résultats magnifiques obtenus depuis si longtemps avant l'islamisme par les populations ou tribus de l'Arabie, ont nécessairement conduit les Arabes aux exercices et aux jeux équestres. C'était peu d'avoir su procréer, pour ainsi dire, la plus belle race chevaline, il en fallait tirer usage et profit ; il la fallait dresser, apprécier. De là, les luttes d'adresse, de vitesse entre les chevaux, et aussi entre les cavaliers. De là encore la science équestre ou science du cavalier ou de l'équitation, comme dit l'expression arabe, ilm el-feroûcîeh, *scientia rei caballensis, rei equestris, ars equitis, ars equitandi.*

On l'aperçoit de suite, voilà la chevalerie établie au désert, voilà les joutes équestres, les carrousels, les encontres et ces fêtes ou jeux militaires, exprimant la joie, la gaieté, l'amour même, sous l'aspect ou la livrée de la guerre, représentant par des quadrilles ou groupes antagonistes, l'image des batailles.

A quelle époque remonte l'origine de ces jeux en Arabie? Cette question est tout aussi insoluble que celle de l'introduction du cheval en Arabie, que celle de l'origine à attribuer aux premiers essais d'éducation ou d'institutions hippiques.

Il n'y a autre chose à répondre, rationnellement, que ceci :

Les exercices et jeux équestres en Arabie, commencèrent à des époques inconnues ; la chevalerie a dû être, là, dans ces pays désœuvrés, presque contemporaine, pour sa naissance, de l'apparition d'une race de chevaux en voie de perfectionnement, d'anoblissement.

Du reste toutes les tribus arabes, soit du Ḥédjâz, soit du Nedjd, soit de l'Yémen, n'avaient pas la même réputation de valeur et d'adresse dans les mêmes choses. Tout Arabe qui avait l'expérience des rencontres et des guerres des déserts, distinguait de prime abord de quelle tribu devait être tel combattant en face duquel il se trouvait, quand même il ne le connaissait pas en personne. Ainsi, nous avons déjà vu que Zeïd el-Ḳaîl (page 242) ne put se donner pour être de la tribu des Fézârah, ni de la tribu d'Açad. Les désignations générales, passées en quelque sorte comme maximes dans l'Arabie, dès une haute antiquité, classaient les Ḥimiarites, au nord de l'Yémen, comme les soutiens des rois ; appelaient les Azdides qui fournirent plus tard les Anṣâr ou auxiliaires dévoués de Mahomet, les lions des batailles ; les Maẕhidjides, les lances de la guerre ; les Hamdânides (tribu aussi de l'Yémen), les selles des coursiers, les guerriers toujours montés et attachés sur leurs chevaux.

Doreïd, dont nous aurons occasion de parler bientôt, connaissait même au maintien, à la manière de se tenir à cheval, ou de manier ou d'enflammer le cheval, avec quelles sous-tribus il allait avoir affaire. Ainsi, dans une rencontre avec les cavaliers de trois tribus secondaires tenant à la grande tribu des Ṛatafân, Doreïd, sur une simple indication descriptive, désigne quelles sont ces trois sous-tribus. Il dit à son éclaireur : « Que vois-tu ? — Je vois des chevaux montés par des hommes qu'on prendrait pour des enfants et qui tiennent les fers de leurs lances à la hauteur des oreilles de leurs montures. — C'est la tribu des Fézârah, dit Doreïd ; ne vois-tu que cela ? — Je vois des guerriers affublés de manteaux qu'on dirait teints de... — C'est la tribu d'Achdja'. Que vois-tu encore ? — En voilà qui brandissent des lances noires et qui brisent le sol sous les pieds de leurs chevaux. — C'est la tribu des Absides. La mort la plus affreuse sera votre

partage, si vous ne tenez ferme... Le combat s'engagea et la
victoire resta à la troupe de Doreîd... Les Absides étaient réputés les plus braves et les plus habiles cavaliers des Arabes.


## II.


Du reste, chevalier et cavalier pour les Arabes anciens, car
même là aussi, il n'y a plus de chevalerie, il n'y a plus que des
cavaliers ou de la cavalerie, était toujours un même homme.
Néanmoins, le *fâris* était, plus rigoureusement parlant, le cavalier ; le *fétá* était, plus rigoureusement, le cavalier élégant en
même temps que brave, le véritable chevalier avec la double valeur de beau cavalier et de vaillant chevalier.

Les *fétât* étaient les *chevalières*, c'est-à-dire les jouvencelles,
les belles jeunes filles, les femmes admirant et félicitant les *fétá*,
les mères se glorifiant de leurs fils aux beaux coursiers, aux
belles lances, les sœurs célébrant les prouesses et la vaillantise
de leurs frères.

Je viens de dire chevalières et je maintiens le mot, parce
qu'il est exact et vrai. Les femmes aussi, les jeunes filles aussi
montaient à cheval, bien qu'elles dussent d'après les lois de la
décence et de la pudeur, ne point donner à voir leur figure aux
hommes. Mais alors elles se déguisaient sous des vêtements
d'hommes, de guerriers ; elles se masquaient la figure en laissant flotter par devant, le mirfar ou cette fine toile d'acier qui
faisait office de visière chez les cavaliers armés en guerre. Ainsi
fit la célèbre Djìdah du roman d'Antar ; elle voulut voir le fiancé
qu'on lui proposait, elle voulut l'essayer au combat, à la chasse
aux lions, et elle lui tint en face la lance ferme et menaçante ;
elle abattit des lions devant lui. Puis, lors des jours de fête qui
précédèrent le mariage, pendant quatre jours entiers, les jeunes
guerriers de la tribu, les *féta* ou chevaliers donnèrent de brillants carrousels, brillants par la beauté des damoiselles, par la
beauté des chevaliers, par la beauté des chevaux, par l'adresse
des combattants.

Djìdah était la femme belle, était la femme forte d'âme, de

corps, et de cœur, la femme tendre et vaillante, qui voulut pour mari un homme brave, beau, et fort.

### III.

Dans ces anciens âges antéislamiques, la femme de cette société païenne des Arabes, était une valeur sociale, une excitation au bien, aux grandes choses, aux grands sacrifices pour la défense et l'honneur de la famille, de la tribu, du nom arabe, lorsqu'il y avait des dangers à courir ou à susciter, des vengeances à satisfaire. Le musulmanisme a détruit tout cela, et l'on ne trouverait peut-être plus une seule femme musulmane qui fût encore digne aujourd'hui de ces anciennes femmes arabes. S'il en reste, elles ne se rencontrent plus que dans ces vieux déserts où le soleil est demeuré toujours le même pour conserver encore quelques physionomies des populations arabes antéislamiques.

La chevalerie arabe n'existe plus; elle s'est éteinte par l'islamisme encore, parce que l'islamisme a donné une autre dame au chevalier, la religion, parce qu'il a chassé la première des champs clos, des amours de la guerre, et de la gloire des batailles, et qu'il a ainsi détraqué, dessoudé la famille en rompant le seul lien qui la tenait en union. Car le mariage musulman ne fait pas et ne lie pas la famille, le mari et la femme. En consacrant religieusement la répudiation, la loi l'a rendue plus fréquente. La musulmane ne voit plus avec la même émotion, son mari, son fils, son frère revêtir les armes, elle n'a plus l'amour des coursiers de ses enfants.

La célèbre veuve du Prophète de la Mekke, Âïchah, fut la dernière femme arabe qui d'enthousiasme voulut être conduite au combat; et elle s'en retourna au milieu du danger, les tentures du palanquin de son chameau couvertes, hérissées de flèches. Mais quelle femme aussi que cette Âïchah !

Les résultats obtenus dans une société, quels qu'ils soient, sont les conséquences des synergies de tous les éléments vivants et actifs qui la constituent. Et je ne crains pas de dire, au risque d'être traité de paradoxal, que la femme, en Arabie a été un des agents puissants qui ont créé la race du cheval arabe... Des femmes suivaient leurs maris, leurs fils au combat, afin de les encourager et de les secourir s'ils étaient blessés.

Nous avons déjà vu un récit qui nous montre comment une mère élevait son fils ; nous verrons bientôt comment une femme se choisissait un mari, comment elle le voulait digne d'elle, c'est-à-dire capable de la défendre et de défendre la tribu.

## IV.

La chevalerie, jusqu'à l'islamisme, n'était pas une corporation ; il n'y avait pas de brevet de chevalier, mais il y avait une habitude sociale de considérer tel homme comme chevalier. Lorsqu'il avait donné ses preuves, il était proclamé brave et aimant en homme de cœur et de vaillance, l'honneur de sa tribu et de sa famille.

A l'époque de Mahomet ces idées étaient toutes vivantes. A la fameuse journée d'Oḥod, journée si désastreuse pour les musulmans, où Mahomet deux fois renversé de cheval, blessé, battu, faillit être tué, où Abou Bekr, Ọmar, Alî furent blessés, le Prophète, dit une tradition, entendit l'ange Gabriel dire en remontant au ciel après la bataille : « Lâ seîf illâ Ẓoû l-faḳâr wa « lâ féta illâ Alî, Il n'y a de sabre que le sabre Ẓoû l-faḳâr, et il « n'y a de féta ou chevalier qu'Alî..... » Cette sorte de sentence se trouve tracée sur beaucoup de lames de Damas.

Puis, insensiblement, à mesure que les chevaliers pour ainsi dire naturels, diminuèrent, à mesure que l'instinct de la chevalerie s'évanouit et perdit sa puissance d'inspiration et de séduction dans la société musulmane, il se forma une institution, une corporation. Les chevaliers ne naquirent plus chevaliers ; ne se formèrent plus eux-mêmes par l'éducation ; on les fit chevaliers, on les signa chevaliers ; il y eut une réception en quelque sorte sacramentelle ; il fallut prolonger ou conserver par des règles, des instituts, ce qui se mourait de soi-même. C'était d'ailleurs le seul moyen de sauver alors les mœurs chevaleresques. Le *fe-*

*toúwah* ou ordre de chevalerie se constitua, et pour imprimer à cet ordre une valeur plus imposante, l'entourer d'une sorte de respect, et lui donner plus de gravité et d'importance, le titre de chevalier fut conféré par les cheik ou gens de religion, non par les princes ou les kalifes.

Ainsi, en 578 de l'hégire (1182 de l'ère chrétienne), à Bagdad, le kalife El-Nàċer lé-Dîn Allah, contemporain de Saladin, « est revêtu du vêtement de la chevalerie par le cheik Abd el- « Djebbâr. » C'est, dit l'historien Abou l-Féda, la première fois que le grade de chevalier fut conféré. La réception d'un chevalier était accompagnée d'un toast; le récipiendaire buvait « la « coupe de la chevalerie, » et on célébrait des jeux de gymnastique dans lesquels le chevalier donnait des preuves de son savoir-faire.

Les beaux temps de la chevalerie européenne commencèrent vers l'époque des croisades et finirent à peu près avec elles.

En Égypte, les formes et les habitudes chevaleresques vécurent, quoique singulièrement modifiées, jusqu'à la fin de la dynastie des sultans mamelouks Bahrites, en 784 de l'hégire (1382 de notre ère), c'est-à-dire un siècle environ de plus qu'en Europe. C'est que la chevalerie arabe était, dans son principe, un fait né de lui-même, un fait presque nécessaire dans la société arabe, un fait qui tenait à l'amour du cheval et aux besoins de tous, tandis qu'en Europe la chevalerie ne fut guère qu'un incident, une imitation, presque un caprice.

Mais considérée comme institution, ou, pour mieux dire, une fois qu'elle ne fut plus qu'une institution, la chevalerie arabe vécut moins longtemps encore que la chevalerie européenne. Celle-ci dura environ trois siècles, celle-là ne dura que deux siècles.

## V.

Les habitudes chevaleresques engendrèrent nécessairement la passion des combats singuliers, de ces luttes d'homme à homme, de cavalier à cavalier, dans lesquelles la double force de chacun des antagonistes, c'est-à-dire le mérite — vigueur et adresse — du cavalier, et le mérite — qualité et légèreté — du cheval, étaient les conditions et le plus souvent les causes du succès.

Les combats singuliers étaient les circonstances favorables à ces explosions de courage emporté et excentrique qui aime les grands coups et les grands éclats aux yeux d'un grand nombre de spectateurs, de ce courage si exubérant qui transportait les Arabes, surtout dans leurs premières guerres religieuses, et pendant plusieurs siècles. Donnerai-je en quelques mots un exemple pittoresque de ce courage? exemple cité par Ibn Abd Rabboh dans son Kitâb el-iḳd el-férîd, ou Livre du collier unique. (Ibn Abd Rabboh dont le nom réel est Abou Omar Ahmed, est un philologue et un poëte de Cordoue. Né en **246** de l'hégire, **860** ère chrét.; — mort en **326**.)

Un appelé Hakîm, fils de Djébel, combattait avec le ḳalife Alî à la terrible journée de Ṣiffîn, sur les bords de l'Euphrate. Hakim eut la jambe coupée. Il la prit, la plaça à côté de lui, et resta ainsi. Celui qui la lui avait abattue, vint à repasser près de lui. Hakîm la saisit, la lui lança, le renversa de sa monture, se traîna aussitôt près de son ennemi étourdi de sa chute, le tua, et du cadavre se fit un coussin sur lequel il s'appuya le coude. Des compagnons d'armes de Hakim arrivent : « Hakîm, lui disent-ils, qui donc t'a coupé la jambe? — C'est mon coussin que j'ai là sous le coude. » Puis il ajouta ces vers, parlant à la jambe qui lui restait :

> « Ma jambe ne t'afflige pas ;
> Il me reste encor ces deux bras,
> Pour te défendre. »

## VI.

Les chevaliers anciens de l'Arabie païenne et de l'Arabie musulmane, s'exerçaient au maniement le plus délicat du cheval, le dressaient à une docilité extrême, à ne s'étonner de rien, à s'arrêter ou se détourner à un signe, à tel cri, à ne gêner aucun des mouvements ou caprices du cavalier. Car les Arabes aussi avaient leur gymnastique équestre, leur voltige. Ils sa-

vaient éviter ou parer un coup de lance, un coup de sabre, non
pas par le bouclier seulement ou par la riposte, ou par la parade
simple, mais par les inflexions et les déplacements du corps, par
des mouvements d'adresse. Habiles désulteurs, habiles joueurs
de lance et habiles écuyers, souvent le cavalier que l'on croyait
atteindre assis sur son cheval, avait disparu devant le fer de la
lance ou sous le tranchant du sabre, et avait glissé sous le poitrail ou le ventre du cheval.

Nous allons donner des exemples de ces exercices, après et
avant l'islamisme. Celui de ces exemples qui date d'avant les
temps islamiques est un des plus beaux pas d'armes ou joutes
sérieuses que je connaisse. C'est de la pure et belle chevalerie
du désert. Les antagonistes sont deux valeureux champions qui
se mesurent ; et il ne s'agit ni plus ni moins que de protéger et
sauver de belles jeunes filles, sœurs du plus jeune des deux
héros.

Le premier de ces récits, je l'extrais du Moustatraf, et le second du Kitâb el-Aṛâni el Kébîr. J'ai déjà eu occasion d'indiquer ces deux sortes d'ouvrages arabes. Voici la traduction des
textes.

## VII.

« L'adresse et la ruse sont les grandes ressources de la guerre.
Cependant, mieux vaut un lion conduisant mille renards, qu'un
renard conduisant mille lions.

« A l'époque du sultan El-Moustaïn, père d'El-Mouḳtadi, un
chevalier arabe, appelé Abou l' Walîd ibn Fathoûn, était réputé
le plus vaillant homme de son temps chez les Arabes et chez les
Barbares. El-Moustaïn l'accueillait avec la plus grande déférence,
le comblait de ses faveurs, ne lui donnait jamais, en présent,
moins de cinq cents dinâr ou deniers d'or.

« Les armées des infidèles redoutaient Ibn Fathoûn ; ils
avaient eu, en maintes rencontres, des preuves de son courage.
On évitait de se trouver en face avec lui. D'après les récits contemporains, lorsqu'un Roûm ou Roumain donnait à boire à son
cheval, et que le cheval ne buvait pas, le Roûm lui disait :

« Allons, voyons ! pourquoi ne bois-tu pas ? est-ce que tu vois
« Ibn Fatḥoûn dans l'eau ? »

« Les largesses, la bienveillance du sultan envers Ibn Fatḥoûn, suscitèrent de partout les jalousies dans le cœur des courtisans. On desservit Ibn Fatḥoûn auprès d'El-Moustaïn ; et le
sultan finit par l'éloigner, par lui retirer ses faveurs et ses bienfaits.

« Peu de temps après, El-Moustaïn entreprit une expédition
contre les Roûm. Plusieurs fois les musulmans et les infidèles
en vinrent aux mains. Mais un jour, un barbare paraît à cheval
au milieu de l'espace qui sépare les deux armées, et crie aux
musulmans : « Qui de vous est disposé à accepter un combat
« singulier ? » Un cavalier musulman se présente. Les deux
champions s'escriment un moment, le musulman est tué. Et les
infidèles de pousser un cri de joie. Les musulmans restèrent
stupéfaits du coup.

« Le Roûm accourt au galop, se présente de nouveau devant
les rangs musulmans, et crie de toute sa force : — « Deux, deux
« autres contre un. » Un cavalier musulman s'avance, il succombe encore, il est tué. Et les cris de joie retentissent de nouveau parmi les infidèles ; les musulmans sont consternés.

« Une troisième fois, ce barbare, ce chien de Roûm, cara-
cole, bondit en face des deux armées, et va crier aux musulmans : « Trois, envoyez trois contre un. »

« Personne n'ose répondre à cette insultante provocation ;
personne ne se présente. On était dans la stupeur.

« Ce fut alors que l'on dit au sultan : « Il n'y a qu'Abou
l-Walîd ibn Fatḥoûn qui puisse avoir raison de ce barbare. »
Le sultan appelle Ibn Fatḥoûn, lui parle avec bienveillance. »

« Abou l-Walîd, lui dit-il, as-tu vu ce qu'a fait ce barbare ?

— « Oui ; le voilà, je le vois.

— « Et quel moyen penserais-tu employer pour le mettre à
la raison ?

— « Le moyen ! Dans bien peu de temps, si tu veux, je dé-
barrasserai les musulmans de ce fléau. »

« Ibn Fatḥoûn endosse une blouse de toile ; saute à cheval,

se met d'aplomb en selle, sans autre arme qu'un long fouet qu'il prend à la main, et au bout duquel il dispose un nœud. Ibn Fathoûn s'avance, se présente pour combattre. Le chrétien le regarde étonné.

« Les deux champions chargent l'un contre l'autre. Le chrétien alonge un coup de sabre qui vient tomber sur la selle d'Ibn Fathoûn. Avant que l'arme l'atteigne, Ibn Fathoûn a tourné et est suspendu au cou de son cheval ; il est sur le sol, et l'arme n'a rien rencontré sur la selle. Il se remet en selle, fond sur le barbare, lui dégage un coup de fouet ; le fouet s'enroule autour du cou du chrétien. Par un rapide et vigoureux mouvement de traction, Ibn Fathoûn renverse et démonte son ennemi, le tire et le traîne jusqu'aux pieds d'El-Moustaïn.

« Le sultan reconnut alors qu'il avait eu tort d'éloigner de lui Ibn Fathoûn. Il s'excusa auprès du vainqueur, le félicita, le combla de bienfaits et d'éloges, lui rendit son ancienne position, et l'entoura d'égards et d'honneurs. »

VIII.

RABÎAH IBN MOUKADDEM, OU RABÎAH FILS DE MOUKADDEM. — AMR IBN MA' DI KARIBA ; C'EST LE BRADICARIM DE THÉOPHANE.

Le fils de Moukaddem est le plus beau type de chevalier que j'aie rencontré dans toute la gentilité arabe. C'est le modèle parfait de la modestie, de la grâce, de la jeunesse, de l'intrépidité, du sang-froid, de la courtoisie ; c'est le beau chevalier d'Arabie, c'est le Bayard du désert. Amr fils de Ma' dî Kariba est le plus imposant, le plus fier, je ne dis pas le plus orgueilleux chevalier du paganisme arabe. C'est le modèle du brave résolu, ferme et bien dressé sur ses jambes, ferme et solide sur sa jument, c'est le chevalier qui sent sa puissance et qui a conscience de son calme audacieux ; c'est le noble, le fier cavalier d'Arabie, c'est le Roland du désert.

Ce fut entre ces deux héros païens qu'eut lieu une véritable joute de preux chevaliers pour de jeunes jouvencelles belles comme les étoiles ; et Rabîah, jeune guerrier, portait encore

les cheveux à l'enfant, guerrier vigoureux et robuste, jouant
d'adresse et de courage contre un des plus rudes batailleurs
connus avant l'islamisme, avec cet Amr qui ne savait, parmi les
Arabes, que trois hommes assez hardis, assez intrépides, assez
habiles pour lui venir en face.

Cette joute, curieuse comme trait de mœurs des vieux Arabes,
et racontée sous deux versions, montre de quelle manière les
anciens chevaliers arabes faisaient leurs *champs clos* en plein
désert, avec une loyauté naïve, dramatique, et une régularité
consciencieuse. — Voici tout le récit du texte arabe. Remar-
quons seulement qu'Amr ibn Ma'dî Kariba vécut jusqu'à un
âge fort avancé, et qu'il portait le surnom d'Abou Taûr.

« Omar, le second kalife, que Dieu le comble de ses grâces !
dit un jour à Amr :

— « Quel est le plus brave adversaire que tu aies jamais
rencontré ?

— « Par Dieu ! Prince des croyants, je veux te dire ce que
j'ai trouvé de plus rusé, de plus lâche, et de plus brave.

— « Voyons. »

— « J'avais mis aux pâturages verts ma jument alezane, et
elle en était sortie magnifique, gracieuse, les membres élancés
et vigoureux. Vive et ardente, elle bavait l'écume comme un
vieux sans dents bave en humant du bouillon ou de la sauce.
Un beau jour, je la monte, et je pars en aventure, jurant de
tuer le premier cavalier que je rencontrerais. Me voilà donc rô-
dant le désert. Ma jument va son train... J'arrive entre deux
monts, et je me trouve en face d'un jeune homme. « En garde !
« lui dis-je, je te tue. — Par Dieu ! mon cher Abou Taûr, me
« répond-il, ce n'est pas là ce qui s'appelle agir loyalement et
« selon les convenances. Un moment, je t'en prie ; tu vois bien
« que je n'ai pas ma lance en main, que je n'ai pas non plus
« mon sabre, ni mon bouclier. Attends que je prenne au moins
« ma lance. — Mais, contre moi, à quoi te servira ta lance ! —
« Je me défendrai. — Voyons, prends-la, ta lance. — Non pas
« ainsi. Je veux d'abord que tu me fasses un serment qui me
« rafraîchisse et tranquillise l'âme. Je veux que tu me pro-

« mettes de ne pas me frapper, de ne pas me toucher, avant que
« j'aie ma lance à la main. — Je te le promets, je te le jure.
« — Eh bien ! par le Dieu des Ķoréïchides, je te déclare que je ne
« la prends pas, ma lance. » Le rusé gaillard m'échappa ainsi.
Fidèle à ma parole, à mon serment, je le laissai ; et nous partîmes chacun de notre côté.

« Voilà pour la ruse.

« Je pousse plus loin. La nuit survient... J'allais par le plus
magnifique clair de lune, lumière presque comme en plein
jour. Je dépiste un cavalier, jeune, escortant côte à côte une
dame à laquelle il disait ces petits vers :

> « Loudaïnâ, ma belle Loudaïnâ !
> Que n'ai-je ici un ennemi à combattre ,
> Pour lui donner un échantillon de mon courage ! »

« Puis le jouvenceau, pour faire montre de son adresse, tire
de sa sacoche des pommes de coloquinte, les fait voler en l'air,
et de la pointe de sa lance les pique au vol et les embroche à la
file. J'approche. — « En garde, faquin, tu es mort, » lui dis-je.
Et voilà mon homme qui déjà chancelle sur son cheval ; il descend à terre. — « Fanfaron, lui dis-je, qui rabaisses et mé-
« prises les gens ! » J'arrive sur lui, en ajoutant : « Je vais
« t'apprendre à vivre. » Il reste immobile, pétrifié. Il n'a pas
la force de bouger de place. D'un seul coup, je lui coupe la peau
des flancs ; il tombe roide, et reste sur place, immobile comme
s'il fût mort au moins depuis un an. Je le laisse là ; je passe
mon chemin.

« Voilà pour la lâcheté.

« Je marchai le reste de la nuit. Au matin, j'étais vers les
sables ondulés de Harcha, à Ŗazâl, défilé à quelque distance du
territoire de Djohfeh (47). J'aperçois de loin des tentes. Je vais
droit à ces tentes. J'arrive, et je vois trois jeunes filles superbes,
trois brillantes pléiades. A mon aspect, les larmes leur viennent
aux yeux. « Qui donc vous fait pleurer ? leur dis-je. — Le mal-
« heur qui t'amène ici. Et puis, nous avons encore dans cette
« tente, là-bas, derrière nous, une jeune sœur bien plus belle
« que nous. Nous allons sans doute devenir ta proie. »

Ces paroles piquent vivement ma curiosité. Je vais aussitôt à l'autre tente ; je regarde de dessus un tertre... Et je découvre le plus beau visage qui se puisse jamais voir, un jeune homme qui cousait ses sandales. Ses cheveux, encore à l'enfant, séparés en deux plans par une raie médiane, flottaient sur ses épaules. Sa cavale était près de lui... Il m'aperçoit..., il saute à cheval, part au galop, et avant moi il arrive aux premières tentes. Il voit les jeunes filles tout émues, toutes troublées...; et je l'entends leur dire ces vers, avec l'accent de voix le plus placide, le plus gracieux :

> « Patientez un moment, mes chères petites jouvencelles, n'ayez peur.
> « S'il est femmes cejourd'hui qui doivent être délivrées d'un ennemi, c'est vous.
> « Laissez librement jouer les pans libres de vos vêtements, et promenez-vous, soyez en paix. »

« Nous allâmes l'un à l'autre. Quand je fus près de lui : « Cours-tu d'abord sur moi, me dit-il, ou bien vais-je courir le « premier sur toi ? — Je cours sur toi, répondis-je. » Et il part au galop ; je me précipite sur ses pas, et j'ai bientôt la pointe de ma lance tout contre son épaule. Je pousse le coup... Mon homme a disparu, glissé sous le poitrail de son cheval... Il se remet en selle. — « Nulle, lui dis-je ; et d'une. — Parfait ! ré- « plique-t-il ; à une autre. Charge. » Il part ; je cours, je le serre ; j'avais le fer de ma lance sur lui, entre ses deux épaules. J'alonge le coup... Mon gaillard est debout, à terre, immobile, ferme..., et me regarde. Ma lance avait filé sans le trouver... Il est en selle, tranquillement assis. — « Et de deux, lui dis-je. — « Et de deux ; charge. » Je fonds sur lui... Ma lance lui effleure les reins ; j'alonge le coup... Je croyais mon homme enferré... Je le vois à terre, sous le ventre de son cheval ; il s'était échappé de sa selle, et ma lance n'avait rien touché. Il remonte à cheval. — « Et de trois, me dit-il ; est-ce que, par hasard..., tu en vou- « drais encore une ? Alors, en avant !... Allons ! Une quatrième charge ! Que le diable t'emporte ! »

« Je ne devais pas accepter... Je tourne bride, et d'un seul bond mon cheval part au grand galop. Je l'avoue, je n'étais pas

très-tranquille ; mon champion me suit, me serre de près...,
j'entendais le vent de sa lance qui jouait derrière moi... Je
tourne la tête... Il me chassait avec une lance sans fer. Il n'a-
vait même pas voulu me frapper.

« Descends de cheval, » me dit-il. Tous deux nous mîmes
pied à terre. Ce brave m'avait vaincu ; il me coupa le toupet.
Ensuite : « Tu peux t'en aller, ajoute-t-il d'un air tranquille ;
c'eût été dommage, vraiment, de te tuer. »

« Tout cela, Prince des croyants, me fut vingt fois plus cruel
que la mort.

« Voilà, Prince, ce que j'ai trouvé de plus brave, de plus
impassible.

« Je m'informai, je demandai ensuite qui était ce jeune
Arabe ; on m'apprit que c'était Rabìah fils de Moukaddem, de
la tribu des Béni Firâs. »

On voit que Rabìah traita son ennemi avec une générosité
hautaine. Il se contenta pour lui compléter la leçon, de lui couper le toupet. On faisait subir ce genre d'humiliation aux vaincus
ou aux prisonniers qu'on relâchait sans rançon, ou sur promesse
de payer plus tard le rachat de leur liberté, ou le prix de vie
sauve. Cette sorte de tonsure était la preuve incontestable d'un
échec reçu, d'une défaite, et portait toujours un caractère humi-
liant. Le fameux Âmir ibn Tofaîl, lorsqu'il se vit obligé de se
rendre à Zeïd el-Kaïl, eut le toupet coupé par Zeïd qui ensuite
laissa partir son adversaire. Mais Âmir, de retour dans sa tribu,
fut accablé de railleries, et lui, si intrépide, fut accusé de faiblesse, presque de lâcheté. Il fut dépouillé du commandement
de la tribu.

Dans les récits de Cooper et de Chateaubriand, les sauvages
de l'Amérique ont aussi pour habitude de couper les cheveux
aux guerriers qu'ils ont vaincus. Singulière concordance que
cette coutume dans deux parties du globe si éloignées entre
elles, si inconnues l'une à l'autre ! Et dans ces deux hémisphères
encore, ce même traitement est une humiliation, presque un
déshonneur et une flétrissure pour celui qui l'a subi.

Une seconde version de l'encontre de nos deux chevaliers,

Amr fils de Ma'dì Kariba , le Zobeïdide, et Rabiah le Firâcide,
diffère essentiellement de la première. C'est la description d'une
autre forme de duel ou de tournoi également en usage dans
l'ancienne Arabie.

Le récit en est fait encore au kalife Omar, et Omar donne,
comme leçon de soumission absolue à la religion de l'islâm, un
coup de fouet sur les doigts au chevalier Zobeïdide. De plus, il y
a à remarquer une circonstance curieuse des mœurs arabes antiques et qui rappelle les mœurs des temps chevaleresques de
l'Europe : une jeune fille offre successivement sa main à trois
hommes de sa tribu et ne la promet qu'à celui dont les paroles,
le maintien, la raison, le courage et le dévouement, annoncent
un défenseur sérieux et réfléchi de la tribu; ce défenseur est
notre chevalier Rabiah.

Voici le récit arabe.

« Amr fils de Ma'di Kariba, alla un jour rendre visite au
kalife Omar ; et Omar dit à Amr :

— « D'où viens-tu, mon cher Abou Taûr ?

— « Je viens de chez l'Arabe le plus recommandable des
Béni Makzoûm, la plus haute tête de noblesse , le plus haut de
taille, le plus pur de reproches, le plus admirable de sagesse, le
plus ancien dans la foi islamique , le plus vaillant en face de
l'ennemi.

— « Quel est donc cet homme ?

— « Seïf Allah wa seïf El-Raçoûl ( le glaive de Dieu et le
glaive du Prophète, c'est-à-dire Alî ).

— « Et qu'as-tu fait chez lui ?

— « J'allais simplement pour le voir; il me fit apporter par
ses gens une buvée de lait frais, un reste de dattes sèches qui
étaient dans un panier, et une jatte de lait caillé.

— « Et il y avait assez pour se rassasier ?

— « Cela eût suffi pour toi ou pour moi.

— « Dis donc plutôt : Eût suffi pour toi et pour moi.

— « Oh ! moi, je mange un mouton entier, et je bois
le lait qui se présente, lait pur et frais, ou lait mêlé à du lait
aigri...

— « Et... maintenant... dis-moi : quelle est la meilleure et
la plus distinguée de vos tribus?

— « C'est, incontestablement, la tribu des Mazhidjides; mais
toutes nos tribus de l'Yémen ont d'ailleurs leur mérite, ont leurs
cavaliers braves et intrépides , gens sachant vaincre et manier
dextrement la lance.

— « Qu'est-ce que sont les enfants de la tribu des Sa'd el-
Achîrah ?

— « Oh ! ceux-là, ce sont nos plus rudes batailleurs, ce sont
les plus nombreux en guerriers, les plus grands en générosité,
les plus hauts par la noblesse de leurs chefs, les plus prodigues
dans leurs bienfaits, les plus durs sabreurs en bataille.

— « Parfait. A présent, mon cher Abou Taùr, te connais-
tu en armes?

— « Moi ! tu as trouvé ton homme pour ce chapitre-là.
Parle; que veux-tu savoir à ce sujet ?

— « La flèche, qu'en penses-tu ?

— « Arme redoutable, la mort; mais souvent la flèche
manque son coup.

— « Et la lance ?

— « C'est un ami, mais un ami qui n'est pas toujours
sûr.

— « Le bouclier ?

— « Le bouclier est une bonne protection , une bonne défense, sur laquelle se jouent les chances des coups de la fortune.

— « Mais la cotte de mailles ?

— « Embarras pour le cavalier, fatigue pour le fantassin.

— « Et le sabre ?

— « Ah ! le sabre ! toi, ta mère te l'a défendu.

— « C'est à toi que ta mère l'a défendu.

— « Ta mère, te dis-je, à toi.» Et Omar, tout colère, prend
un fouet de cuir et en applique un coup sur les doigts d'Amr
qui était assis, accroupi les mains croisées devant ses deux genoux élevés et dressés.

« Amr bondit et se trouve debout, et d'une voix roulant

l'indignation, mais à demi étouffée, il dit ces vers à Omar :

> « Toi! me frapper! toi! Te crois-tu donc, par hasard, un Zou Roaîn,
> un personnage de bien haut éclat, un Zou Nouâs (48)?
> « Nous en avons vu d'autres que toi, rois de puissance, de grandeur,
> rois autrement que toi, rois par la noblesse de leur langage, rois par
> leur imposante majesté;
> « Et tous ces rois, leurs familles sont éteintes, songes-y bien, et leur
> empire a dix fois déjà passé en d'autres mains. »

— « Tu as raison, Abou Ṭaûr, reprend tranquillement Omar; mais l'islamisme a remplacé, anéanti tout cela... Je ne te demanderai plus maintenant qu'une chose, c'est que tu veuilles bien t'asseoir encore quelques instants... »

« Amr hésite... Il s'assied; puis Omar continue :.

— « Franchement, n'as-tu jamais eu peur d'aucun cavalier arabe, parmi tous ceux avec lesquels tu as eu affaire?

— « Voici ce qui m'est arrivé. Et je dois te dire d'abord que, ne m'étant jamais permis le mensonge dans le temps de mon paganisme, je me le permets bien moins encore, étant musulman. Un jour donc je dis à mes cavaliers, tous cavaliers de ma tribu, la tribu des Béni Zobeîd : « Allons en incursion « chez les Béni Bakkâ. — C'est aller en incursion bien loin, « dirent-ils, chez les Bakkâ. — Eh bien alors, répondis-je, « allons chez les Béni Mâlek ibn Kinânah. » Nous partîmes... Nous arrivâmes près d'une tribu célèbre par son nom et par sa richesse.

— « Comment as-tu reconnu qu'elle était si distinguée de nom, et si riche?

— « Comment? J'y vis des réserves de provisions pour un nombre considérable de chevaux; des marmites au feu, de tous côtés; des tentes en cuir; il me semble que ce sont là des signes de bien-être, d'aisance... Je fis cacher mes cavaliers dans un bas-fond, et j'allai me porter, moi, assez près des tentes pour entendre ce que disaient les Arabes; car il était nuit.

« Or voilà qu'une jeune fille sort de sa tente et va s'asseoir auprès de plusieurs de ses compagnes. Puis, elle appelle une de ses esclaves et lui dit : « Va me chercher un tel. » L'esclave s'éloigne, puis reparaît avec un homme de la tribu. Et la jeune

fille dit à cet homme : « Certain pressentiment m'annonce
« qu'une troupe de cavaliers vient nous attaquer. Comment te
« comporterais-tu avec eux, si je te promettais de t'épouser ?
« — Je leur en ferais voir de toutes les couleurs, » répond-il.
Et le voilà qui se met à vanter et à surfaire son adresse, son
courage. — « Très-bien, lui dit la belle Arabe, très-bien ! re-
« tire-toi, je verrai ce que j'ai à faire. » Puis, s'adressant à ses
compagnes : « Ce n'est rien que cet homme-là. » Et elle dit à
son esclave : « Va me chercher un tel. » L'esclave obéit. L'homme
arrive et la belle lui tient le même discours qu'au premier. Elle
en reçoit à peu près même réponse. Elle le congédie aussi de
même, et elle dit à ses compagnes : « Encore un où il n'y a
« rien. » Puis à l'esclave : « Va, dit-elle, me chercher Rabiah
« fils de Moukaddem.» L'esclave part..., et revient bientôt avec
Rabiah auquel alors la jeune Arabe renouvelle l'allocution
qu'elle avait adressée aux deux premiers individus. « — Le
« suprême de la sottise, répond Rabiah, est de se vanter soi-
« même. Mais quand je me trouverai en face de l'ennemi, je
« me conduirai de telle sorte que, même si je suis vaincu, je
« sois encore excusé. Il a toujours fait son devoir, celui dont
« les efforts ont mérité d'être loués et approuvés. — Je t'épouse,
« dit la jeune Arabe ; viens demain à l'assemblée de la tribu,
« pour sceller notre union. »

« Rabiah se retira.

« Je laisse passer la nuit. Dès l'aube du jour, je fais sortir
mes cavaliers de l'embuscade ; je monte à cheval, et je dis à ma
petite troupe : « Dirigez-vous sur ce point de la tribu. »

« Moi, je me sépare d'eux. Je me dirige vers l'endroit où, la
veille, j'avais vu les femmes réunies, et j'arrive tout d'abord
auprès de la tente de la jeune Arabe. J'aperçois une fille superbe. A mon aspect, elle saisit à deux mains son vêtement, et
le déchire, en s'écriant : « Quel malheur est le nôtre!... Mais
« ne va pas croire que je m'afflige de la perte de troupeaux, de
« biens, d'héritage ; non. Ce qui m'afflige, c'est le malheur que
« je prévois pour ma jeune sœur qui est là-bas, à cette tente,
« derrière ce petit monticule. Quand je serai ta prisonnière,

« elle va rester seule, rester abandonnée dans cet endroit isolé;
« elle y périra certainement. » La belle enfant m'avait montré
du doigt un mince monticule de sable, à quelque peu de distance. « Très-bien, me dis-je alors; double capture. » Et je
lance mon cheval du côté du monticule...

« Mais au lieu d'une jeune fille, je découvre un jeune homme
vigoureux, bien taillé, à la chevelure luxuriante, à l'encolure
robuste. Il cousait sa sandale. Près de lui étaient sa cavale et
ses armes. Il me voit, jette sa sandale, saute à cheval, saisit sa
lance, et part sans m'adresser un seul mot. Je le suis, d'abord
au simple galop, la lance en main, et criant au fuyard : «Holà !
« rends-toi. » Il court; il ne daigne pas me répondre. Mais
tout à coup il découvre dans la vallée mes cavaliers ramassant
en groupe les chameaux qu'ils avaient enlevés. Mon homme
s'arrête; de grosses larmes lui tombaient des yeux, et il dit :

> « Elle savait bien, quand elle m'a donné sa parole et m'a promis de
> s'unir à moi,
> « Que je la délivrerais de quiconque oserait penser à la prendre
> captive.
> « Ne puis-je donc connaître celui qui est venu jusqu'à elle ? »

« Et je lui réponds :

> « C'est moi, moi Amr, après l'ennui d'un long trajet,
> « Avec des braves qui malgré leurs fatigues, sauront te la disputer ;
> « C'est moi, Amr, qui, pour l'enlever, suis allé jusqu'à la tente où
> « elle était. »

« A ces mots, mon adversaire me fait face, en me disant :

> « Je suis ému, mais c'est d'impatience de reprendre sur toi mes trou-
> peaux, eux ma vie de ce monde de douleur.
> « Ma pensée est toujours vers l'absent, et je sais être fidèle à mes
> promesses ;
> « Je suis le plus généreux de tout ce qui de son pied foule la terre ;
> « Mais je suis aussi le lion qui brise et broie ce qu'il lui plaît de briser
> et de broyer. »

« J'avance en répliquant :

> « Et moi..., je suis le fléau des plus intrépides ;
> « Qui me rencontre, tombe raide mort...,
> « Et je le laisse là comme viande abandonnée sur le billot du bou-
> cher. »

« Lui, se disposant à me charger, me répond :

> « Eh bien ! voici l'arène où je prétends sauver tout ce qui m'est cher.
> Ceux qui pourraient essayer de nous séparer, sont loin d'ici, tu n'auras
> affaire qu'avec moi.
>
> « Et puis d'ailleurs, la mort n'est qu'une source où tous doivent aller
> boire. »

« Et il se lance sur moi... Il m'adresse un effroyable coup
de sabre. J'esquive, il me manque ; mais le sabre tombe sur la
tête de ma selle, la coupe ainsi que tout ce qui était dessous, et
pénètre jusqu'à la descente du garrot de mon cheval. Il redouble
de suite par un coup de revers ; j'esquive encore, il me manque ;
son sabre tombe sur l'arrière-selle, la fend en deux et entaille
mon cheval jusqu'à la hanche. Je suis démonté. « Holà ! criai-je
« d'un cri sonore, holà ! qui es-tu ? vive Dieu ! je ne soupçon-
« nais, en Arabie, que trois hommes capables de me tenir tête :
« Hâret fils Zalìm, à la fierté audacieuse et insolente ; Âmir fils
« de Tofail, vieux roué plein de ruses ; et Rabìah fils de Mou-
« kaddem, jeune encore, mais connu par sa noble vaillance.
« Toi, qui es-tu ? réponds. — Mais, toi, qui parles si fier, qui
« es-tu ? — Je suis Amr fils de Ma'di Kariba, te dis-je. — Eh
« bien moi, je suis Rabìah fils de Moukaddem. — Écoute. Je
« suis démonté. Voici trois propositions, choisis celle qu'il te
« plaira : ou nous allons nous battre à coups de sabre jusqu'à
« mort du vaincu ; ou nous allons lutter, et celui qui renversera
« son antagoniste aura le droit de vainqueur sur lui... ; ou bien,
« faisons la paix. — Eh bien ! la paix, j'y consens. Si tu es
« utile à ta tribu, moi, dans la mienne, je ne suis pas de ceux
« que l'on dédaigne. — Allons, soit, la paix. » Puis je le prends
par la main et je le conduis à mes cavaliers. Ils avaient pris les
chameaux de Rabìah, et les avaient près d'eux.

« Avez-vous jamais ouï ou avez-vous jamais vu, dis-je à mes
« compagnons d'armes, que j'aie jamais eu peur d'un cavalier,
« du plus brave, quel qu'il fût ? — A Dieu ne plaise ! jamais.
« — Eh bien ! écoutez-moi. Ces chameaux que vous avez pris,
« demain vous recevrez de moi, en échange un même nombre

« de chameaux de notre tribu. Ceux-ci sont à ce jeune guer-
« rier ; et je vous jure que, moi vivant, rien de ce qui lui ap-
« partient ne passera entre nos mains. — Dieu te confonde
« maudit cavalier, me répliquent-ils ; tu nous as éreintés pour
« venir faire ici une chétive capture, et à présent tu viens nous
« l'escamoter ! — Je vous dis que je le veux. »

« Sur ma promesse réitérée d'échange, ils m'abandonnèrent
les chameaux, que je remis à Rabîah. Puis : « C'est là Rabîah ?
« me dirent-ils. — Lui-même. » Les chameaux furent ainsi
rendus et je jurai paix et amitié à Rabîah. Il n'entendit jamais
menace hostile de ma part, et jamais il ne fit de levée d'armes
contre nous. »

On s'étonnera peut-être de voir tous ces anciens chevaliers
arabes au moment du combat, s'interpeller en vers, se qualifier,
se faire sonner leur éloge en paroles mesurées sur un rhythme
prosodique ; mais il faut remarquer que ces sortes d'interpellations, d'interlocutions, si elles ont été prononcées en prose, ne
se sont trouvées mises en vers que par la volonté des légen-
daires. Et nos anciens chevaliers ne se disaient-ils donc rien
avant de se combattre ? Ajoutez à cela la facilité de rimer que
permet la langue arabe ; et ajoutez aussi qu'au désert, nul n'é-
tait un vrai *fâris* ou cavalier parfait, et surtout un *fâris el-féwâris* ou chevalier des chevaliers, qu'il ne fût poëte , c'est-à-dire
qu'il ne sût assaisonner de rimes et de vers un coup de lance,
un coup de sabre, et dire ses gestes et faits en hémistiches bien
cadencés. Les plus sauvages chevaliers arabes, car tous, tant
s'en faut ! n'étaient pas d'aimables personnages, furent souvent
des poëtes de premier ordre.

Les chevaux, les lances, les sabres, les braves, couraient sans
cesse les sables, d'une tribu à l'autre, pour l'honneur ou le profit
de telle tribu ou de quelques capricieux et audacieux pillards,
ou pour l'honneur de quelques nobles et généreux chevaliers et
de leurs généreuses et nobles dames. Puis encore, la loi du talion, loi qui engendre des comptes perpétuellement ouverts,
perpétuellement entretenus, des comptes interminables de sang,
de vengeances, soufflait dans toute l'Arabie un souffle incessant

de luttes et de querelles. — Loi sauvage, que l'islamisme a consacrée et greffée de nouveau sur la société musulmane.

Et, nous l'avons déjà dit, tous ces besoins de vengeances, de pillages, de défenses, d'attaques, ont eu leur valeur aussi, valeur indirecte si l'on veut, dans la création et le perfectionnement de la race chevaline arabe.

Mais outre les habitudes de combats de tribus, ou de familles, ou de cavaliers, il y avait encore, nous devons le faire remarquer en passant, des combats corps à corps, terre à terre pour ainsi dire. Il y avait la lutte. Nous en venons d'apercevoir la preuve, au moins dans la dernière description du duel équestre d'Amr et de Rabîah. Amr démonté, fait à Rabîah trois propositions, dont une d'elles a pour but de vider la querelle au moyen de la lutte corps à corps, et sans effusion de sang. Ces épreuves chevaleresques étaient évidemment la lutte grecque et romaine.

Voyons maintenant quelle fut la fin de Rabîah fils de Moukaddem, ce type accompli des anciens chevaliers arabes. Elle fut digne du héros qui est le plus beau nom de la gentilité antéislamique, la plus belle physionomie de l'Arabie tout entière. Aussi, l'auteur du roman d'Antar n'a pas cru pouvoir attribuer à son héros une plus belle mort, un dernier jour plus pittoresque, que la mort et le dernier jour de Rabîah. Car, dans la réalité, Antar a terminé assez tristement sa vie ; vieillard accablé par l'âge, il tomba de cheval, n'eut pas la force de se remettre en selle ; et un Arabe de la tribu des Béni Taï, courut à lui, lui décocha une flèche et le tua. Selon une autre tradition, il mourut au milieu des sables, étouffé par la chaleur du vent brûlant du désert.

Nous donnerons en abrégé le récit de la mort d'Antar, d'après l'auteur du roman ; ce tableau est une peinture des mœurs antiques, des excursions dans le désert, et des dangers qui souvent les accompagnaient. On y remarquera également avec quelle attention on dressait le cheval et comment le cheval docile attendait avec patience, malgré le bruit des ennemis, que son cavalier l'avertît par un mouvement, ou une parole.

Et puis, toujours les cavaliers, toujours les chevaux dans les attaques, dans les surprises, dans les défis, dans les guerres, et toujours dans chaque récit, dans chaque incident, dans chaque petite sous-tribu, presque dans chaque famille, des chevaux de distinction, des chevaux de race, de sang noble; toujours et partout le cheval. Il semble que toute l'Arabie était un immense haras de perfectionnement, une grande institution hippique.

Aujourd'hui l'Arabie est encore la même ou à peu près, hormis les goûts chevaleresques, mais avec les mêmes goûts de pillages; pour cette dernière qualité, les Arabes des déserts, et de l'Arabie tout entière, déserte ou autre, n'ont pas dégénéré de leurs ancêtres. Dans ces contrées de solitudes, tout reste immobile; l'Arabe actuel est l'Arabe ancien, moins la qualité poétique, plus l'adjectif musulman. Et ce dernier titre n'a rien ou presque rien changé, car l'islamisme n'a fait que réunir les Arabes sous une loi religieuse, sous un dogme : le dogme principal est l'unité de Dieu; et la religion c'est presque la consécration des coutumes de la vie ancienne des Arabes. Il n'y a guère que la forme de prière qui ait été une innovation.

Les Arabes, disons-nous, dans leur presqu'île et jusqu'aux limites nord des déserts de l'Asie Mineure, sont toujours les vieux Arabes de l'antiquité, conservant et surveillant leurs tentes, leurs chameaux et leurs chevaux. Les guerres même de Mohammed Ali, pacha d'Égypte, n'ont rien changé, rien. Mohammed Ali d'ailleurs n'eût obtenu que de très-minces succès militaires, s'il n'eût eu l'adresse d'exploiter les haines mutuelles des tribus; et encore avec ces moyens, il n'a soumis, et cette soumission n'a pas été de longue durée, que des pays plats du Ḥédjâz et du Nedjd; les montagnes ont résisté; elles résistent encore aux gouverneurs envoyés par le sultan, et elles résisteront toujours. Le Wahabite réformiste, ardent, audacieux, montagnard du Nedjd oriental, ne se soumet qu'un jour, le jour où son cheval meurt ou est tué. Si, dans la nuit, il trouve un nouveau coursier, demain il reprend les armes.

## IX.

### MORT DE RABÌAH FILS DE MOUKADDEM, ET MORT D'ANTAR.

Un beau trait de cette belle vie et de ce caractère si chevaleresque de Rabìah, est la rencontre dans laquelle il se débarrassa
si tranquillement, lui et la dame qu'il escortait, de trois cavaliers qui lui vinrent sus l'un après l'autre, croyant chacun
pour son compte avoir bon marché de ce jouvenceau et de la
pèlerine auprès de laquelle il cheminait si paisiblement. Les assaillants étaient sous la conduite du fils de Simmah, Doreïd,
autre noble chevalier de cette péninsule arabique qui en produisit tant d'autres, Doreïd, autre poëte, autre célébrité au milieu des gloires poétiques de cette Arabie qui vit peut-être éclore
autant de rimes que le grand manteau de sable qui la couvre
porte de grains de silice.

Doreïd, à la tête de plusieurs cavaliers djouchamides, c'est-à
dire de la tribu des Béni Djoucham, se mit en incursion contre
les Kinànides ou Béni Kinànah dont les Firàcides ou Béni Firàs
étaient une branche. Les Djouchamides habitaient dans les
montagnes qui séparent le Tihàmah ou Téhàmah et le Nedjd ; la
chaine de ces montagnes se prolonge depuis l'Yémen jusqu'en
Syrie. Les monts occupés par les Djouchamides tenaient à ceux
des Béni Hozaïl. Les Kinànides avaient leurs tribus dans le Héd-
jàz, à distance de la Mekke. J'indique autant que possible les
positions ou lieux de stations des tribus, surtout de celles qui,
dès avant l'islamisme ont eu le plus de chevaux de première
race. Aujourd'hui, ces mêmes localités ou à peu près, sont encore les plus riches en chevaux, les plus soigneuses, les plus
attentives à conserver et perpétuer la pureté de la race.

« Doreïd, dit le Kitàb el-Agàni (ou Livre des chants ou Grand
Romancero), se mit en course contre les Kinànides. En débouchant dans une vallée de leur territoire, la vallée d'El-Akram, il
avisa, vers l'extrémité, un homme qui conduisait un chameau
portant une femme. Doreïd examine : — « Lance-moi ton che-
« val sur ce convoi, dit-il à un de ses cavaliers, et crie à cet

« homme : « Lâche prise, laisse-moi cette femme, et sauve-
« toi. »

« Le cavalier part au galop, et arrivé à portée de voix, il
somme le voyageur d'abandonner son convoi. Le cavalier
réitère sa sommation. Le voyageur sans s'émouvoir, le laisse
approcher, puis rejette doucement la bride du chameau aux
mains de la dame, à laquelle il adresse alors ces vers :

> « Marche à loisir, douce dame, marche au pas d'uné femme heureuse
> et tranquille,
> « Dont la croupe arrondie se forma dans la sécurité, dont le cœur
> n'a jamais palpité de crainte.
> « Tourner le dos à mon adversaire serait une honte ineffaçable.
> « Sois témoin de l'accueil que je vais lui faire et vois de tes yeux un
> petit échantillon de mes coups. »

« Et il charge le cavalier, le désarçonne d'un coup de lance,
et le renverse raide mort. Puis, il s'empare du cheval et en fait
présent à la dame.

« Doreïd ne voyant pas revenir son cavalier, en expédie un
second. Celui-ci trouve son compagnon étendu sans vie, court
à l'encontre du voyageur; et de loin lui crie les mêmes som-
mations qu'avait criées le premier. Le voyageur fait la sourde
oreille. Le Djouchamî croyant que ses paroles n'ont pas été
entendues, va droit sur lui. L'inconnu remet de nouveau à
sa dame la bride du chameau et charge le cavalier en lui disant :

> « Laisse passer la femme libre et inviolable ;
> « Car, entre elle et toi, tu as Rabîah,
> « Rabîah la lance au poing, une lance qui sait lui obéir ;
> « Si tu persistes, tu vas recevoir de moi un coup aussi rapide que
> l'éclair.
> « Mon principe à moi, c'est : « Pour un ennemi, des coups de lance.»

« Et le cavalier est renversé, tué d'un seul coup.

« Doreïd impatient, détache un troisième cavalier, afin de
savoir ce qu'étaient devenus les deux autres. Ce cavalier arrive,
trouve ses deux compagnons étendus par terre, et voit l'étranger
conduisant à la main le chameau de sa dame, et traînant non-
chalamment sa lance. « Lâche prise, » lui crie le cavalier.

« Alors et de la voix la plus calme, Rabìah dit à sa dame :
« Dirige toi, chère dame, sur les tentes les plus proches.» Puis,
il fait face à l'ennemi et lui adresse ces vers :

> « Que penses-tu recevoir d'une mine sévère comme la mienne?
> « Tu n'as donc pas aperçu , sur la route , le premier, puis le second
> cavalier ?
> « Voici la lance qui les a terrassés. »

« En même temps il en porte un coup à son nouvel adversaire et le renverse comme les deux premiers ; mais la lance de
Rabîah se brise.

« Doreìd étonné de ne voir revenir aucun des cavaliers qu'il
a dépêchés, et pensant toutefois qu'ils ont enlevé la dame et
tué son conducteur, part lui-même à la découverte... Il trouve
d'abord un cadavre, puis un autre, puis un troisième, puis enfin
Rabìah désarmé, qui avec sa dame approchait déjà de sa tribu.
Doreìd, saisi d'admiration : « Vaillant cavalier, dit-il à Rabîah,
« des hommes de cœur comme toi, on ne les tue pas. Toutefois,
« mes gens battent le pays; ils voudront venger leurs frères sur
« toi, et je vois que tu n'as pas de lance, et si jeune!... Prends
« la mienne; je retourne à mes compagnons, je vais leur ôter
« l'envie de te poursuivre. »

« Doreìd part... Il dit à ses gens : « Le cavalier a su dé-
« fendre sa pèlerine. Il a tué nos trois hommes, et de plus, il
« m'a accroché ma lance. C'est un champion qu'il ne faut pas
« songer à attaquer. » Et ils s'éloignèrent. »

> O gran bontà de' cavalieri antichi !

« A quelque temps de là, une querelle s'éleva entre des
hommes de la tribu des Béni Solaìm ou Solamides, et des Firâcides , branche de la grande tribu des Béni Kinânah. Les Firâcides tuèrent deux Solamides et payèrent le prix expiatoire
de ce double meurtre. Ensuite, dans une incursion, les Solamides rencontrèrent à Kadîd , un convoi de femmes kinânides.
Les Solamides furent aperçus de loin par quelques hommes des
Firâcides et entre autres par Abou l-Fâriah, frère de Rabîah.
Rabîah avait alors la petite vérole et était porté dans une litière.

Abou l-Fâriah vient dire à son frère : « Rabîah, voilà les Sola-
« mides qui redemandent leur sang. — Je vais voir, dit Rabîah,
« ce que veulent ces gens-là, et je reviens à l'instant vous
« donner de leurs nouvelles. » Rabîah monte à cheval et part
en reconnaissance.

« Au moment où il quittait le convoi, quelques femmes
dirent tout haut : « Rabîah se sauve. » Et en même temps la
sœur de Rabîah lui dit : « Où le héros va-t-il porter ses coups ? »

« Rabîah qui avait entendu le propos des femmes, se tourne
vers sa sœur et lui dit :

> « Tu sais bien qu'il n'est pas dans mes habitudes d'avoir peur.
> « Je donne un coup de lance, puis je saisis au col mon adversaire,
> « Et au moment où le blanc des yeux lui devient rouge, je lui fais
> avaler une lame de sabre à la suite d'un fer de lance. »

« Cela dit, Rabîah part au galop sur la bande suspecte. Un
des cavaliers ennemis se détache et le charge. Rabîah simule la
fuite, afin de l'attirer du côté des femmes. Là, un combat singulier s'engage, et Rabîah tue son adversaire. Mais au même
instant un Solamide, Noubeïchah, atteint Rabîah d'une flèche,
ou d'un coup de lance qui lui perce le bras. Rabîah dont le
sang coule en abondance, est obligé de rejoindre le convoi. Il
va trouver sa mère, qui aussitôt lui applique un bandage. Rabîah
demande à boire : « Mon enfant, lui dit-elle, si tu bois, tu es
« un homme mort. Va vite charger l'ennemi. » Rabîah retourne
à la charge avec une violence qui d'abord met en déroute les
Solamides.

« Mais le sang coulait de sa blessure, et coulait toujours. Rabîah perdait ses forces. Il revient près des femmes et leur dit :
« Mettez au trot vos chameaux et gagnez promptement les habi-
« tations les plus proches. Vous voyez en quel état je suis. Je
« reste ici pour protéger votre retraite. J'attends l'ennemi au
« défilé de la montagne, à cheval; je demeurerai appuyé sur ma
« lance. L'ennemi n'osera pas passer par moi pour aller à
« vous. »

« Rabîah se poste donc au plus étroit du défilé, et, pour ne
pas tomber de cheval, fiche sa lance en terre, et s'appuie sur la

hampe. Il reste ainsi pendant que les femmes prennent le chemin du camp de la tribu. L'ennemi n'osait pas approcher.

« Noubeïchah qui observait Rabiah avec attention, s'écria tout à coup : « Il penche la tête, je gage qu'il est mort. » Et Noubeïchah ordonne à un de ses hommes de lancer un trait sur le cheval de Rabîah. Le trait frappe et blesse le cheval qui s'emporte et du premier bond jette à terre le cadavre qui le montait. Alors les cavaliers solamides passent outre; mais le convoi leur a échappé. »

Les traditions ont conservé nombre de vers à l'éloge de Rabîah fils de Moukaddem. Rabîah fut, en Arabie, le seul héros ou chevalier du paganisme, dont le cadavre protégea une retraite.

La manière dont mourut le fils de Moukaddem servit de thème, comme nous l'avons déjà dit, à l'auteur du roman d'Antar pour terminer la vie de son héros. Antar, dans le roman, mais non dans la réalité historique, mourut aussi à cheval à l'entrée d'un défilé, appuyé sur sa lance, frappé aussi d'une flèche. Abdjar, le cheval noir comme la nuit, l'intrépide coursier d'Antar, ne sentant plus son maître, disparut et s'enfuit dans le désert.

## X.

Dans les rencontres, lorsque les deux partis étaient considérables, ou bien lorsque le nombre des cavaliers d'un des partis faisait craindre une résistance vigoureuse, un danger réel, on cherchait à troubler ou épouvanter les chevaux de l'ennemi ou à empêcher leur action d'ensemble.

Ainsi, à la journée de Chi'b Djébèlah ou ravin de Djébèlah, la plus terrible peut-être qui ait eu lieu en Arabie, avant l'islamisme (quarante ans avant l'hégire), un appelé Kaïs, chef des Absides et uni à Ahwas chef des Hawàzin, proposa le plan suivant :

« Mon avis, dit-il, est qu'il faut transporter les femmes, les
« enfants et les troupeaux au fond du ravin de Djébèlah, en
« sorte que nous n'ayons à nous défendre que d'un seul côté.

« Laḳît qui commande nos ennemis, est bouillant, impétueux;
« il s'engagera certainement dans le ravin avec tout son monde,
« et lancera sa cavalerie à travers les difficultés du chemin. Je
« vous conseille donc de laisser vos chameaux sans boire ni
« manger durant plusieurs jours et plusieurs nuits, de les tenir
« accroupis dans la montagne, le bras lié sur le canon; de vous
« mettre derrière eux, et de mettre derrière vous, les enfants
« et les femmes. Toi, Aḥwaś, tu ordonneras aux hommes à
« pied de rester près des chameaux (49), et au moment où
« l'ennemi nous donnera l'assaut, de délier leurs bêtes et de
« les prendre par la queue (pour les diriger à droite ou à gauche
« par une torsion convenable de ce membre). Les chameaux,
« impatients de regagner le pâturage et l'abreuvoir, se préci-
« piteront du haut de la montagne avec une force irrésistible.
« La cavalerie suivra les gens de pied, qui suivront les cha-
« meaux. Les chameaux renverseront, écraseront tout ce qui se
« trouvera sur leur passage, et lorsque nos cavaliers joindront
« l'ennemi, son affaire sera déjà faite. »

« Aḥwaś, fils de Dja'far, trouva l'avis de Ḳaîs excellent, et le
suivit de point en point.

« Lorsque Laḳît et les rois ses alliés arrivèrent à Djébèlah
avec toutes leurs forces, l'ennemi s'était déjà retranché dans la
montagne. Ils firent halte à l'entrée du ravin. Alors un homme
des Béni Açad leur dit : « Fermez l'embouchure de cette gorge,
« et affamez-les dans leur fort; de par Dieu, vous les verrez
« bientôt descendre un à un, et tomber à vos pieds comme les
« crottes de chameaux tombent l'une après l'autre du derrière
« de la bête. » Mais cet avis n'allait pas à l'impatience de Laḳît;
Laḳît fit entrer sa cavalerie dans la montagne.

« Cependant les Amirides tenaient leurs chameaux liés, après
trois « quintes de soif, » ce qui veut dire que les animaux
avaient été onze jours et douze nuits sans boire. (Dans le langage du désert, un chameau a subi *une quinte* (ḳims), quand
il a été privé d'eau pendant un intervalle tel que celui du dimanche soir au jeudi matin.)

« Lorsque la tête de la colonne ennemie fut parvenue près

de leur fort, ils lâchèrent les nœuds qui retenaient leurs bêtes,
et celles-ci s'élancèrent vers la plaine avec des mugissements de
désir qui firent trembler la montagne. La commotion fut telle,
que les assaillants se crurent, au premier moment, surpris par un
tremblement de terre. Les chameaux, suivis et gouvernés par
les gens de pied, écrasèrent tout ce qui s'opposait à leur passage. Parmi ces animaux furieux se trouvait un chameau borgne
qu'un enfant gaucher tenait par la queue, et l'enfant (mis en
verve par le fracas de l'avalanche dont il faisait partie) impro-
visait sur le mètre prosodique appelé *rédjez*, en disant :

> « Je suis le petit gaucher,
> Pendu au chameau borgne ;
> Il y a en moi du bon et du mauvais ;
> Mais le mauvais l'emporte. »

« L'armée de Laḳit fut mise en déroute. Laḳit lui-même fut
tué. »

# XI.   

LE KERR ET LE FERR, OU L'ÉLAN D'ATTAQUE ET L'ÉLAN DE
RETRAITE.[*]

La manœuvre de bataille pour la cavalerie chez les anciens
Arabes, et elle s'est conservée chez les Arabes modernes qui
n'ont pas subi l'influence de la tactique militaire européenne,
consistait en deux mouvements simples. Des cavaliers partaient
au galop, allant sur l'ennemi, mais sans ordre d'alignement,
lançaient chacun un trait, une flèche, un coup de lance, toujours à grande course ; puis, ils arrêtaient leur élan tout à coup
et sur place, tournaient bride à gauche et repartaient aussi vite.
Ces mêmes charges et fuites calculées, se répétaient successivement un grand nombre de fois. Il est clair que dans les attaques
par masses, les mouvements n'étaient pas exécutés de cette manière.

Mais, dans toute circonstance, il était toujours d'importance
fondamentale de dresser les chevaux à s'élancer par élans su-
bits, à partir au galop du premier pas, à s'arrêter bref dans le
plus vif de la course, à retourner le plus instantanément et le

plus court possible. Le cheval arabe, encore aujourd'hui, est habitué de bonne heure à ces arrêts brefs au milieu d'un élan. Même les chevaux dont l'arrière-train n'est pas très-vigoureux, tiennent longtemps à cet exercice souvent répété, car un Arabe monte rarement à cheval sans faire faire quelques jets de courses à son cheval, ne fût-ce que de quelques mètres. S'élancer au galop du premier pas, ne franchir que quelques mètres d'espace, et s'arrêter court, prouvent un cheval formé, solide, souple, utile pour l'attaque, pour la surprise, pour la fuite.

Ces mouvements de *kerr* ou d'élan en avant, d'élan de retraite ou *ferr* en arrière, n'étaient pas et ne sont pas de tactique purement arabe. Les anciens Germains, au rapport de Tacite, bien qu'ils n'eussent que des chevaux fort médiocres, pratiquaient un genre de manœuvre analogue. « Cedere loco, dummodò rursùs instes, consilii quam formidinis arbitrantur. » Lâcher pied ou faire retraite, pour revenir à la charge, leur paraît tactique plutôt que lâcheté. « Equi non formâ, non velocitate conspicui; sed nec variare gyros in morem nostrum docentur ; in rectum aut uno flexu dextros agunt, ita conjuncto orbe ut nemo sit posterior. » Leurs chevaux ne se font remarquer ni par la beauté ni par la vitesse. Ils ne leur apprennent pas à manœuvrer comme les nôtres ; ils les poussent en avant, ou par un mouvement bref et subit les détournent à gauche, et forment si bien alors le cercle qu'il n'y a pas de dernier. (Mœurs des Germains, VI. Édition de Larcher.)

Le cheval arabe était dressé de manière à obéir au moindre mouvement de son maître, et surtout de son cavalier, à la pression telle ou telle des genoux ou des jambes, à un simple contact de la main sur le cou, à un cri de telle expression, crainte ou encouragement ou excitation, à une simple parole. Rocheîd, le cavalier de Ziam ou fringant, disent les anciennes légendes, précipitait sa jument sur l'ennemi en criant : *Ichteddi*, fais force, au galop. Dans un combat, Rocheîd lança Ziam par le vers suivant :

> « **Voilà le moment de fondre sur l'ennemi, au galop, Ziam, au galop !** »

L'Arabe converse et raisonne avec tous les animaux domestiques, et arrive ainsi avec eux à une grande familiarité, ou à
une grande autorité, ou à une grande amitié. J'en ai vu des
exemples singuliers. Le chameau surtout, disent les Arabes, ne
marche bien et ne soutient longtemps ou ne reprend nettement
son allure, que lorsqu'il entend le chant du cavalier qui lui est
assis sur le dos, ou la psalmodie ou le chant, peu varié d'ailleurs,
du conducteur qui marche devant lui ou à côté de lui, ou qui
marche lui tenant l'extrémité de la queue et le suivant ainsi
par derrière ou presque contre le flanc.

## XII.

### LE JEU DU DJÉRÎD. LA FANTASÌA.

Nous ne donnerons pas ici la description minutieuse de ces
jeux équestres que les Arabes appellent aujourd'hui Djérîd et
Fantasìa. Nous ne pouvons mieux faire, pour les détails et renseignements sur les exercices, manœuvres, chasses et jeux actuels des Arabes surtout de l'Occident, que de conseiller la lecture de l'intéressant volume du général Daumas, *Les chevaux
du Sahara* (in-8°, Paris 1851).

La Fantasìa est toujours, d'après le sens du nom, une fête,
un divertissement, une cérémonie. Il n'y a qu'en Barbarie que
ce mot désigne presque uniquement une représentation ou divertissement équestre. La Fantasìa est évidemment d'invention
récente ; elle ne comporte que les jeux d'armes à feu. Seulement, pour lui donner une nuance d'antiquité, les acteurs de
ces jeux lancent leurs armes en l'air et les rattrapent sans arrêter le galop des chevaux. Le kerr et le ferr sont souvent les
deux mouvements principaux de cette sorte d'exercice.

Le jeu du Djérîd est un autre genre de sciomachie. Il se rapproche davantage des anciennes formes de combats. Quelques
cavaliers, en deux partis opposés, se lancent un à un ou deux à
deux ou trois à trois, etc., suivant le nombre des deux camps,
courent sur un ou deux ou trois de leurs adversaires, et leur lancent chacun un djérîd ou tige de branche de dattier dépouillée

de ses folioles et longue de cent vingt ou cent trente centimètres environ. Le cavalier sur lequel est lancé le djérîd doit l'éviter par un mouvement, puis courir aussitôt sur le cavalier agresseur et lui lancer un djérîd que cet agresseur, en fuyant et retournant à sa place, doit aussi éviter en s'inclinant d'un côté ou d'un autre. Ces charges, ces fuites, ces jets de djérîd se répètent de la même manière. L'important est de revenir promptement sur le cavalier qui regagne sa place au point de départ, et de l'atteindre d'un djérîd... Il arrive assez souvent que pour revenir sur le fuyard on tourne trop court et que le cheval tombe sur le flanc.

Aujourd'hui dans l'Yémen le jeu du Djérîd et le jeu de la lance à cheval sont les exercices principaux et presque uniques des cavaliers, surtout de ceux qui sont attachés au service de quelque prince ou gouverneur. Niebuhr donne une courte exposition de ces jeux dans sa Description de l'Arabie (in-4°, vol. II, pag. 40 et 41 ; Paris 1779).

Le jeu du Djérîd est un excellent exercice pour habituer le cavalier à faire nombre de mouvements sans se laisser démonter. Des jeux analogues formaient les Arabes d'autrefois à l'équitation. L'Arabe d'ailleurs était souvent à cheval; à tout moment, une circonstance imprévue pouvait l'obliger à se mettre en selle, à se défendre, à se battre, à fuir. Aussi, l'équitation était pour ainsi dire et est encore, surtout parmi les Bédouins ou gens habitant les tentes, l'exercice de toute la vie. Encore là, comme sous beaucoup d'autres rapports, un point d'analogie avec les habitudes des anciens Germains. « Hi lusus infantium, hæc juvenum æmulatio, perseverant senes; inter familiam et penates et jura successionum equi traduntur ; excipit filius, non , ut cætera, maximus natu , sed prout ferox bello et melior. » C'est le jeu de l'enfance , l'émulation de la jeunesse, le dernier exercice des vieillards. Les chevaux font partie des successions comme les maisons et les esclaves ; ce n'est point l'aîné qui les obtient, comme le reste, par le droit de l'âge, mais le plus intrépide à la guerre et le plus habile. (Tacite. Mœurs des Germains, XXXII. Édition et traduction de M. Nisard. Paris 1840.)

Cette sorte d'existence pour ainsi dire passée à cheval, a tou-

jours fait des Bédouins, d'excellents cavaliers, habiles ou au
moins audacieux dans les combats de cavalerie; « equestris dis-
ciplinæ arte præcellunt. » Ainsi l'ont établi leurs ancêtres; leurs
descendants les imitent; « sic instituere majores, posteri imi-
tantur. » L'amour de la gloire, la nécessité d'attaquer ou de
défendre, ont toujours entretenu et nourri cette habileté, en ont
conservé l'héritage. Ils venaient montrer leurs blessures à leurs
mères, à leurs femmes; et celles-ci ne craignaient pas de compter
les plaies, de demander à les voir. « Ad matres, ad conjuges
vulnera ferunt : nec illæ numerare aut exigere plagas pavent.
(Mœurs des Germains, VII.)

Chez les Arabes comme chez les Germains, l'équitation était
encore, ainsi que nous venons de l'indiquer, le dernier exercice des vieillards ; le vieillard jusqu'à son dernier jour voulait avoir son cheval, son ami; et cet exercice du vieux Arabe
faisait sa joie et son bonheur, le rappelait souvent à des essais
d'adresse, de vigueur, que cette existence équestre conservait si
longtemps. Ainsi, le robuste et intrépide Amr fils de Ma'dî Kariba resta pour ainsi dire à cheval toute sa vie. Après l'islamisme
Amr qui se fit musulman, puis qui apostasia, puis qui revint
à la foi nouvelle, parut et batailla vigoureusement dans nombre
de batailles. « Jusqu'à un âge très-avancé, il conserva ses habitudes et ses goûts équestres. Il était vieux, lorsqu'un jour,
l fut rencontré, au repos, et à cheval, par un Arabe qui le connaissait et qui dit à demi-voix : — « Par Dieu ! je veux voir ce
qui reste encore de force à ce fils de Ma'dî Kariba. » Et l'Arabe
glisse sa main entre la cuisse d'Amr et le flanc du cheval. Amr
comprend la malice, serre la cuisse, met son cheval en mouvement, et part. Et notre curieux indiscret, suit de force à côté du
cheval, la main prise sous la cuisse du cavalier; l'Arabe ne pouvait
plus dégager sa main. Il court, il suit tant qu'il plaît à Amr
qui enfin s'arrête et dit à son homme :

— « Eh bien, mon ami, qu'as-tu donc?

— « Tu ne vois donc pas? j'ai la main prise sous ta cuisse.

— « Ah! » dit Amr d'un air demi-surpris, et il soulève légèrement la cuisse.

« L'homme retire bien vite la main. Et Amr ajoute en fixant son Arabe :

« N'est-ce pas, qu'il y a encore un peu de force dans ce vieux-là ! » L'Arabe en convint tout de suite, et il se regardait la main. (Extrait du Charḥ riçâlet ibn Zeîdoûn, vingt-quatrième cahier de mon manuscrit.)

## XIII.

Les ressemblances de mœurs chez les anciens Germains et chez les anciens Arabes, ont quelque chose de frappant et de curieux. Ces populations, se mouvant librement dans deux zones terrestres si éloignées et si différentes, semblent presque s'être copiées, dans une foule d'habitudes, de lois inventées par la nécessité et la coutume. Les trente-trois premiers chapitres des Mœurs des Germains, sont, à quelques centaines de lignes près, un tableau de la vie des Bédouins de l'Arabie.

Il est un trait caractéristique, que je ne trouve point dans le désert, et qui, par rapport aux chevaux, personnifie plus spécialement les Germains. — Les Arabes ont eu dès leurs âges les plus anciennement connus, et comme tous les peuples, leurs auspices, leurs augures, leurs devins, leurs manières de consulter le sort, leur science divinatoire, leur divination enfin, même pour les choses publiques les plus graves, les plus importantes. En Arabie, jadis on consultait le sort au moyen des *azlâm*, sortes de petites flèches non empennées, ou flèches du sort, marquées chacune d'un signe ; les Germains (voy. Tacite, X) consultaient le sort au moyen de fragments d'une branche d'arbre fruitier marqués de signes particuliers. — Mais une pratique propre aux Germains, c'était de tirer, des chevaux, certains présages et avertissements. On nourrissait aux frais du public dans les forêts et les bois sacrés, des chevaux blancs qu'aucun travail humain n'avait touchés. « On les attèle, dit Tacite, à un char sacré ; le prêtre et le roi ou le chef de la cité, les accompagnent, et les observent quand ils hennissent et frémissent. Il n'y a pas d'auspice plus décisif, non-seulement pour le peuple, mais pour les grands et les prêtres lesquels se regardent eux-mêmes comme les ministres des Dieux, et regardent les chevaux comme sachant leurs pensées. » « Proprium gentis equorum quoque præsagia ac monitus experiri ; publice aluntur..., nemoribus ac lucis, candidi et nullo mortali opere contacti ; quos pressos sacro curru sacerdos ac rex vel princeps civitatis comitantur, hinnitus ac fremitus observant. Nec ulli auspicio major fides, non solum apud plebem, sed apud proceres, apud sacerdotes : se enim ministros Deorum, illos conscios putant. » (Taciti, libro laud. X.)

En Arabie, on n'a jamais, pour ainsi dire, abusé des chevaux jusqu'à ce point. Ils y étaient trop utiles, trop estimés, trop aimés, trop précieux, pour qu'on les jetât au hasard. On en voyait bien parfois errer à l'aventure, on en abandonnait, ou même on tuait un cheval sans autre but que de le tuer, mais cette destinée n'était faite qu'au cheval inutile, ou sans valeur, ou intraitable. Le cheval, même celui de moyenne valeur chevaline, était gardé comme la plus belle richesse. On obtenait le cheval avec de grands soins, au prix de longues attentions, et nécessairement il devenait en quelque sorte, lorsqu'il en était jugé digne, l'enfant de la famille, plus que cela, le protecteur de la famille avec son maître, le protecteur de la tribu peut-être, en un jour de grand danger. Le maître n'échappait aux périls que par le courage, la patiente résistance, et la vitesse du cheval ; pour sauver son maître, le cheval fuyait, lorsqu'il le fallait, et de quelque distance qu'il partît, il ne s'arrêtait plus qu'à la tribu, à la tente auprès de laquelle il expirait, tué de fatigue.


## XIV.


C'est ainsi que succomba la fameuse jument El-Açâ.

Vers l'an 228 de l'ère chrétienne, Djézîmeh, qui gouvernait le royaume de Hirah en Chaldée, passa sous la dépendance d'Ardchir. Ardchir fut la tige de la dynastie des Sâçânides, en Perse... Djézîmeh demanda la main d'une reine que les Arabes appellent Zabbâ et qui est la même que la Zénobie des historiens

grecs et latins. Cette reine passait l'hiver dans ses places fortes
sur l'Euphrate, l'été à Tadmour ou Palmyre, le printemps à
Batn el-Medjâz qui est sans doute Batné, appelé plus tard Sa-
roudj, dans l'Osrhoène. Zabbâ avait à venger la mort de son
mari tué dans une guerre contre ce Djézîmeh, roi de Ḥìrah.
Après plusieurs sollicitations, Zabbâ parut céder aux intentions
de Djézîmeh et lui fit dire qu'elle l'attendait pour conclure leur
union. Lorsqu'il reçut cette nouvelle, il était à Bakkah, forteresse
sur le bord de l'Euphrate, au-dessus de Ḥît.

Djézîmeh consulta les principaux de ses officiers. Tous lui
conseillèrent d'accepter la main et le royaume de Zabbâ. Un
seul courtisan, appelé Ḳoçaîr, exprima un avis opposé et fit pressentir la ruse de Zabbâ. Djézîmeh se rangea à l'opinion du plus
grand nombre. Les préparatifs furent faits, et on partit. On lon-
gea l'Euphrate; on arriva à Rahbah (la Rahabé de Danville).
Là, des présents, des rafraîchissements furent offerts à Djézîmeh,
de la part de Zabbâ; et peu après, une nombreuse troupe de cavaliers de cette reine parut. C'est alors que Ḳoçaîr dit à Djézì-
meh : « Si ces cavaliers restent devant toi, ils viennent pour te
« rendre hommage; s'ils se divisent et paraissent t'entourer,
« c'est qu'ils ont contre toi quelque projet de mal; alors
« vite, monte ta jument El-Açâ et prends la fuite. »

El-Açâ était d'une vitesse extraordinaire; aucun cheval n'é-
tait capable de l'atteindre à la course. Djézîmeh séduit par la
pompe de la cérémonie, et persuadé que l'on rendait honneur
à sa qualité de roi, oublia les paroles de Ḳoçaîr, se laissa entourer
par les cavaliers de Zabbâ, et fut bientôt séparé de sa jument.
Aussitôt Ḳoçaîr qui s'était tenu près d'El-Açâ, s'élance sur elle
et part comme un trait. — On le poursuit; il échappe. Il court
à toute vitesse sans un seul moment de répit, depuis le matin
jusqu'au coucher du soleil. Arrivé alors à une station d'Arabes
sujets de Djézîmeh, il s'arrête; la jument tombe et expire.

A l'endroit même où elle mourut Ḳoçaîr fit élever une tourelle à laquelle il donna le nom de Bourdj el-Açâ, la tourelle
d'El-Açâ.

Djézîmeh fut conduit à Zabbâ. « Comment veux-tu mourir?

lui dit-elle. — En roi, » répondit-il. On lui servit un repas, et
il mangea avec calme. On lui versa du vin ; il but, et quand l'i-
vresse commença à l'étourdir, on le plaça sur un énorme cuir,
on lui ouvrit les veines des bras, et on le laissa mourir. (268
de J. C.)

# CHAPITRE XIII.



## I.

Les courses de chevaux, avant l'islamisme étaient engagées par suite de gageures, ou de provocations, ou de défis. Souvent les enjeux étaient considérables ; ils s'élevaient jusqu'à un millier de chameaux. Souvent aussi, les courses devenaient les motifs de querelles, de collisions qui soulevaient des tribus les unes contre les autres, et engendraient des conflits, des guerres. Nous verrons tout à l'heure, ce que suscita la course des deux chevaux Dâhis et Rabrâ.

C'est afin de prévenir les luttes sanglantes ou les inimitiés de tribus à tribus, que, dans ses pandectes, l'islamisme consacra un chapitre à régler les conditions et bases principales selon lesquelles devaient, plus tard, être conduits ces jeux ou exercices. Et l'idée fondamentale fut que dans les courses et les sciomachies, lorsque les vainqueurs devaient concourir pour un prix, une rémunération honorifique, un bénéfice quel qu'il fût, jamais celui ou ceux qui proposaient ce prix, ou cette rémunération, ou ce bénéfice, ne devaient, s'ils étaient vainqueurs, recevoir le prix ou la rémunération. Nous avons vu précédemment (chap. III, p. 110) les textes mêmes de la loi à cet égard et relativement aux jeux de l'hippodrome.

## II.

Les courses, les exercices et jeux équestres, n'avaient pas seulement pour but de décider de l'agilité de tel coursier; c'étaient aussi les épreuves premières où devait se révéler l'homme le plus digne de commander dans les expéditions, et de gouverner, administrer, protéger la tribu, ou un ensemble de tribus. Car dans les guerres, c'était une honte, pour un chef, d'être surpassé en courage par ses compagnons, c'était une honte pour ceux-ci de ne pas l'égaler. « Quum ventum in aciem, turpe principi virtute vinci, turpe comitatui virtutem principis non adæquare. » (Tacite, Lib. laud. XIV.)

Aussi, dès leur jeunesse, les fils de noble sang, cherchaient, s'étudiaient, dans les exercices d'adresse, exercices préparatoires ou non à la guerre, le tir de la flèche, le jeu ou la manœuvre de la lance, la lutte, le jeu de boule, — à mériter et obtenir la suprématie qui leur était reconnue en raison de leur naissance; leur prééminence, pour avoir une signification réelle, devait se poser sous toutes les formes. Ainsi, Abd El-Mouttaleb, l'aïeul de Mahomet, était dès sa jeunesse, un des plus adroits et des plus habiles archers parmi les jeunes Médinois. Un jour que rivalisant d'adresse avec une troupe de jeunes garçons, il planta sa flèche dans le but, il dit avec la naïve fierté de son âge : « Je suis le « fils du noble Hâchem, c'est moi le prince de la vallée de la « Mekke. » Un appelé Abou Bérâ Amir fut, avant les temps islamiques, surnommé Moulâïb el-acinnah, ou le joueur de lances, parce qu'il maniait la lance avec tant de dextérité, de légèreté, de bonheur, qu'il semblait dans les combats, se jouer avec les lances ennemies.

## III.

Primitivement, dans les courses, les chevaux n'avaient ni selle ni étriers. Bien entendu, ces accessoires, étaient complétement inutiles dans les courses libres où les chevaux étaient lancés en pleine liberté, sans cavaliers.

Dès avant l'islamisme, le harnachement du cheval compor-

tait, ou pour mieux dire comprenait la selle et les étriers, c'est-
à-dire, en introduisant exactement le mot d'après sa racine, les
*montoirs* à cheval. Ces étriers ou montoirs étaient en bois. C'est
à tort que l'on a affirmé que les Arabes ne se servaient pas encore d'étriers dans le viiiᵉ siècle de l'ère chrétienne; il est question d'étriers, seulement la forme n'en est pas déterminée,
dans les traditions antéislamiques, et aussi à l'époque de Mahomet. Bien plus, rien n'indique la date de leur invention en
Arabie; et les traditions, chez les Arabes qui veulent nommer
partout l'inventeur ou le premier metteur en œuvre de chaque
chose, ne nomment nulle part, que je sache au moins, l'apparition ou l'usage premier des étriers.

Mais tous les textes s'accordent sur ceci : « Le premier individu qui se servit d'*étriers en fer* est Mouhalleb; avant cela, les
Arabes avaient des étriers en bois. » Et Mouhalleb qui devint
gouverneur du Ḳorâçân et fit la guerre aux hérétiques désignés
alors sous le nom de Ḳawâredj, vivait à l'époque du célèbre et
terrible Ḥadjdjâdj, gouverneur de l'Irâḳ, lequel Ḥadjdjâdj,
mourut l'an 95 de l'hégire. L'an 95 de l'hégire commença le 5
ou le 6 de septembre de l'année 713 de l'ère chrétienne (50).
C'est l'époque à laquelle les Arabes portèrent leurs conquêtes
dans l'Inde.

Les étriers actuels, dits étriers à la turque, sont connus. Ils
sont en larges et longs plateaux quadrilatères légèrement bombés
à la face supérieure, munis d'angles aigus, et font, au besoin,
office d'éperons.

Tous les Orientaux portent l'étrier court. Ils aiment, comme
l'indique leur expression, *être assis* à cheval, et avoir par conséquent les jambes suffisamment pliées. Cette position, pour les
longs trajets, pour toutes les circonstances où il y a nécessité
de rester longtemps en selle, amène moins facilement la fatigue.
D'ailleurs, il est toujours possible de dégager le pied de l'étrier,
et d'alonger la jambe afin de la délasser. Les longues saillies des
arçons, devant et derrière la selle, sont des points d'appui, soit
au repos, soit dans la marche, soit dans le combat.

Mais le grand avantage qu'il y a à tenir les étrivières courtes, c'est qu'en bataille, dans l'attaque ou dans la défense, dans le *kerr* ou le *ferr*, le cavalier peut se dresser sur les étriers, se porter puissamment en avant, et gagner ainsi en prolongement, pour la portée d'un coup, ou pour saisir un ennemi, ou pour l'éviter, jusqu'à plus de trente centimètres. A égale adresse et à égale instruction en tactique personnelle, le cavalier arabe aurait dans maintes circonstances, l'avantage sur le cavalier européen, soit pour frapper, soit pour éviter un coup de lance ou de sabre. Seulement, dans les mouvements violents du cavalier arabe qui se jette ainsi sur l'avant de son cheval, le cheval doit avoir un bipède antérieur plus solide, plus vigoureux, pour ne broncher jamais.

Dans les manœuvres de corps ou de troupes serrées, l'étrier arabe ou turk, est gênant en raison de l'espace qu'il lui faut. Mais, pour l'Arabe avec son genre si primitif de tactique et de manœuvre, l'étrier large est encore une arme; les deux angles extérieurs sont toujours acérés, coupants; c'est donc un véritable couteau que le cavalier fait jouer du pied et au moyen de ce couteau qui arme pour ainsi dire chaque jambe, le cavalier porte des coups d'entailles transversales parfois vigoureux, entamant et coupant même profondément les membres ou les flancs des hommes ou des chevaux. C'est en quelque sorte le cheval armé de faux.

Dans certains pays, et surtout parmi les Bédouins, l'étrier large a un usage particulier, pour les jeux et les exercices équestres. A pleine course, le cavalier habile et maître de tous ses mouvements, doit pouvoir, avec les angles intérieurs des étriers, tracer sur les flancs du cheval une ou plusieurs lettres arabes, ou, par exemple le mot *bism* بسم, c'est-à-dire *au nom* de Dieu. Il faut une grande adresse, une grande aisance, une grande légèreté, pour ne pas blesser alors le cheval, et ne guère entamer qu'au delà de l'épiderme, ou seulement enlever le poil sous la pointe *stapédique* qui sillonne la peau.

La selle dite wahabite et qui est introduite en Égypte depuis assez longtemps, est une sorte de surtout, sans arçons, un coussin plat, piqué, un peu plus relevé sur le garrot et derrière le

cavalier. Une pièce de drap, carrée ; tombe de chaque côté ; et
une autre s'étale en arrière et couvre la croupe du cheval. Cette
selle est parfois en cuir. Les Bédouins du Nedjd n'ont pour selle
qu'une peau de mouton rembourrée, et pour guide qu'un
simple licou. La docilité, la souplesse de nature et de caractère
que suppose un aussi simple harnachement, sont le privilége
des chevaux de race supérieure, de pur sang, devenus par
suite d'une éducation d'ami, d'enfant de la famille, le compagnon et l'ami de son maître.

Le vrai Bédouin ne se sert que de la selle à haut arçon antérieur et à haut troussequin arrondi en dossier. Cette selle n'est
ordinairement qu'un appareil de bois recouvert de cuir et à
peine rembourré.

La bride du cheval, dès longtemps avant l'islamisme, était
une simple corde de *lîf* ou fibres de l'enveloppe textile qui
revêt et entoure le sommet du stipe et la base des branches du
dattier. Une tradition qui remonte à un siècle environ avant
l'ère chrétienne, dit que Dahhâk fils de Maadd (lequel Maadd
est le dix-neuvième aïeul de Mahomet) partit en expédition
contre des Israélites, à la tête de quarante cavaliers couverts de
cuirasses en laine et montés sur des chevaux bridés avec des
cordes de lîf. Dahhâk enleva aux Israélites un certain nombre
de prisonniers, et un butin assez considérable.

A l'époque de J. C., et peut-être même un peu auparavant,
il y avait les selles dites selles ilâfiennes, du nom de l'inventeur nommé Ilâf, de la tribu des Djarmides, tribu de l'Yémen.
Je pense que c'est la grande selle encore en usage aujourd'hui
pour monter à chameau. Cette selle était couverte en cuir et
avait les coussinets latéraux.

En Arabie, et dans les déserts de la Syrie, de l'Asie Mineure,
chez les Bédouins de quelque pays que ce soit, chez le véritable
Arabe, jamais le cheval n'est ferré, et il ne l'a jamais été. Une
des premières qualités que doit avoir le cheval de race ou autre,
pour être estimé d'un Arabe, c'est une corne solide, polie, luisante, bien tissue. Et les marches souvent répétées, souvent
prolongées que l'on fait faire au poulain ont le double but de

le dresser à un pas régulier, d'aplomb, et en même temps de
faire acquérir au sabot de la fermeté, de la résistance, et d'é-
mousser, d'annuler la trop grande sensibilité de la face centrale
et inférieure du pied.

Dans les pays arabes où la ferrure est en usage aujourd'hui,
en Égypte par exemple, on n'applique au cheval que le fer à
planche. L'intention est de préserver le pied du contact sur des
cailloux, d'empêcher aussi l'usure trop prompte de la corne.
Toutefois, le fer et la ferrure arabes diffèrent essentiellement de
ce que nous appelons fer à planche et du but que l'on se propose, parmi nous, dans l'application de ce fer. Le fer arabe est
exactement dans la forme que nous avons représentée par la
figure placée à la page **263** de ce volume. Les portions internes
des deux éponges sont ramenées l'une sur l'autre, ou l'une
contre l'autre, et soudées ensemble, de telle sorte que le fer es
une véritable plaque assez mince, plus mince encore au bord
postérieur, et percée, à son centre, d'une ouverture de diamètre médiocre et presque ronde. La surface supérieure est légèrement convexe, et relevée surtout à l'extrémité postérieure,
afin de mieux s'adapter à la forme des talons.

L'ouverture centrale du fer laisse un passage à l'air. Mais
comme, d'autre part, elle serait une circonstance qui permettrait aux cailloux, à la terre, au crottin, au sable, de s'emma-
gasiner entre le fer et la plante du pied, on a soin, avant de
clouer la ferrure, de garnir l'espace resté libre, par un léger
tampon ou plumasseau de filasse que souvent on imbibe de
kaṭrân ou goudron très-liquide et affaibli.

Nombre de chevaux qui ont longtemps porté ce genre de ferrure, ne s'habituent jamais à la ferrure européenne. J'en ai
moi-même fait l'expérience sur les quelques chevaux que j'ai
eus. Le centre du pied reste trop sensible par l'usage du fer
arabe; si on remplace ce fer par le fer français, le cheval boite
peu de jours après; la sole se gonfle et souvent, malgré toutes
les précautions possibles, malgré les interruptions, malgré une
insistance prudemment graduée, on est forcé de revenir à la
ferrure arabe.

En Egypte, ce n'est guère que dans les villes et les localités un peu considérables, que l'on ferre des chevaux. Les Bédouins ne les ferrent jamais.

Ai-je besoin de dire qu'en Orient l'art de la maréchalerie a peu d'habileté, et ne sait guère par quelles modifications de ferrure on peut remédier à telle allure vicieuse, à tel jet ou à telle position ou tel faux aplomb des pieds?... — Le maréchal est toujours maréchal ferrant vétérinaire, c'est le beïtar.

## IV.

Les anciens Arabes désignaient par une qualification, devenue parmi eux une dénomination spéciale, les chevaux qui avaient atteint l'âge dans lequel leur force est au plus haut degré de développement, avant lequel ils ont plus de vivacité et de célérité au premier temps de la course, après lequel ils commencent à perdre de leur résistance à la fatigue dans une course de longue durée et sur des terrains de solidité variable. Car les Arabes, dans les épreuves hippodromiques, ne mesuraient pas et ne comparaient pas la vigueur et la vélocité de leurs chevaux, seulement sur la longueur de l'espace parcouru, mais encore sur les différences des terrains à franchir. Ainsi, nous verrons dans la course si célèbre appelée par l'histoire Course de Dâḥis et de Ṛabrâ, du nom des deux chevaux si célèbres Dâḥis et Ṛabrâ, nous verrons que la seconde partie de la carrière était un terrain meuble, plus profondément sablonneux, plus incertain, plus inégal, et par conséquent plus difficile à traverser.

Il ne fallait donc pas pour vaincre sur un pareil hippodrome, seulement le premier feu de la jeunesse, le premier emportement de la légèreté, il fallait la nervosité d'un cheval dans la perfection de sa vie, d'un cheval à l'apogée de son développement, à cet âge où il a tout ce qu'il peut avoir, un ensemble, combiné d'énergie et de vitesse. Il lui fallait l'énergie pour soutenir assez longtemps la vitesse, et la faire triompher. C'était l'âge du coureur parfait ou pour mieux dire l'âge où le cheval a

la course la plus puissante, l'âge auquel, dans la difficulté à
vaincre, le cheval va par progression croissante d'efforts.

Le cheval arrivé à cet âge, où, sur l'hippodrome, il vaut tout
ce que dans l'état ordinaire des choses, il pourra jamais valoir,
était désigné par le nom qualificatif de mouzekkî (au pluriel
mouzâkî ou mouzekkiât), c'est-à-dire qui est en parfum du bel
âge, ou, comme nous disons, *en bon âge*, à la *fleur* de l'âge. Le
cheval est mouzekkî lorsqu'il a atteint seulement une ou deux
années après que toutes ses dents sont reproduites.

M. F. Fresnel, dans une note qu'il ajoute à la traduction de
la course de Dâhis et de Rabrâ, dit, à propos du terme de mouzekkî qu'il a parfaitement expliqué :

« Des chevaux à l'apogée de leur force, se trouvant en concurrence avec des chevaux plus jeunes, ont d'autant plus de
chances de victoire que la carrière est plus longue et que la dernière partie de cette carrière offre plus de difficultés ; ce qui me
paraît incontestable. Dâhis et Rabrâ, les chevaux de Kaîs, sont
à l'apogée de leur force, car il les appelle mouzekkiât... ; Kattâr
et Hanfâ, les chevaux de Hozeïfah (l'adversaire de Kaîs), sont
plus jeunes, parce qu'ils ont l'avantage au début de la carrière
et le perdent à la fin. Les jeunes chevaux ont beaucoup de souplesse et peu de force dans les jarrets ; il en résulte nécessairement que la vitesse de leur course doit être en progression dé-
croissante. Les chevaux de bon âge, au contraire, ayant plus de
force et moins de souplesse, leur vitesse se trouve en progression
croissante ; par la raison inverse, la flexibilité qui leur manque
au départ, ils l'acquièrent en s'échauffant et sans se fatiguer
sensiblement. — Il y a dans la langue vulgaire un proverbe qui
signifie, « Ne vous réjouissez pas tant, lorsque vous voyez courir le poulain, » et s'applique à tous les brillants débuts que ne
doit point couronner un succès complet. On sous-entend, « parce
que le poulain sera bientôt las. »

## V.

Dans cette fameuse course que nous allons bientôt raconter
d'après les textes arabes, présentés avec un pittoresque si vif, si
émouvant, Ḳaîs, l'un des deux intéressés, n'avait pas entière
confiance en la loyauté de son adversaire Hozeïfah. Car là aussi,
en Arabie, dès avant l'islamisme, le champ de l'hippodrome, le
turf avait ses roueries, ses ruses, ses déloyautés, ses bassesses ..
Ḳaîs ne s'était pas trompé ; la victoire lui fut volée par un hon-
teux guet-apens, malgré les précautions qu'il avait prises, malgré les conditions fixées pour l'étendue du trajet à parcourir, et
pour le temps de la mise en train ou training.

L'espace à franchir devait être de cent portées de flèche.
« Selon Meïdânî, dit M. Fresnel, les cent portées de flèche font
douze milles. Abou l-Féda, dans la préface de sa géographie,
dit que le mille des anciens géographes est de trois mille coudées, et celui des modernes de quatre mille. En l'évaluant à trois
mille huit cents coudées, et supposant (ce que l'on admet généralement) la coudée égale à un pied et demi, le mille des Arabes
civilisés correspond exactement à notre mille géographique
de soixante au degré, et les cent portées de flèche feraient
cinq lieues communes de France. « C'est, dit Meïdânî, d'après
« d'autres autorités, le *nec plus ultrà* du galop d'un cheval
« dans sa force. »

D'autre part, le temps de l'*entraînement* ou mise en train
fut fixé à quarante nuits. — A propos de ce mot entraînement, je ne puis m'empêcher de citer encore une remarque de
M. Fresnel.

« Le mot d'*entraînement*, dit-il avec justesse et avec grande
raison, le mot d'entraînement récemment adopté en France
pour exprimer la préparation des chevaux à la course, est on ne
peut plus mal choisi. Le mot anglais *training* n'a jamais voulu
dire « entraînement, » mais bien « mise en train. » Rien de
mieux que d'emprunter un mot technique à la langue anglaise,

ou à la langue arabe, quand il s'agit de chevaux, mais il ne faut
pas défigurer la langue française. »

## VI.

Le nombre des chevaux qui pouvaient paraître sur l'hippodrome et s'engager, n'était pas limité, à moins de conditions
établies et acceptées à l'avance. Car il y avait — les courses
entre chevaux de particuliers,—les courses provoquées par une
tribu rivalisant avec telle autre, prétendant à la supériorité hippique, — les courses générales ou publiques, c'est-à-dire celles
où tout concurrent pouvait présenter son cheval et disputer la
victoire.

Mais quel que fût toujours le nombre des chevaux engagés
dans ces luttes, on ne donnait quelque attention que jusqu'au
coureur de tel degré dans la série des vitesses présentes, dans le
rang des concurrents lancés sur l'arène. Ainsi, le vainqueur de
la course était désigné par le titre ou le nom de ḥallâb, hip-
podromien, le roi de l'hippodrome, ou comme on eût dit aux
courses d'Olympie, l'olympique, *olympicus*. Le mot ḥalbeh,
qui est de même nature radicale que ḥallâb, signifie l'hippodrome au moment de la course, ou plutôt le lieu et l'espace
choisi pour la course, non pas réellement un hippodrome construit ou disposé pour toutes les courses de chevaux. Ce même
mot ḥalbeh, par la raison qu'il signifie hippodrome ou lieu
choisi arbitrairement pour une course, comprend également
tout ce qui se présente d'acteurs sur l'arène désignée, c'est-à-
dire tous les chevaux engagés et présents pour la lutte hippo-
dromique, lorsqu'ils appartiennent à des maîtres différents, à
des haras différents, lorsqu'ils viennent pour disputer à des
compétiteurs le prix et la gloire de la course. Le mot ḥalbeh
répond donc exactement au *turf* anglais, au *champ* de course
pendant que les rivaux et les intéressés y sont en présence ou
rassemblés.

On appelait encore minhab, ou ravisseur, *prædans*, le cheval

vainqueur dans une course ; par cette appellation on voulait signifier qu'il avait ravi la victoire, ou comme nous dirions, enlevé la palme à ses concurrents.

Le cheval qui se trouvait le neuvième, c'est-à-dire au neuvième degré ou après le huitième cheval sur dix chevaux courant, était dit latîm, ou souffleté. Comparé aux autres chevaux
qui le précédaient sur l'arène, il était comme déshonoré; il était
déclaré distancé..... Cette indication prouve que souvent les
courses étaient entre dix concurrents. Dans le Livre des proverbes, de Meïdânî, on voit que le mot halbeh dont nous par-
lions tout à l'heure, est expliqué par les mots *décade de chevaux*
engagés sur l'hippodrome.

Le hallâb ou cheval vainqueur était souvent ramené en
triomphe, et la tête parée de plumes noires d'autruche. Les
femmes présidaient ordinairement à ce triomphe, et ornaient
le cheval des plumes ou insignes de la victoire. C'est au grand
Chérif de la Mekke et à quelques autres Arabes hédjâziens de la
suite du chérif, que je dois l'indication de cette habitude qui est
encore conservée aujourd'hui en Arabie.

Du reste, les plumes d'autruche étaient depuis longtemps, dès
les époques antéislamiques, une sorte d'insigne de victoire ou
de succès. Ainsi, les lettres ou bulletins des armées victorieuses
étaient bordés de plumes noires prises des rémiges ou plumes
antérieures des ailes de l'autruche. C'était la décoration des
lettres de triomphe, comme les palmes chez les Romains.

Voici, à ce sujet, la traduction d'un passage arabe cité dans
le Journal asiatique de Paris, numéro de juillet 1851 : « On
rapporte que lorsque le Nâbiṛah, le poëte, retourna auprès de
No'mân, roi de Hîrah, ce roi lui fit cadeau de chameaux açâfîr
ou d'un roux foncé, avec leurs panaches ou plumets en plumes
d'autruche... Ces plumets servaient encore à un autre usage ;
les rois ornaient leurs *lettres* ou *chartes* de victoire, de pennes
noires d'autruche... Les chameaux étaient ainsi parés, parce
qu'ils appartenaient au roi, et que les plumes et panaches étaient
un des attributs de la royauté. »

Aujourd'hui, les chameaux en voyage portent très-souvent,

attaché au sommet de la tête, un bouquet de plumes d'autruche noires.

En Égypte, les eunuques de grandes maisons ornent souvent leurs chevaux de plumes noires d'autruche; ils en attachent au bord de la têtière et de la bande ou collier qui passe devant le haut du poitrail du cheval et se lie aux deux côtés de la selle.

## VII.

En Arabie, il n'y eut jamais d'hippodrome proprement dit, c'est-à-dire de lieu disposé exprès pour les courses de chevaux. Ces courses s'exécutaient en plein désert; seulement, on choisissait de préférence tel espace, depuis telle localité à telle autre, comme présentant un trajet pour ainsi dire connu du cheval, ou comme présentant telles variations ou tels incidents de terrain, telles différences de sol.

Les conditions de la course, et l'enjeu ou dédit étaient fixés.

Au point de départ, on établissait un miḳbad, sorte de barrière consistant en une corde tendue transversalement devant les chevaux rassemblés et prêts à s'engager dans la course. Ce miḳbad est l'ἱππάφεσις, le βαλβὶς des Grecs. C'est encore aujourd'hui le genre de barrière disposé pour les courses dans quelques pays de l'Europe, à Naples par exemple. — On lâchait et laissait tomber la corde, et aussitôt tous les chevaux de partir et de s'élancer sur l'arène destinée à l'épreuve.

L'espace que devaient parcourir les concurrents, était ordinairement en ligne prolongée en avant, que cette ligne fût droite ou plus ou moins tortueuse; mais dans ce dernier cas les incidents latéraux de terrains servaient de limites ou d'empêchements qui indiquaient aux chevaux en courses libres, de suivre la voie la plus facilement ou la plus naturellement ouverte et présente devant eux.

La longueur du trajet d'épreuve, comme nous l'avons déjà indiqué, avait parfois jusqu'à cent portées de flèche ou vingt kilomètres. C'étaient les grandes courses; c'étaient les grandes épreuves, celles qui mettaient en émoi des tribus. Cinquante

portées de flèche étaient le terme souvent accepté; au-dessous
de cette limite, les courses avaient beaucoup moins d'intérêt
et d'importance. Nous avons fait remarquer que dans les courses
qui eurent lieu à la fin de la cinquième année de l'hégire, par
ordre de Mahomet, l'espace à franchir fut de six milles environ,
ou cinquante portées de flèche, pour les chevaux mis en train,
et d'un mille, ou deux kilomètres à peu près, pour les chevaux
non préparés.

Après la course, on abattait la sueur des chevaux; et nous
avons vu Mahomet lui-même venir se mettre en face de son cheval vainqueur et de sa propre main, avec sa manche, lui essuyer
la sueur.

Plus de mille années avant que l'on eût institué même en
Angleterre, sous Charles II (en 1669), un prix pour les courses
régulières de New-Market, on pratiquait en Arabie les plus
minces détails des convenances et des soins pour les chevaux
destinés aux luttes d'hippodromes. Pour trouver en France, des
courses un peu sérieuses, il faut arriver jusqu'en 1776, aux
courses qui pendant plusieurs jours se renouvelèrent à Paris
dans la plaine des Sablons. L'année suivante, à Fontainebleau,
il y eut une autre course de quarante chevaux, et qui fut suivie
d'une course de quarante ânes dont le vainqueur eut pour récompense un magnifique chardon d'or et cent écus d'argent.
Il serait à désirer que ces sortes d'*oniennes* ou courses d'ânes
se renouvelassent. Il en résulterait infailliblement une amélioration de la race asinale, si utile pour les travaux et les besoins
des campagnes, les transports, les voyages de traverses et de
montagnes.

Dans les récits relatifs aux courses des anciens Arabes, nous
n'avons rien rencontré qui indiquât le poids que l'on tolérait ou
fixait pour un cheval sur l'hippodrome. Avant l'islamisme et
encore après, on ne s'amusait pas à peser un groom, à prendre
sa tare à tant de grammes près; les Arabes auraient par trop ri
de faire des courses à la balance. Sans doute on ne jetait pas
sur le cheval engagé pour la lutte, le premier lourdeau venu,
mais on ne pesait pas les cavaliers; on avait plus de confiance

dans le cheval, ou, en d'autres termes, on ne voulait pas que
la supériorité d'un cheval dépendît d'un kilogramme ; c'eût été
une pauvre supériorité, c'eût été trop peu de chose. Chez nous,
dans toute l'Europe, nos courses aujourd'hui sont des spécula-
tions de commerce, de vanité, sans assez d'utilité ; les chevaux
sont encore trop petits-maîtres.

A l'époque du sultan El-Nâĉer, fils de Ḳalâoûn, le poids dont
on chargeait le cheval dans les courses, paraîtrait aujourd'hui
fabuleux, ridicule. Encore une fois, c'est que l'on voulait avoir
la mesure de la puissance, c'est-à-dire de la force en même
temps que de la vitesse du cheval, on voulait voir combien de
vigueur et de force pouvait en lui s'allier au maximum de célérité possible. Nous verrons dans la traduction du Nâĉérî, quelle
était parfois la charge des chevaux amenés sur l'hippodrome.

## VIII.

La course libre ou course de chevaux libres et sans cavaliers,
était aimée des Arabes, parce qu'elle est la seule espèce d'épreuve
qui donne ce que nous venons d'appeler la mesure de la puissance d'un cheval. Car dans la course libre, personne ne tem-
père ou ne ménage ou ne dirige la dépense de célérité ou de
force dans le premier temps pour retrouver cette économie sagement calculée, vers le moment d'atteindre le but, au dernier
quart, comme on dit, de la carrière. Le cheval courant libre,
est tout à lui-même, et incontestablement c'est le plus vigoureux
le plus riche d'étoffe, d'élasticité et de vigueur qui arrivera le
premier au but ; la course libre est le dynamomètre réel des
étalons et des juments ; c'est là que se reconnaissent par un
résultat forcé les pères et mères vigoureux, les plus dignes
d'être appelés aux œuvres de la reproduction, au peuplement des
haras, des établissements d'élevage, à la création d'une famille,
d'une race.

Mais, dans ces courses libres, toujours les carrières à fournir
doivent être de longue étendue ; il faut comme chez les Arabes,
une lice de cent portées de flèche. Parmi nous, on fixe un par-

cours de quatre kilomètres pour le maximum , une charge médiocre , et cela même pour des mouzekkî. Je tiens que ces
épeuves sont insuffisantes, illusoires. On n'a point du tout la
mesure d'un cheval après des courses aussi brèves; on n'a que
la mesure de sa vitesse dans le premier moment, dans une représentation d'amateurs, mais on n'a pas même une donnée de
ce que cette vitesse pourrait être pendant une durée d'une fuite
ou d'une poursuite nécessaire. Nos courses ne nous montrent
que les chevaux les plus lestes; je voudrais qu'elles nous mon-
trassent ceux qui sont tout à la fois les plus vites et les plus
riches de ressources. Je voudrais savoir, parmi ces élégants si
gracieux, si légers, quel est celui qui est aussi le plus résistant
à la fatigue.

Le cheval Dâhis , quoique arrêté frauduleusement dans sa
course , dépasse encore ses rivaux. Mais aussi , c'est ce Dâhis ,
qui les pieds dans les entraves, et sur le point d'être pris par
des maraudeurs du désert , avait été lâché en course par ses
deux grooms lesquels n'avaient eu que le temps de lui sauter
sur le dos , et Dâhis alors , dans ses entraves , faisait , à pieds
joints, des bonds d'une telle portée qu'il échappait à l'ennemi...
Dâhis fut au moins l'Éclipse de l'Arabie.

<h2 style="text-align:center">IX.</h2>

Les courses *de fond* étaient aussi au nombre des épreuves ou
jeux de concurrence , parmi les anciens Arabes. Ces courses à
la manière dont elles ont été exécutées en Europe , seraient
mieux nommées courses à relais , et celles , à la manière des
Arabes seraient mieux nommées courses en lesse. Ce dernier
mot rappelle assez exactement, ainsi qu'on le verra tout à
l'heure, l'image de ce qu'Arrien, dans sa Tactique, appelle soldats *amphippes*, c'est-à-dire l'instruction militaire de ces soldats
dont chaque homme avait deux chevaux accouplés et sans harnais, pour pouvoir sauter de l'un à l'autre.

Le bulletin hippologique de la *Société de Pompadour* (n° 6,
octobre 1847) donne le récit d'une course de fond, dans laquelle,

avec neuf relais placés à distances à peu près égales, M. de
Damas parcourut, en sept heures dix minutes, quarante-cinq
lieues, à travers des terrains accidentés, des routes, des villages,
des embarras. Ce sont évidemment les circonstances, ou au moins
quelques-unes des principales circonstances de terrain dans les
courses arabes, c'est aussi la distance, pour chaque relais, de
cent portées de flèche.

Un autre genre de course ou d'épreuve à relais, est l'arrangement qui préside aux épreuves équestres dans le Wadây.

Chez les Arabes de l'Arabie, ces courses en lesse s'exécutaient
sous une forme différente. Les concurrents, c'est-à-dire les individus qui conduisaient et montaient les chevaux au départ,
avaient chacun à côté d'eux un cheval de rechange. Et le concurrent, lorsqu'il craignait que le cheval sur lequel il était, ne fût
dépassé par le cheval de son adversaire, sautait sur le cheval qui
suivait en lesse; ce dernier nécessairement moins fatigué que
celui qu'il accompagnait et dont il tenait le côté à la course,
reprenait d'un élan plus vite, et rappelait ainsi en sa faveur les
chances de succès, la possibilité de vaincre. Le premier cheval
se trouvant alors allégé du fardeau du cavalier, pouvait ranimer
son élan et suivre le second cheval qui d'abord courait en
lesse.

Ces modes de concurrence, ces manières de varier les avantages du pas, de reprendre en quelque sorte un nouvel élan
sans interrompre la course, animaient vivement l'intérêt de l'é-
preuve, amenaient des péripéties émouvantes, et donnaient les
moyens de faire valoir et mettre en œuvre toutes les ressources
des cavaliers. C'étaient la voltige et la course réunies.

On voit que nous avons encore à apprendre quelque chose
des Arabes. Sous toutes les formes, ils s'étudiaient à perfectionner leur cheval, à l'avoir brillant et utile. Un Arabe aurait
gémi de voir Éclipse dans un palais de marbre, perdre son
temps. L'Arabe aurait dit : « Oui, par Dieu ! cheval admirable,
« cheval superbe, cheval unique, mais à quoi sert-il ? Si des
« ennemis venaient, son maître le monterait-il pour courir à la
« bataille ? Ce cheval invincible, à quoi servirait-il ? »

## X.

### HISTOIRE DU CHEVAL DÂḤIS.

Aucun des chevaux arabes dont les annales ou traditions historiques de l'Arabie ont conservé les noms, n'a eu une aussi belle réputation et une réputation plus méritée que Dâḥis. Son nom est devenu le terme de comparaison générale pour l'appréciation et l'éloge d'un cheval. Dâḥis fut le plus célèbre coursier de l'Arabie ancienne et moderne, et par ce qu'il valut en mérites et par ce qu'il occasionna de dissensions entre deux grandes tribus.

Voici la traduction des textes arabes.

« La jument qui porta Dâḥis dans ses flancs appartenait à Ḳirwâch, de la tribu des Béni Ṭa'labah, branche des Yerboûides ou Béni Yerboû', et se nommait Djalwa (la brillante). Le père de Dâḥis fut Ẓou l-Oḳḳâl et appartenait à Ḥaût qui était aussi Yerboûide, mais de la famille ou branche des Béni Riâḥ.

« Les Yerboûides s'étaient mis en marche, à la recherche de nouveaux pâtis et d'un nouveau campement. Ẓou l-Oḳḳâl allait au pas dans la caravane, conduit à la main par les deux filles de Ḥaût. Par hasard alors, Djalwa, la jument des Béni Ṭa'labah, était en chaleur. Les deux jeunes filles qui menaient Ẓou l-Oḳḳâl, vinrent à passer près de Djalwa. En apercevant la jument, Ẓou l-Oḳḳâl témoigna ses désirs de la manière la moins équivoque. Les jeunes gens de la tribu se mirent à rire de l'embarras des deux jeunes conductrices; et les pauvres filles, toutes confuses, lâchèrent le cheval qui aussitôt alla saillir la jument et la féconda. Ensuite, un homme des Béni Ṭa'labah saisit l'étalon et le ramena aux deux filles de Ḥaût, qui bientôt après furent rejointes par leur père.

« Ḥaût était d'un naturel méchant, querelleur. Il remarqua quelque chose dans le regard de son cheval. « Par Dieu! s'écria-« t-il, mon cheval vient de saillir! Je veu  savoir tout. » Ses filles lui racontèrent tout.

« Enfants de Riâḥ, se mit à dire Ḥaût, je vous le jure par
« Dieu, je ne vous laisserai de repos que lorsque j'aurai retiré
« la semence de mon étalon, lorsque je l'aurai enlevée de la
« cavale qui l'a indûment reçue. »

« Les Béni Ta'labah, voyant le dépit de Ḥaût, lui certifièrent
qu'ils n'avaient point pris de force son cheval, que le cheval
était en liberté au moment où il avait sailli leur jument. Ḥaût
ne se contenta pas de ces raisons ; sa fureur allait en croissant
et aurait amené une rupture entre les deux branches des Béni
Yerboû', si les Béni Ta'labah n'avaient jugé à propos de céder.
— « Allez, leur disent-ils, reprenez la semence de votre bête et
« qu'il n'en soit plus question. »

«Ḥaût se met alors en devoir de détruire le germe déposé
dans le sein de la jument. Ḥaût trempe son bras dans l'eau,
l'enduit de poussière, l'enfonce dans les parties génitales de
Djalwa, et ne le retire que lorsqu'il croit avoir repris la semence
de son étalon. Mais les organes générateurs de Djalwa gardèrent le germe qu'ils avaient reçu, et onze mois après Ḳirwâch
accoucha sa jument d'un poulain qu'il nomma Dâḥis, à cause
de la circonstance que nous venons de raconter. »

Ces derniers mots « à cause de la circonstance » renferment
un double sens ; ils signifient : — à cause du fait par lequel
Ḥaût glissant sa main entre les parois vaginales de Djalwa, avait
voulu extraire le germe qui y avait été déposé, — et aussi, à
cause de ce fait que le germe s'était glissé jusque dans l'utérus
et avait échappé à la main de Ḥaût. — Dâḥis veut donc dire :
glissé, qui a glissé, qui s'est insinué.

« Dâḥis ressemblait tellement à son père qu'en regardant le
poulain on croyait voir Zou l-Oḳḳâl. C'est de Dâḥis que veut
parler le poëte Djérîr dans ce vers :

« Autour de nos tentes sont les coursiers du sang d'A'wadj et de la
race de Zou l-Oḳḳâl (51). »

« Quelque temps après, les Béni Ta'labah levèrent leur camp
de conserve avec les Béni Riâḥ leurs frères. Djalwa suivie de son
poulain, marchait dans le désert. Ḥaût aperçut alors, pour la

première fois, la progéniture de son cheval, et l'ayant reconnue aussitôt pour telle, mit la main dessus.

« Enfants de Riâḥ, dirent les Ṭa'labides, est-ce que vous n'a-vez pas fait une bonne fois tout ce qu'il vous a plu de faire pour ressaisir le germe de votre cheval? Nous faut-il donc encore sup-porter cette violence?

— « Ce poulain est à nous, répondirent les Riâḥides, et nous n'entendons point y renoncer. Ou vous l'abandonnerez, ou vous aurez la guerre avec nous.

— « A ce prix, répliquèrent les Ṭa'labides, nous n'aurons point la guerre avec vous. Vous nous êtes plus chers que ce pou-lain; qu'il soit le gage de la paix. »

« Et le poulain fut abandonné aux Riâḥides.

« Mais les Riâḥides ne furent pas plutôt en possession de Dâḥis, qu'ils se repentirent de leur exigence. « En vérité, se « dirent-ils entre eux, nous avons été injustes envers nos « frères; voilà la seconde fois que nous usons de violence avec « eux, et ils ne nous opposent que le calme et la générosité; il « nous faut réparer nos torts. » Et sur-le-champ ils restituèrent Dâḥis aux Ṭa'labides, et le firent même accompagner de deux chamelles fécondées.

« Le poulain revint donc à Ḳirwâch, son premier maître, qui le conserva le temps que Dieu voulut. Dâḥis grandit et de-vint le plus excellent cheval de l'Arabie. »

Ce premier récit suggère une réflexion que j'indiquerai en passant, c'est que chez les Arabes, le cheval n'était pas seule-ment la propriété personnelle, entière, exclusive de son maître nominal, mais aussi la jouissance honorifique, le relief commu-nal de la tribu. Chacun des enfants, des femmes, des hommes aimait à répéter : « C'est le cheval de notre tribu. » On aimait à en parler, on était fier de le montrer et de dire : « Le voilà, c'est lui. » On était fier d'avoir un contribule propriétaire de plusieurs chevaux, d'avoir un Ḥozeïfah possesseur d'un haras. Toute la tribu aimait donc un beau cheval qui était né chez elle, tous s'en glorifiaient, tous l'auraient soigné; tous prenaient cause et parti pour lui, et une injustice faite à tel individu à l'endroit de son cheval, était une injustice que ressentait et partageait toute la tribu. Où avons-nous cet amour des chevaux ? Où est-il, parmi nous, ce luxe de la localité? Où est le propriétaire de plusieurs chevaux, d'une sorte de haras, qui mettrait au service public, les chevaux précieux dont il a la propriété? Nos beaux chevaux, nos chevaux fins, ne sont que des dandys pour parader, ce ne sont pas des chevaux capables de servir de défense ou de secours dans un jour de besoin. Le cheval arabe au contraire devait toujours représenter et représentait le beau et l'utile. C'était la perfection de l'art, c'était la perfection du résultat... Encore une fois nous avons quelque chose à apprendre de la science et des mœurs hippiques des Arabes.

Reprenons l'histoire de Dâhis... Dâhis est développé, est devenu mouzekkî.

« Ce fut alors que Ḳaïs, le chef ou roi des Absides ou Béni Abs, fit une irruption sur le territoire des Ṭa'labides et des Riâhides, deux branches, ainsi que nous l'avons dit, de la tribu des Yerboûides.

« Ḳaïs ne trouva à enlever que les deux filles de Ḳirwâch, avec une centaine de chameaux. Les hommes de la tribu étaient absents, partis en expédition ; il ne restait guère que les femmes, et de plus, deux garçons de la famille d'Aznâm attachés au service de Ḳirwâch qui leur avait confié la garde de son cheval Dâhis.

« Or, Dâhis traînait aux pieds des entraves de fer. Les deux grooms surpris par l'arrivée imprévue de Ḳaïs et de ses cavaliers, n'eurent pas le temps de désentraver Dâhis. Ils ne purent que s'élancer rapidement sur son dos, l'un après l'autre, et de gagner le large du mieux qu'il fut possible à leur monture. Poursuivi par l'ennemi, Dâhis sautait à pieds joints de l'avant et de l'arrière; et malgré ses entraves, il faisait de tels bonds qu'il échappait à Ḳaïs; la fuite était impossible, et Dâhis guidé par ses deux cavaliers tournait autour du camp occupé par les tentes. Cette manœuvre se prolongeait, et, dans un moment les deux jeunes captives purent dire à haute voix aux deux grooms : « La « clef des entraves est dans la mangeoire du cheval, à tel en-

« droit. » L'avis fut mis à profit. Les deux Aznâmides guident
vers le lieu indiqué , profitant aussi de l'avance qu'ils ont ga-
gnée; ils sautent à terre, prennent la clef, mettent en liberté
les jambes du cheval, et s'élancent sur son dos avant que la
troupe de Ḳaîs ait eu le temps de les atteindre. Certains alors
de leur salut, ils vont caracoler à la barbe de l'ennemi.

« Ḳaîs émerveillé de cette brillante évasion, ne pense plus
qu'à posséder Dâḥis.

— « Tout ce que vous voudrez pour votre cheval , crie-t-il
aux deux Aznâmides.

— « Tout de bon ?

— « Parlez, demandez. »

« Et les deux grooms de fixer les conditions suivantes que Ḳaîs
accepte et jure de remplir : « Le roi des Ạbsides rendra tout le
« butin qu'il a pris , petit ou grand , donnera la liberté aux
« deux captives, et s'en retournera comme il est venu, n'ayant
« rien de plus que Dâḥis. » Ce fut fait.

Mais les cavaliers de Ḳaîs refusèrent cet arrangement. « Nous
« n'acceptons pas de pareilles conventions, dirent-ils à leur
« chef; nous avons capturé cent chameaux et deux femmes ;
« cette capture est à nous, comme à toi; toi, de la totalité du
« butin tu achètes un cheval pour ton compte, et nous, nous
« sommes mis de côté. Il n'y a plus désormais entre nous et toi,
« ni amitié ni paix ! » Les cavaliers de Ḳaîs s'irritèrent, mena-
cèrent; il fut obligé d'acheter leurs parts en s'engageant à leur
donner cent chameaux à titre d'indemnité.

« Ḳirwâch revint. Ne voyant plus Dâḥis , il demanda aux
Aznâmides ce qu'ils en avaient fait. Ils racontèrent l'incursion,
et l'arrangement qui avait été conclu. Ḳirwâch refusa d'y sou-
scrire et ne voulut entendre aucune proposition. Il ne pouvait
se résoudre à la perte de Dâḥis; il fallait avant tout que Dâḥis
fût rendu. Enfin Ḳaîs et Ḳirwâch convinrent de s'en remettre à
la décision d'un arbitre. Cette décision fut : « Puisque Ḳirwâch
ne veut pas renoncer à son cheval, les deux filles et les cent
chameaux seront rendus à Ḳaîs qui les avait capturés. » Ḳirwâch,
au prononcé de cette sentence, se résigna enfin, mais le cœur

brisé de regrets, à abandonner Dâhis, qui devint ainsi la propriété de Ḳaîs. »

XI.

### COURSE DE DÂHIS ET DE RABRÂ.

Nous allons voir dans le récit suivant, comment s'engageaient
les paris de courses, comment se provoquaient les luttes d'hippodromes, quel intérêt immense et quels mouvements ces épreuves
excitaient dans les tribus , comment aussi ces sortes de luttes ,
étaient des défis de presque tous les jours , comment parfois
elles furent la cause de bouleversements et de guerres entre des
tribus même d'origine semblable, entre des tribus sœurs.

La course dite de Dâhis et de Rabrâ , fut une course libre à
grande limite. — Rabrâ signifie *pulveruleo colore*, ou encore
cendrée, gris cendré.

Rappelons-nous que Ḳaîs était chef de la tribu des Absides ,
et que Hozeïfah originaire de la tribu secondaire des Fézârides,
était chef de la tribu des Zoubiânides ou Béni Zoubiân.

« Un Abside, appelé El-Ward , étant allé rendre visite au
chef des Zoubiânides, celui-ci lui montra des chevaux et lui demanda ce qu'il en pensait. El-Ward déclara qu'il ne voyait pas,
dans tous les haras de Hozeïfah, un seul cheval supérieur.

— « Et où sont donc les chevaux supérieurs ? reprit Hozeïfah.

— « Chez Ḳaîs fils de Zoheïr.

— « Eh bien, veux-tu l'engager avec moi dans une course ?

— « Je prends, dit El-Ward , l'engagement pour un cheval
et une jument des enclos de Ḳaîs. »

« L'Abside revint aussitôt trouver son roi et lui dit :

— « Je t'ai engagé dans une course de chevaux avec Hozeïfah ; et il n'y a plus à s'en dédire. Chacun de vous doit mettre
en lice un cheval et une jument.

— « Avec tout autre que Hozeïfah j'accepterais volontiers la
partie.

— « C'est avec lui seul, et pas d'autre que je t'ai engagé.

— « Autant que je puis prévoir, tu nous as porté malheur. »

« Cela dit, Ḳaîs monte à cheval et va trouver Ḥozeïfah. Arrivé en présence du chef des Ẓoubiânides, Ḳaîs reste quelques instants debout, sans proférer un mot.

— « Quelle affaire t'amène ? dit Ḥozeïfah au roi des Ạbsides.

— « Je viens te proposer de résilier le pari.

— « Allons donc ! dis plutôt que tu viens le ratifier.

— « Ce n'est certes ni mon désir ni mon intention. »

« Ḥozeïfah tint bon. Malgré toutes les raisons que Ḳaîs put alléguer, il dut consentir à la course.

« Alors, dit Ḳaîs, nous avons trois choses à fixer et à décider : — le lieu de la course, — la longueur du trajet, — la durée de la mise en train des chevaux. Si tu parles le premier, tu seras libre de déterminer celle qu'il te plaira de ces trois choses, et moi j'aurai le droit de fixer les deux autres. Si c'est moi qui choisis entre les trois, je n'aurai qu'une décision à établir, et tu en auras deux.

— « Commence, dit Ḥozeïfah.

— « Je fixe à cent portées de flèche, la longueur de la lice.

— « Et moi, reprit Ḥozeïfah, je fixe à quarante jours la durée de l'entraînement et je te donne rendez-vous à Ẓât el-Iҫâd. »

« Ensuite, de gré à gré, ils déterminèrent le prix du vainqueur, et ils donnèrent le bâton de juge à un appelé Ḳallâḳ. Le prix fut vingt chameaux de race.

Ḥozeïfah mit en lice le cheval Ḳaîtâr, et la jument Ḥanfâ. (*Voy.* ces deux noms, au nobiliaire, chap. XV, § ix.) Ḳaîs présenta Dâḥis et Ḳabrâ. Le point de départ était Wâridât. Dans l'intervalle de Wâridât à Ẓât el-Iҫâd, un ravin débouchait sur la lice. A Ẓât el-Iҫâd, était un réservoir que l'on remplit d'eau, et on convint que le premier cheval qui boirait au réservoir serait déclaré vainqueur.

« Au jour indiqué, Ḳaîs et Ḥozeïfah se rendirent à Wâridât, afin d'assister au départ de leurs chevaux, et de suivre d'aussi près que possible les premières phases de la course.

« Les quatre concurrents furent lâchés au même instant. Ḳaîs et Ḥozeïfah lancèrent leurs montures parallèlement aux coureurs. Ce fut alors que Ḥozeïfah dit au roi des Ạbsides :

— « Kaîs, je t'ai mis dedans.

— « Celui qui peut accepter, répondit Kaîs, une course de cent portées de flèche doit avoir renoncé aux supercheries. »

« Et ils continuèrent à courir. Au bout d'un premier temps de galop, les chevaux de Hozeïfah gagnèrent le devant sur ceux de Kaîs.

— « Eh bien ! je t'ai vaincu, s'écria Hozeïfah.

— « Ce n'est pas dit, repartit Kaîs; la course des chevaux de bon âge (ou mouzekki), n'est qu'une progression de vitesse. »

« Et ils continuèrent de galoper à la suite. Hozeïfah dont les chevaux conservaient encore l'avantage, dit à Kaîs :

— « Mais ce ne sont pas des coureurs que tu nous fais courir là; je te dis que tu es vaincu.

— « Patience ! répondit Kaîs; du sol ferme, ils passeront sur le sol mouvant. »

« Et en effet, lorsque les concurrents furent entrés sur la partie sablonneuse de la carrière, Dâhis et Rabrâ rejoignirent et dépassèrent leurs rivaux. »

« Les prévisions de Kaîs se réalisaient.

« Du reste, les réponses calmes et sages qu'il fit à Hozeïfah, pendant que côte à côte ils suivaient à distance la course de leurs chevaux sur la lice, demeurèrent comme sentences, comme proverbes.

« Les quatre concurrents précipitaient leur course; Dâhis était en tête.

« Or, des Fézârides ou contribules de Hozeïfah avaient aposté des hommes dans le ravin; ces hommes voyant Dâhis le premier, se jetèrent au devant de lui et le saisirent. Ils laissèrent passer Rabrâ qui venait ensuite, mais qu'ils ne reconnurent pas. Ils ne lâchèrent Dâhis qu'après que les chevaux de Hozeïfah eurent franchi le ravin.

« Dâhis, remis en liberté s'élança avec une sorte de fureur sur les traces de ses concurrents. Il parvint à rattraper d'abord le troisième, puis le second... Déjà il les avait laissés bien loin derrière lui; déjà il touchait à Rabrâ, qui touchait au but; et certes, si la lice eût été un peu plus longue, il serait arrivé avant tous.

« Mais une nouvelle indignité attendait Dâḥis et sa noble compagne, au lieu même de la victoire. Quand Ṛabrâ, qui était la première, allait toucher au réservoir, les Fézârides qui se trouvaient là, la repoussèrent et l'empêchèrent de tremper ses lèvres dans l'eau. Dâḥis arrivé second, fut repoussé par un soufflet. La main de l'individu qui le souffleta se desscha (aussitôt, c'est-à-dire que le coup fut porté si violent que la main resta immobile, demeura luxée); et depuis ce jour l'individu fut désigné par le sobriquet de *djâcî*, ou l'homme à la main sèche, raide.

« Dâḥis et Ṛabrâ se suivaient. Les deux autres coureurs n'arrivaient que bien après, mais ils furent les premiers à boire de l'eau du réservoir, grâce à la perfidie des Fézârides.

« Enfin Ḳaîs et Ḥozeïfah parurent dans les derniers rangs de la foule. Ils avaient suivi de trop loin pour avoir pu apercevoir ce qui s'était passé... L'infamie était patente ; mais les Ạbsides ne se trouvaient pas en nombre pour soutenir et défendre leurs droits par la force ; et de plus, la course avait eu lieu sur le territoire de leurs rivaux, les Ẓoubiànides.

« Des spectateurs informèrent Ḳaîs de la supercherie honteuse qui lui avait enlevé la victoire. Mais il concentra son indignation et il dit avec calme à Ḥozeïfah et aux autres Fézârides qui étaient présents : « Enfants de Fézârah, vous êtes nos frères ; « entre peuples, entre frères, l'injustice est le pire des maux. « Donnez-nous ce qui nous est si justement dû. »

« Les Fézârides ne voulurent rien accorder.

« Donnez-nous au moins, disaient les Ạbsides, une partie de l'enjeu convenu, et auquel nous avons droit. » Les Fézârides refusèrent encore.

— « A tout le moins une chamelle à égorger, pour régaler les hommes qui ont rempli le réservoir ; autrement, que ne dira-t-on pas dans les tribus arabes ? et nous abhorrons les caquets.

— « Vous donner une chamelle, répliqua un Fézâride, ou

vous en donner cent, c'est pour nous la même chose, c'est vous accorder gagné; et nous n'irons pas vous reconnaître vainqueurs, lorsqu'il est de fait que nous n'avons pas été vaincus.»

« Alors un autre Fézâride, de la branche ou sous-tribu des Béni Mâzin, se lève et dit :

« Frères, rappelez-vous que dans le principe, Ḳaïs s'est opposé de tout son pouvoir à l'acceptation de la gageure; et remarquez bien que, la partie une fois nouée malgré lui, il s'est comporté, jusqu'au bout, de la manière la plus irréprochable. L'injustice ne profite à personne. Accordez à Ḳaïs une chamelle, puisqu'il s'en contente.

— « Non, répondent les Fézârides; non, nous n'accordons rien. »

<h2 style="text-align:center">XII.</h2>

« Ḳaïs, la rage dans le cœur, partit pour son canton avec ceux des Absides qui l'avaient accompagné; Ḳaïs était décidé à saisir la première occasion de se venger.

« Quelque temps après, il se mit en campagne. Il surprit Âûf, frère de Ḥozeïfah, le tua et en enleva les chameaux. La nouvelle de ce meurtre causa grand émoi parmi les Fézârides. Leur colère menaçait d'une conflagration générale. Rabî' fils de Ziâd, offrit une composition de cent chamelles pour prix du sang de Âûf. L'arrangement fut agréé et la paix fut rétablie, en apparence, entre les deux tribus des Absides et des Zoubiânides.

<h2 style="text-align:center">XIII.</h2>

« Environ deux ans après cet événement (en 570 de J. C.), Mâlek, frère de Ḳaïs, se rendit à Liḳâtah, lieu situé près de Ḥâdjir, dans la partie de la terre de Charabbah appartenant aux Zoubiânides. Mâlek allait à Liḳâtah pour y célébrer et consommer son mariage avec Moulaïkah, jeune fille Fézâride. Ḥozeïfah informé de ce voyage, fit partir secrètement des cavaliers montés sur l'élite de ses chevaux, et avec ordre de tuer Mâlek des

qu'ils auraient pu le joindre. La troupe était sous la conduite de
Hamal, frère de Ḥoẓeïfah. Mâlek fut tué, et son sabre, nommé
Ẓou l-noûn, lui fut pris par Ḥamal. Le soir du même jour, les
cavaliers étaient de retour de leur expédition; leurs chevaux
étaient harassés, n'en pouvaient plus.

« Rabî', fils de Ziâd, était alors chez Ḥoẓeïfah, dont il était
beau-frère. A la suite d'une contestation avec Ḳaïs, Ṛabî' s'était
retiré chez les Fézârides.

« Dès que les cavaliers de Ḥoẓeïfah se présentèrent :

— « Eh bien ! leur dit-il, avez-vous atteint l'onagre ?

— « Nous l'avons atteint et nous lui avons coupé les jarrets.

— « En vérité, s'écria Rabî', voilà qui est nouveau pour moi;
abîmer des chevaux fins, pour attraper un âne ! » Rabî' ignorait le coup qui avait été monté pour assassiner Mâlek, et persuadé, d'après ce qu'il venait d'entendre, qu'il s'agissait réellement d'un âne sauvage, il se mit à railler Ḥoẓeïfah et les cavaliers de Ḥoẓeïfah, à leur jeter ses sarcasmes. Ḥoẓeïfah fatigué,
excédé de ces moqueries par trop vives :

— « Il s'agit bien d'un âne ! dit-il; ce n'est point un âne
que nous avons tué; c'est Mâlek; il paye pour le sang de Aûf.

— « Par la mère de celui que tu as tué ! ce que tu as fait là
est une indigne action, et il en surgira pour vous de terribles
conséquences. Vous aviez accepté le prix du sang pour le
meurtre de Aûf, et puis, en traîtres, vous tuez encore Mâlek ! »

« Quelques autres paroles dures s'échangèrent...; puis Rabî'
s'élève et s'éloigne; il retourne à sa tente, et par moments,
son pied frappait avec force la terre. »


## XIV.


« Ḥoẓeïfah envoya derrière Rabî' une jeune esclave : « Cours
à sa tente, dit Ḥoẓeïfah à cette esclave, et observe bien tout ce
qu'il fera. »

« L'esclave obéit... Elle se glisse entre la partie postérieure
du rideau de la tente et le chevalet, ou, comme disent les Arabes,

l'âne de bois qui porte l'attirail d'un Bédouin. L'esclave attend en silence.

« Rabî' paraît un instant après, et traverse la tente sans s'arrêter; il va droit à son cheval qui était attaché au piquet, en dehors, et du côté opposé à l'entrée de la tente. Rabî' secoue légèrement la crinière de son cheval, lui passe la main sur toute la longueur de l'échine, et vient ainsi jusqu'à la queue qu'il empoigne à sa naissance; puis, il lâche prise, revient sur ses pas, traverse de nouveau la tente, et s'arrête au dehors sur l'espace libre qui la précède. La lance de Rabî' était là, debout, fichée dans le sable. Il l'enlève, la brandit avec violence... et de nouveau la fiche en terre. Puis il dit à sa femme : « Étends-moi quelque « chose sur le sable. » Et Mouâzah, c'était le nom de la femme de Rabî', lui prépare un lit sur le sable. Rabî' se couche.

« Mouâzah qui venait de rentrer dans une période de pureté, s'approche de son mari. « Laisse-moi, Mouâzah, dit-il; j'ai autre chose que cela qui m'occupe. » Et il prononça plusieurs vers. »

Nous ne donnerons que quelques-uns de ces vers, ceux qui retracent des traits de mœurs de ces vieux Arabes d'avant l'islamisme, qui montrent comment dans les circonstances de devoir, on sacrifiait tout, chevaux, juments, chameaux, chamelles, pour l'honneur de la tribu, pour venger un outrage, venger un meurtre... Il fallait bien qu'il y eût des chevaux en grand nombre pour qu'ils fussent ainsi, partout, toujours les agents appelés à suffire et faire face à tous les combats, à paraître dans toutes les représailles. Disons-le encore, le cheval arabe, cheval de haute noblesse, avait toujours double livrée : le brillant et le solide... Là, la vie des chevaux était la vie des hommes; le Bédouin était complété par son cheval; en vérité, le cheval était, Dieu me pardonne ! un citoyen de la société... Comparez cet état pour ainsi dire social du cheval arabe, avec l'état du cheval parmi nous !

Rabî' termine cette scène si pittoresque, si belle, dans laquelle nous venons de le voir caresser, dans sa colère, la crinière de son cheval, lui palper d'une main irritée, la longueur des reins, lui serrer le tronc de la queue, puis passer à sa lance,

la brandir et la repiquer raide en terre, Rabî' termine par
exhaler ce qui l'oppresse, et son indignation lui improvise ces
vers :

Facit indignatio versum :

« ... Mes yeux ne peuvent plus se fermer au sommeil, après la nouvelle que je viens d'apprendre. »

. . . . . . . . . . . . . . . . . . . . . . . .

« Après le meurtre de Mâlek , il n'y a plus qu'une pensée, — la
guerre, — pour quiconque a de l'âme, — la guerre. Que nos hommes,
tous, se couvrent de fer et de rouille. »

« Sellez nos dromadaires, sellez nos juments. Plus de repos, plus de
pâture pour nos poulinières ! Qu'elles mettent bas en campagne leurs
fruits avortés ! »

« Qui s'inquiète de ton noble fruit, ô noble cavale? Avorte si tu veux,
mais ne ralentis pas ton galop. »

« Vous tous que réjouit la mort de Mâlek , vos joies, vous allez les
payer cher ! Vous allez les payer vos joies par d'effroyables angoisses. »

« La jeune esclave ne perdit rien de ce qu'elle venait de voir
et d'entendre. Elle se hâta d'aller tout raconter à Ḥozeïfah, qui
alors dit à ses frères : « Le moment est venu — de la réconci-
liation pour Ḳaïs et Rabî', — de la guerre pour les Absides et
les Ẓoubiânides. »

« Le lendemain matin, Rabî' vint trouver Ḥozeïfah et lui
dit : « Assigne-moi un terme, car je suis ton hôte, et je veux
« partir. » Ḥozeïfah lui fixa un délai de trois jours; ce terme
expiré, Rabî' ne devait plus être considéré ni comme protégé,
ni même comme ami.

« Aussitôt Rabî' se mit en route avec ses gens. Il avait avec
lui un reste de vin. Instruit de cette dernière circonstance, Ḥozeïfah dépêcha des cavaliers sur les traces de son hôte. « Suivez-
« le pendant trois jours, dit Ḥozeïfah à ses cavaliers. Il emporte
« un reste de vin. Si vous trouvez ce vin répandu sur la route,
« vous en pourrez conclure que Rabî' ne perd pas de temps et
« qu'il aura rejoint la tribu avant le terme de trois jours ; alors
« revenez ici. Si vous rencontrez des indices de réfection à
« l'une des étapes voisines, si vous apercevez qu'il se soit arrêté
« quelque part pour manger et boire, vous aurez le temps de
« l'atteindre; et en ce cas-là, ne le manquez pas. »

« Les cavaliers prirent la piste de Rabî', et trouvèrent son
vin répandu à peu de distance du camp. Rabî' avait crevé son
outre pour aller plus vite et il était déjà loin... Les cavaliers
revinrent sur leurs pas. »

XV.

Rabî' se réconcilia avec Ḳaïs; et les Absides marchèrent en
armes contre les Fézârides. Les hostilités, une fois engagées, se
continuèrent entre les deux tribus, et alimentèrent une guerre
qui dura quarante ans.

Dans une des nombreuses *journées* ou batailles qui remplirent
cette longue période, ces Absides crurent devoir, par prudence,
offrir un arrangement aux Fézârides, et leur livrèrent huit
jeunes gens comme otages et comme gages de paix. Ḥozeïfah fit
si bien qu'il arriva à retirer ces otages des mains d'un appelé
Mâlek qui, les ayant reçus de son père mourant, devait les garder
sous sa protection.

« Ḥozeïfah les emmena. Chaque jour, il tirait de prison un de
ces jeunes gens, le plaçait dehors en manière de but et lui disait : « Appelle ton père ! » et tandis que le jeune homme criait
vainement : « Mon père ! mon père ! » Ḥozeïfah le tuait à coups
de flèche. Il tua ainsi Otbah, fils de Ḳaïs.

« La nouvelle de ces atrocités parvint bientôt chez les Absides; ils tombèrent sur les Zoubiànides et leur tuèrent douze
hommes. Peu de temps après, les deux tribus ennemies se rencontrèrent, en un jour de chaleur extrême, non loin du réservoir d'eau de Habâah... Le combat durait depuis l'aurore; à
l'heure de midi, l'excès de la chaleur sépara les combattants.

« Lorsque Ḥozeïfah restait longtemps à chevaucher et à galoper, le frottement de la selle lui mettait les cuisses tout en feu.
Ḳaïs savait que Ḥozeïfah était exposé à cet inconvénient. « De-
« main, dit Ḳaïs aux Absides, Ḥozeïfah ne manquera pas d'aller
« prendre un bain à quelque étang ou réservoir ; c'est là qu'il
« faut le surprendre. »

« Les Absides se mirent donc à chercher les traces de Sârif,
cheval de Ḥozeïfah, et celles de Ḥanfà, jument de Hamal frère

de Hozeïfah. (Cette jument était cagneuse du devant, ainsi que l'indique son nom Arabe). Ce fut Ḳaîs qui trouva les traces et les reconnut. « Voici, dit-il, la piste de Hanfâ, et voilà celle de « Sârif. » Il n'y avait plus qu'à suivre ces indices. On les suivit, et on arriva au réservoir de Habâah, au moment de la plus forte chaleur du jour.

« Hamal aperçut les Absides, quand il n'y avait plus le temps de leur échapper. En un clin d'œil, Ḳaîs et ses cavaliers furent sur le bord du réservoir ; — et comme si Ḳaîs eût répondu aux cris des otages qui appelaient leurs pères lorsque Hozeïfah leur lançait ses flèches, il criait à toute voix : « Nous voilà, mes enfants, nous voilà ! »

« Cheddâd, l'abside, père d'Antar, se plaça de suite entre les Fézârides et leurs chevaux, afin de couper la retraite aux baigneurs. Cheddâd montait Djerwah, la célèbre jument dont il a dit :

> « Voulez-vous savoir qui je suis ? Je suis celui qui ne fait qu'un avec ma Djerwah, et à nous deux nous sommes, pour l'ennemi, comme une bouchée qu'il aurait avalée de travers.
> « En temps de disette, je partage mon repas avec Djerwah ; quand il fait froid, je la couvre de mon manteau. »

« Hozeïfah voyant que c'en était fait de lui, qu'il lui était impossible ou de fuir ou de se défendre, dit à Ḳaîs :

— « Songe bien que si tu verses mon sang, il n'y a plus de paix à espérer.

— « Que Dieu emporte la paix ! s'écria Ḳaîs. »

« Et au même instant Ḳirwâch se précipite sur Hozeïfah et lui brise les reins d'un coup de lance à large fer. Hozeïfah est achevé à coups de sabre. Hamal est tué par Rabî'. Tous les compagnons de Hozeïfah sont égorgés, excepté son fils Hiśn, jeune homme auquel Ḳaîs, ému de pitié au milieu de cette boucherie, accorde la vie et la liberté.

« Le cadavre de Hozeïfah subit le même traitement qu'il avait fait subir aux cadavres des otages ses victimes : on lui coupa la langue et le pénis, et on lui mit le pénis dans la bouche, et la langue dans le fondement. »

## XVI.

Nous avons écrit les récits qui précèdent, dans la forme arabe, d'après les textes, et presque selon la traduction qu'en a faite M. F. Fresnel. Nous en avons élagué quelques longueurs. Ce que nous avons conservé, nous lui avons laissé son cachet originel; car, dans ces récits historiques, animés par l'esprit, la tournure, la couleur arabe, tout a son caractère national : tout y retrace les mœurs, la vie de l'homme et du cheval. Un mot, un hémistiche, jeté au milieu de ces traditions, est un trait pour l'étude. Les quelques lignes que nous venons de citer comme attribuées à Cheddâd ne montrent-elles pas comment l'Arabe s'identifiait avec son cheval, le nourrissait du même viatique, le couvrait du même manteau ? L'Arabe ne se ménageait pas plus que son cheval, ne ménageait pas plus son cheval que soi-même; il l'aimait comme la moitié de sa propre personne, seulement l'intelligence de l'homme suppléait, pour le nécessaire, à ce que par soi-même le cheval ne pouvait faire, ni prévoir, ni juger; c'était une intelligence humaine pour deux êtres différents, mais intimement amis, mais aimant à s'aimer.

Et ces amitiés, ces fatigues, ces courses, ces événements, n'étaient pas choses qui ne se rencontraient que dans la vie de gens de haute noblesse ou de grande richesse ; toutes ces choses étaient aussi l'existence des simples Arabes. Car, dans cette presqu'île, encore aujourd'hui comme avant l'Islamisme, les chefs ou princes des tribus n'avaient qu'une autorité de convenance, une autorité que l'on tolérait et limitait ou excluait, comme il plaisait à la tribu. Le chef ou le souverain d'une tribu n'avait à peu près que l'autorité d'un commissaire de police, et d'un juge de paix, à cette différence qu'au jour du danger, il devait savoir, sous toutes les formes, représenter et diriger la tribu, la commander en guerre, la défendre.

Un détail qui paraîtra peut-être récusable, c'est que Kaïs ait reconnu sur le sable la trace des pieds de Sârif et de Ḥanfâ. Cependant il n'y a rien là qui ne soit ordinaire parmi les Arabes habitués à fréquenter les déserts. Ces faits se répètent encore tous les jours parmi les Arabes actuels. Outre ce que nous avons raconté tout à l'heure, la tradition ajoute que Ḥozeïfah, pour éviter que son propre pas fût reconnu, eut soin en descendant de cheval, de poser les pieds sur des cailloux, mais que le bout d'un de ses pieds ayant touché le sable, y avait laissé une empreinte qui servit pour déceler aussi la trace du chef des Zoubiânides.

Nous l'avons déjà fait remarquer, les Arabes connaissaient jusque dans les plus minutieux détails les chevaux des tribus avec lesquelles ils se trouvaient en relations, ou en contact, ou en guerre. Ils observaient et savaient si bien le signalement surtout des chevaux en renom, et de noble race, que ces chevaux quoique déguisés pour ainsi dire, étaient reconnus même des jeunes filles des tribus... Je ne sache pas où sont nos habitués, nos écuyers les plus habiles, et nos amateurs les plus exercés, les plus répandus dans le monde hippique, qui puissent revendiquer avec raison, pour eux, cette facilité de reconnaissance, ce regard juste et sûr.

Appelons un moment l'attention sur le petit fait suivant; il nous donne d'ailleurs le nom d'une célèbre jument de l'antiquité arabe... Il s'agit de la journée de Haûra qui date de l'an 612 de l'ère chrétienne.

Ṣakr et son frère Moâwiah étaient les deux hommes les plus considérables de la tribu des Solamides ou Béni Solaîm, dont ils avaient le commandement. Au second rang après eux, était Koufâf.

Moâwiah eut une altercation, à la foire de Okâż, avec Hâchem, de la tribu des Mourrides ou Béni Mourrah. Moâwiah, malgré les conseils de Ṣakr, partit en expédition avec Koufâf, et à la tête d'une troupe de cavaliers, contre les Mourrides. Hâchem et sa tribu étaient sur leurs gardes. On en vint au combat. Hâchem et Moâwiah se portèrent simultanément un coup de lance; Moâwiah reçut le coup près de l'épaule; Hâchem fut désarçonné, renversé par terre, et il perdit en tombant les rênes de sa jument Chammâ qui détala aussitôt. Doreïd, frère de Hâchem, démonta Moâwiah d'un second coup de lance, puis d'un coup de sabre lui fendit la tête.

« Chammâ (c'est-à-dire ayant le chanfrein busqué) entra dans le groupe des Solamides qui d'abord ne la reconnurent pas. Après la bataille, ils revinrent trouver Ṣaḳr, leur chef; et dès qu'ils l'abordèrent :

— « Qu'a fait Moâwiah? dit-il à ses cavaliers.

— « Il s'est fait tuer.

— « Et d'où vient cette jument? reprit-il en montrant Chammâ.

— « Nous avons tué celui qui la montait.

— « En ce cas, nous sommes vengés; c'est la jument de Hâchem. »

« Toutefois Ṣaḳr voulut vérifier si réellement Hâchem avait été tué. Ṣaḳr partit donc pendant le mois de rédjeb (le septième de l'année, et l'un des trois mois sacrés, c'est-à-dire pendant lesquels toute hostilité était interdite), et se rendit chez les Mourrides. Il était monté sur Chammâ. Hâchem vit Ṣaḳr de loin; et il recommanda à ses gens de l'accueillir avec bienveillance. Hâchem souffrait encore des suites de sa blessure. Ṣaḳr, étonné de le voir vivant, s'écria :

— « Qui donc a tué mon frère? » Point de réponse. « A qui « appartient la jument que je monte? » Point de réponse. Enfin Hâchem rompit le silence. « Abou Ḥaçan, dit-il (c'était le sur- « nom de Ṣaḳr), je vais te donner les renseignements que tu « désires. » Ṣaḳr demande encore une fois : « Quel est donc « celui qui a tué mon frère? » Hâchem répondit :

— « Quand tu auras atteint d'un bon coup de lance ou moi ou mon frère Doreïd, tu seras vengé.

— « Et l'avez-vous enseveli? reprit Ṣaḳr.

— « Oui, sans doute, ajouta Hâchem, et dans un double linceul d'étoffe de l'Yémen, que j'ai acheté au prix de vingt-cinq jeunes chamelles.

— « Montrez-moi sa tombe, » dit Ṣaḳr.

« On l'y mena.

« De retour dans sa tribu, Ṣaḳr ne songea plus qu'à venger

son frère... La jument Chammâ qu'il montait habituellement
depuis la mort de Moậwiah, avait pour signalement une étoile
et des balzanes. Elle était d'ailleurs renommée pour sa vitesse.
Ṡaḳr partit un jour sur une autre monture et se rendit chez les
Béni Mourrah, suivi de Chammâ, qu'il faisait conduire en laisse
afin de la ménager. Un peu avant d'arriver au camp des Mourrah, il mit pied à terre, peignit en noir le front et le bas des
jambes de Chammâ; ensuite l'ayant montée, il commanda à
ses compagnons de l'attendre, et se dirigea seul vers le camp
ennemi. Une fille de Hâchem, le voyant s'avancer, dit à son
oncle Doreîd, fils de Ḥarmalah :

— « Qu'est donc devenue Chammâ, notre jolie jument? »

— « Elle est aujourd'hui chez les Solaïm. »

— « Vois donc comme celle-ci lui ressemble, » dit la jeune
fille en désignant du doigt la monture de l'étranger qui s'approchait.

« Doreîd reposait, couché devant sa tente. Il leva la tête et
tourna les yeux du côté indiqué par sa nièce. « Cette jument,
« dit-il, est d'un seul poil; Chammâ n'avait-elle pas étoile et
« balzanes? » Et il reprit l'attitude du repos.

« Un instant après, Ṡaḳr fondant comme l'éclair sur Doreîd,
fils de Ḥarmalah, le frappait à mort, et il tourna bride aussitôt;
il s'enfuit de toute la rapidité de Chammâ.

« Quelques guerriers d'entre les Mourrah s'élancèrent sur
leurs chevaux, et se mirent à sa poursuite. Mais les gens de
Ṡaḳr regagnèrent avec leur chef le camp des Solaïm. »

## XVII.

Nous ne suivrons pas ici les détails de la guerre dite de Dâḥis
et de Ṛabrâ, qui fut la conséquence de la course de Dâḥis et de
Ṛabrâ; nous irions trop loin de notre principal sujet, bien que
dans les rencontres ou journées qui forment l'historique de
cette guerre, il y ait à tout moment des luttes de cavaliers, des
incidents, et surtout des chevaux dont les chroniques ont conservé les noms comme des souvenirs nobiliaires, souvenirs qui

font preuve de la magnificence de leur race, de la riche noblesse de leur sang, de la puissance de leur constitution.

Nous dirons seulement que la guerre de Dâhis et Rabrà, dont
entre autres, la journée de Chi'b Djébèlah fut un des événements,
se termina par l'entremise de deux Arabes cités pour leur générosité et qui livrèrent trois mille chameaux aux parents des victimes dont la mort était demeurée sans expiation.

Kaïs qui avait été le premier à provoquer des arrangements
de paix, ne voulut point rentrer dans sa tribu. Il embrassa le
christianisme, se voua à la vie religieuse et passa dans l'Omân
où il mourut.

## CHAPITRE XIV.

Des généalogies et des titres de noblesse parmi les Arabes. — Des traditions
généalogiques ou nobiliaires pour les hommes, pour les chevaux et les chameaux. — Des généalogistes arabes. — Science généalogique d'Abou Bekr,
de Darfel. — Discussions ou conversations généalogiques. — Des premiers
recueils hippologiques. — Certains termes sont tombés en désuétude. — Du
terme : mouḥannab ou divariqué. — Plaies du Ḥédjâz. — Des apparitions des
familles hippiques. — Des ḳoms ou ḳoums ou chevaux de cinquième, formant cinq familles. — Les koḥeïl et les kaḥlân, les koḥeïlî et les kaḥlânî,
et aussi les śaḳlâwî, sont des familles récentes. — Les śâfinât sont anciens.
— Du ḥodjdjeh, titre ou certificat de généalogie. Modèle de ḥodjdjeh, et détails à propos de son contenu. — Soins de la race. — Des qualifications aċîl
ou bien né, et aṭîḳ ou pur et ancien. — Luttes de noblesses, de générosité, etc.
— Ḥâtim égorge son cheval pour traiter son hôte. — Les peuples jadis s'occupaient peu des Arabes, et du cheval arabe. — Quelques mots sur le *The
horse*, de William Youatt. — Le cheval anglais n'est peut-être pas de sang
arabe d'Arabie. — Y a-t-il dégénérescence dans le cheval arabe actuel ?

## I.

La question des généalogies est une question de grave importance en hippologie arabe.

Les Arabes avaient-ils soin de conserver les filiations de leurs
chevaux, et les descendances des familles? Comment conser-
vaient-ils leurs nobiliaires, les souvenirs qui établissaient ou
rehaussaient leur noblesse, ou agrandissaient les noms des personnes, et les valeurs généalogiques de leurs chevaux? Sur ces
différents points, on a beaucoup nié, on a beaucoup affirmé,
et, dans l'un et l'autre cas, on a présenté des raisons logiques.

Nous n'enregistrerons pas ici ces diverses raisons; elles sont
incomplètes quoique logiques; elles ne reposent pas sur la connaissance irréprochable des choses. On a dit, par exemple, que les
Arabes, avant l'islamisme, n'écrivaient pas, et que par conséquent, ne gardant rien par écrit, ils ne pouvaient avoir les
descendances et ascendances exactes de leurs filiations personnelles, et des généalogies de leurs chevaux. La première partie

de cette observation est vraie, et cependant la seconde partie est fausse.

Ce sera le corollaire tout naturel, la déduction obligée, la conclusion nécessaire, syllogistique, des considérations que nous allons exposer.

## II.

Il est indispensable d'établir que, de tout temps, chez les Arabes, une tradition orale généalogique a été une base aussi certaine qu'un écrit, qu'un nobiliaire coté et parafé.

Nul peuple de la terre n'a gardé souvenir de ses filiations comme les Arabes. En Arabie, tout le monde savait ou par soi-même ou par des contribules, l'ascendance de sa famille jusqu'à plusieurs générations, et chacun, en remontant les degrés avitiques, arrivait toujours à retrouver ou la branche ou la souche à laquelle il devait son point d'origine, son point de départ. Il n'y eut et il n'y a guère de comparable aux Arabes, pour leur passion de noblesse que les Asturiens. En quelque sorte, les Asturiens sont même plus forts encore, au moins quant aux prétentions d'origine, non pas toutefois quant à l'exactitude des traditions nobiliaires : les Asturiens prétendent qu'ils sont nobles nés. C'est le meilleur moyen de se dispenser de tenir des registres d'illustration.

Les Arabes s'aperçurent bien que leur manière de concevoir la noblesse, les rendait tous nobles. Dès lors, il n'y avait de différence que du plus au moins d'éclat entre les familles, et entre les individus des mêmes familles. Cela devait les conduire et les a conduits à s'attribuer une autre sorte de prééminence : ils se considérèrent et se déclarèrent la plus noble de toutes les nations, sans exception aucune. Et de fait, où y a-t-il un peuple, un peuple nombreux, chez lequel tout le monde est noble?

Ils en firent de même pour leurs chevaux, pour leurs chameaux. Ici, ils ont eu gain de cause plus complet; en effet, tous les peuples du monde reconnaissent et proclament la supériorité de sang du cheval arabe, du chameau de l'Arabie. Les Arabes, s'ils avaient soigné leur propre sang comme ils ont soigné celui de leurs chevaux, les Arabes seraient devenus la race humaine la plus pure de sang, comme leurs chevaux et leurs chameaux sont devenus les plus purs sangs des chevaux et des chameaux du globe. Mais nulle part, pas plus chez les Arabes qu'ailleurs, on ne considère les qualités physiques et morales des conjoints; on ne considère guère que les souvenirs.

Les Arabes n'alliaient pas, pour la reproduction, le premier étalon noble qui se présentait, avec la première noble jument venue. Ils examinaient si l'accouplement était dans les conditions rationnelles, si l'un ou l'autre des agents avait quelque défaut, et si ce défaut pouvait ou non être corrigé ou amoindri par le mélange de tel sang avec tel autre; ils examinaient s'il convenait parfaitement que telle semence tombât dans tel moule généreux.

## III.

Les Arabes ne voulaient pas seulement montrer et prouver leur noblesse par le terme général de noblesse; mais ils comptaient avec satisfaction depuis combien d'aïeux ils étaient en possession de leur relief nobiliaire. Il y avait des noblesses plus illustres que d'autres, et ils aimaient à distinguer les ramifications généalogiques. Car chaque homme a toujours pu, par ses hautes qualités, par ses vertus, par sa bravoure, par sa générosité, par sa sagesse, par sa puissance, par vingt autres voies, apporter et appliquer à la noblesse qu'il a déjà, un nouveau relief, un nouveau lustre; il peut, par ce qu'il ajoute de beau à son nom, ennoblir encore son sang. Théorie pleine de philosophie sociale, qui purifie et embellit le sang, la chair, la fibre, la forme extérieure, par la beauté morale, par la supériorité intellectuelle, par l'excellence de la vie pratique, de la vie de communications. Les hommes les plus illustres, et les plus puissants à illustrer, étaient ceux qui faisaient le plus de choses honorables, utiles, généreuses. Ce serait le modèle parfait qu'un peuple où tous pourraient, comme les Arabes, être nobles ainsi.

Eh bien, ce que les Arabes faisaient pour l'ennoblissement de leurs enfants, ils le faisaient aussi pour l'ennoblissement de leurs chevaux. Un sang purifié ne devait pas être mêlé, marié à un sang trop pauvre encore, lorsqu'on voulait élever le degré de noblesse; le sang pur, qu'on me pardonne ce jeu de mots qui me paraît ici l'expression sérieuse, le sang pur est seul capable de créer le pur sang.

## IV.

Il fallait donc savoir quels étaient les purs sangs. Et on le savait; car, chez les Arabes, il y avait la science des généalogies, science de mémoire et de jugement.

Jamais, jusqu'à l'islamisme, les Arabes, ces populations jetées et disséminées depuis des siècles si anciens à travers les espaces de la presqu'île arabique, n'ont eu pour annales, pour livres, pour monuments, que la mémoire des hommes, que des légendes transmises, par le temps, de générations en générations, de familles à familles. Dans ces déserts où tout s'efface, où l'empreinte du pied de tout être vivant, où le sillon tracé par le ventre du reptile, est si vite biffé par le vent et le sable, où rien ne rappelle les vestiges du passé, la science des généalogies est, heureusement, providentiellement, devenue la science par excellence, est devenue un besoin insatiable pour l'amour-propre d'abord, et un bienfait ensuite pour les âges suivants, pour les époques où la main des hommes nouveaux s'est mise à écrire ce que la mémoire des hommes anciens avait pris en dépôt.

## V.

Autant qu'il l'avait pu, l'Arabe s'était efforcé de tout anoblir et de tout ennoblir. Et des hommes se sont faits qui ont été les registres, les *memento* vivants de ces illustrations.

Quelques exemples, que j'extrais du Kitâb el-ikd el-férîd, ou Livre du collier unique, par Ibn Abd Rabboh, vont nous apprendre ce qu'étaient ces hommes, ces généalogistes. Ce n'est point un récit de pure curiosité spéculative; c'est une indication de choses pratiques. Et là est la preuve de ce qu'il faut accorder de confiance, ajouter de croyance aux généalogies des événements, des circonstances, des hommes, des chevaux et des chameaux arabes.

## VI.

Abou Bekr, qui fut le premier kalife ou vicaire successeur de Mahomet, était et se glorifiait d'être un grand généalogiste, un docte héraldiste dans le genre d'héraldisme moral et civil des Arabes.

Darfel, contemporain d'Abou Bekr, fut le plus savant homme de son époque, parce qu'il fut le plus savant en généalogies et en légendes arabes.

« Quand le Prophète, dit Alî, eut reçu sa mission divine, et l'ordre d'aller, comme révélateur, se présenter aux tribus arabes, il parcourut les contrées les plus voisines du territoire de la Mekke. Un jour, Abou Bekr et moi nous étions avec lui... Nous arrivons à une assemblée d'Arabes. Abou Bekr s'avance, et salue l'assemblée; car Abou Bekr était toujours le premier, lorsqu'il y avait quelque chose de bien à faire. Parmi les assistants se trouvait un généalogiste arabe.

— « De quelle origine êtes-vous? dit Abou Bekr à ces hommes rassemblés.

— « Nous sommes, lui répondit-on, de la postérité de Rabîah.

— « De quelle branche d'entre les Béni Rabîah? Est-ce des sommets des têtes nobles, ou des angles des mâchoires ?

— « Nous sommes du haut des têtes les plus distinguées.

— « De laquelle de ces têtes les plus distinguées?

— « De Zohl le premier ou l'ancien.

— « Mais est-il de votre sang le fils de Mouhallam, cet Aûf dont on disait : « Il n'y a pas d'homme libre dans la vallée de Aûf, tout est soumis à sa volonté, à sa puissance ? »

— « Non.

— « Et Djassâs, fils de Mourrah, Djassâs le bouclier de la parole jurée, le rempart de ses voisins, est-il des vôtres ?

— « Non.

— « Et Bistâm, fils de Kaîs, le dépositaire du petit drapeau, le chef et le conseil suprême des tribus, est-il de votre lignée ?

— « Non, il n'en est pas.

— « Mais ce Haûfazàn, ce tueur de rois, ce ravisseur d'existences royales ?

— « Il n'en est pas.

— « Et Mouzdalif au turban singulier ?

— « Il n'en est pas non plus.

— « Les oncles maternels des rois Kindides, en sont-ils ?

— « Non plus.

— « Et les familles alliées par mariages au sang des rois lakmides, en sont-ils ?

— « Pas davantage.

— « Alors, reprit Abou Bekr, vous ne descendez pas de Zohl l'ancien, mais de Zohl le second. »

« A ces mots se lève un jeune Arabe Cheïbânide; un léger duvet s'annonçait sur son menton. Ce jeune homme était Darfel. Il adressa ce vers à Abou Bekr :

> « Nous avons le droit de questionner maintenant celui qui nous a questionnés ; car le poids ( le mérite d'un homme ) ne se peut connaître qu'en le soulevant ( en le mettant à l'épreuve ). »

« Puis il ajouta, parlant toujours à Abou Bekr :

— « Tu nous as posé des questions auxquelles nous avons répondu, et sans te rien cacher. A présent, toi, d'où es-tu ?

— « Je suis Koréïchide, dit Abou Bekr.

— « Bravo ! reprit Darfel; tribu d'illustration, de souveraineté ! Mais de quelle famille des Koréïchides es-tu ?

— « De la postérité de Mourrah.

— « Par Dieu ! tu présentes le col au trait de l'archer; je te tiens. Est-il de votre lignée ce Koçay, fils de Kilâb, qui réunit les tribus dispersées parmi la tribu des Béni Fihr, et fut appelé, pour cela, le Collecteur ?

— « Non, dit Abou Bekr.

— « Et Hâchem est-il des vôtres, lui qui hachait et préparait le țérîd à sa tribu, lorsque les habitants de la Mekke étaient affamés par une année de disette, et étaient tout amaigris (52) ?

— « Non.

— « Abd El-Mouțțaleb, qui fut surnommé Chaïb el-ḥamd, qui de ses troupeaux, nourrissait même les oiseaux du ciel , lui dont la face brilla dans le monde comme la lune au sein des ténèbres de la nuit, celui-là est-il des vôtres (53) ?

— « Non.

— « Et toi, es-tu de cette famille qui avait le privilége de l'ifâdah pour les pèlerins (c'est-à-dire qui avait le privilége de diriger les cérémonies du mont Arafât lors du pèlerinage) ?

— « Non, je n'en suis pas.

— « Mais alors es-tu de la famille de ceux qui abreuvaient les pèlerins à la Mekke ?

— « Non plus.

— « Serais-tu donc de cette famille qui était chargée de la garde des richesses déposées en réserve dans le temple pour fournir aux besoins des pauvres pèlerins ?

— « Non.

— « Tu seras peut-être de ceux qui avaient la garde de l'entrée du temple ?

— « Non , » dit encore Abou Bekr; puis il tire la longe passée dans la narine de sa chamelle et revient auprès du Prophète. Alors le jeune Arabe adresse cet autre vers à Abou Bekr :

> « Une chute de torrent, qui en rencontre une autre, la chasse en avant, et parfois la brise, et parfois la fend en deux colonnes d'eau. »

« Par Dieu ! mon cher Koréïchide, si tu restais ici encore un moment , je t'apprendrais qu'en fait de noblesse d'origine , tu es sorti des ongles de superfétation des pieds des Koréïchides, bien loin d'être sorti de leur flottante chevelure. »

« Et le Prophète se mit à sourire. Alors, ajoute Alî, je dis à Abou Bekr :

— « Cet Arabe t'a mis là en pleine déroute.

— « C'est vrai. Mais un malheur en a toujours un plus

grand que lui; la défaite épie celui qui parle trop; et la conversation a mille portes diverses (par lesquelles on entend souvent ce qu'on ne voudrait pas entendre). »

Voici un autre récit analogue au précédent.

« Yézìd, fils de Cheïbân fils d'Alḳamah fils de Zourârah fils d'Oudas, dit : J'allais faire mon pèlerinage. J'arrivais dans la plaine de Mina, au lieu appelé Mouḥassab, lorsque je rencontrai un homme sur son chameau et accompagné de dix jeunes Arabes ayant chacun, à la main, un miḥdjen ou bâton terminé naturellement en crochet par le haut. Ces jeunes Arabes éloignaient la foule et faisaient faire place devant l'homme au chameau. Je m'approchai de ce pèlerin.

— « D'où es-tu? lui demandai-je.

— « Je suis des Arabes Mahrah, de ceux qui habitent les montagnes.

« A ces mots , je sentis une sorte de répugnance pour lui , et je tournai bride. Il m'appelle alors et me dit :

— « Qu'as-tu donc contre moi pour t'éloigner ainsi?

— « Tu n'es pas de mes contribules; tu ne me connais pas, et je ne te connais pas non plus.

— « Si tu es, reprit-il, des Arabes généreux, de nom illustre, je te connais. »

« Je fis retourner mon chameau; je m'approchai : — J'en suis de ces Arabes-là, lui dis-je.

— « Et de quel sang?

— « Des descendants de Moudar.

— « Es-tu des cavaliers des Moudarides , ou bien des branches collatérales (c'est-à-dire de ceux qui ne sont pas cavaliers)?

« Je compris que, par les cavaliers Moudarides, il voulait désigner les Béni Ḳaîs, et, par les collatéraux, les Béni Ḳindif. — Je suis des collatéraux, lui dis-je.

— « Alors, tu es des Ḳindifides.

— « C'est vrai, j'en suis.

— « Des Aroûmah (c'est-à-dire des souches premières), ou bien des Djoumdjoumah (ou têtes principales)?

« Je vis qu'il voulait indiquer, par Aroûmah, les Béni
Ḳozaïmah, et, par Djoumdjoumah, les Béni Oudd ou descendants d'Oudd fils de Tâbiḳah. — Je suis, lui dis-je, des Djoumdjoumah.

— « Des Béni Oudd ?

— « D'eux-mêmes.

— « Des Arabes inférieurs (ou qui rattachent leur nom à
quelque tribu), ou bien de ceux de race pure ?

« Je m'aperçus bien qu'il voulait désigner, par les premiers,
les Ribâb et la postérité de Mouzeïnah, et, par les seconds,
les Béni Témîm; je répondis : — Je suis de ceux de race
pure.

— « Alors, tu es des Béni Témîm.

— « Justement.

— « Mais es-tu des plus nombreux, ou des moins nombreux, ou de ceux qui (mêlés aux autres comme frères) sont en
nombre moyen ?

« Je vis qu'il voulait distinguer, par les plus nombreux, les
enfants de Zeïd, par les seconds, la postérité de Ḥâreṭ, et, par
les derniers, les Béni Ạmr ibn Témîm; et je lui dis : — Je
suis des plus nombreux.

— « En ce cas, tu es des Béni Zeïd.

— « C'est vrai.

— « Mais es-tu des Bouḥoûr (ou mers, c'est-à-dire des plus
illustres familles) ou familles grandes comme les flots des mers ?
ou bien es-tu des Ẓourâ (cimes) ou familles élevées comme les
sommets des montagnes? ou bien es-tu des Timâd ou familles
dont la noblesse n'est qu'une eau peu abondante ?

« Je compris de suite que, par Bouḥoûr, il faisait allusion
aux Béni Sa'd, par Ẓourâ, aux Béni Mâlek ibn Ḥanżalah, et,
par Timâd, aux descendants d'Imrou l-Ḳaïs, fils de Ḳaïs; et je
répondis : — Je suis des Ẓourâ.

— « Alors, tu es des Béni Mâlek ibn Ḥanżalah.

— « J'en suis en effet.

— « En ce cas, es-tu des Saḥâb (nuées) ou Arabes hauts
comme les nuées du ciel, ou bien es-tu des Chihâb (étoiles fi-

lantes) ou Arabes brillants à part comme les étoiles filantes, ou bien es-tu des Loubâb (centres) ou Arabes du cœur de la noblesse ?

« Il m'était évident que, par le premier nom, il signalait les Béni Toheyah, par le second, la tribu des Nahchalâ, par le troisième, les Béni Abd Allah ibn Dârim. — Je suis, répondis-je, des Loubâb.

— « Tu es des Béni Abd Allah ibn Dârim.

— « C'est très-vrai.

— « Dès lors, es-tu des Bouyoût ou familles originelles de la tribu, ou bien es-tu des Zawâïr ou Arabes qui lui sont étrangers, mais qui lui sont mêlés ?

« Or, par ces deux dénominations, je reconnus bien qu'il distinguait les enfants de Zorârah d'abord, puis les Ahlâf ou familles unies à notre tribu et vivant parmi nous. — Je suis, repris-je, des Bouyoût.

— « Tu es Zeïd, fils de Cheïbân fils d'Alkamah fils de Zorârah fils d'Oudas ; ton père eut deux femmes ; laquelle fut ta mère ? »

VII.

La connaissance des généalogies entraînait aussi, comme nous l'avons déjà fait remarquer, l'appréciation des mérites particuliers des tribus.

« On demanda un jour à Darfel : — Que penses-tu des grandes tribus des Arabes ?

— « A l'Yémen, répondit Darfel, le paganisme ; aux Béni Moudar, l'islamisme ; aux Béni Rabiah, les discordes et les guerres. » C'est-à-dire l'Yémen resta le plus longtemps païen ; la postérité de Moudar accueillit la première l'islamisme ; les Rabiah se signalèrent par leurs discordes.

— « Bien ! Mais dis-moi ce que sont les Moudarides.

— « Le voici : Prends la gloire chez les Béni Kinânah ; prends la grandeur et la puissance des chefs, parmi les Témimides ; prends l'illustration guerrière chez les Béni Kaïs ; c'est chez les Béni Kaïs que furent les deux fameux chevaux Dâhis et

Rabrâ ; les Béni Açad ont pour eux les actions basses et la fourbe.

— « Et que dis-tu, en particulier, des Béni Amir ibn Sa'çaah ?

— « Ce sont de jolis hommes à cous de gazelles, à croupes rondes et pleines, comme des femmes.

— « Et les Béni Açad ?

— « Tous augures, habiles à deviner un individu sur sa physionomie, hommes d'éloquence.

— « Mais les Béni Témîm ?

— « Pierres âpres et brutes; si tu les rencontres et les heurtes sur ta route, elles te blessent; si tu passes à côté, tu n'en reçois pas de mal, mais aussi tu n'en reçois pas de bien.

— « Et les Béni Kozâah ?

— « On ne mange pas chez eux; ils ne vous régalent que d'histoires.

— « Et les Arabes de l'Yémén, au point de vue des relations, qu'en dis-tu ?

— « Vrais loups, vraies bêtes sauvages des montagnes. »

Jusqu'à la fin du troisième siècle de l'hégire, les Arabes musulmans s'occupèrent d'apprendre, de recueillir, d'écrire, de recopier, de coordonner ou plutôt entasser les traditions antéis-lamiques, les noms des hommes, des encontres, des querelles, des poëtes, des cavaliers et chevaliers, des chevaux. Malheureusement, une grande partie de ces compilations ou de ces traditions est perdue. Le plus intéressant de ces recueils, de ces écrits, pour la question chevaline, hippologie et *hipponomie* et hippiatrie, serait l'immense mémorial d'Abou Obéïdah, et celui d'El-Asmaï, qui avaient traité spécialement de l'élève et des qualités du cheval arabe, avaient collecté tout ce que l'antiquité arabe, avant et après l'islamisme, avait laissé de souvenirs. El-Asmaï avait écrit un traité spécial d'hippologie. Ces deux savants Arabes étaient contemporains et à la cour de Hâroûn el-Réchîd.

Abou Obéïdah (il mourut âgé de quatre-vingt dix-neuf ans, en 209 de l'hégire, 824 de J. C.) était maître de grammaire de ce célèbre Hâroûn, cet autre Charlemagne de l'Orient, mais si inférieur au Charlemagne d'Occident. Abou Obeïdah disait, sans aucun doute avec plus de candeur que de modestie, mais, de ce temps-là, on n'avait pas encore inventé la rubrique appelée fausse modestie, Abou Obeïdah disait : « Il n'y a pas eu, en paganisme ou en islâm, encontre de deux chevaux, que je ne connaisse ces deux chevaux et leurs deux cavaliers. »

Que l'on juge de quel prix serait aujourd'hui, pour nous, un pareil Stud-Book, une pareille collection de *pedigrees* ou généalogies d'étalons.

Toutefois, de cette indication, il résulte au moins ceci, à savoir que l'idée de dresser les nobiliaires des chevaux était mise en pratique par les Arabes, et que, très-probablement, El-Asmaï et Abou Obeïdah n'ont pas été les inventeurs premiers de ces tables de généalogies hippiques. Antérieurement et jusqu'après les premières époques de l'islamisme, l'obituaire où reposaient consignées les illustrations chevalines, était le souvenir des hommes, la mémoire, la science des savants.

On connaissait encore alors, avec les noms et généalogies, le signalement de telle qualité distinctive de telle famille chevaline, de tel cheval célèbre, de tel étalon, lorsqu'il importait de connaître cette qualité pour la pratique, pour la reproduction, et pour l'amélioration des produits. Mais avec le temps, et malgré l'attention et la persévérance des Arabes à suivre l'éducation et le perfectionnement de leur cheval, à mettre à profit les résultats des études et observations faites aux époques islamiques et antéislamiques, il est arrivé, ce qui arrive d'ailleurs partout et pour toutes choses, que quelques termes technologiques sont tombés dans l'obscurité, dans l'incertitude. Tel est, par exemple, le mot mouhannab, employé dans ce vers de la Moallakah de Tarafah :

> « Quand un homme en danger m'appelle, j'aime à voler à son secours, je monte aussitôt sur un coursier dont l'arrière-main est mouhannab (bien ouverte), et dont l'élan ressemble à l'élan du loup qu'une alarme subite chasse du voisinage de l'eau où il vient se désaltérer. »

Les commentateurs hésitent entre deux sens que leur paraît avoir le terme mouhannab. Ce mot désigne, disent-ils, — ou un cheval dont les jambes de derrière sont convenablement écartées l'une de l'autre, et dont par conséquent les sabots, les boulets et les jarrets ne se touchent ni dans la station libre, ni dans la marche; — ou un cheval légèrement brassicourt, ou dont les canons de l'avant-main sont un peu arqués, un peu portés en dehors, conformation qui était et qui est encore estimée des Arabes, pourvu qu'elle n'ait rien d'exagéré.

« Le cheval qui est mouḥannab, ne frotte point un pied contre l'autre, en marchant, et ne se coupe pas. » Cette explication se rapporte aux deux bipèdes du cheval, et paraît décider que le mot mouḥannab qualifie également le cheval qui a l'avant-main et l'arrière-main convenablement écartées.

Je soupçonne que les Arabes devaient attacher une grande importance à cette disposition légèrement divariquée des bipèdes du cheval, non pas, ce qu'ils savaient fort bien d'ailleurs, absolument et uniquement à cause de ce qu'elle indique comme conformation donnant à l'animal une plus large base de sustentation et, par suite, plus de résistance à la fatigue et aux faux pas, mais aussi à cause de la gravité que, dans nombre de contrées de l'Arabie et surtout dans les localités situées à la hauteur géographique ou latitude de Médine et de son territoire, prennent si vite les plus légères blessures, les plus légères plaies chez l'homme et chez les animaux domestiques. A certaines époques de l'année, principalement pendant l'été, de simples égratignures, de simples coupures, surtout aux membres postérieurs, passent souvent, en peu de temps, à des ulcères ichoreux, gangréneux, énormes, qui dévorent les chairs, et dénudent les os... Le jus de citron paraît être le meilleur moyen à employer à l'extérieur et à l'intérieur, pour arrêter cette gangrène ḥédjâzienne. On applique simultanément, à l'extérieur, la graisse animale qui a été fondue, ou le beurre frais ou faiblement salé, afin de prévenir ou d'arrêter le développement des vers.

... Revenons à la question des généalogies et des titres de noblesse.

## VIII.

Par titre de noblesse, les Arabes n'ont jamais entendu un certificat écrit, ni la qualité de noble conférée par lettres patentes; ils entendaient par là tout ce qui revêt un nom, un homme, d'un relief honorable. Pour être noble, on devait s'anoblir par ses mérites, par ses œuvres. Puis, le jugement ou l'appréciation publique vous reconnaissait, ou vous désavouait.

De même pour les chevaux; on les anoblissait, ou on les ennoblissait. On arrivait ainsi à créer une nouvelle famille hippique; et alors un nouveau nom, pris ou du nom de l'étalon, ou du nom du propriétaire de l'étalon, désignait la nouvelle souche qui, pour avoir l'honneur d'une nouvelle dénomination patronymique ou familiale, devait présenter les preuves matérielles de qualités nouvelles, ou de qualités plus richement développées, et devenant ainsi un caractère, un trait distinctif.

Ces habitudes ont fait naître en Arabie, avant et depuis l'islamisme, de nombreux types qu'on a nommés races, et qu'il vaudrait mieux, à l'exemple des Arabes, catégoriser sous le simple nom de : familles. Il faut laisser le mot race, pour l'ensemble, pour dire en terme collectif, race arabe.

Presque tous les noms des familles de chevaux anazeh d'aujourd'hui et que nous avons citées en partie, chap. IV, § vii, sont dérivés des noms des propriétaires ou éleveurs qui ont produit ces familles. Ce qu'on appelle maintenant chevaux koms ou koums c'est-à-dire cinquième, chevaux du cinquième, ou mieux chevaux d'un des cinq, descendent, dit-on et disent les Arabes, des cinq juments, ou d'une des cinq juments, ou de cinq chevaux, ou d'un de cinq chevaux du Prophète. Ces cinq familles chevalines, pour ainsi dire islamiques, portent, à ce que prétendent encore les musulmans actuels, les noms que voici :

Les Koheïl ma'nakî ou mi'nakî;

Les Koheïl saklâwî ;

Les Koheïl djoulf ou djoulfeh ou djelfeh;

Les Koheïl adjoûz;

Les Koheîl atîk.

Mais ces dénominations sont récentes. Aucun des auteurs arabes que nous avons cités ou que nous avons mis à contribution, ne donne un seul de ces noms, pas même le nom de Koheil. Le Nâċérì n'en fait pas non plus une seule fois mention. Aucun écrivain arabe ne dit que le Prophète ait eu cinq juments, et par conséquent aucun ne parle de descendance chevaline rattachée à ces cinq juments. Dans la série des chevaux que l'histoire a mentionnés comme ayant appartenu à Mahomet, il n'est pas un nom qui rappelle ni le nom générique ni le nom de famille de ces cinq variétés de chevaux arabes. Et certes! si un des chevaux, ou une des cinq juments ou les cinq juments prétendues du Prophète, avaient eu la maternité, ou la paternité de ces cinq groupes hippiques, pas un seul écrivain, quelque mince qu'il eût été, n'eût manqué de parler de cette descendance, d'en conserver les généalogies successives, de mettre tout cheval animé d'un pareil sang, c'est-à-dire d'un sang consacré et purifié par le seul contact du Prophète, à un prix par delà toutes limites. Car l'écrivain musulman est peu sobre de détails, de minuties, toutes les fois qu'il s'agit du Prophète, du moindre fétu qui ait appartenu au Prophète. On connaît tous les plus menus détails de l'existence de l'Envoyé céleste; on sait même qu'il n'urina debout qu'une fois dans sa vie.

Je ne craindrais pas un moment d'affirmer que les Koheîl, et aussi les Kahlân ne remontent pas à un siècle, que par conséquent ce sont deux variétés récentes, deux nouveaux rameaux, deux nouvelles familles de la race chevaline arabe, et que dès lors ils sont une preuve que la race se conserve, se perpétue dans sa beauté et dans sa pureté. Et j'ajouterai ceci : Je crois que les noms de Koheîl, Kohheîli, Kahlân, Kahlânî, tous noms identiques, se sont substitués aujourd'hui au mot arabî, c'est-à-dire Arabe d'Arabie, désignent le cheval arabe de race, mais non de patrie et de lieu de naissance, spécifient le cheval descendu d'ancêtres arabes d'Arabie, mais né et racé au milieu de Bédouins qui eux-mêmes ne sont plus Arabes de patrie mais seulement de parenté. Les chevaux Koheîl qui se trouvent maintenant en Arabie, y ont été importés, et ensuite appareillés et accouplés.

Il en est de même des Saklâwî proprement dits. Les Sâfinât sont antéislamiques; les traditions les mentionnent et les récits les caractérisent par leur qualité dominante, bien qu'on ne les voie pas très-nettement précisés comme famille à part.

Du reste, avant l'islamisme, les familles hippiques n'étaient pas aussi rigoureusement établies et spécialisées; les noms des ancêtres suffisaient. Les dénominations actuelles, par familles, sentent plus le goût commercial et le maquignon.

## IX.

« Aujourd'hui, les Arabes appellent Koheïl ou Kahlân, tout cheval de noble race, dit M. Gayot (France chevaline, vol. I, page 137), mais ils ne citent les familles qu'en second lieu. Certes, il importe essentiellement de connaître la famille d'un cheval de pur sang; c'est le renseignement le plus utile après celui qui ne laisse plus de doute quant à la race; le troisième, qu'il ne faut pas négliger davantage, n'intéresse plus que l'individu lui-même. Mais pourtant voici bien la triple condition à observer dans le choix des animaux de pur sang : — ne conserver aucun doute sur l'origine, — connaître l'individu, — et apprécier le mérite et les qualités individuels. »

« Les Arabes savent toujours satisfaire à ces conditions, mais, avant tout, à la première. Faut-il une autre preuve des soins qu'ils mettent à établir la généalogie de leurs chevaux, auxquels ils reconnaissent d'autant plus de valeur, comme race, qu'ils peuvent faire remonter plus haut leur origine? Quand donc ils ont prouvé qu'ils sont de la plus ancienne race, de la race Koheïl, ils se croient à bon droit exempts de rien ajouter, puisque nulle preuve ne vaut celle-là. »

« ... A la naissance d'un poulain de race noble, il est d'usage de réunir des témoins, et de rédiger par écrit une notice des marques distinctives du jeune animal, en y ajoutant le nom de son père et celui de sa mère. »

« Ces Hhudjés ou tables généalogiques, ne remontent jamais
à la grand'mère, parce qu'il est sous-entendu que chaque Arabe
de la tribu connaît, par tradition, la pureté de toute la race; il
n'est donc pas toujours nécessaire d'avoir de ces certificats de
généalogie, beaucoup de chevaux et de juments étant d'une
descendance si illustre que des milliers d'hommes attesteraient,
au besoin, la pureté de leur sang. »

« La généalogie est quelquefois placée dans un petit morceau
de cuir recouvert (ou non) de toile cirée et suspendu au cou du
cheval. »

Quant à l'emploi des termes actuels de race, il est bon de faire
remarquer que Koheîlî est l'adjectif de Koheîl, comme nous dirions Koheîlien; et que Kahlânî est l'adjectif de Kahlân, ce
serait, par exemple, le sens de Kahlânien. Koheîlah est le féminin de Koheîl.

Voici un modèle de hodjdjeh ou titre généalogique ou certificat de noblesse d'un poulain que j'ai vu au Kaire où il a été
donné, âgé de quinze mois, par le fils du Grand Chérîf actuel
de la Mekke, au colonel anglais Howard Weis, il y a quinze ans.
Je traduis cet acte sur le texte arabe que m'a communiqué
M. Prisse d'Avennes. Je conserve même la disposition matérielle
de cette pièce.

« Par la grâce du Très-Haut. »

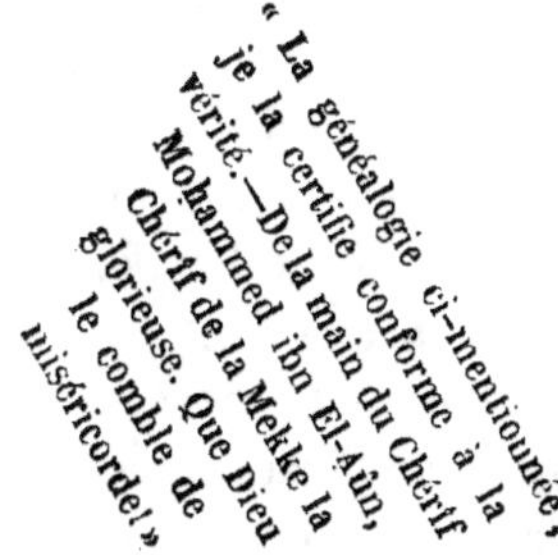


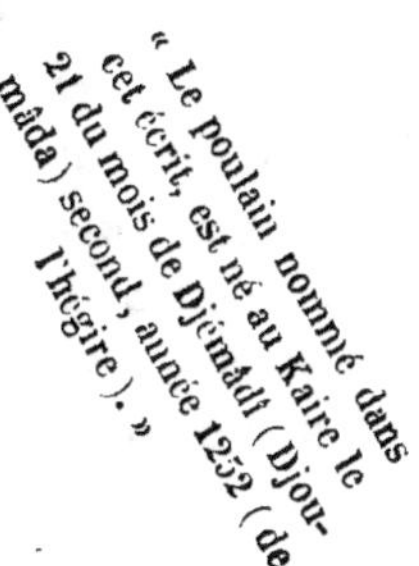


« Ceci est la déclaration sincère et vraie de ce qu'est le poulain que nous avons donné à Son Excellence le colonel Howard Weis Bey, l'Anglais, au Kaire la ville bien gardée de Dieu. Ce poulain porte le nom d'Abeïân. Son origine est pur nedjdî. Il est né au Kaire, dans notre demeure, et son père et sa mère sont (de la race) des excellents chevaux arabes. Sa mère se nomme El-Beïh, fille d'El-Beïh, et a la robe blanche. L'aïeule maternelle de ce poulain était bai clair, et l'aïeul maternel est Abeïân el-Hendès (l'habile), de robe blanche, nedjdî pur. Le père du poulain susdit, est Hadbân (cilié, à longs cils), surnommé Djerbou' (gerboise), et a la robe blanche. La mère de ce père (du poulain susmentionné) est Hadbâ el-Nezhî (la ciliée de l'éloigné, du distançant), et avait la robe blanche. Le père de Djerbou' est Djalwân (le brillant, l'éclat pur), fils de Hadbâ, et avait la robe noire; la mère (de Djerbou') avait aussi la robe blanche. Et tous ces chevaux sont chevaux du Nedjd, la race si connue parmi les Arabes. »

« En l'année 1253,
le 6 du mois de Ramadân. »

« Le chérîf Abd Allah
ibn el-Chérîf Mohammed
ibn (ou fils de) Aûn. »

( Suit le cachet. )

J'ai connu particulièrement, au Kaire, le jeune chérîf Abd Allah et son père Mohammed que l'on nommait ordinairement Ibn Âûn. Avec eux, outre leur nombreuse suite, était le chérîf Ishâḳ qu'on appelait cheîk Ishaḳ, et qui avait la dignité de Naḳîb el-Achrâf, ou chef représentant des chérîfs. Je n'ai rencontré nul homme musulman plus instruit que le cheîk Ishâḳ; il n'avait pas seulement l'érudition, mais la science arabe.

J'ai souvent causé avec ces chérîfs, des chevaux arabes, des soins que l'on donne à l'élève, à la conservation, à la reproduction du cheval nedjdi en particulier, à l'appareillement des sujets pour l'accouplement; et toutes nos conversations ont toujours eu pour résumé que les Arabes restent fidèles aux anciennes traditions, aux pratiques consacrées et sanctionnées par l'expérience du passé, et confirmées par les résultats du présent. Dans les familles scénites des Bédouins et dans les familles stationnaires des Arabes qui habitent des demeures fixes, on garde en mémoire, et souvent par écrit, les généalogies des chevaux jusqu'au bisaïeul ou au trisaïeul ; et ce nombre de degrés d'ascendance suffit parfaitement dans un pays où tant d'individus connaissent la filiation des chevaux pur sang qui existent, connaissent les qualités hippiques des sujets vivants.

## X.

Le rescrit généalogique ou certificat de filiation que nous venons de présenter, est une preuve actuelle de l'attention que les Arabes mettent à conserver les souvenirs des familles hippiques. Le hodjdjeh, délivré par le chérîf Abd Allah et contre-signé par le père de ce dernier, comme justification et pour ainsi dire comme légalisation de l'authenticité et de la véracité du contenu et des détails de cet acte, mentionne le père et la mère du poulain, le père et la mère du père et le père et la mère de la mère de ce poulain.

Les deux degrés de paternité les plus rapprochés se trouvent par là même constatés. Remontez à chacun de ces parents et au delà, individu par individu, et représentez-vous leur ascendance établie de la même manière, il vous restera démontré que, par ce procédé, la filiation généalogique se suit non interrompue, que dans la concaténation des degrés il ne se perd et ne manque pas un chaînon, bien que cependant on ne tienne en main que deux ou trois des derniers anneaux de la chaîne. L'histoire ou série généalogique s'efface dans les années passées; on ne construit pas de Stud-Book, pas de nobiliaire écrit en manière d'archives, pas de livre ou registre d'écurie, mais le fait de conservation de race n'en est pas moins sûr pour la pratique et pour les résultats. Le cheval déclaré pur sang, de race ancienne, n'est pas moins ce que le certifie la déclaration; et lorsqu'il n'a pas de défauts ou de tares que l'on appréhende de transmettre aux enfants, il est agréé parmi les reproducteurs, parmi les conservateurs actifs de la race.

La filiation généalogique ou, comme on le dit actuellement, *la trace* inscrite dans le ḥodjdjeh ci-dessus, donne les individus suivants :

Abeïân,  le poulain ;

El-Beïh, mère de ce poulain ;

El-Beïh, mère de cette El-Beïh, est par conséquent mère de la mère du poulain, et est aïeule maternelle de ce poulain ;

Abeïân Hendès, père de la mère du poulain, est par conséquent aïeul maternel de ce poulain ;

Hadbân, père du poulain ;

Hadbâ,  mère de Hadbân, est par conséquent aïeule paternelle du poulain ;

Djalwân, père de Hadbân et fils de Hadbâ, est par conséquent aïeul paternel du poulain et fils de la mère du père de ce poulain.

En résumé :

1°  Le poulain. . . . . . . Abeïân.

2° { Son père. . . . . . . Hadbân.
   { Sa mère. . . . . . . . El-Beïh.

3° { Son aïeul maternel. . . . Abeïân Hendès.
   { Son aïeule maternelle. . . El-Beïh.

4°  { Son aïeul paternel.   .   .   .   Djalwân.
    { Son aïeule paternelle.   .   .   Hadbâ.

L'acte établit donc deux degrés généalogiques complets :
— 1° le père et la mère, — 2° les deux aïeux paternels et maternels.

## XI.

J'insiste sur ces sortes de détails théoriques et pratiques relatifs à la question de généalogie hippique parmi les Arabes, parce
qu'il me semble important d'avoir le dernier mot de la contestation, le jugement irrévocable du litige, de savoir ce qu'il y a de
réel et de sûr dans les bases et données premières de cette
thèse, d'en finir avec les opinions et récits contradictoires
des voyageurs, les uns décidant l'affaire par négation absolue,
les autres tranchant par affirmation complète, les autres s'arrêtant au doute.

Je me plaindrai toujours de la maladresse des voyageurs, —
de leurs exigences brusques, de cette résolution de toujours
enlever tout d'assaut, — ou de cette aveugle confiance qui
prend pour de la candeur et de la franche bonhomie, la ruse de
l'Arabe enveloppé si bien de son air bénin, naïf, et tranquille,
ou de son air de probité exubérante. Je me plaindrai toujours
aussi, et avant tout, de l'inexpérience et de l'ignorance qui
nous caractérisent à l'endroit des hommes et des choses de
l'Orient et surtout à l'endroit de l'Arabe d'abord, puis de l'Arabe
musulman mis en contact intéressé avec un Européen. Avant
de dire deux et deux font quatre, apprenons ce que c'est que
deux et ce que c'est que quatre.

« Ne vous hâtez *pas trop*, quelque ordre qui vous presse. »

Informez-vous, cherchez le père et la mère et la tribu du cheval
que vous voulez acheter; et défiez-vous souvent, très-souvent,
toujours, de votre œil européen. L'Arabe vous traitera honora-
blement; il vous accueillera bien, toutes les fois que vous le vi-
siterez; il vous fera toujours accepter chez lui, vous recevant
comme visiteur et hôte d'un moment, une tasse de café, une
longue pipe, car en Orient nulle affaire, même gouvernemen-

tale, ne s'entame sans ces deux préliminaires, ne marche sans ces deux acolytes. Mais nous ne savons pas assez combien une petite tasse, une pipe cache et masque la figure d'un homme, l'aide à se mouvoir sans rien trahir de la pensée qu'il retourne dans sa tête.

Qu'on s'efforce donc d'arriver à obtenir un ḥodjdjeh ou certificat sincère, vrai. C'est seulement après l'avoir obtenu qu'on peut être assuré d'avoir la filiation exacte du cheval qu'elle concerne. Mais rarement, surtout parmi les Bédouins, on a la certitude de plus de deux ou trois générations ou degrés d'ascendance.

## XII.

A propos du ḥodjdjeh que tout à l'heure nous avons transcrit en français, il est à remarquer, dans les rapports de parenté indiquée, qu'il y a eu un appareillement particulier, un accouplement d'un fils avec sa mère. C'est un exemple des combinaisons et des études ou observations qui président aux alliances hippiques parmi les Arabes. Djalwân, père du père du poulain, était fils de la mère de ce père, et par conséquent fut frère utérin en même temps que père du poulain.

Djalwân était des aâíl, c'est-à-dire était des *sujets d'origine* illustre, des *ingenui* ou sujets de bonne parenté, de noble descendance, de saine noblesse; il y avait donc eu l'intention, en accouplant ces deux sujets, d'obtenir un produit heureusement doué. Toute la science expérimentale des Arabes, dans cette grave question, la question de reproduction et par suite de l'amélioration de leur race chevaline, reposait et repose encore sur cette maxime passée parmi eux en aphorisme, en principe raisonné, maxime exprimée ainsi, dans leur langue qui ne craint jamais, quelque rude qu'il soit, le pittoresque de la vérité des faits et actes matériels : « Faire tomber la semence du brave « et du bon, dans un moule généreux. »

Les Arabes étaient persuadés que les qualités et surtout les qualités corporelles se transmettent par la génération, par le sang, aussi bien et plus encore dans les animaux que dans les hommes, parce que les hommes négligent pour eux-mêmes, pour leurs unions conjugales ou leurs copulations extramatrimoniales, nombre de considérations qu'ils tiennent à grand prix dans les unions préparées ou provoquées par eux entre les animaux domestiques, chevaux ou autres.

Le cheval de noble sang, de nobles aïeux, devait pour être appelé aċîl ou d'origine, c'est-à-dire racé de bonne race, ou atîk, c'est-à-dire pur ou pur sang, issu de souche déjà ancienne, car le mot atik implique ce double sens, ce cheval, dis-je, devait être né d'une mère déjà noble et par conséquent descendre au moins de grands parents nobles; ce qui suppose au moins deux degrés ou quartiers de noblesse. Cela suffit pour établir le titre de noble. Une noblesse ainsi posée pour les chevaux garantissait qu'ils étaient capables de racer, « d'imprimer, comme dit M. Gayot, le cachet de leur supériorité et de leur race, de donner beaucoup de figure, des membres forts, nets, larges, puissants de jarrets, surtout un beau corsage. »

Pour soi-même aussi, l'Arabe voulait la noblesse de sa mère, la noblesse de son père, et de plus la noblesse de ses oncles maternels. On croyait que les qualités de l'homme se reflétaient le plus souvent dans le fils de sa sœur.

## XIII.

Du reste, parmi les Arabes anciens, les mérites qui donnent à l'homme un caractère spécial, qui peuvent être résumés par une sorte d'expression d'ensemble, c'est-à-dire plusieurs qualités réunies lesquelles, par exemple, sont la cause collective qu'un tel est considéré comme étant de haute noblesse, ou est cité comme homme généreux, ou est réputé comme poëte, étaient les motifs de singulières rivalités, de joutes morales, dans lesquelles les enjeux s'élevaient parfois à des proportions considérables soit en chameaux, soit en chevaux.

Nous indiquerons un ou deux exemples de ces sortes de luttes.

Environ deux ans avant l'hégire, Alkamàh et Àmir, le fils de

Tofaïl aux chevaux, aspiraient chacun à avoir le commandement de la tribu des Béni Âmir ibn Sa'çaah, et chacun des deux se prétendait plus méritant en raison de la pureté et du relief de sa noblesse, et en raison de son courage. Tous deux tombèrent d'accord de s'en rapporter à un tiers pour décider ce litige en matière de supériorité de mérites. Cent chameaux furent le dédit ou l'enjeu convenu.

L'arbitre choisi fit jurer aux deux rivaux, de se soumettre sans réserve ni réclamation à la sentence qu'il prononcerait. On jura. Puis l'arbitre dit aux deux parties adverses : « Allez; dans « un an vous reviendrez, à pareil jour, et je prononcerai le ju- « gement. »

On fut exact au rendez-vous. Le procès semblait devoir être long, et chacun des deux concurrents amenait, outre son enjeu, un grand nombre de chameaux destinés à régaler ses partisans, pendant tout le temps de la discussion.

Mais dès le premier jour, l'arbitre fit appeler, séparément, Âmir et Alkamah, et fit sentir à chacun d'eux ce qu'il y avait à craindre de la supériorité de l'autre concurrent. Chacun des deux supplia alors le juge de décider, au plus, que tous les deux étaient égaux en mérite, noblesse et courage. C'était la conclusion que voulait provoquer l'arbitre; il prononça selon le désir des deux rivaux, et l'affaire se termina ainsi. On égorgea une vingtaine de chameaux, on se régala et tout fut dit... Âmir et Alkamah partagèrent le gouvernement de la tribu.

Un autre défi analogue est celui qui, après une querelle, fut accepté par Hâtim surnommé le généreux. Ce défi lui fut porté par la tribu des Lâmides ou Béni Lâm, et le jugement devait être porté par la foule, laquelle prononcerait en faveur de celui qui la traiterait avec plus de profusion. Le rendez-vous fut à la foire de Hîrah. « J'accepte, dit Hâtim, et voilà mon cheval pour « gage. » Neuf individus des principaux personnages des Lâ-mides, firent de même. Les dix chevaux furent remis en dépôt entre les mains d'un Arabe de la tribu des Kelbides.

On partit pour Hîrah. Yâs qui était de la même tribu que Hâtim, s'empressa de se mettre en route, accéléra sa marche et

alla intéresser No'mân, roi de Ḥirah, en faveur de Ḥâtim. Le roi
dit à Yâs : « J'ai cent chamelles rousses et cent chamelles noires,
je les mets toutes à la disposition de Ḥâtim. » Les chamelles
noires sont d'un prix plus élevé que toutes les autres ; celles
d'une belle couleur roux foncé viennent en second lieu.

Un individu qui était présent lors de la conversation de
No'mân et d'Yâs, ajouta aussitôt après les paroles du roi : « Vous
« savez que j'ai des biens considérables ; je fournirai tout ce
« qu'il faudra de viande, de pain, de vin, pendant la durée de
« la foire. » Yâs répliqua : « Moi, seul, je donnerai autant que
« vous tous. » Chacun venait ainsi s'associer au parti de Ḥâtim
et soutenir l'éclat de générosité qui déjà avait rendu son nom
proverbial.

De son côté, Ḥâtim qui ignorait les démarches d'Yâs en sa faveur, appelait à prendre fait et cause pour l'honneur de la tribu,
tous ceux qu'il savait en état de concourir à cette œuvre. Nous
disons « l'honneur de la tribu, » car dans toutes les sortes de
défis ou d'assauts, assauts d'armes, assauts de générosité, défis
à la course, défis de poésie, luttes de vertus, luttes de noblesse,
les tribus s'animaient, s'enthousiasmaient pour leurs hommes,
pour leurs frères engagés à l'épreuve, à la concurrence. Les
questions d'hommes devenaient ainsi des questions de tribus ;
l'honneur et la gloire d'un seul se reflétaient sur tous ; un beau
titre, mérité par qui que ce fût, était un nouveau titre dont
tous s'enorgueillissaient. Et si, comme déjà nous l'avons fait
remarquer, un beau cheval était une illustration de la tribu, un
enfant chéri de tous les membres de la tribu, à plus forte raison
un beau nom d'homme devenait-il un nouvel éclat pour tous
les contribules. Et puis encore, on oubliait tous les ressenti-
ments personnels afin de coopérer à défendre ou à rehausser
l'honneur général mis en jeu dans l'honneur d'un seul homme.

En arrivant à Ḥîrah, Ḥâtim fit appel à la libéralité d'un sien
cousin appelé Wahm, et avec lequel il s'était brouillé. Wahm
fut agréablement surpris de la visite de Ḥâtim, et pressentit
aussitôt qu'il s'agissait probablement de quelque grand coup de
générosité. « Je suis engagé, dit Ḥâtim, dans un défi qui inté-

« resse mon honneur et par conséquent le tien et celui de notre
« tribu particulière. » Ḥâtim exposa et expliqua l'affaire. —
« Parfaitement! reprit Wahm ; tout ce que je possède est à toi.
« J'ai neuf cents chameaux ; prends-les ; égorge-les, centaine
« par centaine, pendant tout le temps de la foire ; jusqu'à sa-
« tiété régale la foule, et reviens triomphant de tes rivaux. »

Les Lâmides arrivent à Ḥîrah. La lutte va bientôt commencer.
Yâs se présente de nouveau au Roi No'mân : « As-tu l'intention,
« dit Yâs, de soutenir de tes richesses les Lâmides, parce qu'ils
« sont aussi tes parents? Eh bien, dans ce cas, nous lutterons
« contre toi-même ; et nous ferons un tel carnage de chameaux,
« qu'on verra des fleuves de sang couler dans les vallées. »

L'air résolu, le ton décidé et exalté d'Yâs firent comprendre
à No'mân quelle animosité agitait les deux tribus rivales, lui
firent voir que cette lutte qui semblait toute d'honneur, menaçait d'aboutir à une guerre. No'mân appela les principaux
Lâmides et leur dit qu'il était résolu de ne prendre aucune part
à la lutte engagée, et qu'il désirait que l'on s'accommodât avec
Ḥâtim. Les Lâmides durent céder... Les principaux d'entre eux
allèrent trouver Ḥâtim.

— « Nous renonçons au défi, lui dirent-ils.

— « Et par conséquent à vos gages? répliqua Ḥâtim.

— « Et à nos gages. Peu nous importe ; nos chevaux ne sont
que des rosses. » Par ces derniers mots, les Lâmides voulaient
dissimuler leur dépit, et paraître peu soucieux de la conclusion
qu'ils étaient forcés de proposer.

Ḥâtim égorgea les neuf chevaux, en fit cuire la chair, apporta
plusieurs outres de vin, et donna ainsi un festin aux Arabes
rassemblés à la foire.

Ces sortes de provocations, de jeux nobiliaires pour ainsi dire,
ne se terminaient pas toujours aussi pacifiquement.

## XIV.

Malgré la valeur qu'il attachait à son cheval, l'Arabe le sacrifiait parfois, afin de satisfaire aux devoirs de l'hospitalité. Ce

même Ḥâtim, dont nous venons de parler, se rendit bien souvent coupable de pareils actes de générosité; rien ne lui coûtait pour traiter ses hôtes qui même lui arrivaient à l'imprévu.

L'empereur des Roûm, dit une tradition, avait entendu maintes fois vanter la libéralité extraordinaire de Ḥâtim. L'empereur voulut avoir au moins une preuve directe qui justifiât, pour lui personnellement, cette réputation. Il savait que Ḥâtim avait un cheval d'une très-grande valeur, d'une beauté extraordinaire, de qualités supérieures, du sang le plus pur. L'empereur envoya un de ses courtisans demander le cheval en présent...

Le courtisan arrive à la tente de Ḥâtim... Celui-ci sert à son hôte un véritable festin de viande rôtie... Le courtisan, sur la fin du repas, expose le motif de son voyage. « Ah! dit Ḥâtim, « tu aurais bien dû parler plus tôt! Mes provisions étaient épui- « sées; mon bétail est à un pâtis éloigné; je n'avais sous la « main que mon cheval; je l'ai tué pour te traiter dignement, « et ne pas te faire attendre. »

<h2 style="text-align:center">XV.</h2>

Revenons, un moment encore, à la question des généalogies.

Les Arabes, avons-nous dit, ne conservaient guère, et ainsi font-ils encore aujourd'hui, que le souvenir de deux ou trois degrés généalogiques pour constater la noblesse de leurs chevaux. Il suffisait de tenir, d'avoir en main, dans la mémoire, les deux ou trois derniers anneaux de la chaîne, de ne la laisser jamais échapper. Par ce simple moyen, elle se continuait intacte, toujours liée et certaine.

Mais il est résulté de ce procédé facile, que la série des traditions ou filiations hippiques, bien que vraie au point où elle était à tel moment, se perdait, par sa partie ascendante, dans le passé, et qu'il était impossible de faire, très-rigoureusement, l'histoire généalogique du cheval.

En effet, et même chez ces anciennes populations arabes où personne n'écrivait, chez ces populations confinées dans des déserts et une presqu'île d'où il ne sortait presque personne, où presque personne ne venait voyager, ou commercer, l'origine de la constitution de la race hippique de l'Arabie devint bientôt un fait sans date, une tradition pour ainsi dire sans naissance.

Les autres peuples s'occupaient fort peu de l'existence de ces tribus, de ce qu'elles faisaient, de ce qu'elles possédaient, de ces Arabes qui n'avaient que des choses meubles, qui pouvaient toujours s'échapper, toujours fuir, dont le sol n'était que le support des tentes et n'offrait rien ou presque rien que du sable à conquérir. Aussi, tous les auteurs anciens ne parlent guère des Arabes que pour en citer les noms des tribus, pour les désigner comme des rôdeurs transportant leurs maisons de toiles ou de cuirs ou de tissus de poils de chameaux, allant d'une vallée à une autre, d'un pâturage naturel à un autre pâturage improvisé par les torrents, d'un désert à un autre désert, d'un puits ou d'une flaque à un autre puits, à un autre réservoir d'eau, d'un camp d'été à un camp d'hiver, d'une plaine froide à un vallon abrité. L'intérieur de l'Arabie était inconnu, et inconnue était aussi la race de ses chevaux.

Du silence des historiens de l'antiquité grecque ou romaine sur les chevaux arabes, il n'y a pas à induire, comme le fait l'auteur du The Horse, William Youatt, « que les déserts de l'Arabie n'étaient pas alors peuplés de ce noble animal, ou bien qu'il n'y avait rien à dire sur lui qui valût la peine qu'on en fît mention (*a*). » Nous ne trouvons pas que les autres observations consignées plus loin, dans ce même ouvrage, à l'article « Cheval arabe, » présentent matière à des données plus concluantes. Pour juger ainsi, d'après des indications générales, sur les mœurs et la vie de populations, il faut connaître à fond ce genre de vie, ce genre de mœurs; et les Arabes échappent aux règles communes des autres nations; l'existence des Arabes a toujours été pour ainsi dire excentrique; peuple au monde n'a vécu

(*a*) **Le cheval.** Traduit de l'ouvrage anglais *The Horse*, de William Youatt, par H. Cluseret. Paris; Dentu, libraire. 1851. Un volume in-12. — Ce volume ne comprend que la première partie de l'ouvrage anglais complet.

comme eux. Une vie toujours semblable, homogène, une vie telle que celle d'hier est le passé de celle d'aujourd'hui, et que celle de demain sera encore pareille. Il n'y a pas d'antiquité historique, en quelque sorte, pour un tel peuple; cette antiquité vit toujours actuelle, elle est toujours présente.

Nous n'insisterons pas sur les réflexions que donne l'auteur du The Horse; ce que nous avons dit et établi jusqu'ici, nous semble remplir la lacune que laisse ce livre qui glisse beaucoup trop rapidement, à notre avis, sur l'importance, l'histoire, les qualités du cheval arabe. Tout l'amour de l'auteur se tourne vers les chevaux de la Perse, de la Thessalie, de l'Asie Mineure, etc. Cette préférence ou cette déférence accordée à ces espèces chevalines, nous confirme un peu dans l'idée que le cheval pur sang anglais doit être, en origine, un enfant de sang arabe modifié par les influences et l'éducation des climats et des hommes de l'Asie Mineure et des États limitrophes à l'est et au nord de cette contrée. Le pur sang anglais, à en juger par l'aspect de la charpente et de la taille, n'est peut-être pas un pur sang arabe d'Arabie.

Le cheval brèbe ou barbe a aussi fourni de son sang à la race anglaise.

Et à propos de ce cheval de Barbarie, je me permettrai de faire encore un léger reproche au The Horse, c'est d'avoir à peine effleuré l'histoire hippique de l'ancienne Cyrénaïque. Les chevaux barcéens, ainsi que nous l'avons indiqué, sont la souche ancienne des chevaux barbes.

Comme jugement général, nous ajouterons encore, et cela malgré ce que peut penser ou dire la modestie des professeurs de l'École du Haras du Pin, que le The Horse est moins historique et moins substantiel que le travail de M. Éphrem Hoüel sur l'*Histoire du cheval* chez tous les peuples de la terre.

## XVI.

Maintenant, y a-t-il dégénérescence dans la race du cheval en Arabie? A cette question, plusieurs hippologues répondent de manière à faire admettre l'affirmative.

Et cependant sur quoi s'appuient les raisons qui font supposer, penser que le cheval arabe a dégénéré, s'abâtardit? Pour soutenir la thèse, il faudrait des expérimentations directes, des reconnaissances, des recherches opérées sur les lieux mêmes. Et où sont donc les voyageurs, je ne dis même pas les hippologues, qui ont exploré l'intérieur de l'Arabie, qui ont parcouru les tribus, les montagnes, les vallées du Nedjd, les oasis du sud-est de l'Arabie, qui ont vu le Bahreîn, l'Aḥḵâf, la vallée de Doân? Nous n'avons rien, *de visu*, sur ces espaces de l'intérieur de l'Arabie.

Mais nous déclarons ceci : toutes les informations que nous avons pu obtenir de Wahabites, d'Arabes du Ḥédjâz, du Nedjd, du Ḥadramaût, l'enthousiasme avec lequel les hommes de ces contrées parlent des soins qu'on donne aux chevaux, à leur appareillement, à l'éducation, nous font croire que l'habitant actuel de l'Arabie est animé de la même passion équestre que les Arabes anciens. Et de là, il est très-rationnellement permis de croire aussi que les mêmes attentions engendrent encore les mêmes résultats.

Et d'ailleurs, si le cheval arabe commence ou a déjà commencé de dégénérer, si l'Arabe d'aujourd'hui, le musulman actuel, laisse tout s'effeuiller dans ses mains, hâtons-nous de recueillir les restes de sa dynastie équestre, d'utiliser les derniers rejetons par une transplantation heureuse, une culture intelligente, suivie, arabe, d'activer la création d'une nouvelle race chevaline en France, d'une race noble qu'on appellera Race Française.

## CHAPITRE XV.



### I.

Les archives hippiques qu'El-Asmaï avait collectées et coordonnées sous le règne de Hâroûn el-Réchïd, vers la fin du second siècle de l'hégire (fin du huitième siècle de l'ère chrétienne), sont malheureusement perdues. Elles prouvaient au moins que les traditions hippiques se sont conservées parmi les Arabes. Ce travail renfermait non seulement les noms des chevaux célèbres de l'antiquité arabe, non seulement présentait l'obituaire hippique du passé, il était aussi un traité *ex professo* de la science hippologique, de l'*hipponomie* comme déjà je me suis permis de dire, et en même temps un traité d'hippiatrie.

Aucun auteur arabe n'a jamais compris un traité du cheval, autrement que sous le double point de vue hippologique et hippiatrique. Et toujours dans la partie hippologique, se casait, comme à sa place obligée, l'art d'élever et de dresser le cheval, et l'art de le monter, de le conduire, de le dresser, c'est-à-dire l'art appelé le feroûcïeh, ou ẹlm el-feroûcïeh, science équestre, science du cavalier, *ars equitandi*. (*Voy.* ci-dessus, chap. XII, Exercices et jeux équestres, etc., § 1, p. 276.)

### II.

Le Nobiliaire ou Stud-Book arabe dont je vais donner la traduction, a été dressé, à ma demande, et pendant mon séjour en Égypte, par un cheîk que j'avais pour professeur de langue arabe, et avec lequel je lisais et étudiais les chroniques antéislamiques. Ce cheik, appelé Moḥammed Aïiâd, natif de Ṭantidâ, vulgairement Ṭantâ, en Égypte, est depuis plusieurs années professeur d'arabe à l'Académie impériale de Saint-Pétersbourg où il a été appelé par l'Empereur de Russie.

Je ne sache pas que nulle part, dans les livres orientaux ou autres, il existe un semblable nobiliaire arabe. Est-il nécessaire d'avertir qu'il forme la seconde partie d'un Traité des noms propres, que composa pour moi le cheîk Moḥammed Aïiâd et dont je possède le seul manuscrit qui existe outre le brouillon-original qu'avait le cheik ? Ce petit Traité est intitulé : El-i'lâm fî mâ iétéallak bi-l-a'lâm, Notice sur les particularités des noms propres.

Je consignerai ici quelques-unes des réflexions qui forment le préliminaire de ce Traité; elles ne sont point ici un hors-d'œuvre. Ce sont autant de traits de la physionomie arabe.

III.

## OPUSCULE

### DU CHEÎK MOHAMMED AÏIÂD, DE ṬANTIDÂ.

**« AU NOM DE DIEU MISÉRICORDIEUX ET CLÉMENT. »**

« Gloire à Dieu qui a dirigé nos pas dans la voie de la vérité ! Bénédiction et grâce sur le Prophète, le plus excellent des hommes.

« Puis je dis : J'ai fait cet opuscule afin d'expliquer le sens des noms propres arabes et les raisons qui en furent la cause originelle.

« La passion des Arabes était la guerre, les incursions improvisées et subites; leur amour était l'hospitalité généreuse, l'acquis de la célébrité, l'illustration par les œuvres de bien. Ils ont dépensé tous leurs efforts, mis en œuvre toutes les forces, afin d'asseoir et de consolider ces gloires parmi eux, afin d'agrandir toujours les colonnes de leurs mérites. Aussi voyons-

nous que leurs vers sont tout pleins des louanges de ces vertus,
et aspirent sans cesse à réchauffer, au milieu des tribus, la générosité, la foi en la sainteté des promesses données, l'amour mutuel toujours prêt à défendre tout ce qui touche à leurs affections. Il fallait donc aux Arabes des noms spéciaux pour leurs
coursiers, pour leurs sabres, pour leurs lances, pour leurs déserts, pour leurs sables, pour leurs eaux, pour leurs montagnes,
pour toutes les choses et tous les instruments de leur existence.

« L'enthousiasme belliqueux des Arabes, leur désir de vaincre
leurs ennemis, de les subjuguer, les a conduits à s'appliquer à
eux et à leurs chevaux, des noms figuratifs des penchants individuels. Ainsi, des hommes se nommaient Harb, guerre, Râleb,
vainqueur, Mourrah, amertume. On pensait par là, en raison
de la croyance à l'influence des horoscopes, présager l'avenir
des individus, c'est-à-dire présager que tel homme serait la
*guerre* elle-même pour les ennemis, serait le *vainqueur* qui les
écraserait, l'*amertume* qui les abreuverait.

« Pourquoi, demandait-on à un Arabe, vous donnez-vous
« presque toujours à vous-mêmes des noms si rébarbatifs, si
« laids, tels que lion, tigre ? Et pourquoi donnez-vous à vos es-
« claves des noms si agréables, tels que la *joie*, le *bonheur*,
« le *contentement ?* — Nos noms à nous, répondit l'Arabe, sont
« choisis pour nos ennemis, pour leur dire que nous sommes
« lions, tigres, etc.; les noms de nos esclaves sont choisis pour
« nous, pour nous plaire. Nos fils sont nos véritables remparts,
« sont notre armure contre l'ennemi, sont les flèches qui lui
« traversent le gosier; c'est pour cela que nous donnons à nos
« fils de ces noms qui inspirent la crainte. »

## IV.

### « NOBILIAIRE

#### DE

#### CHEVAUX ARABES. »

« La connaissaance des noms des chevaux arabes n'est pas
moins importante que celle des noms d'homme. ( En d'autres

termes, un nobiliaire hippique n'est pas moins important qu'un nobiliaire d'hommes. )

« Je dispose les noms par ordre alphabétique. » (Mais cet ordre arabe étant différent du nôtre, nous avons jugé à propos de faire les transpositions nécessaires pour caser le tout selon la série ou rang de succession des lettres françaises. — De plus , nous inscrivons en tête de chaque groupe alphabétique et à côté de la lettre qui le classe et le distingue , le chiffre indiquant le nombre des individualités hippiques dont les noms ont cette lettre pour initiale. )

( Plusieurs des noms de chevaux que nous avons rencontrés dans le cours de ce volume ne sont pas mentionnés dans le nobiliare du cheîk Aïiâd ; le cheîk n'a pas eu d'ailleurs l'intention de faire un relevé complet de tous les noms des chevaux cités dans les livres arabes. )

V.

Une légende raconte ainsi l'introduction, les commencements de la race des chevaux arabes dans la péninsule arabique.

« Des hommes de la tribu des Azdides qui habitaient l'Ọmân, allèrent visiter le fils de David, Soleïmân (Salomon), après son mariage avec Bilḳîs, reine de Saba. Ils questionnèrent Soleïmân sur ce qu'il leur importait de savoir relativement aux croyances et aux principes religieux, aux règles de conduite dans ce monde. Leurs conférences terminées, ils se disposèrent à partir. Alors, ils dirent à Soleïmân :

« Prophète de Dieu, notre pays est bien loin; nos provisions
« de voyage sont épuisées; fais-nous en donner de nouvelles ,
« afin que nous puissions aller retrouver nos familles. »

« Soleïmân remit aux Azdides un cheval de la race des fameux chevaux de David. « Voilà , dit-il aux visiteurs azdides ,
« la meilleure espèce de viatique que je vous puisse procurer.
« A chaque halte que vous ferez, vous enverrez un de vous
« à la chasse avec ce cheval. Pendant ce temps, vous amasserez
« du bois et vous préparerez le feu pour le moment où votre
« chasseur reviendra. »

« Les Azdides partirent... Ils se conformèrent au conseil de Soleïmân. Et celui d'entre eux qui allait à la chasse, ne man-, quait jamais de rapporter des gazelles, des onagres. Par là, les Azdides eurent toujours, dans leur voyage, de quoi suffire abondamment à leur nourriture; ils attendaient sans peine jusqu'à une autre halte.

« Les Azdides satisfaits et reconnaissants se dirent :

« Certes, le meilleur nom qui convienne à ce cheval, est « Zâd el-Râkeb, le viatique du cavalier... »

« C'est par ce cheval que la race des nobles chevaux arabes prit naissance. »

Il est facile de voir que cette origine attribuée à la race des chevaux arabes de pur sang, est une pieuse et innocente invention. On n'a voulu que consacrer en quelque sorte cette origine, en la rattachant au souvenir d'un Prophète, de Salomon, qui, pour les musulmans, est la personnification du plus grand et du plus magnifique des monarques du monde passé et du monde à venir. Du reste, Salomon n'est en si haute vénération parmi les Arabes que depuis l'installation de la religion musulmane. Il n'est jamais question de lui, parmi eux, avant cette époque, pas plus à propos d'hommes qu'à propos de chevaux.

## VI.

« Les Arabes de la tribu des Tarlabides, ayant ouï parler des qualités du cheval amené par les Azdides, vinrent avec une jument et prièrent ces Azdides de la laisser saillir par leur cheval. Les Tarlabides eurent de cette saillie le fameux cheval Hodjéïcî.

« Des Âmirides ou Arabes Béni Âmir vinrent à leur tour avec une jument, demander aux Azdides de laisser Zâd el-Râkeb la saillir. Les Azdides leur accordèrent une saillie pour la jument Sabal laquelle avait une immense célébrité. Sabal avait eu pour mère Sawâdeh et pour père Feïiâd. Sabal conçut de Zâd el-Râkeb, un cheval qui par la suite fut nommé A'wadj, le courbé, le cambré. A'wadj fut ainsi appelé parce qu'ayant été chargé d'un double fardeau attaché et suspendu de chaque côté des

flancs par une corde, il en fut comme rompu et resta déformé et
ayant l'échine cambrée. Néanmoins, les Ta'labides, sous-tribu
des Béni Yerboù', ayant entendu parler des hautes qualités et
de la race d'A'wadj, vinrent avec une jument trouver les Âmirides et leur demandèrent de la laisser saillir par A'wadj. De là,
les Ta'labides eurent le cheval Zou l-Okkâl.

« Ces chevaux furent les étalons premiers desquels descendirent les beaux chevaux arabes qui par la suite se multiplièrent
sur toute l'Arabie. De ces descendants, un grand nombre devinrent célèbres et on en conserva les généalogies dans la ligne
paternelle et dans la ligne maternelle. »

<h2 style="text-align:center">VII.</h2>

Tout le paragraphe qui précède, ou paragraphe vi, est un
démenti complet donné à la légende qui fait provenir Zâd el-
Râkeb des écuries immenses de Salomon, ou, pour mieux dire,
qui établit Zâd el-Râkeb comme le père et l'origine des beaux
chevaux arabes, comme le principe du perfectionnement de la
race.

Nous savons que Zou l-Okkâl, dont nous avons déjà parlé et
qui fut père de Dâhis, existait très-peu de temps avant l'installation de la religion de l'Islâm, et ce Zou l-Okkâl, d'après la légende que nous venons de reproduire, aurait été fils direct et
immédiat de Zâd el-Râkeb donné par Salomon aux prétendus
Azdides qui allèrent rendre hommage au fils de David. Est-il
besoin de faire ressortir ce que de pareils rapprochements de
faits ou de circonstances ont d'étourdi, d'irréfléchi, d'impossible?

Ces sortes de rapprochements ne sont pas assez rares surtout
chez les Arabes musulmans. Il n'y a pour ces Arabes civilisés,
éclairés du flambeau de la religion que leurs pères n'ont pas
connue, il n'y a ni géographie, ni chronologie, ni histoire qui
tienne, lorsqu'il s'agit d'un fait qui a le plus mince détail religieux. Le plaisir d'introduire Salomon dans une légende réci-
tant le passé de leur cheval, l'emporte sur toute autre considération imaginable. Et d'ailleurs les Arabes n'ont jamais su

réellement ce que c'est que la chronologie ou logique comparée
et rationnellement combinée des temps et des faits. Les Arabes,
à l'exemple de Mahomet, arrangent tout selon leur besoin ; l'histoire est à leurs ordres. L'esprit de critique du passé leur manque
à tout moment, surtout en histoire de faits religieux, d'indications religieuses. Dans ce domaine-là, il n'y a rien d'impossible,
les époques mêmes sont à toutes les époques ; et pour peu que
vous discutiez et prouviez, on vous répond : « C'est écrit dans
les livres. »

Quant à notre cheik Moḥammed Aïâd, il sentait toute la dis-
cordance des parallélismes que nous venons de mentionner ;
mais, au Kaire, au milieu des autres ulémas, aveugles croyants,
il se serait bien gardé de rien indiquer ou raisonner, il aurait
été honni comme impie au moins. Il a transcrit la légende
comme il l'a trouvée, telle qu'elle est.

Suivons-le maintenant dans ce que son œuvre a de sérieux.
— Il continue ainsi :

### VIII.

« En hippologie, pour les appréciations de noblesse des chevaux, on appelle — moukrif, sang mêlé d'exotisme, le cheval
né d'une mère arabe et d'un père étranger, c'est-à-dire d'un
père non arabe, — hédjîn, mélangé, le cheval dont le père est
de sang arabe pur et la mère de sang étranger ou non arabe.

« Ces qualifications de moukrif et hédjîn, dont la première
indique l'*hétérogénisme* de l'étalon, et la seconde l'hétérogénisme de la mère, s'emploient également pour les détermina-
tions de naissance et d'origine de l'homme. »

### IX.

### A. = 42 CHEVAUX.

« ABLAḴ, le cheval robe pie ; le pommelé. Nom — d'un cheval
    d'El-Aḥwaṡ fils de Dja'far ; — d'un cheval d'Aïzârah.
Açâ, le bâton, la hampe. Nom de plusieurs chevaux, entre autres

de la jument de Djézîmet el-Abrach; cette jument fut le motif
du proverbe : « C'est comme Ḳaćir qui monta Açà; » c'est-à-
dire, il échappa au danger comme Ḳaćîr, le jour que celui-ci
se hâta d'enfourcher Açà. (Nous avons parlé de cette jument, à la fin du chapitre XII, pag. 311 et 312.)

AÇAK, ayant petites oreilles. Nom d'un cheval qui a appartenu à
un Arabe de la tribu des Béni Abd Allah ou descendants
d'Abd Allah fils d'Amr fils de Koulṭoûm.

ACHḲAR, l'isabelle, l'alezan saure. Nom — d'un cheval de Mer-
wàn fils de Moḥammed ; — d'un cheval de Ḳoteïbah fils
de Mouslim ; — d'un cheval de Laḳît fils de Zorârah. (Nous
avons parlé de Laḳît, chapitre XII, § x, pag. 303. )

ADHEM, et ADHAM ; mêmes que Edhem. *Voy.* Edhem.

ADÎM ; même que Edîm. *Voy.* Edim.

ADJDAL, le volant, le voltigeur ; ou AḤDAL, le dos cambré, l'ensellé. Nom — d'un cheval d'Abou Ẓarr le rifâride ; — d'un
cheval de Djoullâb le kindide ou Arabe de la tribu des Béni
Kindah ; — d'un cheval de Machdjaah le djadalide ou
Arabe de la tribu des Béni Djadilah.

ADJLA, le rapide, l'empressé. Nom — d'un cheval qui a appartenu à Ṭa'labah fils d'Oumm Ḥaznah ; — d'un autre cheval qui appartint à Yézîd fils de Mirdâs le soulamide ou
Arabe de la tribu des Béni Solaîm ; — d'un cheval de Doreîd fils de Simmah.

AFKAL ; *voy.* El-Afkal.

AḤDAL ; *voy.* Adjdal.

AḤDJÂR, les pierres, la solidité. Cheval de Hammâm fils de Mourrah le cheïbânide ou de la tribu des Béni Cheïbân.

AḤZAM, le replet, le charnu, le fort. Cheval de Noubeïchah le
Soulamide.

AÏIÂR, le piaffant ; cheval de Ḳâled fils d'El-Walîd.

ALÂH, l'enclume. Nom d'une jument.

ALÎAH, haute, élevée. Nom d'une jument.

ALWA et ILWA, dépassant les bornes, *modum excedens*. Nom
d'une jument.

AMARRAH ; *voy.* El-Amarrah.

Anz ; *voy*. El-Anz.

Aoûlaḳ, la folie ; cheval de Mouḥarraḳ fils d'Amr.

Arâdeh, sauterelle. Nom — d'une jument d'Abou Douâd l'yâdide ou Arabe de la tribu des Béni Yâd ; — d'une jument
de Rabî' fils de Ziâd le kelbide ou de la tribu des Béni Kelb ;
— d'une jument de Kalḥabah l'oranide ou Arabe de la
tribu des Béni Oraïnah ; un poëte a cité cette jument dans
un vers que voici :

> « Les Béni Djoucham Ibn Bekr demandent : Arâdeh a-t-elle
> l'étoile blanche au front, ou bien est-elle d'une robe uniforme
> et sans tache ? »

Ararr, ayant l'étoile blanche au front. Ce nom a été donné à
plusieurs chevaux célèbres : — à un cheval de Doubeïah
fils de Hâret ; — à un cheval d'Amr fils de Rabîah ; — à
un cheval de Cheddâd fils de Moâwiah l'abside ; — à un
cheval de Moâwiah fils de Taûr, de la tribu des Béni
Bakkâ ; — à un cheval d'Amr fils d'El-Nâcî le kindide ou
Arabe de la tribu des Béni Kindah ; — à un cheval de Zarif
l'anbaride, fils de Témîm ; les Anbarides sont les Arabes de
la tribu des Béni Anbar ; — à un cheval de Mâlek fils de
Himâr ; — à un cheval de Balâ fils de Ḳaîs le kinânide
ou Arabe des Béni Kinânah ; — à un cheval d'Yézîd fils de
Sinân le mourride ou de la tribu des Béni Mourrah.

Ârim, le rétif ; cheval de Mounzir fils d'El-A'lam.

Arin, le bouillant, le courageux ; cheval d'Omaîr fils de Djébel
le badjalide ou Arabe de la tribu des Béni Badjîleh.

Arrâdeh, la sauteuse, la sauterelle ; jument de Mâez fils de
Moudjâlid. (*Voy*. Arâdeh.)

Asdjédîeh ; *voy*. El-Asdjédieh.

Atâtî, le fourneau ; l'ardent ; cheval des ḥabatides ou tribu des
Béni Habatah. (Atâtî était du même sang que Haroûn.)

Atlâl, restes de ruines. Nom de la jument de Dokaïn le Ched-
dâkide. On prétend que ce cheval parla : son maître, à la
journée de Ḳâdécieh, étant arrivé au grand galop sur le
bord d'une rivière, se prit à dire : « Allons, Atlâl, saute.

« — Je saute, dit la jument, je te le jure par le chapitre

« de la Vache. » (La sourate ou le chapitre de la Vache
est le second chapitre du Koran.)

Âtoûf, le penchant, c'est-à-dire qui se balance et va en se penchant ou obliquant un peu d'un côté ou de l'autre, et par
conséquent qui ne va pas exactement de face et en droit
pas. Âtoûf fut le nom d'un cheval d'Amr fils de Ma'dî Kariba. (Nous avons parlé de cet Amr au chapitre XII, § VIII
et suiv.)

Âttâr; *voy.* El-Âttâr.

Âûd; *voy.* El-Âûd.

Âûhak; *voy.* Zahlakî.

A'wadj, le dos cambré, l'ensellé, le courbé. Nom d'un cheval
des Béni Hilâl. A'wadj est le père de toute la famille des
chevaux arabes dits a'wadjî, ou a'wadjiens, ou bénât
a'wadj, les filles d'A'wadj.

D'après un récit d'Abou Obeïdah, A'wadj appartenait aux
Béni Kindah; dans une encontre, ce cheval fut pris par les
Béni Solaîm; puis, il passa en la possession des Béni Hilâl.
A'wadj fut le plus célèbre étalon arabe et eut la plus nom-
breuse postérité.

El-Asmaï, dans son Traité d'hippologie, disait qu'A'wadj
appartenait aux Béni Âkil el-Mourâr, et qu'il tomba ensuite
entre les mains des Béni Hilâl Ibn Âmir. Cette opinion
n'infirme pas le dire d'Abou Obeïda; car les Béni Âkil el-
Mourâr sont kindides; c'est la tribu même d'Imrou l-Kaîs,
l'auteur d'une Moallakah. Abou Obeïdah a bien dit
qu'A'wadj fut pris par les Béni Solaîm, mais il ajoute que
ce cheval appartint ensuite aux Béni Hilâl, ce qui est conforme au récit d'El-Asmaï.

A'wadjî; *voy.* A'wadj.

Azabât, branches souples, fine branche. Nom d'une jument
d'Yézîd fils de Soubaï'.

Azâhîk, course rapide. Nom d'un cheval de Ziâd fils de Hâritah.
Ce Ziâd eut pour mère Hindâïah.

Azlâ; *voy.* El-Azlâ.

Azzâu, le pressant, persécutant; cheval de Bazz fils de Kaîs. »

## B. = 15 chevaux.

« Baîṭ, le rapide. Nom des chevaux des quatre poëtes suivants :
— d'un cheval d'Amr fils de Ma'dî Kariba ; — d'un cheval d'Ibn Horaît ; — d'un cheval d'Ibn Rizâm ; — d'un cheval d'Ibn Béchîr.

Bâriz, l'apparaissant ; cheval de Baïhas le djarmide ou arabe de la tribu des Béni Djarm.

Barḵ, éclair ; cheval d'Ibn el-Ariḵah.

Barzah, apparition, qui va très-vite ; cheval d'Abbâs fils de Mirdâs.

Bazoû, luron, tourmentant les autres, taquin ; cheval d'Abou Sarâḥ qui lui dit, après une chaude encontre, le vers que voici :

> « Les coursiers excellents, on ne craint pas de les fatiguer, quelques défauts qu'ils aient. Si nous avons trop exigé de toi aujourd'hui, mon cher Bazoù, exprime-nous ta plainte par tes cris (tu en as le droit, car tu as bien fait ton devoir). »

Telle est l'indication fournie par le (dictionnaire Arabe connu sous le nom de) Ṣaḥâḥ. Mais le (dictionnaire connu sous le nom de) Ḵâmoûs prétend qu'au lieu de Bazoû, il faut admettre Bazouah, que Bazouah fut le nom d'un cheval d'Abou Chouwâḥ, et que dans le vers qui vient d'être cité, Djaûharî, l'auteur du Ṣaḥâḥ, a commis deux erreurs : l'une en mettant Bazoû, l'autre en rattachant ce vers à une circonstance à laquelle il ne doit pas être rattaché. L'auteur du Ḵâmoûs ajoute qu'il faut remplacer Bazoû par un autre mot, tel que Bedr, ou autre.

(Je n'ai pas une grande confiance dans ces remarques et rectifications du Ḵâmoûs. L'érudition de l'auteur est souvent en défaut, quand il s'agit des choses de l'antiquité arabe, et elle se trompe trop fréquemment quand elle attaque l'érudition de l'auteur du Ṣaḥâḥ. Djaûharî est beaucoup plus sûr.)

Béhìm, l'unicolore, qui a le pelage d'une seule couleur et sans tache; noir; nuit noire. Nom d'un cheval des Béni Kilâb ou descendants de Kilâb fils de Rabîah.

Beïdâ; *voy.* El-Beïdâ.

Bézîr, phlébotomiste, phlébotomisant; se levant à l'Orient. Nom d'un cheval célèbre dans l'antiquité.

Bitân, la sangle. Nom d'un cheval du sang de Haroûn. (*Voy.* Zâïd.)

Bitnah, ventrue; jument de Mohammed fils d'Abd el-Walîd fils d'Abd el-Mélik.

Boteïn, le petit ventre, ventre retroussé, ou levretté; nom d'un cheval du sang de Haroûn. (*Voy.* Zâïd.)

Boukeïrah, génisse, petite vache. Nom d'un cheval d'Amr fils de Sakr fils d'Achna'.

Boulaïk, ou le fin pommelé, fut un cheval qui dépassait les autres à la course, mais auquel on reprochait plusieurs défauts. De là le proverbe : « C'est comme Boulaïk ; fin coureur, mais (il a) des défauts. »

## C. = 11 chevaux.

« Chakkâ, la longue ; jument des Béni Doubeïah , descendants de Nizâr. (Nizâr, dix-neuvième aïeul de Mahomet; un demi-siècle avant J. C.)

Chakrâ, qui est de couleur isabelle, ou alezan saure. Nom — d'une jument de Rakkâd fils de Mounzir le dabbide ou de la tribu des Béni Dabbah; — d'une jument de Zoheîr fils de Djézîmeh; — ou, selon d'autres récits, d'une jument de Kâled fils de Dja'far. Cette jument a donné lieu au proverbe : « C'est demander comme le fouet demande à « Chakrâ; » ce qui signifie : « C'est demander et être sûr « d'obtenir. » La raison qui a fait naître cette locution proverbiale, c'est que lorsque Kâled montait sa jument, à chaque fois qu'il la piquait du fouet, elle se lançait avec plus de force.

Chakra fut encore le nom — d'une jument d'Oçaïd fils de Djounâäh; — d'une jument de Cheïtân fils de Lâtim,

et qui fut tuée dans une encontre. On dit en proverbe :
« Plus malencontreux même que Chaḳrâ, » parce que,
passant près d'un bas-fond ou fossé, elle voulut le franchir
malgré son cavalier. L'élan ne fut pas assez puissant, elle
s'abattit et se cassa le cou; mais le cavalier n'eut aucun
mal. On demanda à ce cavalier où était sa jument : « Le
« malheur lui resta juste aux pieds, » dit-il. (Elle est restée
raide morte là où ses pieds tombèrent, elle ne fit pas le
moindre mouvement, et moi je ne reçus pas la moindre
blessure.)

On a prétendu que Chaḳrâ appartint à Ibn Ṛazzîeh fils
de Djoucham, et qu'un jour, s'élançant en libre course,
elle heurta son poulain encore à la mamelle et le tua; de
là le proverbe : « Plus malencontreux même que Chaḳrâ. »

Bichr, l'açadide, fils d'Abou Ḥâzim, critiquant Oṭbah
fils de Dja'far fils de Kilâb, employa l'expression « Le malheur lui resta juste à ses pieds. » Oṭbah avait pris sous sa
protection un Açadide. Cet Açadide fut tué par des Kelbides, et Oṭbah laissa passer le meurtre sans réclamer satisfaction. C'est à ce propos que Bichr dit ce vers :

> « Le malheureux Açadide se trouva comme Chaḳrâ, le mal-
> heur lui resta à la corne de ses pieds. (Il ne fut cause d'aucun
> dommage pour personne, car le protecteur n'eut pas le courage
> de demander vengeance.) En vérité, Oṭbah, ton honneur en est
> resté sans tache ! »

CHAḴRAH, la couleur isabelle; jument — de Mouhalhil fils de
Rabîah; — de Ḥaûi le faḳacide ou Arabe de la tribu des
Béni Fakas. — Une autre Chaḳrah, née de Zeît, fut une
jument de Moâwiah fils de Sa'd.

CHAMMAR, trousse-manches; cheval de l'aïeul du poëte Djémîl
fils d'Abd Allah fils de Ma'mar.

CHAMOUS; *voy.* El-Chamoûs.

CHARFAR, belle dame, femme jolie; jument de Somaïr fils de
Ḥâret le dabbide ou de la tribu des Béni Ḍabbah.

CHAÛHÂ; *voy.* El-Chaûhâ.

CHAÛLAH, lève-queue, qui porte la queue haute et levée; jument
de Zeîd el-féwâris ou Zeîd des cavaliers, le dabbide.

Cheïït; *voy*. El-Cheïit. »

D. = 27 chevaux.

« Dabsâ, la noire-roussâtre. Nom d'une jument qui fut toujours victorieuse dans les courses. Elle appartint à Moudjàchi' fils de Maçoûd, et qui vit le Prophète.

Ḋahiâ, qui paraît, qui s'élance rapidement. Nom d'une jument d'Amr fils d'Âmir fils de Rabîah fils d'Âmir fils de Sa'çaah. Kidâch fils de Zoheïr a dit ce vers :

> « Le cavalier de Ḋahiâ, le vertueux Amr fils d'Âmir arriva ; il repoussa toute proposition de honte, et préféra payer sa promesse, à s'en dispenser par une trahison. »

Dâḥis. Nom dérivé de la racine verbale d a ḥ a s, passer la main entre la peau et la chair du mouton égorgé, afin de détacher cette peau sans le secours du couteau. (Au mot Djalwa, nous dirons quelques mots de Dâḥis. Des traditions rapportent que Ḥaût *plongea sa main* couverte de sel, dans les parties génitales de Djalwa afin de détruire le germe qu'y avait déposé Zou 1-Okkâl. *Voy.* l'histoire de Dâḥis, chapitre XIII, § x.)

Dâḥis appartint à Kaïs, fils de Zoheîr, et fut la cause de la Guerre de Dâḥis. Dâḥis courut avec Rabrâ, la Grise. (*Voyez* chap. XIII.)

Un de mes amis, le cheïk Abbàs, originaire de l'Yémen, a fait allusion à la manière dont la victoire fut enlevée à Dâḥis, dans ce vers à l'éloge du cheîk Kouwaisnî, aujourd'hui (en **1839**) cheîk supérieur de la mosquée El-Azhar (au Kaire) :

> « C'est le dernier arrivé (il paraît de notre temps); mais, par ma vie ! cette sorte de retard, c'est le retard de Dâḥis courant. (Son mérite n'en est pas moins supérieur; il égale au moins le mérite de ceux qui l'ont devancé. ) »

Dakîl, le pénétrant, l'insinuant; cheval de Kalah le dabbide.

Da'ladj, qui va et revient, qui sait fondre sur l'ennemi et revenir en arrière. Nom d'un cheval d'Âmir fils de Tofaîl :

> « Je lance Da'ladj sur les ennemis et son poitrail, quand il reçoit le coup d'un trait, retentit d'un cri d'impatience. »

Damoûk , la célérité; jument dont un poëte a dit :

> « Je suis Amr, et ce coursier c'est Damoûk,
> « Bai brillant, au garrot fortement sorti,
> « A la bouche fendue et s'ouvrant large comme l'espace des
> deux quartiers de la selle qu'on enlève du chameau. »

Le (dictionnaire arabe appelé) Ḳâmoûs dit que Damoûk était une jument d'Oḳbah fils de Cheïbân, et il ajoute que dans les vers que nous venons de citer et qui sont consignés dans le (dictionnaire connu sous le nom de) Saḥâḥ, le mot damoûk doit être pris comme épithète et point du tout comme nom propre. (Mais, je le répète, je n'ai pas assez de confiance dans l'érudition du Ḳâmoûs; je préfère l'avis du Saḥâḥ qui est beaucoup plus sûr.)

Daris; *voy.* El-Daris.

Daûâb, le diligent, le véhément; cheval des Anbarides ou Béni Anbar.

Debsâ ; même que Dabsâ.

Dehmâ, noire, bai foncé. Nom — d'une jument de Ma'ḳil fils d'Âmir; — d'une jument de Hobâchah le kinânide.

Dînârî : *voy.* El-Dînârî.

Djalwa, la brillante, l'éclat. Ce fut le nom de plusieurs juments, de celle de Ḳirwâch, par exemple, et de celle de Ḳoufâf. La première fut mère du fameux Dâḥis. (*Voy.* ce nom.)

Un jour, Zou l-Oḳḳâl cheval de Haût, passa près de Djalwa. Deux jeunes filles conduisaient Zou l-Oḳḳâl. Celui-ci s'anima, s'échauffa, et il lui tomba, de la verge, du sperme préparatoire. Des jeunes gens qui se trouvaient là, se mirent à rire, et les deux jeunes filles lâchèrent Zou l-Oḳḳâl qui alors saillit Djalwa, et la féconda... Haût s'aperçut aux yeux de son cheval que celui-ci avait sailli. Ce Haût était un homme violent, querelleur; il vint, tout furieux, redemander le fruit de l'*eau* de son cheval. On se chicana; et enfin on dit à Haût : « Elle est là l'eau de ton étalon, va la « prendre. » Haût s'avance, met la main dans de l'eau,

puis dans de la poussière, puis l'introduit ainsi dans le vagin de la jument, et fouille deçà delà jusqu'à ce qu'il ait cru
avoir détruit le germe. Mais la jument conserva ce germe,
et il en naquit un poulain que Ḳirwâch nomma Dâḥis,
et qui ressembla parfaitement à Zou l-Oḳḳâl. Dâḥis, ayant
été la cause de longues dissensions et de la guerre qui
porta son nom, donna lieu à ce proverbe : « De plus mauvais augure que Dâḥis. » (*Voy.* chapitre XIII, § x et suiv.)

Djalwa fut aussi le nom d'un cheval de Ḳoufâf fils de
Nazbah.

DJAÛN, le noir foncé, le noir d'ébène. Ce fut le nom — d'un
cheval de Merwân fils de Zinbâ' l'ambâcide ; — d'un cheval de Ḥâreṭ fils d'Abou Chammar le ṛassânide ou Arabe
de la tribu des Béni Ṛassàn ; — d'un cheval de Hoçaïl le
ḍabbide ; — d'un cheval de Ḳatab fils de Salît le nahdide
ou Arabe de la tribu des Béni Nahd : — d'un cheval de
Mâlek fils de Nouwaïrah le yerboûide ; — d'un cheval d'Imrou l-Ḳaîs, le poëte, fils de Ḥodjr ; — d'un cheval d'Alḳamah fils d'Adì ; — d'un cheval de Moâwiah fils d'Amr fils
de Ḥâreṭ.

DJÉNÂḤ ; *voy.* El-Djénâḥ.

DJÉRÂDEH, sauterelle, fut le nom — d'une jument d'Abd Allah
fils de Charaḥbil ; — d'une jument d'Abou Ḳatâdah el-
Ḥâreṭ fils de Rabaï ; — d'une jument de Salàmeh fils de
Nahâr fils d'Abou l-Aswad ; — d'une jument d'Âmir fils de
Ṭofaîl, auquel Charḥ fils de Mâlek l'enleva.

DJERWAH, ou DJERWEH, petite coloquinte. Selon Feïroûzàbâdi
(l'auteur du dictionnaire arabe connu sous le nom de Ḳâmoûs, c'est-à-dire Océan), il y eut deux célèbres juments
du nom de Djerwah, et l'une d'elles appartint à Cheddâd
l'abside fils de Moâwiah et père d'Antar. Ibn Abd Rabboh,
l'auteur du Kitâb el-iḳd, cite le vers suivant dans lequel
est nommée Djerwah :

« Voulez-vous savoir qui je suis? Je suis celui qui ne fait
qu'un avec ma Djerwah, et, à nous deux, nous sommes, pour
l'ennemi, comme une bouchée qu'il aurait avalée de travers. »

L'auteur du Kitâb el-arânî el-kébir ou Grand livre des chants, cite encore ce vers :

> « Voulez-vous savoir qui je suis ? Je suis toujours avec Djer-wah, Djerwah qu'il faut bien se garder de me demander ni de m'emprunter. »

( Nous avons parlé de la jument de Cheddâd, chap. XIII, § xv.)

DJIRIÀL; *voy.* El-Djiriâl.

DJOUMÂNAH, perle; cheval de Tofaîl fils de Mâlek.

DOUBÂS, noir rougeâtre; cheval de Djâber fils de Kourt.

DOUMLOUDJ, le brassart, c'est-à-dire bracelet qu'on porte au-dessus du coude. Nom d'un cheval de Mouâz fils d'Amr fils d'el-Djamoûh. »

## E. = 79 CHEVAUX.

(Les lettres *el* qui précèdent les mots, sont l'article; il est invariable. — Tous les noms et adjectifs arabes peuvent en être précédés; on peut donc chercher les noms, dans ce nobiliaire, par l'initiale qui suit l'article.)

« EDHEM; *voy.* El-Edhem.

EDÎM; *voy.* El-Edîm.

EL-AFKAL, la frayeur, le tremblement. Nom d'un cheval de Nez-zâl fils d'Amr le mourâdide. (La tribu des Béni Mourâd était dans l'Yémen.)

EL-AMARRAD, l'alongé, le corps long; cheval de Wa'lah fils de Charâhîl.

EL-ANZ, la chèvre. Nom d'un cheval de Sinân fils de Choreît.

EL-ASDJÉDÎEH, la chamelle royale. Nom d'une jument de la descendance d'El-Dînârî. (Asdjed signifie or, *aurum*; asdjédîeh veut donc dire dorée, d'or; on appelait asdjédîeh les chameaux des rois et surtout des rois de Hîrah ou rois de la Chaldéo-Babylonie arabe. Ces chameaux étaient parés de caparaçons enrichis d'or.)

EL-ATTÂR, le droguiste, le parfumeur; cheval de Sâlem fils de Wâbiçah.

El-Aûd, le retour. Nom — d'un cheval d'Obaï fils de Ka'af; — d'un cheval d'Abou Rabîah fils de Zohl.

El-Azlà, qui agite la queue d'un côté. (Ce terme se dit d'un cheval qui a la mauvaise habitude de battre de la queue · d'un côté.) — Nom d'une jument des Béni Dja'far ou descendants de Dja'far fils de Kilàb.

El-Béhîm; *voy.* Béhîm.

El-Beïdâ, la blanche; jument de Ka'nab fils d'Attàb.

El-Chamoûs, le renverseur, le démonteur, *sternax equus.* Nom — d'un cheval d'El-Aswad fils de Chérik; — d'un cheval de Zeîd fils de Hozàk; — d'un cheval de Souwaîd fils de Hozâk; — d'un cheval d'Abd Allah fils d'Amir le koréïchide; — d'un cheval de Chébib fils de Djérâd Arabe de la tribu des Béni El-Wahîd.

El-Chaûhà, la bouche large-fendue; la difforme; et aussi la belle. Nom — d'une jument de Hàdjeb fils de Zoràrah; — d'une jument d'Amr fils de Màlek de la tribu des Béni Aûd. El-Afouah, poëte des Béni Aûd, a dit ce vers :

> « Le cavalier de Chaûhà, Amr fils de Màlek, refusa, le jour
> de la bataille, de se laisser, à lui dixième, couper le toupet. »

El-Cheïît, le dur à la fatigue, qui court longtemps. Nom — d'un cheval de Kouraz fils de Laûzân; — d'un cheval d'Anîf fils de Djébèlah.

El-Daris, le difficile, l'affamé en colère. Nom d'un cheval que le Prophète acheta d'un Arabe fézâride. Par métaphore de bon augure, le Prophète substitua au nom de ce cheval, le nom de Sakb. (*Voy.* chap. II, § II.)

El-Dînàrì, le dînârien. Nom d'un cheval célèbre. (Le dînâr est le denier d'or, la pièce d'or primitive parmi les musulmans.)

El-Djénàh, l'aile. Nom — d'un cheval de Haûfazân fils de Chérîk; — d'un cheval des Béni Solaîm; — d'un cheval de Mohammed fils de Salamah, l'ansàride; — d'un cheval d'Okbah fils d'Abou Mouaît.

El-Djiriàl, la teinte rouge. Nom — d'un cheval d'Abbàs fils de

Mirdâs; — d'un cheval de Ḳaîs fils de Zoheîr le namiride
ou Arabe des Béni Namir.

EL-EDHEM, le bai, le bai foncé. Nom — d'un cheval de Hâchem
fils de Ḥarmalah le mourride ou de la tribu des Béni Mourrah; — d'un cheval d'Anţarah (ou Anţar) fils de Cheddâd
l'abside; — d'un cheval de Moâwiah fils de Mirdâs le solamide; — d'un cheval des Béni Bédjîr ou tribu des descendants de Bédjîr fils d'Abbâd.

EL-EDÎM, nom propre d'un cheval d'El-Abrach le kelbide.

EL-HADJNÂ, le cambré; cheval de Moâwiah de la tribu des Béni
Bekkâ ou Bakkâ.

EL HAOUWÂ, le gris ardoisé, le gris étourneau. Nom de plusieurs chevaux.

EL-HÉRÂWEH, et EL-HIRÂWEH, le bâton; la massue. Ce fut le
nom de deux chevaux célèbres.

EL-HOÇÂMÎEH, qui est comme le sabre; descendante de Hoçâm.
Nom d'une jument de Homeîd fils de Horeiţ le kelbide.

El-IA'BOÛB; même que El-Yaboûb.

El-IA'ÇOÛB; même que El-Ya'çoûb.

EL-ḲAÇÎ, le castré. Nom de deux chevaux célèbres.

EL-ḲAFÎT; même que El-Kéfît.

EL-ḲAÛÇÂ, l'œil bleu. Nom — d'une jument de Sabrah fils d'Amr
l'açadide ou Arabe des Béni Açad; — d'une jument de
Taûbah fils de Homeïir le ḳafâdjide ou Arabe des Béni
Ḳafâdjah.

EL-KÉFÎT, le rapide, le léger, l'élancé, le fin; cheval de Ḥobbân
fils de Ḳatâdah.

EL-ḲOUNŢA, l'hermaphrodite; cheval d'Amr fils d'Odaṣ.

EL-MEÏIÂS, l'allure superbe, qui a brillante allure, qui se balance
avec grâce; cheval de Chaḳîḳ fils de Djézï descendant
d'Oţbah.

EL-MOUKEBBÈS, le pressant, le serrant sus. Nom — d'un cheval
d'Oţeïbah fils de Ḥâreţ; — d'un cheval d'Amr fils de
Souḥâr.

EL-MOUTEMAŢŢIR, le pleuvant, qui se précipite comme une pluie.
Nom d'un cheval célèbre.

EL-NOUBÀK, le haut, l'éminent, la colline à cime aiguë. Nom
— d'un cheval d'El-Saffàh fils de Kàled; — d'un cheval de
Koleïb fils de Rabiah. Ces deux chevaux étaient dans la
tribu des Tarlabides ou Béni Tarleb.

EL-RAMÂMEH, le nuage, la nue. Nom d'un cheval qui appartint
à Abou Douâd l'yâdide ou Arabe des Béni Yâd. — On a
dit aussi que ce cheval a appartenu à un des rois de la famille des Mounzir, princes de Hìrah.

EL-SABHAH, la nageuse. Nom — d'une jument du Prophète, sur
lui soient les grâces et les bénédictions divines! — d'une
jument de Dja'far fils d'Abou Tâleb ; — d'une autre jument
d'un autre Arabe.

EL-SABOÛH, le nageur. Nom d'un cheval de Rabìah fils de Djoucham.

EL-SABOÛR, le résistant, le dur à la fatigue. Nom d'un cheval de
Nâfé' fils de Djébèlah.

EL-SAÏOÛD, le chasseur, le veneur. Nom d'un cheval célèbre.

EL-SANÎ', l'artisan, le faiseur ; cheval de Bâet fils de Houweïrat
le taïide.

EL-SARÌH, le pur. Nom — d'un cheval d'Abd Yérout fils de Harb;
— d'un cheval de la tribu des Béni Nahchal ; — d'un cheval des Lakmides ou Béni-Lakm.

EL-SÉDÂM, ou EL-SIDÂM, tête malade. Nom — d'un cheval de
Kaîs fils de Nechbah ; — d'un cheval de Zéfer fils de Hâret ;
— d'un cheval de Lakît fils de Zorârah.

EL-SOUNEÎB, l'isabelle mêlé de poils blancs. Nom d'un cheval de
Cheïbân le nehdide ou Arabe de la tribu des Béni Nehd.

EL-TÂFÎ, l'éteignant. Nom d'un cheval célèbre.

EL-TAÏIÂR, le volant, qui vole et fend l'air. Nom d'un cheval de
Reïçân le kaûlânide ou Arabe des Béni Kaûlàn.

EL-TÂÏR, l'oiseau volant. Nom d'un cheval de Katâdah fils de
Djérîr le sadoûcide ou Arabe des Béni Sadoûs.

EL-WADJÎH, le haut personnage, le distingué. Nom de deux chevaux célèbres. — El-wadjih veut aussi dire : qui vient au
monde les deux mains en avant et sortant les premières du
sein de la mère.

EL-WÂLÉḲÎ, ou WÂLIḲÎ, le coureur rapide et aux bonds alongés. Nom d'un cheval de Ḳozâah, ou des Béni Ḳozâah.

EL-YA'ROÛB, le vigoureux marcheur et coureur. Nom — d'un cheval de Rabî' fils de Ziâd ; — d'un cheval de No'man fils d'el-Mounẓir ; — d'un cheval d'El-Adjlah fils de Ḳâcit.

EL-YA'ÇOÛB, le roi des abeilles. Nom — d'un cheval du Prophète ; — d'un cheval de Zobeîr ; — d'un cheval d'un autre Arabe.

EL-ZÂMEL, ou EL-ZÂMIL, le suivant ; marchant gaiement. Nom d'un cheval de Moâwiah fils de Mirdâs le soulamide.

EL-ZARRAH ; *voy.* El-Zirrah.

EL-ZÉBID, et EL-ZÉBED, l'écume ; cheval de Haûfazân.

EL-ZERRAH ; *voy.* El-Zirrah.

EL-ZILL, l'ombre, le spectre ; cheval de Maslamah fils d'Abd el-Mélik.

EL-ZIRRAH, le chameau gras. Nom d'un cheval d'Abbâs fils de Mirdâs. Abbâs fut un des disciples directs du Prophète, et portait, avant l'Islamisme, le surnom de Cavalier de Zirrah. — El-Zirrah fut aussi le nom d'un cheval d'El-Djémî' fils de Mounḳiz. — El-zarrah et el-zirrah signifient encore : le bouton, l'agrafe. »

F. = 5 CHEVAUX.

« FAHD, et FEHD, loup-cervier ; cheval d'Obeîd fils de Mâlek le nahchalide ou Arabe de la tribu des Béni Nahchal.

FAÎD, le débordement ; cheval des Béni Doubeïah descendants de Nizâr.

FAÏIÂD, le débordant ; cheval des Béni Dja'd.

FEHD ; même que Fahd.

FOURÂFIR, qui mâche son mors et le fait crépiter entre les dents en agitant la tête. Nom d'un cheval d'Âmir fils de Ḳaîs l'achdjaïde ou Arabe de la tribu des Béni Achdja'. — Ce fut aussi le nom du sabre d'Âmir fils d'Yézîd le kinânide.

FOUTAIR, le naturel, la bonne nature ; cheval de Raḳḳâd fils de Mounẓir. Ce cheval fut donné à Raḳḳâd par Ḳaîs fils de Dirâr. »

## H. = 32 CHEVAUX.

« Habboûd, le broiement des grains de coloquinte. Nom d'un
  cheval d'Amr fils de Djoaïd.

Hacìr, le fatigué; cheval d'Abd Allah fils de Haïiân.

Haddâdj, qui a la course frétillante comme l'autruche. Nom
  d'un cheval des Bâhilides. C'est de lui qu'a dit El-Asmaï :
  « Haddâdj au blanc toupet. »

Haffâr, fendant le sol à la course; cheval de Sourâḳah fils de
  Mâlek. Sourâḳah était des disciples directs du Prophète.

Hafsâ, le rassembleur, qui court vite. Nom — d'une jument de
  Sabrah l'açadide fils d'Amr le ḳafâdjide ou Arabe des Béni
  Ḳafâdjah.

Haïdab, la maladie terrible, le porte-terreur. Nom d'un cheval
  d'Abd Amr fils de Réchîd.

Haïzoûm, l'élancé. Nom d'un cheval que montaient les anges
  (lorsqu'ils se mêlaient aux batailles et querelles des
  hommes). C'était plus particulièrement le cheval de l'ange
  Gabriel.

Hallâb, celui qui, des chevaux engagés à la course, est vainqueur. Nom d'un cheval des Taŗlabides.

Hamâmah, colombe. Nom — d'une jument d'Yâs fils de Ḳabî-
  çah ; — d'une jument de Ḳourâd fils d'Yézîd.

Hammâlah, le porteur, la porteuse; cheval d'Aoufa fils de
  Matar.

Hanfâ, la main torse, la cagneuse du devant, dont la partie
  antéro-intérieure de la main va toucher ou à peu près la
  même partie de l'autre main. Nom d'une jument de Ḥozeïfah fils de Bedr. ( Voy. chap. XIII, § xv. )

Hannân, l'attiré, l'ardent; cheval souvent cité dans les traditions et anciennes chroniques arabes.

Haouwâ; voy. El-Haouwâ.

Harâweh; voy. El-Harâweh.

Harim, le vieux, le décrépit. Nom — d'un cheval d'Abou Zoŗ-
  bah le poëte; — d'un cheval d'Ibn Sinân.

HAROÛN, rétif; cheval d'Abou Sâleḥ Mouslim fils d'Amr le bâhilide ou Arabe de la tribu des Béni Bâhilah. Selon une
version particulière, ce cheval appartint à Chaḳîḳ fils de
Djérìr le bâhilide. Abou Sâleḥ Mouslim fils d'Amr fut père
de Ḳotaïbah. Un poëte a cité Haroûn dans les deux vers
que voici :

> - « Lorsque la souveraine puissance échappa des mains des
> Koréïchides, elle passa à titre de ḳalifat, entre celles des Bâhi-
> lides. »
> « Elle fut confiée au maître de Haroûn, Abou Sâleḥ, et tout
> le monde sait que les Bâhilides n'étaient pas dignes de cet
> honneur. »

( Les anciens Arabes disaient qu'un chien qu'on aurait
traité de bâhilide, s'en serait formalisé. )

El-Asmaì prétend que Haroûn était du sang d'A'wadj
( *voy.* ce nom ), et le donne comme fils d'El-Aṭâṭî fils de
Ḳouzaz fils de Ẓou l-Sòùfah fils d'A'wadj. Dans les courses,
Haroûn distançait ses rivaux, puis faisait le rétif jusqu'à
ce qu'un d'eux l'atteignît; alors Haroûn s'élançait et rem-
portait la victoire.

HARRÂR, le hurleur, le crieur; cheval de Moậwiat el-Ḳaîl ( ou
Moậwiat aux chevaux ), aïeul de la belle Leîlah surnommée
El-Aḳialìeh. Ce Moậwiah était fils d'Obeïdah fils d'Oḳaîl fils
de Ka'b fils de Rabìah fils d'Âmir fils de Sa'çaah.

HAṬṬÂL, le torrent; cheval de Zeîd el-Ḳaîl le Taïide. (Nous avons
parlé de Zeîd el-Ḳaîl, au chap. IX, § xii. )

HAUMAL, chienne; femme. Nom — d'un cheval de Hâreṭah fils
d'Aûs.

HAZFAH, le jet, l'élan; cheval de Ḳâled fils de Dja'far fils de
Kilâb. Ce cheval est cité dans ce vers attribué à Ḳâled et
rapporté dans le (dictionnaire appelé) Saḥâḥ :

> « Voulez-vous savoir qui je suis? Je suis celui qui ne fait
> qu'un avec Hazfah, etc. »

Ce vers est le même que celui que nous avons cité précédemment au mot Djerwah. Soit par substitution de mot,

soit par imitation et comparaison, il a été dit pour ces
deux chevaux.

Ḥeïzoům; même que Ḥaïzoûm.

Ḥezmeh; même que Ḥozmah.

Ḥimâlah, ou Ḥimâleh, baudrier. Plusieurs chevaux ont porté
ce nom : — l'un appartint à Ṫoleïḥah l'açadide; — l'autre
fut un cheval des Béni Solaîm ; — l'autre appartint à Âmir
fils de Ṫofaîl; — l'autre à Moutaîr fils d'El-Achiam; —
l'autre à Abàiah fils de Chaks.

Ḥirrîr, le brûlant, l'enflammé, l'ardent, le chaud; cheval de
Maïmoûn le mourride fils de Moûça.

Ḥoçâmîeh; même que El-Ḥoçâmîeh.

Ḥodjaïcî, ou Ḥodjéïcî; le caprice, l'idée ; cheval des Tarlabides.

Ḥodjnà; même que El-Ḥodjnâ.

Ḥolaîl, ou Ḥoleîl, la petite stole, la petite chlamyde. Cheval
de la postérité de Ḥàroûn (voy. ce mot), et ayant appartenu
à Miksam fils de Koṭeîr.

Ḥomaîl, embryon; cheval des Béni Ịdjl; il était du sang de
Ḥaroûn.

Ḥozmah, le fagot, le ramassé. — Nom d'une jument de Solaîm
fils d'El-Aḥnaf; — d'une jument de Ḥanzalah fils de
Mâlek. »

## I. = 2 chevaux.

« Ịlâwah, à la tête haute. Nom d'un cheval célèbre.

Ịlwa; même que Ạlwâ.

Ịzâb, l'empêchement; cheval d'El-Bezzâ fils de Ḳaîs. »

## K. = 49 chevaux.

« Ḳabâl, destruction. Nom d'un cheval dont parle Lébîd auteur
d'une Moạllaḳah, à propos d'une encontre :

> « Il y avait à cette journée nombre de chevaux célèbres,
> Ḳourzil (le vil), Djaûn (le noir foncé), Ạdjla (l'empressé),
> Naâmah (l'autruche), et Ḳabâl. »

Au lieu de Ḳabâl qu'indique le (dictionnaire appelé)
Ṡaḥâḥ, le Ḳâmoûs donne Ḳiâl et dit que ce cheval appar-

tenait au poëte Lébîd. Mais la version du Ṡaḥâḥ est plus rationnelle et plus vraisemblable ; d'après cette version, ce cheval n'appartint pas à Lébîd.

Ḳabbah , l'élan au combat ; jument de Ḳaîs fils de Ḥaût , de la tribu des Béni Badjìlah. Ce Ḳaîs est appelé aussi le Ḳaîs de Kabbah ou de Kebbeh.

Ḳaçâf, aux flancs blancs ; jument de Mâlek le ġassânide fils d'Amr. Ḳaçâf, par son ardeur emportée , donna lieu au proverbe suivant : « Plus hardi même que le cavalier de Ḳaçâf. » (*Voy.* Ḳiçâf.)

Ḳaçam, le joli, le gentil ; cheval de Souwaîd fils de Cheddâd l'abside.

Ḳaçâmî, le plieur , c'est-à-dire qui fait disparaître la terre sous ses pas rapides.

Ḳadâm, la précession , l'avance. Nom — d'un cheval d'Orwah fils de Sinân l'abside ; — d'un cheval d'Abd Allah fils d'Adjlân le nehdide ou Arabe des Béni Nehd.

Ḳadrâ , la verte, de couleur louvet. Nom — d'une jument d'Adî fils de Djébèlah fils d'Arakî ; — d'une jument de Sâlem fils d'Adî ; — d'une jument de Ḳoutbah fils de Zeîd le ḳaînide. (La tribu des Béni el-Ḳaîn, qu'on appelle aussi, en réunissant les deux mots, Boulḳaîn, abrégé de Bénoul-Ḳaîn, habitait l'Yémen. — C'est l'analogue de : Fontainebleau, pour fontaine-belle-eau.)

Ḳaîd, le lien, l'entrave. Nom d'un cheval des Béni Taġlib , ou plus vulgairement Taġleb.

Ḳaïfaḳ, palpitant ; le frémissant au vent. Nom d'un cheval d'un Arabe des Béni Doubeîah.

Ḳâmil , parfait. Nom de plusieurs chevaux : — d'un cheval de Meïmoûn fils de Moûça le marḳacide ; — d'un cheval de Raḳḳâd fils de Mounzir le dabbide ou Arabe des Béni Dabbah ; — d'un cheval de Cheïbân le nehdide ou Arabe des Béni Nehd ; — d'un cheval de Zeîd el-Ḳaîl ou Zeîd aux chevaux. (*Voy.* chap. IX, § xii. )

(*Nota.* Le mot de marḳacide, est la traduction imitative du mot arabe marḳacî, forme d'adjectif généalo-

gique, qui fait au pluriel marâḳiçah, et qui désigne spécialement et uniquement les descendants d'Imrou l-Ḳaîs
fils de Ḥodjr le kindide. Tout descendant d'un autre Imrou
l-Ḳaîs, quel qu'il soit, est désigné par le qualificatif maraïï.
— Cette remarque est importante pour distinguer les familles.)

Kâmilah, parfaite. Nom — d'une jument d'Amr fils de Ma'dì-
Kariba ; — d'une jument d'Yézîd fils de Ḳanân.

Ḳansâ, la camarde; ayant le chanfrein creusé et surbaissé.
Nom d'une jument d'Omeïrah fils de Târiḳ le yerboûïde
ou Arabe de la tribu des Béni Yerboû'.

Ḳarâdj, impôt foncier, impôt territorial. Nom d'un cheval de
Djoreïbah fils d'El-Achiam.

Ḳarrâ', solide, d'aplomb. Nom d'un cheval de Razâleh le sakoûnide ou Arabe des Béni Sakoûn.

Ḳarmâ, la haute; à oreille fendue. Nom — d'une jument de
Zeîd el-Féwâris ou Zéîd des cavaliers, de la tribu des Béni
Dabbah; — d'une jument de Râched fils de Chammâs, le
chanteur;—d'une jument de la tribu des Béni Abou Rabìah.

Ḳatâdah, nom d'un arbre épineux; jument des Béni Bedr ibn
Wâïl. Elle fut mère de Ziam.

Ḳatâdì, de la famille de Ḳatâdah. Nom d'un cheval qui appartint aux Béni Ḳazradj.

Ḳatîb, le réfrogné; cheval de Sourad fils de Ḥamzah Arabe des
Béni Yerboû'.

Katifân; même que Kétifân.

Ḳatirân, goudron, poix. Nom — d'un cheval bai foncé qui appartint à Amr fils d'Abbâd de la tribu des Béni Adî; —
d'un cheval d'Abbâd fils de Ziâd *fils de son père*. (Fils de
son père se dit d'un mauvais sujet qu'on ne croit pas être
fils de l'individu qui en est réputé le père.)

Ḳatrân; même que Ḳatirân.

Ḳattar, hoche-queue, qui jette la queue à droite et à gauche.
Nom — d'un cheval de Ḥozeïfah fils de Bedr le fézâride ou
chef de la tribu des Béni Fézârah; — d'un cheval de Hanzalah fils d'Âmir le nomaîride ou Arabe de la tribu des Béni

Nomaîr;—d'un cheval d'Amr fils d'Otmân (Osmân), connu
par sa science dans les traditions du Hadit (ou recueil des
maximes et paroles émanées de la bouche du Prophète et
transmises par la tradition).

Kaûçâ; même que El-Kaûçâ.

Kazim, coureur; cheval de Mirdâs fils d'Abou Âmir.

Kebbeh; même que Kabbah.

Kéfît; *voy.* El-Kéfît.

Keîd; même que Kaîd.

Kétifân, les deux épaules, les épaules, c'est-à-dire qui marche
en se détournant de manière à faire voir tantôt l'une tantôt l'autre épaule. Nom d'un cheval de Mâlek fils de Bedr.
Ce Mâlek, étant à la poursuite d'un chameau qui lui avait
échappé, fut tué d'une flèche que lui lança Djouneïdib
Arabe de la tribu des Béni Rawâhah. La fille de Mâlek exprima dans un vers la douleur dont elle fut pénétrée au
souvenir de la mort de son père :

> **Toutes les fois que la colombe soupire à Rakmatân et à
> Rass, sa voix nous rappelle à pleurer la mort du cavalier de
> Kétifân. »**

Kiâl; *voy.* Kabâl.

Kiçâf. Nom d'un cheval de Chomeîr fils de Rabîah le bâhilide.
On dit en forme proverbiale : « Plus hardi même que le
cavalier de Kiçâf. » — Nom d'un cheval de Hamel fils de
Zeîd fil d'Aûf fils de Bekr fils de Wâil. Hamel avait, un
jour, son cheval avec lui. El-Mounzir fils d'Imrou l-Kaîs
demanda à Hamel de lui prêter Kiçâf pour faire saillir une
jument. A cette demande, et sous les yeux mêmes d'El-
Mounzir, Hamel eut la hardiesse de châtrer son cheval.
De là, Hamel fut surnommé Kaçî Kiçâf, châtre-Kiçâf.

C'est d'après l'indication du ( dictionnaire, le ) Ka-
moûs, qu'on lit Kiçâf. Mais d'après Djaûharî (l'auteur du
Sahâh ), il faut lire Kaçâf. ( *Voy.* Kaçâf. — Le dictionnaire
arabe latin de Freytag, a eu raison de préférer la leçon de
Djaûharî.)

Kidh, flèche non pennée et dont on se servait pour tirer au sort.

(On employait trois petites flèches, l'une portait écrit *oui*,
l'autre *non*, et la troisième ne portait aucun signe. Quand
cette dernière était tirée du sac où on les renfermait pour
tirer au sort, on recommençait le tirage. Les plus graves
affaires de la tribu se décidaient souvent ainsi. L'islamisme
a condamné et aboli cette pratique. ) — Ḳidh fut le nom
d'un cheval des Béni Ṟanî.

ḲiRḲAH, chiffon. Nom — d'une jument d'El-Aswâd fils de Ḳirâ-
dah; — d'une jument de Mouaṭṭib le raniïde ou Arabe de
Béni Ṟanî.

Ḳizâm, le rapide; cheval de Djaïiâch fils de Ḳaîs fils d'El-A'war.

Ḳobeïlah, le petit baiser. Nom d'un cheval de Ḥoċeîn fils de
Mirdâs.

Ḳodâr, la noire; jument d'El-Ḳattâl le kilâbide ou Arabe des
Béni Kilâb.

Ḳodeïd, le sec vigoureux; cheval de Ḳaîs le ṟâdiride ou Arabe
de la tribu des Béni Ṟâdirah.

Ḳomeît, alezan. Nom qui a été donné à nombre de chevaux.

Ḳorâ'; même que Kourâ'.

Ḳoṯaîb, le petit refrogné; cheval de Sâbek fils de Ṡourad.

Ḳoudâd, le dispersé. Nom d'un âne qui fut un étalon célèbre et
laissa une nombreuse descendance. (*Voy*. Zahlaḳî.)

Ḳounṭa; même que El-Ḳounṭa.

(Kourâ', ou Korâ', le tibia, la jambe fine et solide; fameux étalon dont la famille produisit Sakkâb, comme nous le dirons
bientôt. Le Ḳâmoûs ne cite pas le cheval Kourâ'.—Le Ṡaḥâḥ
n'en fait pas non plus mention. Nous avons rencontré ce
nom de cheval dans le commentaire d'El-Souïoûtî sur le
Mouṟnî d'Ibn Hichâm.)

Ḳourâḳir, le hennissant. Nom — d'un cheval d'Âmir fils de
Ḳaîs; — d'un cheval d'Achdja' fils de Ṟaît fils de Ṟatafân.

Ce fut aussi, dit le Ḳâmoûs, le nom d'un sabre d'Âmir
fils d'Yézîd le kinânide. Il est évident qu'ici il y a erreur.
Il ne paraît pas probable que Ḳourâḳir, et Fourâfir cité
précédemment, à la lettre F, et ne différant en arabe que
par un point diacritique, aient été deux noms de chevaux

et de sabres. Feïroûzâbâdî, l'auteur du Ḳâmoûs, ne s'est
pas aperçu qu'il y avait au moins erreur de copiste. Du
reste, ce genre de faute n'est pas assez rare dans Feïroûzâbâdî.

Ḳouzaz, le lièvre mâle. Nom d'un cheval des Béni Yerboû'.
(Ḳouzaz était fils de Ẓou l-Ṡoûfah.)

Ḳourzil, le vil. Nom d'un cheval célèbre.

Ḳouzzoul, le vicieux ; cheval que montait Ṫofaïl fils de Mâlek,
et qui fut blessé à la Journée de Raḳm. C'est à propos de
Ḳouzzoul qu'Âmir fils de Ṫofaïl a dit ce vers :

> « Excellent ami, sauveur de son maître qui le montait, hélas!
> Je l'ai laissé à Taḋra' , secouant ses membres en convulsions,
> tirant ses derniers soupirs. »

**L.  =  6** CHEVAUX.

« Laȃb, le joueur. Nom d'un cheval célèbre.

Laḥîf, le couvert, à poil dru et serré ; l'effleurant ; le longue
queue. Nom d'un cheval du Prophète. (*Voy*. chap. II,
§ II, n° 6.)

Laḥîḳ, le gagneur, l'atteignant le but, atteignant les autres à la
course ; cheval de Moȃwiah fils d'Abou Sofiân.

Loḥaïf, diminutif de Laḥif. (Certains textes indiquent qu'il faut
lire Loḥaïf au lieu de Laḥîf.)

Loubeîna , diminutif de Loubna; jument de Ḳounaïs fils de
Ḥadd le kelbide ou Arabe des Béni Kelb.

Loubna , élevée au lait, nourrie de lait. Nom d'une jument célèbre. »

**M.  =  35** CHEVAUX.

« Mabdoû', le fatigué, l'ébréché, l'écourté. Feïroûzâbâdî prétend qu'il faut lire Mabdou', et non Maïdoû' ou Meïdoû', le
forcé, le conduit aux batailles. Mais je préfère la seconde
leçon comme présentant un sens plus pittoresque et plus
rationnel.

Maċâd, le mont Maċâd. Nom d'un cheval de Noubeïchah fils de
Ḥabib.

Machhour, célèbre. Nom d'un cheval de Ṭa'labah fils de Chihâb le djadalide ou Arabe des Béni Djédîlah.

Mahlaḳah, peau rose, robe rose; cheval d'Obeïd Allah fils de Horr.

Maïdoû', le forcé, le conduit aux batailles. Nom d'une jument de Ḥâreṭ le dabbide, fils de Ḍirâr fils d'Amr fils de Mâlek, et qui a dit ces vers :

> « Maïdoû' se plaint, fatiguée des nombreux jours de bataille qui nous viennent; couverte de blessures, elle est comme un cadavre déchiqueté.
>
> « Mais courage, Ḥâreṭ! Tiens ferme contre les orages de la fortune. Oh ! j'aime à me lancer aux combats où pleuvent les blessures. »

Feïroûzâbâdî prétend qu'au lieu de Maïdoû', il faut dire Mabdoû'. (*Voy.* ce dernier mot.)

Maïïâḥ; le radical de ce mot est maîḥ, nom verbal de mâḥ. Maïïâh signifie : l'élégant d'allure, qui a la marche gracieuse et belle. Nom d'un cheval d'Oḳbah fils de Sâlem.

Maïïâr, le fort coureur; cheval de Charsafah fils de Ḳalîf le mâzinide ou Arabe des Béni Mâzin.

Mâïḥ, le gracieux d'allure; cheval de Mirdâs fils de Houwaïi.

Maktoûm, caché, c'est-à-dire précieux ; cheval de la tribu des Béni Ranî ibn A'çour.

Mandoûb, l'appelé, qu'on appelle toujours pour les jours de bataille. Nom d'un cheval d'Abou Ṭalḥah Zeïd fils de Sahl. Mandoûb fut monté par le Prophète qui en a dit : « En vérité, je l'ai trouvé rapide comme les flots emportés. » (*Voy.* chap. II, § II.) — Mandoûb fut aussi le nom d'un cheval de Mouslim fils de Rabîah le bâhilide.

Manîḥ, la flèche. Nom — d'un cheval de Koraïm le témîmide ou Arabe de la tribu des Béni Témîm; — d'un cheval de Ḳaïs fils de Maçoûd le cheïbânide.

Manîḥah, flèche; jument de Diṭâr fils de Faḳas.

Marḥab, l'espace, c'est-à-dire le grand coureur; cheval d'Abd Allah fils d'Abd el-Ḥanafî.

Marhoûb, le terrible, le redoutable. Nom d'un cheval de Djoumeïh fils de Tammâh.

Ma'roúf, connu ; cheval de Salamah l'âċiride ou Arabe des Béni
 Âċir.

Ma'roúfeh, connue ; jument de Zobeîr fils d'El-Awâm.

Matâmîr, les bondissants ; les silos. Nom d'un cheval d'El-Ḳa'ḳâ'
 fils de Chaûr.

Maúdoûn, le fluet maigre. Nom d'un cheval célèbre.

Maúkal, l'asile, le salut. Nom d'un cheval de Rabîah fils de Ṟa-
 zâleh le sakoûnide ou Arabe des Béni Sakoûn.

Maznoúḳ, la mâchoire liée, *muserollé*, qu'il faut tenir par une
 corde ou longe passée sous la mâchoire. Nom d'un cheval
 d'Âmir fils de Ṫofaîl ; cet Âmir a dit :

> « Maznoúḳ sait que je me lance avec lui sur l'ennemi, de
> l'élan distillé (facile et prompt) des braves les plus renom-
> més. »

Maznoúḳ fut aussi le nom d'un cheval d'Aṭṭâḥ fils de
 Warḳâ.

Mebdoû' ; même que Mabdoû'.

Mechhoûr ; même que Macchhoûr.

Meïdoû' ; même que Maïdoû'.

Meïiâs ; même que El-Meïiâs.

Meznoúḳ ; même que Maznoúḳ.

Mialla ; *voy.* Moualla.

Midâs, le lanceur, qui lance bien ; cheval d'Achra' fils de Ḥâbis.

Midjzâm, le franchissant, le grand coureur ; cheval d'un Arabe
 des Béni Yerboû'.

Miḥâdj, l'alongeant. Nom — d'un cheval de Mâlek fils de Aûf
 le naśride ; — d'un cheval d'Abou Djehl.

Miḥlâdj, l'instrument ou machine à roue pour débarrasser le
 coton de ses graines ; qui s'agite et court comme la roue de
 cette machine. Nom d'un cheval de Ḥarmalah fils de Mou'-
 ḳil.

Moualla, le haut ; cheval du poëte El-Achḳar fils de Ḥamir fils
 de Djo'fi. Djaûhari, dit avec raison le Kâmoûs, s'est trompé
 en écrivant Mialla pour le nom de ce cheval.

Moualli, élevé, grand. Nom d'un cheval.

Mouchahharah, la célébrée ; jument de Mouhalhel fils de Ḥabîb.

Moudjâlis, le compagnon (assidu de son maître ; tenant compagnie). Nom d'un cheval des Béni Okaïl, ou selon d'autres
récits, des Béni Fokaîm.

Moukebbès; même que El-Moukebbès.

Moukassar, cassé, brisé, hébété. Nom d'un cheval d'Oteïbah fils
d'El-Hâret fils de Chihâb.

Mounâheb, vainqueur à la course à deux; le ravisseur de la
palme. Nom d'un cheval descendant de Haroûn, et ayant
appartenu aux Béni Ta'labah.

Moutefadjdjar, le jaillissant, *erumpens*. Nom d'un cheval de
Hâret fils de Wa'lah.

Moutemattir, même que El-Moutemattir.

Mouteraïaf, l'inclinant, allant de côté, qui va en présentant le
flanc obliquement, qui se balance et se tourne de droite et
de gauche. Cheval d'Abou Kaîd fils de Harmal le sadoûcide
ou Arabe de la tribu des Béni Sadoûs. »

## N. = 14 chevaux.

« Naâmah et Naâmeh, l'autruche. Nom de sept juments : —
d'une jument de Hâret fils d'Abbâd ; — d'une jument de
Kâled fils de Nadlah l'açadide ; — d'une jument de Mirdâs
fils de Mouâz le djouchamide ; cette jument était fille de
Samra ; — d'une jument d'Oteïbah fils d'Aûs le malékide
ou Arabe des Béni Mâlek ; — d'une jument de Mouçâfi' fils
d'Abd el-Ozza ; — d'une jument de Mounfedjer l'anazide ou
Arabe des Béni Anazeh ; — d'une jument de Karâs l'azdide
ou Arabe des Béni Azd.

Nâcib, l'origine pure, la race pure, le pur sang. Nom d'un cheval de Howaïs fils de Djobeïr.

Nâcih, ou Nâceh, de noble race. Nom — d'un cheval de Hâret fils
de Marârah, ou, selon d'autres, de Fadâlah fils de Hind ;
— d'un cheval de Souwaîd fils de Cheddâd.

Nahhâm, bouillant. Nom d'un cheval de Solaîk fils de Solakah.

Nahhât, bouillant ; cheval célèbre par l'extrême rapidité de sa
course ; il appartenait à Lâhik fils d'El-Nedjdjâr.

Nâtil, Nâtel, l'engageant, qui attire à lui; cheval de Rabîah
    fils de Mâlek.

Nâtil, Nâtel; même que le précédent.

Niċâb, l'origine; le manche de couteau, le lot. Nom d'un che-
    val de Mâlek fils de Nouwaïrah.

Noubâk; même que El-Noubâk. »

## O. = 11 chevaux.

« Obâb, ou Onâb. — Obâb, l'eau surabondante; — Onâb, le
    long nez. — Cheval de Mâlek fils de Nouwaïrah.

Obaïd, ou Obeïd, le petit esclave. Nom d'un cheval d'Abbâs fils
    de Mirdâs. Abbâs dit au Prophète les vers que voici :

> « Pourquoi donnes-tu la plus grande part du butin que nous
> avons fait, moi et mon cheval, à Oïeïnah et à Akra' ?
>
> « Le père d'Oïeïnah et le père d'Akra' n'avaient pas dans les
> assemblées une plus haute considération que mon père.
>
> « Et certes, moi-même je ne suis pas au-dessous d'eux; oui,
> qui sera humilié aujourd'hui, son nom ne se relèvera jamais. »

« Coupez-lui la langue, » reprit alors le Prophète; c'est-à-
    dire « Donnez-lui tout ce qu'il voudra. » Mais ceux qui en-
    touraient alors le Prophète prenaient le sens de ces paroles
    dans le sens littéral et matériel direct, non dans le sens
    figuré.

Odjrah, nœud d'un bâton ou d'une veine, c'est-à-dire le plein
    et l'arrondi. Nom d'une jument de Nâfi' le ranîide ou Arabe
    de la tribu des Béni Ranî.

Ofaîr, ou Ofeîr, le poudreux, cheval de Djouheïnah.

Ofok, l'horizon. Nom d'un cheval de Fokaîm fils de Djérîr.

Ohloûb; même que Ouhloûb.

Okâb, l'aigle noir; le vautour. Nom de plusieurs chevaux cé-
    lèbres.

Omaîr, le petit Amr. Nom d'un cheval de Hanzalah fils de Saïiâr.

Onâb, le long nez. *Voy.* Obâb.

Orkoub, le jarret du cheval; le tendon d'Achille; la jambe vi-
    goureuse. Nom d'une jument de Zeîd el-Féwâris; elle est
    citée dans les commentaires du Hamâçah (ou recueil de

poésies héroïques ou martiales), par Tabrîzî. (Le Ḳâmoûs
et le Ṣaḥâḥ n'en parlent pas.) — Ạbd Allah fils d'Ạnamah
a dit ce vers :

> « Qu'Oṛḳoûb ne vous amène pas, à vous, tribu de Zeïd, les
> sanglantes conséquences que la joute de Dâḥis amena aux Ṛafa-
> fânides. »

) OṣfARÌ, le petit oiseau; qui vole; cheval de Moḥammed fils de
Yoûcef, frère d'El-Hadjdjâdj. — Oṣfarî était de la descendance de Ḥaroûn.

) Oṭm, le reboutement de l'os brisé; le cal; le renflement léger
qui marque l'endroit où l'os fracturé s'est consolidé; la sou-
dure de l'os qui a été fracturé. Nom d'un cheval célèbre.

) Ouhloûb, queue touffue. Nom d'un cheval de Dahr fils d'Ạmr,
ou, selon d'autres récits, de Rabîah fils d'Ạmr.

) Outàl, la noblesse, la gloire. Nom d'un cheval de Ḍamrah fils
de Ḍamrah le nahchalide ou Arabe de la tribu des béni
Nahchal. »

<h2 style="text-align:center">R. = 17 CHEVAUX.</h2>

« Ṛabrâ, la poudreuse, la cendrée, la grise. Nom — d'une jument de Ḳaìs. Selon certains récits, elle appartenait à Ḥamal et, selon d'autres récits, à Ḥozeïfah frère de Ḥamal et
fils de Bedr; — d'une jument de Ḳoudâmah fils de Maçâd.
(*Voy.* Dâḥis, et chap. XII, § XI.)

Ṛachoueḥ, couverture. Nom d'un cheval célèbre.

Raḍwa, le mont Radwa. Nom d'un cheval célèbre.

Ṛaîrah, jalousie, ardeur. Nom d'une jument de Ḥâreṭ fils
d'Yézîd.

Raḳâ, extravagante; jument d'Ạmir le bâhilide ou Arabe des
Béni Bâhilah.

Raḳîm, le livre. Nom d'un cheval de Ḥarâm fils de Wâbiçah.

Ṛamâmeh; même que El-Ṛamâmeh.

Ṛamr, le généreux, l'excellent; cheval de Djiḥâf fils de Ḥakîm.

Rî', la montagne; cheval d'Ạmr fils d'Ouṡm.

Riḥâleh, la selle. Nom d'un cheval d'Ạmir fils de Tofaïl.

RoḳAÎL, l'agneau. Nom d'un cheval de la tribu des Béni Dja'far ibn Kilâb.

RoudaÎn , Roudaîn ; la lance roudaînienne. Nom qualificatif pris de celui d'un certain Roudaîn renommé autrefois comme fameux dresseur de hampes de lances. — Roudaîn fut le nom d'un cheval de Bichr fils d'Amr fils de Marṭad.

RoṭAÎF, bonne vie, aisance, bien-être. Nom d'un cheval d'Abd el-Azìz fils de Hâtim. Rotaîf était du sang de Haroûn.

RoṭAÎFÎ, le Roṭaîfide, c'est-à-dire cheval des Béni Roṭaîf. La tribu des Béni Roṭaîf se forma après l'islamisme ; ce sont des Arabes de Syrie.

RouḌwah, la mousse du lait fraîchement trait ; l'écume de la bouche. Nom d'un cheval célèbre.

RouRRÂ, qui a la tache blanche au front ; qui a l'étoile blanche au front ; l'étoilé. Nom d'une jument d'une fille de Hichâm fils d'Abd el-Mélik. (Hichâm le onzième Kalife de la dynastie des Ommiades ou mieux Omeïiades, fut le seizième Kalife à partir de Mahomet. Hichâm mourut en **125** de l'hégire, **742** de J. C.)

RouRÂB, corbeau. Nom d'un cheval des Béni Ranî. »

## S. = 31 CHEVAUX.

« Sabal, l'ondée, l'averse. Nom d'une célèbre jument, mère d'A'wadj. Elle appartenait aux Béni Ranî. On disait comme éloge suprême d'un cheval : « C'est un coursier du sang de Sabal. »

SabḥAH; même que El-Sabḥah.

SaboÛḥ; même que El-Saboûḥ.

SaboÛR; même que El-Saboûr.

SafÎḤ , flèche non gagnante à tirer au sort. — Safîḥ fut le nom d'une jument de Saḳr fils d'Amr fils de Hâreṭ.

SâFIN, les trois pieds, c'est-à-dire se tenant habituellement en repos appuyé sur trois pieds, l'autre pied étant posé sur la pince. Nom d'un cheval de Mâleḳ fils de Ḳozeîm le hamdânide ou Arabe de la tribu yéménique des Béni Hamdân.

Ṡᴀʜʙᴀ, l'isabelle clair. Nom d'une jument de Namir.

Ṡᴀ̂ʜɪᴍ, le fluet; cheval des Béni Kindah.

Ṡᴀ̂ᴇ̣ᴅ; même que Sâid.

Ṡᴀ̂ɪᴅ, l'élevé, le haut monté. Nom — d'un cheval de Balâ fils de Ḳaîs le kinânide; — d'un cheval de Ṡakr fils d'Ạmr.

Ṡᴀïoᴜ̂ᴅ; même que El-Ṡaïoûd.

Ṡᴀᴋᴀʙ, ou Ṡᴀᴋʙ, le versement, la chute d'eau. Nom du premier cheval que posséda le Prophète. Ce cheval était alezan, avait l'étoile blanche au front et quatre balzanes. Le Prophète l'avait acheté dix onces d'argent; il le monta, pour la première fois, à la bataille d'Oḥod. A cette journée, les musulmans n'avaient pas de chevaux. (*Voy.* chap. II, § ɪɪ.)

Ṡᴀᴋᴀ̂ʙ, le versement, la chute d'eau. Nom d'un cheval d'Adjda' fils de Mâlek.

Ṡᴀᴋᴀ̂ʙî, qui est comme le versement; de la famille de Sakâb. — Nom d'un cheval qui appartint à un Témîmide, ou à un Kelbide, ou, selon d'autres récits, à Ọbeïdah fils de Rabîạh fils de Ḳahfân.

Ṡᴀᴋʙ; même que Sakab.

Ṡᴀᴋʙ et non pas Ṡᴀᴋᴀʙ, le versement, la chute d'eau. Nom d'un cheval de Chébîb fils de Moậwiah.

Ṡᴀᴋᴋᴀ̂ʙ, versante. Nom d'une jument qu'un roi demanda à celui à qui elle appartenait; celui-ci la refusa, en disant les deux vers que voici :

> « Dieu te bénisse ! Sakkâb m'est trop précieuse, elle est inestimable; je ne la veux ni prêter ni vendre;
> « Cette fille de deux illustres coureurs qui lui ont transmis leur sang, et qui parmi leurs aïeux ont tous deux le nom du célèbre Kourâ' ! »

Ṡᴀᴍ'; *voy.* El-Sam'.

Ṡᴀᴍᴀïᴅᴀ', ou Ṡᴀᴍᴇïᴅᴀ', et non Ṡoᴜᴍᴀïᴅᴀ', le généreux, le brave; cheval d'El-Barâ fils de Ḳaîs fils d'Ạttâb.

Ṡᴀᴍᴍoᴜᴛ, le silencieux. Nom — d'un cheval d'Ạbbâs fils de Mirdâs; — d'un cheval qui, selon certains récits, fut à Ḳoufâf fils de Noudbah.

Ṡᴀᴍʀᴀ, la gommeuse, c'est-à-dire ressemblante à la gomme, et

par conséquent, la belle et la solide. Nom d'une jument
célèbre.

SAMRÂ, la bronzée, c'est-à-dire gris de bronze clair. Nom d'une
jument de Ṡafouân fils d'Abou Ṡaḥbân.

SAMRÂ; il y a aussi dans l'histoire un chameau connu sous le
nom de Samrâ.

SARḤÂN, nu, dégagé, agile. Nom d'un cheval d'El-Mouḥallaḳ
fils de Ḥantam.

ṠARÎḤ; même que El-Ṡarîḥ.

ṠAÛBAH, le but, le rapide au but, qui atteint immédiatement le
but. Nom de deux juments qui appartinrent l'une à Laḥiân
fils de Mourrah, l'autre à Ạbbâs fils de Mirdâs.

ṠÉDÂM, et ṠIDÂM; mêmes que El-Ṡédâm.

SELLEM; même que Soullam.

SIKKÂB, le verseur. Nom d'un cheval célèbre.

SINDÎ, le sindien. (Le Sind, dans l'Inde.) Sindî est le nom d'un
cheval qui fut à Hichâm le ḳalife fils d'Ạbd el-Mélik. (Hichâm seizième ḳalife; mort en 742 de J. C.).

SIRḤÂN, le loup. Nom — d'un cheval d'Ọmârah fils de Ḥarb le
boḥtoride ou de la famille de Boḥtor; — d'un cheval de
Mouḥriz fils de Naḍlah; — d'un cheval de Mouḥallaḳ fils
de Ḥantam; Mouḥallaḳ eut aussi le cheval Sarḥân. (*Voy.* ce
mot.)

SOḤAÎM, SOḤAM, SOḤEÎM; mêmes que Souḥaîm et Souḥam.

SOÛÇAH, la nature. Nom d'une jument de No'mân fils d'El-
Mounẓir.

ṠOUDA, hibou; truxale. Nom d'un cheval célèbre.

SOUḤAM, et SOUḤOUM; noir de fer; marteau (de l'ouvrier en fer).
Nom d'un cheval de No'mân fils d'El-Mounẓir.

SOUḤAÎM; diminutif du mot précédent. Souḥaîm fut le nom
d'un cheval de Mouṭellem fils de Mouçaḳḳirah le ḍabbide.

ṠOUHBA; même que Ṡahba.

SOUḤMAH, la couleur noir de fer; gris de fer foncé. Nom d'un
cheval de Djézï fils de Ḳâled.

SOULLAM, et SOULLEM, et aussi SELLEM, l'escalier, l'escabeau,

c'est-à-dire la monture par excellence. Nom d'un cheval
de Rabbân fils de Saïiâr.

Souneîb; même que El-Souneîb. »

## T. = 7 chevaux.

« Tâdak, et Tâdek, le torrent. Nom d'un cheval de Mounkid
fils de Żarîf.

Tâfî; même que El-Tâfî.

Tahdjoul, qui marche même avec les liens aux pieds. Ce nom
de cheval cité par le Sahâh est considéré par le Kâmoûs,
comme étant erroné; le Kâmoûs prétend qu'il faut sub-
stituer à ce nom celui d'Adjla. Mais Tahdjoul et Adjla sont
consignés tous les deux dans le Sahâh. (Il est dès lors rationnel de croire que ces deux noms désignent deux chevaux. Je préfère la donnée du Sahâh.)

Tâïr; même que El-Tâïr.

Taïiâr; même que El-Taïiâr.

Tarib, le follet, le léger et sémillant. Nom d'un cheval du Prophète. Ce nom est cité par le Kâmoûs, et quelques autres
livres arabes. (Mais le nom le plus généralement admis est
Żarib.)

Taûr, le taureau. Nom d'un cheval d'El-Âs fils de Saïd.

Tériâk; même que Tiriâk.

Timlâl, la marche mauvaise. Nom d'un cheval des Béni El-
Hâret ibn Ta'labah.

Tiriâk, la thériaque, ou le contre-poison, c'est-à-dire qui a les
membres dégagés. Nom d'un cheval des Béni Kazradj.

Touwâlah, ou Touwâleh, la beauté. Nom d'une jument des
Béni Doubeïah ibn Nizâr. »

## W. = 8 chevaux.

« Wadjîh; même que El-Wadjîh.

Wahaîf, aux crins beaux et abondants. Nom — d'un cheval
d'Okaïl; — ou, suivant certains récits, d'un cheval d'Âmir
fils de Tofaïl.

Waḥfah, roche noire. Nom d'une jument de Olâṭah fils de Djoulâs.

Wâḳi', le tombant sur l'ennemi; ardent combattant. Nom — d'un cheval de Rabiah fils de Djoucham le namaride ou Arabe de la tribu des Béni Namir; — d'un cheval de Sahbân le savant dans la connaissance du Ḥadîṭ ou recueil des maximes et paroles du Prophète.

Wâléḳî; même que El-Wâléḳî.

Ward, ou Werd, la rose, le rouge. Nom — d'un cheval d'Adî fils d'Amr le taïide; — d'un cheval de Hozeîl fils de Hobeîrah; — d'un cheval de Djâriah fils de Mouchammit l'anbaride ou Arabe des Béni Anbar; — d'un cheval d'Amir fils de Tofaïl fils de Mâlek. »

### Y. = 5 CHEVAUX.

« Ya'boûb; même que El-Ya'boûb.

Ya'çoûb; même que El-Ya'çoûb.

Yâfi', le haut, le haut monté. Nom d'un cheval de Wâlibah Arabe de la tribu des Béni Sidrah ibn Amr.

Yaḥmoûm, la fumée, le tourbillonnement, c'est-à-dire l'emporté à la course, comme la fumée par le vent. Nom — d'un cheval de Ḥoçeîn fils d'Alî; — d'un cheval de Hichâm fils d'Abd el-Mélik; ce cheval était du sang de Ḥaroûn; — d'un cheval de Ḥaçan le taïide; — d'un cheval de No'mân fils de Mounzir. »

### Z. = 34 CHEVAUX.

« Zabbâ, la velue; nom propre d'une reine célèbre dans les chroniques arabes, et qui est la même que Zénobie. (Nous avons eu occasion de parler de la reine Zabbâ, au chap. XII, § xiv.) — Zabbâ fut le nom d'une jument d'Oçeïdif le taïide.

Zâd el-Râkeb, le viatique du cavalier. Nom du cheval que donna Salomon aux Azdides lorsqu'ils allèrent visiter ce souverain. Zâd el-Râkeb laissa des produits et une descendance illustres. (Nous avons parlé de **Zâd El-Râḳeb**, au commencement de ce chapitre, § v, vi, vii.)

**Za'farân**, le safran. Nom — d'un cheval de Haûfazân el-Hârệt fils de Chérîk; — d'un cheval de Sélîl ou Salîl Arabe de la tribu des Béni Ḳaîs.

**Zafoûf**, l'agile, l'alerte. Nom d'un cheval de No'mân fils de Mounẓir.

**Zahdam**, l'épervier. Nom — d'un cheval d'Antarah ou Antar; — d'un cheval de Bichr fils d'Amr; — d'un cheval de Riâhî, selon le Ḳâmoûs; mais au lieu de Riâhî, il faut Waṭîl el-riâhî, c'est-à-dire Waṭîl le riâhide ou de la tribu des Béni Riâh. Son fils Sodjaîm fit le vers suivant, un jour de bataille où il se racheta :

> « Vous ne vous doutiez guère, n'est-ce pas, dis-je aux ennemis quand ils me prirent à la journée du vallon, que je fusse le fils du cavalier de **Zahdam** ? »

**Zahlaḳî**, le gras, le potelé; étalon très-ancien dont la descendance fut célèbre par la pureté de sa noblesse. Il en fut de même d'Aûhaḳ, chameau des temps antiques dont la descendance fut nombreuse et eut une haute renommée de noblesse. Ainsi, Ḳalîl fils d'Aḥmed, le cheîḳ professeur de Sîbaweîh, a dit ce vers à propos d'une chamelle :

> « Chamelle à bosse élevée, son pas décèle une fille de la postérité d'Aûhaḳ; quand elle fend l'air, elle (fuit si rapide qu'elle) paraît fine comme les veines finement ondulées de la lame du cimeterre. »

De même que les meilleurs chameaux étaient ceux de la famille d'Aûhaḳ, de même les meilleurs ânes étaient ceux de la descendance du fameux âne étalon appelé **Koudâd**.

**Zâïd**, le résistant, le combattant vigoureux. Nom d'un cheval renommé et célèbre par ses qualités. Ce cheval était de la descendance de Haroûn; El-Asmaî le dit fils du cheval Boteîn fils de Bitân fils de Haroûn.

**Zalîm**, la jeune autruche; l'autruche noire. Nom — d'une jument d'Obeîd Allah fils d'Amr fils d'El-Ḳattâb; — d'une jument d'El-Mouwarrak le sadoûcide ; — d'une jument de Foudâlah fils de Hind.

ẒÂMEL ; même qu'El-Ẓâmel.

ẒANABAH, queue, belle-queue. Nom d'une jument de Hâdjiz l'açadide.

ŻARIB, le tertre ; le robuste. Nom d'un cheval du Prophète. Ce nom est connu dans toutes les histoires de la vie du Prophète (Ṫarib est un nom erroné ; et l'erreur est venue de l'oubli d'un point diacritique dans le mot arabe, ou est due à une prononciation vicieuse qui confond, dans le langage ou dans la lecture, les mots Ẓarib et Ṫarib. Ce genre de prononciation et de lecture est général en Algérie et conduit à une foule d'erreurs.)

ZARRAH ; même que El-Zarrah.

ZARḲÂ, la bleue, c'est-à-dire gris étourneau foncé. Nom d'une jument de Nâfi' fils d'Abd el-Ozza.

ẒÂT EL-ADJM, qui a un rudiment de queue, c'est-à-dire courte-queue. Nom d'une jument de Hanżalah fils d'Aûs le sa'dide ou Arabe des Béni Sa'd.

ẒÂT EL-NOUÇOÛ', ayant courroies, les courroies, c'est-à-dire l'effilé. Nom d'une jument de Bistâm fils de Ḳaîs.

ZAÛBAR, ou ZAÛBER, le tout entier, entier. Nom — d'un cheval de Mouṭîr fils d'El-Achiam ; — d'un cheval de Djoumaîh Mounḳad fils d'El-Ṫammâh ; — d'un cheval d'Orfoutah frère de Djoumaîh Mounḳad.

ZÉBID ; même que El-Zébid.

ZEÎT, l'huile ; qui s'échappe et pénètre comme l'huile. Nom d'un cheval de Moạwiah fils de Sa'd. (*Voy.* Chaḳrah.)

ZEÎTÎEH, l'huileuse, qui échappe comme un corps huilé. Nom d'une jument de Lébîd fils d'Amr le rassânide ou Arabe des Béni Rassân.

ZÉNÉBEH ; même que Zanabah.

ZERRAH ; même que El-Zarrah.

ZIAM, la fringante ; la déroutante. Nom — d'une jument de Djâbir fils de Houïaï le tarlabide ou Arabe des Béni Tarleb ou Tarlib ; — d'une jument d'Aḳnas fils de Chihâb, d'après ce qu'indique le Ķâmoûs. Ziam fut aussi le nom d'une jument de Rocheîd fils de Ramîd l'anazide; ce Rocheîd a dit le vers suivant :

« Voilà le moment de fondre sur l'ennemi. Au galop, Ziam , au galop ! »

Żill ; même que El-Żill.

Zirrah ; même que El-Zarrah.

Żou Ķiçâb, à fins tibias. Nom d'un cheval de Mâlek fils de Moâwiah.

Żou l-Ķimâr, le voilé ; le porte-voile ; cheval de Mâlek fils de Nouwaïrah. — Zobeîr fils d'El-Aouwâm montait un cheval de ce même nom à la *Journée du chameau*. (*Voy.*, au mot Ali, la Bibliothèque orientale de D'Herbelot.)

Żou l-Ķourķ, le troué (à l'oreille ; l'oreille trouée). Nom d'un cheval d'Abbâd fils de Ħâret.

Żou l-Maûtah, le donnant lipothymie ; qui fait défaillir ceux qui courent avec lui. Nom d'un cheval des Béni Açad.

Żou l-Oķķâl, le mis ès liens, l'entravé. Nom d'un cheval de Ħaût fils de Djâbir. Żou l-Oķķâl fut le père de Dâhis. — L'auteur du Ķâmoûs prétend que la véritable leçon est simplement Oķķal, et non Żou l-Oķķâl ; mais c'est une erreur. (Nous avons parlé de Żou l-Oķķâl en faisant l'histoire de Dâhis. *Voy.* chap. XIII, § x.)

Żou l-Soûfah, le laineux, le long crin, c'est-à-dire à longue crinière. Żou l-Soûfah fut le père de Ķouzaz et d'A'wadj.

Żou l-Wouķoûf, l'arrêtant ; l'arrêt ; cheval de Nahchal fils de Dârim.

Żou Ţilâl, le pleuvant fin, fine pluie. Nom d'un cheval d'Abou Soulma fils de Rabîah. »

## X.

### RÉSUMÉ.

| | | | | |
|---|---|---|---|---|
| Sous la lettre A, est un groupe de. . . . . | 42 chevaux. |
| — B — . . . . . | 15 — |
| — C — . . . . . | 11 — |
| — D — . . . . . | 27 — |
| — E — . . . . . | 79 — |
| — F — . . . . . | 5 — |
| — H — . . . . . | 32 — |
| — I — . . . . . | 2 — |
| — K — . . . . . | 49 — |
| — L — . . . . . | 6 — |
| — M — . . . . . | 35 — |
| — N — . . . . . | 14 — |
| — O — . . . . . | 11 — |
| — R — . . . . . | 17 — |
| — S — . . . . . | 31 — |
| — T — . . . . . | 7 — |
| — W — . . . . . | 8 — |
| — Y — . . . . . | 5 — |
| — Z — . . . . . | 34 — |

TOTAL GÉNÉRAL.   430 chevaux.

## XI.

A la suite du nobiliaire précédent ou obituaire statistique de quatre cent trente notabilités chevalines de race arabe et de pur sang, nous n'ajouterons plus que quelques lignes d'observations.

On a sans doute remarqué que les noms donnés aux chevaux arabes sont presque tous des spécifications caractéristiques de certaines qualités dominantes, supérieures, de quelque trait physionomique, de la robe, de l'encolure, de la crinière, de la queue, du corsage, des aplombs, de certaines habitudes ou tendances naturelles de l'animal, de quelques circonstances de sa vie, même de quelque défaut. Les noms sont parfois encore des comparaisons, c'est-à-dire des noms d'autres animaux, ou d'incidents atmosphériques ou météorologiques, ou de corps inertes. Parfois aussi ce sont des antiphrases relativement à l'état ou au mérite réel du cheval. Mais jamais les Arabes ne donnent à un cheval un nom d'homme.

Souvent, pour traduire le sens de la dénomination arabe, nous avons été forcé de paraphraser. A qui la faute? Que le lecteur en juge. J'en accuse, moi, mon inhabileté d'abord, et je suis bien aise d'en accuser un peu aussi la langue française qui manque souvent de ressources pour rendre par un seul mot le mot arabe.

Lors même que le nom d'un cheval paraît être un blâme, un signalement de reproche ou de vice, c'est encore une expression figurée, une métathèse de mot, pour caractériser une qualité et même une qualité extraordinaire. Le célèbre Haroûn ou Rétif ne fut ainsi appelé que par une forme d'ironie élogieuse ; et en effet, dans les courses les plus vivement disputées, les plus violemment chauffées, Haroûn qui, on peut le dire, avait, en quelque sorte, la conscience de sa robuste vigueur, de son infrangible légèreté, de la force et souplesse d'acier de ses membres, de sa supériorité inviolable, invincible, se jouait avec la victoire qu'il enlevait au moment qu'il le voulait, au moment où le plus redoutable de ses rivaux allait la toucher, la saisir. Haroûn, au premier temps de course, s'emparait des devants, dépassait, distançait ; il emportait le premier bravo. Puis, Haroûn qui semblait avoir dit par là : « Je suis vainqueur si je veux, » n'obéissait plus rigoureusement à l'impatience de son cavalier, de son maître. Haroûn sans faire le rétif à la manière d'un rétif qui se raidit ou se cabre ou s'irrite, semblait dire à son cavalier : « Ne crains pas, je te donnerai la victoire. » Et Haroûn modérant son élan, comme inspiré par une sorte de moquerie malicieuse, attendait que ses plus proches rivaux le vinssent atteindre ; il les laissait jouir de quelques instants d'espérance ; puis, tout par un coup, par un bond inattendu, comme le tigre rauquant de fureur bondit, Haroûn repartait de toute l'énergie et de toute l'élasticité de son jarret, et ravissait la palme, touchait au terme.

Ce Haroûn fut une des immenses réputations hippiques de l'Arabie. Et il eut, malgré la sévère parcimonie que l'Arabe a toujours mise à la dépense des germes de son cheval, une descendance des plus nombreuses, des plus illustres. Haroûn était d'ailleurs d'une famille des plus nobles, des plus riches en mérites, des plus vantées dans l'Arabie, du même sang qu'A'wadj. Et A'wadj fut la tige d'une famille qui garda longtemps sa renommée, de la famille des A'wadjî, comme on dit actuellement les Saklâwî, les Koheîli, ou, en francisant la dénomination, Saklâwiens, Kohetliens.

L'examen de notre nobiliaire démontre encore que certains Arabes des plus honorés, des plus illustres dans le Hédjâz, dans l'Yémen, laissèrent aux fastes hippiques de l'Arabie plusieurs noms de célébrités chevalines. Ainsi, Zeîd el-Kaîl et Zeîd el-Féwâris, ces anciens éleveurs, eurent nombre de chevaux de premier mérite et dont la réputation s'est conservée dans les souvenirs des tribus, dans les légendes historiques. Mais l'Arabe qui semble avoir eu le plus de produits renommés, c'est cet Âmir fils de Tofaïl, Âmir ce terrible batailleur, cet amateur passionné qui avait en quelque sorte la folie des chevaux, Âmir ce poëte éleveur, fils du poëte Tofaïl, de ce Tofaïl le plus habile éleveur aussi, le plus riche dans ses haras, le fournisseur le plus vanté de son temps. Et tous ces grands éducateurs de la race chevaline arabe, ne se bornaient même pas à faire enfanter de beaux produits, à purifier encore ou conserver le sang du noble coursier de l'Arabie, mais, de plus, ils dressaient leurs chevaux, c'est-à-dire mettaient en œuvre et exploitaient tous les moyens qu'ils leur reconnaissaient. On n'instruisait pas seulement le cheval à la charge et à la retraite, au *kerr* et au *ferr*, aux fatigues, aux longues épreuves, on le formait également aux allures de gaieté, de grâce, d'élégance, aux habitudes de douceur et d'obéissance absolue.

On savait, dans ce temps-là, que le cheval de bonne nature,

de moyens riches, de docilité, d'ardeur, de courage, de vivacité, d'intelligence, aime avoir pour maître un homme hardi, bouillant, chaud de courage, qu'alors le cheval se met tout entier en harmonie avec la main, le pied et le cœur de l'homme qui le gouverne. C'est alors que se crée le véritable centaure, ce double être en un seul être, ce cheval soudé avec un homme qu'il continue et qu'il complète avec plaisir et avec fierté, dont il sent le désir et la pensée, dont il partage les émotions et comprend les calculs et les volontés. Ziam se rue aux combats avec son maître Rocheîd qui lui crie : « Au galop, Ziam ! » Et Moutéraïiaf se dodeline sous son cavalier Abou Kaïs, se joue gracieux et souple, pliant mollement à droite, puis à gauche, allant oblique, se balance, se fait admirer, et jouit du bonheur d'être beau et du bonheur de plaire.

# NOTES

ET

# ECLAIRCISSEMENTS.

Note 1. — Page 37.

Dans son histoire des sultans mamelouks, traduite de l'arabe, M. Quatremère indique, par une note, que d'après le témoignage d'un géographe persan, le mot Kalâoûn, en langue mongole, désigne *un canard*.

Note 2. — Page 45.

L'aperçu suivant sur la vie de Makrîzî, m'est communiqué par mon neveu Alfred Clerc, directeur de l'école arabe française à Constantine, et qui ne parle l'arabe que depuis l'âge dequatre ans.

Makrîzî est le surnom sous lequel est généralement désigné Takî el-dîn Abou Ahmed Mohammed, célèbre historien arabe des 8ᵉ et 9ᵉ siècles de l'hégire (14ᵉ et 15ᵉ de J. C.). Son nom régulier est Mohammed Takî el-dîn el-Makrîzî Abou Mohammed. Le surnom Makrîzî ou Makrizien, donné à cet auteur, était héréditaire dans sa famille, parce qu'elle avait habité Makrîz, un des faubourgs de Balbek.

Maḳrîzî naquit en 766 de l'hégire (1364 de **J. C.**), au Kaire. Il fit ses études dans cette ville. Il embrassa le rite des ḥanafites ou disciples d'Abou Ḥanîfeh, instaurateur d'un des quatre rites orthodoxes de la loi musulmane; ensuite il abandonna ce rite pour embrasser celui de Châféi, autre docteur orthodoxe, chef du rite qui porte son nom.

Dès sa jeunesse, Maḳrîzî se voua à l'étude et acquit une immense érudition. En 801 (1398), il fut nommé moḥtéceb (commissaire de police) du Kaire. Il exerça aussi plusieurs emplois religieux. — **En 811 (1408)**, il fut nommé inspecteur des waḳf ou immobilisations, à Damas ; puis on lui offrit les fonctions de kâdi de cette ville, mais il refusa.

Maḳrîzî composa un grand nombre d'ouvrages. La plupart, et ce sont les plus importants, ont trait à l'histoire d'Égypte ; malheureusement plusieurs ne nous sont point parvenus et ne sont connus que de nom. Voici les plus importants, ceux auxquels il doit la réputation dont il jouit à juste titre en Orient et en Occident.

1° Description historique et topographique de l'Égypte. Cet ouvrage est un recueil pour ainsi dire inépuisable de faits anciens et modernes, de données historiques et géographiques; c'est la plus riche encyclopédie de l'Égypte arabe. « On pour-« rait avec raison, dit **M. S.** de Sacy, appeler l'auteur de cet « ouvrage le Varron de l'Égypte musulmane. »

2° Histoire des sultans aïoubites et mamelouks. Nous possédons, d'une partie de cet ouvrage, une traduction due à M. Quatremère.

3° Traité des monnaies musulmanes.

4° Traité des poids et mesures des musulmans.

Ces deux derniers ouvrages ont été traduits par **M. S.** de Sacy.

Beaucoup d'autres ouvrages et opuscules de Maḳrîzî manquent dans les bibliothèques d'Europe.

Maḳrîzî avait commencé un ouvrage qui devait être gigantesque, c'est la grande chronique de l'Égypte, que l'on nomme généralement Mouḳaffa. Ce devait être l'ensemble ou recueil biographique de tous les gouverneurs de l'Égypte et de tous les hommes illustres qui avaient fleuri sous leur domination. Ce travail, disposé par ordre alphabétique, devait avoir, dit-on, quatre-vingts volumes; il n'en a jamais eu que seize. Maḳrîzî mourut avant d'avoir pu parfaire son œuvre. La bibliothèque nationale possède un volume précieux de cet ouvrage, car il est écrit de la main de l'auteur même. Ce manuscrit porte le n° 675. Maḳrîzî mourut à l'âge de soixante-dix-neuf ans, dans le mois de ramadân, 845 de l'hégire (janvier-février 1441). Plusieurs auteurs ont reproché à Maḳrîzî de s'être approprié des ouvrages auxquels il n'aurait pas travaillé; cette imputation est fausse; ce que l'on peut avec justice reprocher à Maḳrîzî, c'est d'avoir copié une foule de passages d'auteurs, ses prédécesseurs, sans jamais indiquer les sources où il avait puisé. Mais, comme le fait observer M. Quatremère..., « Maḳrîzî a parfaitement su choisir ses guides, et il était difficile de faire un usage plus judicieux des trésors littéraires qu'il avait à sa disposition. »

NOTE 3. — Page 46.

Le mot manẓarah ou mandarah signifie lieu d'où l'on aperçoit, d'où l'on peut voir, d'où l'on regarde. Ce mot en parlant d'hippodrome ou en langage de turf, désigne donc les tribunes ou plutôt les estrades ou tertres d'où les spectateurs et les amateurs suivaient les courses sur l'arène; mais il ne s'ensuit pas de là que le champ de course était entièrement entouré de manẓarah.

Il n'est pas en Égypte de maison qui n'ait un mandarah. C'est une simple pièce, plus ou moins grande, selon l'importance de la maison, toujours située au rez-de-chaussée, et d'où l'on peut toujours apercevoir ceux qui entrent ou qui sortent. C'est véritablement aussi la pièce de réception, la seule pièce où tout le monde peut entrer, la seule qui n'est pas interdite; elle n'a pas le caractère harem ou défendu. Du mandarah, on ne peut jamais rien voir de ce qui est ou de ce qui se fait dans l'intérieur de la maison.

C'est encore au mandarah qu'on traite ordinairement les hôtes.

## NOTE 4. — Page 47.

La koûfîeh est une sorte de mouchoir ordinairement en soie, quelquefois en laine, presque carré, ayant de 60 à 80 centimètres des deux côtés les plus longs.

Les koûfîeh sont toujours rayées par bandes d'inégales largeurs, de couleurs nombreuses et vives. Le plus ordinairement les koûfîeh en soie sont mêlées de bandes ou raies en tissu d'or, et parfois la plus grande partie de tout le mouchoir est un tissu de fils de soie revêtus d'or, ce qui donne à l'étoffe une fermeté assez considérable.

Aux deux côtés qui ne forment pas la lisière obligée du tissu, c'est-à-dire aux deux extrémités qui laissent échapper la chaîne, pendent libres et flottants les fils de cette chaîne réunis par petits fascicules et tournés en cordonnets nombreux, mêlés aussi de fils d'or et terminés par une petite houppe soyeuse. Ces cordonnets ont environ 30 à 40 centimètres de long et ont une certaine rigidité.

Les koûfîeh se tournent en manière de turban autour de la calotte rouge ou tarboûch ; les cordonnets s'échappant et dépassant en tout ou en partie, çà et là, autour de la tête, font une parure assez pittoresque.

Mais la plus élégante manière de porter la koûfîeh, est la manière des Mekkois et des Wahabites. Ils mettent le centre de la koûfîeh par-dessous ou par-dessus le tarboûch ; le turban est enroulé sur le tarboûch ou plutôt sur la calotte ferme qui leur enveloppe immédiatement la tête. La partie de la koûfîeh qui tombe sur la face, se rejette sur le turban, et les cordonnets flottent libres comme les cordonnets des filets que l'on met sur les chevaux. Le Ḥédjâzien, le Mekkois, le Wahabite, à cheval, avec la koûfîeh jetée librement sur la tête, et avec son mince bâton à extrémité crochue et qu'il tient debout appuyé devant l'épaule et par l'extrémité simple, est le plus gracieux cavalier qu'on puisse voir. Drapé de son vêtement ample et élégant, il a, à cheval, l'air aisé, dégagé, et semble assis comme sur le coussin de son divan. Dans les jeux de ses évolutions, il y a un abandon et une désinvolture des plus faciles, une sorte de négligence indifférente, et cependant on voit le cavalier tenir toujours son cheval en main, l'avoir tout entier au moindre mot. Le cheval s'identifie tellement, si harmoniquement avec son cavalier, que tous deux s'entendent comme une seule volonté. Nous avons connu au Kaire un Wahabite qui, étant à cheval, semblait être pour ainsi dire un centaure, tant il faisait un avec son cheval. Cet homme avait toujours les expressions les plus affectueuses, les plus animées lorsqu'il parlait du cheval qu'il perdit à la bataille où il fut fait prisonnier, au Ḥédjâz, par les troupes égyptiennes.

### NOTE 5. — Page 47.

Voici la description du jeu de paume ou sphéromachie à cheval telle qu'elle avait lieu autrefois en Orient. Nous empruntons ce récit aux Dissertations de du Cange sur l'histoire de Saint Louis.

« La science et l'adresse de bien manier un cheval, qui est ce que nous appelons *manége*, terme tiré de l'italien, est l'un des exercices les plus nécessaires pour ceux qui font le métier de la guerre : aussi nous lisons qu'il a esté pratiqué de tout temps par les Romains et les Grecs, qui inventerent pour cet effet les courses de chevaux. Ils trouverent encore non seulement la méthode de les dresser, en telle sorte qu'ils pussent tourner de part et d'autre au gré du cavalier, et au moindre signal qu'il en donneroit; mais ils voulurent que le cavalier apprist à se tenir ferme dessus la selle, sans que pour quelque mouvement extraordinaire du cheval il pust estre jeté par terre, y estant comme collé, et, pour user des termes de Nicétas, Οὗτως ἱππότης ὡς εἴπερ τῇ ἐφεστρίδι ἐμπεπερόνητο. Ce sont ces exercices que Suétone appelle *Exercitationes equorum campestres*, parce qu'ils se faisaient dans les campagnes : à cause de quoy les chevaux de manége semblent estre nommez *equi campitores*, en deux passages de Dudon, doyen de S.-Quentin. Théodoric, dans Cassiodore, appelle encore ces exercices *equina exercitia : Si quando enim relevare libuit animum rei publicæ cura fatigatum, equina exercitia petebamus, ut ipsa varietate rerum, soliditas se corporis vigorque recrearet.*

« Ces chevaux de manége, qui sont si bien appris à tourner à toutes mains et à faire le caracol, semblent estre nommez pour cette raison *sphæristæ* par Grégoire de Tours : *Putasne videbitur ut bos piger palæstræ ludum exerceat? aut asinus segnis inter sphæristarum ordinem celeri volatu discurrat?* On peut aussi appliquer ce passage à ces exercices de chevaux dont les auteurs byzantins font souvent mention, qui estoit celui de jouër à la paume à cheval. Le jeu est appelé par eux, d'un terme barbare, τζυκανιστήριον, qui estoit aussi le nom du lieu qui servoit à ces exercices. Ce lieu estoit dans l'enclos du grand palais de Constantinople, près de l'appartement doré que les Grecs appellent χρυσοτρικλίνιον, ainsi que nous apprenons de Luithprand : *Ex ea parte qua Zucanistrii magnitudo protenditur, Constantinus per cancellos crines solutus caput exposuit.*

« Ce lieu estoit d'une vaste étenduë, comme on recueille des termes de Luithprand, *qua Zucanistrii magnitudo protenditur.* Ce qu'Anne Comnene, Constantin Porphyrogenite, et Theophanes témoignent encore, et véritablement il faloit qu'il fust bien grand pour pouvoir y faire ces exercices, qu'il ne nous seroit pas aisé de concevoir si *Cinnamus* ne nous en avoit donné la description... Il dit donc que les anciens inventerent un honneste exercice, qui n'estoit que pour les empereurs, ses enfants, et les grands seigneurs de sa cour, et estoit tel. Les jeunes princes se divisans en deux bandes, en nombre égal, se tenoient à cheval aux deux extrémités d'un lieu spacieux, entendant par là le τζυκανιστήριον ; puis on jettoit dans le milieu une balle faite de cuir, de la grandeur d'une pomme. Alors les cavaliers des deux bandes partoient à brides abatuës, et couroient à cette balle, tenant chacun en la main une raquette, telle que sont celles dont nous nous servons aujourd'huy pour jouër à la paume, dont l'invention paroit par là n'estre pas si récente, comme Estienne Pasquier nous veut persuader. C'estoit à qui pourroit attrapper la balle, pour la pousser avec la raquette au delà des limites, qui estoient marquées : en sorte que ceux qui

la poussoient plus avant demeuroient et restoient vainqueurs.
Cet auteur remarque que c'estoit un exercice dangereux, où
l'on couroit souvent risque de sa personne, et d'estre culbuté,
ou blessé grièvement : *Ludus periculosæ plenus aleæ.* Car il faloit que ces cavaliers courussent à cette balle sans ordre, et pour
l'attrapper avec leurs raquettes ils estoient obligez de se pancher
des deux côtez jusques en terre. Souvent ils se poussoient et se
blessoient reciproquement, et se jettoient les uns les autres à bas
de leurs chevaux. Aussi Anne Comnene décrit qu'Alexis son père
s'exerçant un jour à ce jeu, Tattice, l'un de ceux qui joüoient
avec luy, fut emporté par son cheval vers l'empereur, et le blessa
aux genous et au pied, dont il se sentit le reste de sa vie. Cinnamus dit pareillement que l'empereur Manuel, petit-fils d'Alexis,
s'exerçant à ce jeu de paume (j'use de ce mot, quoy qu'impropre), tomba de son cheval, et se blessa si grièvement à la
cuisse et à la main, qu'il en fut malade à l'extrémité.....

« Cette espèce d'exercice ressemble à l'*arenata pila* des anciens, où l'on avoit coûtume de joüer en troupes : *Quam in
grege ex circulo astantium spectantiumque emissam, ultra justum
spatium excipere et remittere consueverant*, ainsi qu'écrit Isi-
dore. D'où Sidonius a pris sujet de dire : *Sphæristarum se tur-
malibus immiscuit.* C'est pourquoy ce jeu de balle est nommé
ἐπίκοινος dans Pollux, où, toutefois, quelques-uns lisent ἐπίκονις,
parce qu'on y joüoit dans une plaine qu'on parsemoit de sable :
a cause de quoy ce jeu a pris le nom d'*arenata pila*, ce que
Martial fait assez connoître en divers endroits de ses épigrammes,
où il lui donne le nom d'*harpastus*, parce que chacun des partis faisoit ses efforts pour s'arracher et s'enlever la balle. Pollux
ayant dit que les joüeurs se partageoient en deux bandes ajoûte
que la balle estoit jettée sur la ligne du milieu, et qu'aux deux
extrémitez, derrière les lieux où les joüeurs estoient placez, il y
avoit deux autres lignes, au delà desquelles on tâchoit de porter
la balle, ce qui ne se faisoit pas sans la pousser et la repousser
auparavant de part et d'autre.....

« Mais pour retourner au jeu de la balle à cheval que les
Grecs appellent *Tzycanisterium*, il semble que ces peuples en

doivent l'origine à nos François, et que d'abord il n'a pas esté autre que celui qui est encore en usage dans le Languedoc, que l'on appelle le jeu de la chicane, et en d'autres provinces le jeu de mail; sauf qu'en Languedoc ce jeu se fait en plaine campagne, et dans les grands chemins, où l'on pousse avec un petit maillet, mis au bout d'un bâton d'une longueur proportionnée, une boulle de buis. Ailleurs, cela se fait dans de longues allées plantées exprès, et garnies tout à l'entour de planches de bois. De sorte que *chicaner* n'est autre chose que le τζυκανίζειν des Grecs, qui ont coûtume d'exprimer le C ou le CH des latins par le TZ, comme *Eustathius* sur *Dionysius* nous apprend; ce qui est d'ailleurs confirmé par plusieurs exemples que MM. Bigaud et Meursius en ont donnez en leurs Glossaires. Ensuite, ce que les nostres ont fait à pied les Grecs l'ont pratiqué montez sur des chevaux, et avec des raquettes, qui estoit la forme de leur chicane.

« Quant à l'origine de ce mot, comme toutes les conjectures dont on se sert en de semblables rencontres sont pour le plus souvent incertaines, je ne sçay si je dois m'y engager; car je n'oserois pas avancer qu'il vienne de l'anglais *chicquen*, qui signifie un poullet : en sorte que chicaner seroit imiter les poullets, qui ont coûtume de courir les uns après les autres pour s'arracher le morceau hors du bec; ce que font ceux qui joüent à la chicane à la façon des Grecs, jettans une balle au milieu d'un champ, et chacun tâchant de l'enlever à son compagnon.

« Quoy qu'il en soit, on ne doit pas, ce me semble, révoquer en doute que le terme de chicane dont nous nous servons aujourd'huy pour marquer les détours des plaideurs (*vitilitigatores*), et que nos vieux praticiens appelloient *barres*, ne soit tiré de ces exercices; car chacun de son costé, faisant ses efforts pour dilayer par des suites affectées, et par des procédures inutiles, tâche d'embarrasser sa partie, les uns et les autres se renvoyans ainsi la balle, comme nous disons vulgairement; ce que font ceux qui joüent à la chicane, lorsqu'ils se renvoient la balle et par les embarras qu'ils se forment réciproquement, font durer le jeu plus longtemps.

« Je sçay bien que quelques sçavans ont cherché une autre
origine au terme de chicane en fait de plaideurs, et qu'il y en a
qui le dérivent de σικανός, qui, selon Galien, en quelque endroit, signifie une malice mêlée de tromperies : rapportans la
raison de cette signification au naturel des Siciliens, nommez
Σικανοί par les anciens, *quorum natura facilis fuit ad querelas,*
dit Cassiodore. Il y en a d'autres qui le tirent des termes de
*chico* et de *chiqui*, dont l'un est espagnol, l'autre gascon, qui
signifient *petit;* en sorte que chicaner seroit s'arrêter aux choses
de petite conséquence, et aux bagateles. »

Nous complétons cette description par les citations suivantes,
extraites des notes adjointes à l'Histoire des sultans mamlouks,
traduite de Makrizi, par le savant M. Quatremère, membre
de l'Institut, etc... Vol. I, pag. 122.

« Le djoukân-dâr est l'officier qui porte le *djoukân*. On désigne par ce nom un bâton peint, de la longueur d'environ
quatre coudées et qui se termine par une pièce de bois conique
( dans le sens de sa longueur ), bombée ( sur une face ) et longue
de plus d'une demi-coudée (*a*).

« Parmi les divertissements en usage à la cour des Empereurs
de Constantinople, il en était un que l'on regardait comme le
plus noble des exercices, et auquel se livraient exclusivement
les princes et les seigneurs de la première distinction, je veux
parler du jeu de la paume à cheval. A l'instar des tournois de nos
anciens chevaliers, il retraçait l'image des évolutions militaires,
exigeait une extrême habileté dans l'art de l'équitation, et une
grande souplesse dans les mouvements, réunies à beaucoup de
force, d'agilité et d'adresse. De tous les historiens de la Byzan-
tine, Cinnamus est celui qui nous a transmis sur ce jeu les
détails les plus satisfaisants. Suivant le récit de cet écrivain
( *Cinnami historia*, lib. VI, pag. 154 ), « des jeunes gens, divi-
« sés en deux bandes égales, lançaient, sur un terrain uni et
« choisi à cet effet, une balle de cuir, de la grosseur d'une
« pomme. Alors les joueurs accouraient à toute bride, chacun

(*a*) Je fais un petit changement peu important dans la traduction de la dernière ligne de ce passage.

« d'eux tenant dans sa main droite un bâton d'une longueur
« médiocre, et terminé brusquement par une portion large et
« arrondie, dont l'intérieur était garni de cordelettes entrela-
« cées en forme de réseau. Des deux côtés on poussait la balle
« avec force, vers un point désigné d'avance. Et le parti qui
« réussissait à atteindre ce but, était déclaré vainqueur. L'his-
« torien ajoute que cet exercice présentait les dangers les plus
« réels, attendu que le joueur était obligé continuellement de
« se renverser en arrière, de se pencher à droite et à gauche,
« de faire caracoler son cheval, et de le conduire au galop dans
« toutes les directions, afin de suivre exactement les mouve-
« ments de la balle. » Aussi, l'histoire nous offre une foule
d'exemples de princes tués, ou grièvement blessés, par suite de
ce périlleux divertissement. On pourrait rassembler, sur ce sujet, beaucoup de détails puisés dans les écrivains grecs du
moyen âge. Mais tous ces passages ont été recueillis avec le plus
grand soin par du Cange, dans une de ces excellentes dissertations, qui accompagnent son édition de Joinville (Disserta-
tion VIII, *De l'exercice de la chicane, ou du jeu de paume à
cheval*). Ce jeu, chez les Grecs de Constantinople était désigné
par le mot τζυκάνιον. Nous trouvons aussi le verbe τζυκανίζειν
signifiant *jouer à cette sorte de jeu de paume*, et enfin τζυκανιστήριον était le nom d'un vaste manége, consacré exclusivement
à ce genre d'exercice. Ces mots, comme l'on voit, ne sont nullement grecs d'origine ; et il n'est pas inutile de rechercher à
quelle langue ils appartiennent primitivement, puisque cette
découverte doit nous révéler chez quel peuple ce jeu a pris naissance, et a été en vogue avant qu'il fût transplanté à Constantinople.

« Les raisons données par du Cange sont spécieuses sans
doute ; mais, quoique soutenues de l'autorité imposante d'un
savant si justement célèbre, elles ne me paraissent pas concluantes. En effet, pour rendre cette assertion probable, il faudrait démontrer avant tout que le mot *chicane*, dans le sens de
*jeu de paume*, a été en usage chez les Français, à une époque
très-reculée. Or, du Cange n'a pas cité un seul fait, un seul pas-

sage , qui assurât à ce mot une origine ancienne. La chose même devient tout à fait inadmissible, s'il est vrai, comme l'attestent Codin et l'auteur anonyme des antiquités de Constantinople (*ap. Banduri imperium orientale*, t. I, p. 23), que le manége destiné pour cet exercice, et appelé τζυκανιστήριον, ait été construit sous le règne et par les ordres de l'Empereur Théodose le jeune. En second lieu, je ne crois nullement que le jeu de la paume à cheval doive son origine au jeu du mail. Et, quand cela serait, les Grecs n'ont pas eu besoin d'aller jusqu'en France, pour y apprendre un jeu, tel que celui de la paume à pied, qui a été en usage dans tous les temps et chez tous les peuples.

« Si je ne me trompe, c'est dans la Perse qu'a pris naissance l'exercice de la paume à cheval. En effet, nous trouvons que ce jeu y était en vogue, à une époque très-ancienne, avant la fondation de Constantinople, et qu'il était désigné par le mot *tchaûgân*, que le terme grec nous représente d'une manière fidèle, et presque sans altération. Mon assertion, à cet égard, est appuyée sur une autorité respectable. Voici ce que rapporte l'historien arabe Tabari, écrivain aussi ancien que véridique ( traduction persane, man. du Roi 63, p. 197) : « Ardechîr premier « voulant éprouver son fils Châpoûr, demanda une tchaûgân ou « raquette, et une balle, afin de le faire jouer à la paume. Au « milieu du palais était un manége près duquel régnait une « galerie, où Ardechîr se plaça, assis sur un trône, pour être « spectateur du jeu. Châpoûr, accompagné des jeunes seigneurs « de la cour, se livrait avec ardeur à ce divertissement, lorsque « la balle vint à tomber dans la galerie, devant le trône du roi. « Aucun des joueurs n'osait l'aller prendre ; mais Châpoûr, « sans s'effrayer, poussa son cheval dans la galerie, et ramassa « la balle, au pied même du trône. Ardechîr, frappé de cette « hardiesse, ne douta pas que ce jeune homme ne fût réelle-« ment son fils. »

« Le poëte arabe, Adi ibn Zeïd, qui avait été élevé à la cour des rois sassanides, y avait appris le jeu persan de la paume à cheval (Kitâb el-arânî, t. I, fol. 84, v°). Au rapport du nestorien

Amr (*madjdal*, man. arab., 82, p. 734, 735), « le chrétien
« Ḳarda' qui souffrit le martyre sous la même dynastie, avait
« été, avant sa conversion, un des principaux mages. Un jour
« qu'il était allé dans son manége, pour jouer à la paume, la
« balle resta attachée à la terre. »

« Suivant le témoignage de Ḳondémir (*Habîb el-siïar*, t. II,
fol. 200, vᵒ), « Azarwelach, qui régnait dans le Tabaristân, à
« l'époque de Yezdedjerd, dernier prince des Sassanides, s'oc-
« cupant à jouer à la paume, tomba de cheval, et mourut dès
« suites de sa chute. » Nous voyons, dans le *Châh Nâmeh* (t. I,
p. 440 et 453), « le prince Siavech jouer à la paume à cheval. »
Le poëte s'est plu à décrire, en ce genre, les prouesses de son
héros. Je sais bien que ces derniers passages ne sauraient avoir
une autorité complétement historique, puisque l'existence même
du personnage indiqué est au moins fort douteuse; mais ils
servent à constater toutefois que, dans les idées des Persans les
plus instruits, l'origine de ce jeu remontait à la plus haute antiquité, et se perdait dans la nuit des temps. Ces faits prouvent
d'une manière évidente que, dès l'origine de la dynastie des
Sassanides, le jeu de la paume à cheval était en usage à la cour
des rois de Perse, et rien n'empêche de croire que cet exercice
y était connu à une époque beaucoup plus reculée. On y voit
aussi que le mot tchaugân désignait proprement l'espèce de raquette avec laquelle on poussait la balle.

« On peut donc assurer, si je ne me trompe, que ce jeu a
pris naissance chez les Perses; et que les Grecs, en adoptant ce
noble et périlleux divertissement, lui conservèrent le nom qu'il
portait primitivement, et pour lequel leur langue n'offrait pas
de terme analogue. Nous ignorons à quelle époque les empereurs de Constantinople adoptèrent ce genre d'exercice. Il paraît
seulement qu'ils le connurent de fort bonne heure, puisque,
comme nous l'avons vu plus haut, le premier jeu de paume bâti
dans cette capitale, fut construit par les ordres de Théodose II.
Peut-être dut-on les premières notions de ce jeu à cet Hormisdas,
que des mécontentements particuliers amenèrent à la cour de
Constantin, et qui servit avec tant de fidélité ce prince et ses

successeurs. Mais ceci n'est qu'une conjecture à laquelle je n'attache pas grande importance.

« Nous avons vu plus haut un autre mot employé pour désigner le jeu de paume; je veux dire le mot ṡavlédjân, qui fait au pluriel ṡawâlidjah. Ce terme ne diffère de celui de *tchaûgân* que par la forme de l'instrument qui servait à pousser la balle. Le ṡavlédjân était un morceau de bois recourbé à son extrémité. Dans un passage du commentaire de Tabrîzî sur le Ḥamâçah (p. 403), on lit, en parlant du mot miḥdjan : « C'est « un morceau de bois, courbé (c'est-à-dire faisant naturelle-« ment crochet) par le bout, comme un ṡavlédjân. » La balle qui servait à ce jeu est désignée, en persan, par le mot *goûï*, et en arabe par celui de *korah* ou *okrah*.

« Le jeu de paume à cheval passa des Persans aux Arabes. Au rapport de Maçoûdi (*moroûdj*, t. 11, fol. 303, r°), Hâroûn el-Réchîd fut le premier kalife qui s'exerça à jouer à la paume dans un manége, à lancer des flèches vers un but, et à jouer à la balle.

« Depuis cette époque, le jeu de la paume à cheval continua d'être en vogue, non-seulement dans l'étendue de la Perse, mais encore chez tous les peuples qui occupèrent à différentes époques les vastes contrées de l'Orient. Partout nous voyons les princes se livrer avec ardeur à cet exercice, et en faire leur divertissement favori. »

« Dans le *Kaboûs nâmeh*, ouvrage écrit en langue persane, et qui contient les instructions adressées par le prince Kaïkaous à son fils Rîlân Châh, l'auteur s'exprime en ces termes : « O « mon fils, si tu veux prendre le divertissement de la paume, « songe du moins à ne pas faire de ce jeu un exercice habituel, « car il a causé plus d'une fois des accidents funestes. Suivant « ce que l'on raconte, Amr ibn Leiṭ était borgne. Lorsqu'il fut « parvenu au rang d'émir du Korâçân, il se rendit un jour au « manége, dans l'intention de jouer à la paume. Un de ses « généraux nommé Aẓher accourut aussitôt, saisit la bride du « cheval, et dit à l'émir : Je ne souffrirai pas que vous vous « livriez à un semblable divertissement. Eh quoi, lui dit Amr,

« puisque vous jouez librement à la paume, pourquoi préten-
« dez-vous m'interdire cet exercice ? C'est, répondit Ażher,
« que nous avons deux yeux; en sorte que, si par accident, la
« balle vient à en frapper un, il nous en restera un autre pour
« voir la lumière. Quant à vous, qui êtes borgne, si malheu-
« reusement un coup de la balle vous crevait le seul œil qui
« vous reste, vous seriez forcé de renoncer au plus tôt à la sou-
« veraineté du Ķorâçân. Amr, frappé de la sagesse de ce con-
« seil, remercia son général, et s'engagea à s'abstenir, toute sa
« vie, de cet exercice périlleux. O mon fils, ajoute Kaïkaous, si
« tu veux prendre une fois ou deux dans l'année le divertis-
« sement de la paume, je ne m'y oppose pas; mais, pour éviter
« tout accident, ne mène pas à ta suite une foule de personnes;
« il suffira de placer deux cavaliers à l'entrée du manége, deux
« au milieu, et autant à l'extrémité. De cette manière, tu pour-
« ras lancer la balle et caracoler avec plus de liberté, sans
« craindre d'événement fâcheux. Telle est la méthode que
« suivent ceux qui se livrent à cet exercice avec modération. »

« Au rapport de l'historien Bîbars Manṡoûrî, l'an **263** de l'hégire (de J. C. 876), le Turc Ọbéïd Allah, vizir du ķalife Mo'ta-
ded, jouant au mail, au milieu d'un manége construit dans sa
maison, tomba de cheval, et mourut de cette chute. Suivant le
même historien, un descendant d'Ạlì, Abou Ạlì ibn Abou l-Ḥo-
cein, qui s'était emparé de la province de Djardjân, s'exerçant
un jour à jouer à la paume, tomba de son cheval, et mourut
des suites de cette chute, l'an **315** de l'hégire ( de J. C. **927** ).
Nous lisons dans l'*Histoire arménienne* de Mathieu d'Edesse (manuscrit arménien 99, fol. **87**, v°), que l'émir Kurde Abl Hodjà,
ayant fait prisonnier le prince géorgien Térénik, le traita avec
les plus grands honneurs, et le menait avec lui dans ses parties
de plaisir. Un jour qu'ils allaient jouer à la paume dans un
manége situé dans la campagne, le prince qui était monté sur
un bon cheval, et qui avait tout disposé d'avance pour son évasion, s'écarta de l'émir sous quelque prétexte; puis s'échappa
à toute bride, et retourna sain et sauf dans ses États.

« Le brave Noûr el-dîn ou Noradin, ce redoutable ennemi

des princes croisés , aimait passionnément le jeu de la paume ,
et excellait dans cet exercice. « Jamais, dit l'historien arabe
« Abou Chamah, on ne voyait le mail s'élever au-dessus de sa
« tête. Souvent il lançait la balle, faisait courir son cheval au
« galop, retenait la balle au milieu de l'air, et la rejetait jusqu'à
« l'extrémité du manége. Il ne laissait apercevoir ni sa main ,
« ni sa raquette ; mais il les tenait l'une et l'autre cachées dans
« la manche de sa robe, afin de montrer que cet exercice n'é-
« tait pour lui qu'un jeu sans conséquence. Ce goût si vif que
« Noûr el-dîn témoignait pour la paume alarma la rigidité d'un
« dévot musulman (16, fol. 3 v°, 4 r°), qui habitait le *Djézîrah*
« ( la Mésopotamie ). Dans l'ardeur de son zèle , il écrivit au
« prince une réprimande conçue en ces termes : « Je ne vous
« soupçonnais pas capable de vous livrer au jeu, au divertis-
« sement, et de fatiguer vos chevaux pour un exercice qui n'est
« d'aucune utilité pour la défense de la religion. » Noûr el-dîn,
« peu effrayé de ces reproches, écrivit de sa main une réponse
« ainsi conçue : « Je prends Dieu à témoin que ce n'est nulle-
« ment le goût du plaisir et de la dissipation qui m'a fait
« prendre l'habitude du jeu de paume. Mais nous sommes
« campés sur la frontière, vis-à-vis et à peu de distance de l'en-
« nemi ; en sorte que, d'un moment à l'autre, tandis que nous
« sommes tranquillement assis , nous entendons crier aux
« armes, et nous sautons sur nos chevaux pour courir au com-
« bat. Or , nous ne pouvons pas faire la guerre, sans relâche ,
« jour et nuit, hiver comme été ; et il faut nécessairement don-
« ner du repos à nos troupes. D'un autre côté, si nous laissons
« nos chevaux attachés, ils deviennent engourdis, incapables
« de faire de longues marches , et d'exécuter avec célérité les
« évolutions nécessaires sur le champ de bataille. Au lieu que
« ce manége tient ces animaux en haleine, et les accoutume à
« être souples dans leurs mouvements, et dociles aux ordres de
« leur cavalier. Tel est le motif qui m'engage à faire de ce jeu
« une occupation sérieuse. » Enfin, suivant le même historien,
ce prince était tellement passionné pour la paume qu'il y jouait
souvent aux lumières.

« Au rapport de l'historien Djémâl el-dîn ibn Nâċil, Nedjm el-dîn, père de Saladin, aimait avec passion le jeu du mail; et, dans cet exercice, il se plaisait à courir au galop; en sorte que tous ceux qui le voyaient ne manquaient pas de dire qu'infailliblement il périrait par une chute de cheval. Saladin partageait, à cet égard, les goûts de son père, et montrait pour ce jeu une adresse extraordinaire.

« Chez les Mongols, à une époque fort ancienne, le jeu de la paume était en usage, et servait d'amusement aux princes et autres personnages d'un rang distingué. Sous le règne de Doutoumin un des ancêtres de Tchenghiz Ḳân, les Djelaïrs qui avaient échappé au massacre de leur nation, arrivèrent au campement des Mongols, et se mirent à creuser la terre, pour en tirer des racines qui pussent servir à leur nourriture. Matouloun, épouse de Doutoumin, leur fit à ce sujet des représentations inutiles, et leur dit : « Ce terrain que vous remuez et que « vous rendez inégal, est le lieu où mes enfants se livrent au « jeu de la paume.

« Au rapport de l'historien syriaque Grégoire Bar Hebrœus (*Chronicon syriacum*, tom. 1, p. 489 ), « le sultan Djélâl el- « dîn Mankberni, contemporain de Tchenghiz Ḳân , s'étant « emparé de la ville de Ḳélât, fit prisonniers les deux frères de « Mélik el-Achraf. Ces princes, loin d'être traités comme ses « captifs, éprouvèrent, de la part du vainqueur, le traitement « le plus honorable. Chaque jour, ils montaient à cheval avec « le sultan, l'accompagnaient dans ses promenades, et s'exer- « çaient, en sa présence à jouer dans le manége. »

« Dans ce passage, l'auteur a voulu indiquer le jeu de la paume à cheval. Car, s'il eût été question de courses de chevaux, Bar Hebrœus ne se serait pas servi du verbe qui, en syriaque, signifie *jouer, s'amuser*. Le même prince , au rapport d'Ibn El-Atîr, l'an 625 de l'hégire ( de J. C. 1227 ), était occupé à jouer à la paume lorsqu'il apprit que son frère Ṛaïâṭ el-dîn marchait vers Isfahân. Jetant avec précipitation le mail qu'il tenait, il se mit aussitôt en route.

« L'an 555 (de J. C. 1160), l'émir Kaïmaz Ardjewânî, jouant

à la paume, tomba de cheval; sa cervelle lui sortit par le nez et
les oreilles, et il expira sur l'heure. Les sultans El-Mélik el-
Kâmel et El-Mélik el-Achraf, se trouvant à Damas, l'an 673 (de
J. C. 1274), montaient tous les jours à cheval ensemble, et allaient jouer à la paume dans le grand manége, appelé le *manége
vert*.

« Chez une nation belliqueuse comme chez les Kurdes, on
sent bien qu'un jeu qui présentait une image de la guerre, et
des dangers réels, devait avoir pour la population un attrait
particulier. Nous lisons dans une histoire de ce peuple que
« l'émir Pir Boudak, fils de Mir Abdal, excellait entre tous ses
« compatriotes par son habileté dans le jeu de la paume, et la
« force avec laquelle il lançait la balle. » L'épouse de l'émir
Kurde Chems el-din était turkomane de nation. Ses divertissements consistaient à faire courir un cheval, à lancer des flèches
et à jouer à la paume.

« En Égypte, depuis la conquête des musulmans, la paume
à cheval fut très en vogue, à la cour des princes qui se succédèrent dans la possession de cette contrée. Ahmeh ibn Toûloûn
(Maḳrîzî, *Description de l'Égypte*, man. arab. 673 C., t. I,
fol. 248, v°), ayant fait construire, hors de Fostat, un magnifique palais, y joignit un vaste meïdân ou manége où l'on s'exerçait à jouer au mail. Le ḳalife fâtimite Azîz fut, parmi les princes
de cette dynastie, le premier qui se livra avec ardeur à ce
genre de divertissement. Nedjm el-din Aïoûb, surnommé El-
Mélik el-Sâleh, l'un des descendants de Saladin, était passionné
pour cet exercice. Il fit construire (Maḳrîzî, t. II, fol. 266, v°),
près du Kaire, sur les bords du Nil, un manége auquel il donna
son nom et dans lequel il allait prendre le divertissement de
la paume. Le même sultan, au rapport de l'historien Nowâïri,
dit à son fils : « Tu ne dois pas admettre un homme à ton ser-
« vice, à moins qu'il ne sache jouer de la pique, étant à che-
« val, lancer des flèches ou une balle de paume, et montrer
« un courage intrépide. » Les successeurs de ce prince suivirent son exemple; mais au bout d'un certain laps de ce temps,
les eaux du Nil s'étant retirées de devant ce terrain, le manége

fut abandonné. De tous les souverains de l'Égypte, les mamlouks furent ceux qui s'adonnèrent avec le plus d'ardeur à un exercice hasardeux, qui s'accordait si bien avec leur goût pour l'équitation, et leur extrême habileté dans cet art. L'un des premiers princes de la dynastie Baḥrite, le sultan Bîbars, surnommé El-Mélik el-Żâher, se montra passionné pour le jeu de paume; et les écrivains arabes, auxquels nous devons le récit de ses grands exploits, n'ont pas cru déroger à la gravité de l'histoire, en marquant, chaque année, avec une exactitude scrupuleuse, les jours que ce prince avait consacrés à ce noble divertissement. Ce détail, qui peut paraître minutieux, ne semblera pas superflu, si l'on fait réflexion que, pour les souverains mamlouks, la paume était une occupation importante; qu'ils se rendaient au lieu destiné à cet exercice avec un cortége nombreux et magnifique, comme s'ils avaient dû assister à une cérémonie solennelle; que dans ces occasions ils ne manquaient pas de signaler leur munificence, en distribuant à leurs émirs et aux seigneurs de leur cour, des chevaux, des robes, et d'autres présents. Le sultan Bîbars voyant que les eaux du Nil s'étaient retirées de devant le manége appelé Meïdân Ṡâléḥî, en fit construire un autre, placé immédiatement sur les bords du fleuve, et auquel il donna le nom d'El-Meïdân el-żâhérî (le manége d'El-Żâher). C'était là qu'il allait, avec sa cour, prendre le divertissement de la paume. Les Mongols, qui vinrent se rendre à ce prince, l'an 660 (de J. C. 1261), furent admis à jouer à la paume avec lui. L'année d'auparavant, le même souverain avait joué à la paume dans le manége de Damas, et tous les princes de la Syrie partagèrent avec lui cet amusement.

« Le sultan Bérékeh, fils et successeur de Bîbars, ayant été renversé du trône par des émirs rebelles, avait été relégué dans la ville de Karak. Un jour qu'il s'exerçait au jeu de la paume, dans le manége de cette ville, son cheval s'abattit et le jeta à terre. Cet accident fut suivi d'une fièvre violente, qui en peu de jours le conduisit au tombeau, à l'âge d'un peu plus de vingt ans.

« Le sultan Lâdjîn jouant à la paume, son cheval s'abattit sous lui, et il eut tout le corps brisé.

« L'an 889 (de J. C. 1484), le sultan Kâit beï s'amusant à jouer à la paume dans le manége, son cheval s'abattit, se renversa sur lui, et lui fracassa la jambe. Quinze ans après, l'émir Daûlat beï étant allé se promener hors du Kaire, du côté de l'observatoire, voulut prendre le divertissement de la paume ; mais son cheval ayant fait un faux pas, il tomba sur une pierre avec tant de raideur, qu'il mourut des suites de cette chute.

« Au rapport de Mirkond (IVᵉ partie, fol. 203, rº), l'an 607 de l'hégire (de J. C. 1210), Kotb el-dîn Aïbek, souverain du Dehli, s'occupant à jouer à la paume, tomba de la selle à terre, et son cheval lui passa sur le corps. Il expira à l'instant même.

« Les princes Mongols, qui régnèrent dans l'Inde, ne se montrèrent pas moins passionnés que d'autres pour ce noble et périlleux exercice.

« La Perse qui, comme nous l'avons dit, doit avoir été la patrie de ce jeu, n'a pas manqué d'en conserver invariablement l'usage. Suivant le rapport de l'historien des Kurdes, Châh Tamasp, roi de Perse, faisait élever à sa cour les fils des grands de l'État. On leur apprenait, entre autres exercices militaires, à lancer des flèches, à jouer au mail, et à conduire un cheval.

« Nous lisons dans un manuscrit persan, qui contient la vie de Châh Abbâs (manuscrit de M. Silvestre de Sacy), que ce prince ayant reçu un Ambassadeur de la part de l'Empereur mogol Sélîm, et voulant accueillir ce député avec une distinction éclatante, lui accorda, entre autres honneurs, celui de jouer avec lui à la paume.

« Les voyageurs remarquent expressément que, dans la ville d'Ispahan, il y a une grande place appelée *Meïdan*, où l'on s'amuse au jeu de la paume à cheval (Chardin, Voyages en Perse, tom. I, pag. 260, etc.). Enfin nous apprenons par le témoignage de Silva-Figueroa (Ambassade en Perse, pag. 33, 133), que près de la ville d'Ormus est un lieu où les Mores (les Persans) s'exercent à jouer au mail à cheval.

« Après avoir recueilli les faits historiques qui constatent, à différentes époques, l'existence de cet exercice, il me reste à rassembler ici quelques observations. Les écrivains Persans,

lorsqu'ils parlent du jeu de la paume, le désignent ordinairement par le mot *tchaûgân* qui, comme nous l'avons dit, est
proprement le nom de l'espèce de raquette en usage pour lancer la balle. Quelquefois ils se servent du mot *goüï* qui signifie
*une boule*. Tel est aussi le sens du terme arménien *kound*.

« Les mots *korah* et *okrah*, consacrés, chez les Arabes, pour
exprimer cette sorte de jeu, ont une signification tout à fait
analogue. Le premier de ces termes est le plus universellement
usité. Les écrivains arabes établissent une différence entre le
jeu de la paume ou de la balle, *korah*, et celui du mail, ṡavlédjân. Avicenne (Ibn Sînâ), passant en revue les divertissements auxquels les hommes se livrent, met de ce nombre le jeu
de la grande et de la petite paume, et celui du mail. Il paraît
que le premier et le second, comme nous l'avons vu, se jouaient
exclusivement avec une sorte de raquette, appelée tchaûgân,
qui se terminait par un morceau de bois pointu et bombé, et
que dans le dernier jeu, que je nomme celui du mail, on se
servait, pour lancer la balle, d'une sorte de maillet de bois qui
finissait en une pointe recourbée, car telle est l'application que
les lexicographes arabes donnent du mot ṡavlédjân.

« Il est bon de faire observer ici que, dans les passages où
les écrivains arabes et persans font mention du jeu de la paume,
surtout lorsqu'ils parlent de princes et de personnages d'un rang
distingué, il s'agit toujours du jeu de la paume à cheval ; si les
auteurs omettent souvent d'en faire la remarque expresse, c'est
que ce divertissement était tellement répandu dans les différentes contrées de l'Orient, que les lecteurs ne pouvaient nullement s'y méprendre.

« Toutefois, il existait en ce genre, pour les simples particuliers, un jeu de paume moins bruyant, moins impétueux, mais
exempt de dangers. Ainsi, nous lisons dans l'histoire d'Égypte
d'Abou l-Mahâcen (man. arab. 663, fol. 145, v°), que les concubines du sultan Ismaïl s'amusaient ensemble à jouer à la
balle. Et ce jeu, encore aujourd'hui, est fort en usage chez les
femmes de l'Égypte. Abou l-Fadl, dans l'*Akbâr-Nâmeh* ( man.
persan de l'arsenal 19, fol. 100, v°), nous apprend que le jeu

de la paume à pied, était bien connu et fort usité dans la ville
de Tébrîz.

« Comme le jeu de la paume, et surtout de la paume à cheval, avait, dans tout l'Orient, la plus grande vogue, il est peu
étonnant que les termes qui avaient rapport à ce genre de divertissement se trouvent souvent employés par les écrivains,
tant au propre que dans un sens métaphorique. On lit dans le
Châh-Nâmeh (pag. 177) :

> « Il l'enleva de la selle, comme une balle que le mail, à l'aide du
> vent, vient frapper. »
> « Toute la plaine était jouchée de trompes d'éléphants et de têtes de
> guerriers, qui ressemblaient à des mails et à des balles de paume. »
> « Depuis ce temps, pris dans la courbure du mail du destin, il restait
> comme une balle, incertain et ballotté. »

« On lit dans le Ḥabîb el-siïar (tom. III, fol. 342, v°) : « Ils
le rendirent courbé comme un mail. »

« Un voyageur portugais, Antonio Tenreiro, dit, en parlant des Arabes : « Ils sont si grands cavaliers qu'ils jouent à la
« paume à cheval, *que jogao a choca a cavallo* (itinerario, 1762,
« pag. 359).

« On lit dans une histoire d'Égypte (de mon manuscrit,
fol. 122, r°) : « Les sabots des chevaux étaient courbés dans le
manége comme des mails : et les têtes des ennemis leur servaient de balle. »

... « Je finirai ces observations par une conjecture sur le
mot français *chicane*. S'il est vrai, comme on ne peut en douter,
d'après l'autorité de du Cange, que ce terme ait été en usage
dans nos provinces méridionales, pour désigner le jeu de la
paume ou du mail, on pourrait croire que c'est dans l'Orient
qu'il faut en chercher l'étymologie. Nous avons vu que le mot
persan *tchaûgân* a passé dans la langue arabe. Si je ne me
trompe, ce mot est l'origine du terme français, qui a conservé
sa forme primitive avec bien peu d'altération, et dont il serait
difficile de proposer une autre étymologie tant soit peu raison-
nable. On peut présumer que nos Français auront connu ce
mot, dans l'Orient, à l'époque des croisades, et l'auront dès
lors introduit dans leur langue.

« Je dois faire observer en finissant, qu'un orientaliste distingué, M. William Ouseley, a, dans la relation de son voyage
en Orient, exprimé une partie des idées que j'ai consignées ici;
mais mon travail avait été lu à l'Académie royale des inscrip-
tions et belles-lettres, deux ans avant que l'ouvrage de ce savant
eût vu le jour. »

<h3 style="text-align:center">Note 6. — Page 47.</h3>

Les ceintures dorées sont de grandes pièces de soie à tissu
fort, épais, et dont une extrémité, au moins, est tramée d'or dans
une longueur suffisante pour faire le tour du corps. Car on plie
ces ceintures en trois ou quatre plis égaux, dans le sens de la
longueur de l'étoffe, et on la tourne autour des reins, de manière
à ce que l'extrémité dorée recouvre le tout.

Jamais les parures ou vêtements dorés pour les hommes, ne
sont brochés ; l'or fait toujours partie du tissu même et est mêlé
à l'étoffe par le tissage même.

Aujourd'hui il y a des ceintures qui valent cinq, six cents
francs, et beaucoup au delà.

<h3 style="text-align:center">Note 7. — Page 47.</h3>

Au mois de janvier, chaque année, tous les chevaux sont envoyés au vert, et ils n'en reviennent que deux mois après. Pendant ce temps qui est, en Égypte, la saison la plus agréable, la
plus tempérée, les chevaux sont, nuit et jour, en plein air. Chacun d'eux est lié par un pied postérieur et par un pied antérieur,
à deux pieux fichés en terre à une distance de deux ou trois
mètres, en arrière. Ainsi attaché dans le champ de trèfle (*trifolium alexandrium*), le cheval mange devant lui. Lorsqu'il a con-
sommé ce qui se trouve à sa portée, les garçons d'écurie qui
restent aussi nuit et jour, à ces endroits de pâturages, pour garder et surveiller les chevaux, enlèvent les pieux, les replantent
plus en avant, et laissent avancer les animaux d'un pas ou deux
vers de nouveau trèfle. On en fait de même pour les autres animaux, buffles, ou bœufs, etc.

Tous les animaux sont ainsi rangés et tenus en ligne, sur un ou deux côtés du champ de trèfle. Pendant qu'une partie du trèfle est mangée et consommée, une seconde pousse recommence et grandit sur l'espace que l'animal a laissé derrière lui. C'est surtout la seconde ou même la troisième qui sert à engraisser et refaire les animaux.

La première pousse n'est considérée que comme une purgation; ce premier trèfle, dit-on, n'est que de l'eau. Le premier résultat du pâturage vert, est de purger les animaux. Ce n'est qu'au bout d'une quinzaine de jours que l'animal est habitué au vert et que le relâchement cesse.

Pendant toute la durée du vert, on ne nettoie jamais les chevaux. Les Arabes estiment que le nettoiement est une pratique mauvaise, qu'il provoque des prurits cutanés, et que de plus, on laisse la peau trop impressionnable à l'effet d'un brusque changement de température..... Les chevaux, au vert, sont constamment attachés, ne font pas le moindre exercice.

NOTE 8. — Page 47.

Les émirs de tablakânah ou de tablkânât étaient ceux qui avaient le privilége de faire battre du tambourin et des timbales devant leur demeure, une ou plusieurs fois par jour. Des trompettes, des flûtes ou plutôt des espèces de flageolets ou sambuques faits avec des cannes de roseau et formés de deux corps ou tubes accolés entre eux et dont l'un maintient une note continue en manière de bourdon, conduisaient, par une musique simple et assez uniforme, les battements cadencés et mesurés des caisses et des timbales (*dehl*). Les flûtes traversières sont à un seul corps, sans autre ressource de variations de sons, que six trous, et se jouent comme notre flûte. Tous ces instruments sont grossièrement fabriqués... Le mizmâr réel est ordinairement composé de deux corps de roseau, et se place très-profondément dans la bouche.

Ce que l'on appelle *charge* de tambour ou mieux grands tambourins, car il n'y a qu'une ressemblance éloignée avec nos

tambours militaires, est un appareil composé — ou de deux
tambourins, souvent plus larges que hauts, d'au moins soixante
ou soixante-dix centimètres de diamètre., — ou de deux timbales et d'un tambourin très-petit, — attachés et fixés sur un
chameau. L'individu qui frappe ces sortes de *tympana* est placé
aussi sur le chameau. Le petit tambourin est fixé entre les deux
grands, ou entre les timbales.

Je ne puis mieux faire que de citer ici, pour indiquer ce qu'on
entend par émirs des tambours ou des tambourins, une note de
M. Quatremère (*voy.* Hist. des sultans mamlouks d'Égypte,
première partie, pag. 173).

« Le mot t a b l ḳ â n a h désignait : Des tambours qui, joints à
des trompettes et à d'autres instruments, se faisaient entendre,
à plusieurs moments du jour, à la porte des souverains et des
personnages élevés en dignité.

... « Dans mes notes sur l'*Histoire des Mongols*, j'ai donné
des détails assez étendus sur l'usage, tel qu'il existait à Bagdad
et dans les contrées plus orientales, de battre le tambour et de
jouer d'autres instruments, à la porte des principaux personnages de l'État. En Égypte, la même coutume s'était introduite.
Suivant Ḳalîl el-Ẓàhérî : « Le t a b l ḳ â n a h qui se faisait entendre
« à la porte du sultan , se composait de quarante charges de tim-
« bales, de quatre tambours, de quatre hautbois (flûtes), et de vingt
« trompettes. Il était dirigé par un chef , qui avait sous ses ordres
« un grand nombre de subalternes. » Au rapport d'Abou l-Maḥâcen et d'un écrivain anonyme (*Histoire d'Égypte*, de mon
manuscrit , fol. 3, r°), le vizir Ezz el-dìn Aïbek el-Baṛdâdî, qui
vivait sous le règne de Moḥammed ibn Ḳalâoûn, fut le quatrième
vizir d'Égypte, à la porte duquel on battit le tambour. Plusieurs
émirs jouissaient de cette prérogative, et, pour cette raison,
chacun d'eux prenait le titre d'*émir iablḳânah*, ou *émir des
tambours*. Suivant le témoignage de Maḳrîzì et d'Abou l-Maḥâcen, l'émir Seïf el-Dìn Béhadur As, qui vivait vers l'an **730** de
l'hégire (de **J. C. 1339**), faisait battre le tambour à sa porte
trois fois par jour. Au rapport de l'auteur du *Kâmel* ou plutôt
de Djémâl el-dìn ibn Wâcel, « Abou l-Abbâs faisait porter au-

« près de lui de grands tambours, garnis de peaux de bœufs, tels
« que ceux qui avaient été à l'usage des kalifes, et les faisait
« battre d'une manière effrayante. »

« Les émirs qui avaient le privilége de faire battre le tambour
à leur porte, étaient au nombre de trente. Il y avait aussi des
émirs appelés *émirs des tambours*, qui avaient sous leur commandement quarante ou quatre-vingts cavaliers. Vers le milieu
du IX$^e$ siècle de l'hégire, on ne battait plus le tambour à la porte
de ces officiers, excepté lorsqu'ils partaient pour une mission
importante, telle que celle d'inspecter les ponts, de recueillir les
grains, etc. Suivant Kalîl el-Zâhérî : « Il existait vingt-quatre
« émirs, dont chacun avait sous son commandement cent ma-
« mlouks et mille soldats de milice active. Aussi, portait-il le
« titre d'*émir de cent, commandant de mille*. Chacun d'eux avait
« le privilége de faire entendre à sa porte huit charges de tam-
« bours, deux timbales, deux hautbois, quatre trompettes. L'u-
« sage de la timbale et des hautbois s'était introduit récemment.
« L'Atâbek se faisait rendre les mêmes honneurs dans une pro-
« portion double. » Abou l-Mahâcen dit : « Autrefois un com-
« mandant (de mille hommes) portait le titre de tablkânah,
« attendu que l'on battait les tambours à sa porte. De nos jours,
« on désigne par le mot tablkânah, le grade d'émir de qua-
« rante hommes. » L'auteur du *Méçâlek el-absâr* (man. 583,
« fol. 168, v°), s'exprime en ces termes : « Les émirs de tablkâ-
« nah ont, pour la plupart, le rang d'émir de quarante (cava-
« liers) ; quelques-uns ont, sous leurs ordres, un plus grand
« nombre d'hommes, qui peut aller jusqu'à soixante-dix. Celui
« qui commande moins de quarante hommes, n'a pas le privi-
« lége de faire battre les tambours. » Suivant le témoignage du
même historien : « Le fief qui était assigné à un émir de tablkâ-
« nah pouvait produire une somme de trente mille pièces d'or. »
Au rapport de Makrîzî (*Solouk*, tom. II, fol. 323, r°) : « L'an 821
« de l'hégire (de J. C. 1418), le sâheb Bedr el-dîn Haçan ibn-
« Nasr Allah fut nommé à la place de vizir, qu'il réunit à celle
« d'inspecteur du domaine privé. On lui accorda le rang d'é-
« mir, de commandant de mille hommes, et le privilége de faire

« battre les tambours à sa porte après le coucher du soleil, ainsi
« que cela avait lieu pour les émirs du plus haut rang. Précé-
« demment, sous la dynastie des Turcs, jamais un vizir, homme
« de plume, n'avait joui d'une pareille prérogative. »

« Suivant le témoignage d'Ibn Aïâs, lorsque le sultan Sélim fut
entré en vainqueur dans le Kaire, on cessa depuis ce moment
de faire battre les tambours à la porte des émirs. Le voyageur
Bertrandon de la Brocquière, qui parcourut l'Égypte et une
partie de l'Asie dans le xvᵉ siècle (*Mémoires de morale et de politique de l'Institut*, tom. V, pag. 507), s'exprime ainsi : « Ils
« ont un *tabolcan* (tambourin) dont ils se servent pour se réunir
« dans les batailles. » Plus loin (pag. 539), il rapporte que le
prince de Caraman avait un *tabolcan* à l'arçon de sa selle. Quoique Sélim, ainsi que l'on vient de le voir, eût supprimé, en
Égypte, l'usage de battre le tambour, et de faire entendre divers
instruments de musique à la porte des émirs, les *bey* qui se
partagèrent le gouvernement de cette contrée, ne tardèrent pas
à reprendre cet attribut du pouvoir; et le nom se perpétua avec
la chose elle-même. On lit dans le mémoire de M. Estève sur les
*Finances de l'Égypte* (pag. 3) : « Solyman créa vingt-quatre
« bey tableh khâneh. » Et l'auteur ajoute en note : « *Tableh
« khâneh* veut dire ayant droit d'avoir une musique. En Tur-
« quie, ce droit est un des symboles de pouvoir. Le pâchâ du
« Caire partageait, avec ses collègues, dans les autres parties de
« l'empire, le droit d'avoir un corps de musique à sa suite. Des
« musiciens entretenus à ses frais, lui donnaient, à certaines
« heures du jour, des concerts proportionnés au rang qu'il oc-
« cupait parmi les pâchâs : car ils faisaient connaître s'il était
« pâchâ à deux ou à trois queues... Les bey étaient traités
« comme les pâchâs à deux queues. » Dans des passages que
nous avons cités plus haut, il a été question d'une ou de plusieurs charges de tambours et autres instruments. M. Estève
nous apprend (ibid., pag. 90) que l'Azlem bâchâ, qui allait au
devant de la caravane de la Mecque, menait à sa suite une musique portée sur douze chameaux, et consistant en plusieurs
tambours ou caisses de différentes grandeurs, deux trompettes,

deux timbales, et deux instruments semblables à nos hautbois. »

## NOTE 9. — Page 48.

Je vais transcrire encore ici, à propos des mamelouks ḳâśśékî, une note de M. Quatremère dont l'érudition ne sait pour ainsi dire être jamais en défaut. Il dit dans son Histoire des sultans mamlouks de l'Égypte, tome I, deuxième partie, pag. 158 (in-4°, Paris, MDCCCXL, chez Benjamin Duprat, rue du Cloître-St.-Benoît, n° 7).

« Ḳalîl el-Żâhérî définit ce que l'on entendait par le mot ḳâśśékî, qui fait au pluriel ḳâśśékîeh. « Les ḳâśśékî sont ceux « qui restent constamment auprès du sultan, dans les moments « où il cherche la solitude, et qui accompagnent le maḥmel « auguste (ou sorte de palanquin dans lequel on emporte, à dos « de chameau, le voile sacré destiné à la Ka'bah ou sanctuaire « de la Mekke). On désigne les ḳâśśékî par le titre de kawâmil « el-koffâl (les administrateurs parfaits). Ils sont employés pour « les affaires du prince; quelques-uns sont destinés au rang « d'émir, et ce sont les hommes qui approchent le souverain « de plus près. Sous le règne d'El-Mélik el-Nâċer Moḥammed « ibn Ḳalâoûn, ils étaient au nombre de quarante; mais ce « nombre ne tarda pas à s'accroître; et, du temps d'El-Mélik « el-Achraf Borsabaî, on en compte environ mille, dont les « uns remplissent des charges et d'autres n'en ont pas. »

« L'auteur du *Dîwân el-inchâ* (m. 1573, fol. 123, v°), parlant des mamlouks qui appartenaient au sultan, nous donne les détails suivants : « Les ḳâśśékî ont reçu ce nom, parce qu'ils « ont le privilége d'accompagner le sultan, aux heures où il « cherche la solitude, et où il est oisif, ce qui leur assure des « avantages importants, dont ne jouissent pas les principaux « d'entre les commandants. Ils se présentent, au commence- « ment et à la fin de la journée, pour faire leur cour dans le « palais et dans l'écurie; ils montent à cheval, en même temps « que le souverain, le jour comme la nuit, et ne le quittent pas, « qu'il soit près ou loin. Ils se distinguent des autres, parce

« que, lorsqu'ils présentent leur hommage au sultan, ils con-
« servent leurs épées. Leur vêtement se compose d'étoffes bro-
« dées, tissues d'or. Ils peuvent entrer auprès du souverain,
« lorsqu'il est seul, sans avoir besoin d'en demander la per-
« mission. Ce sont eux que le souverain envoie pour ses affaires
« augustes. Ils déploient un grand luxe dans leur habillement,
« ainsi que pour leurs chevaux. Jadis ils étaient comme les
« émirs commandants, au nombre de vingt-quatre; aujour-
« d'hui, on en compte plus de quatre cents. Un traitement con-
« sidérable leur est assigné ; et, en outre, ils reçoivent du sou-
« verain des présents magnifiques. »

« On sait que le nom de ḳâssékì est encore aujourd'hui en
usage à la Porte ottomane, comme un titre que portent plusieurs officiers admis dans l'intimité du Grand-Seigneur. Il désigne également la sultane favorite. »

### Note 10. — Page 48.

M. Quatremère a rassemblé en une note ce que les Arabes et
tous les Orientaux musulmans entendent par le mot ṛâchîeh,
qui signifie simplement *couverture*. Voici un extrait de cette
note.

« Le mot ṛâchîeh désigne *une couverture* plus ou moins riche
que l'on mettait par-dessus la selle du cheval. Dans une histoire
d'Égypte, il est fait mention (m. arab. 689, fol. 22, r°) de chevaux qui portaient des couvertures d'or. Plus bas (fol. 25, v°), il
est parlé de couvertures de soie jaune. Le commentateur turc
du *Gulistân* de Sa'dì, explique le mot ṛâchîeh par « ce qui recouvre la selle.» C'était toujours un esclave qui portait ce meuble.
De là vient que Sa'dì emploie cette expression :

> « Si je ne suis pas homme à monter sur des chevaux, je courrai
> devant vous, portant le ṛâchîeh ( c'est-à-dire, je serai votre esclave ). »

« Le mot ṛâchîeh se trouve souvent employé chez les écrivains arabes. Plusieurs auteurs nous en donnent l'explication en
ces termes : « Le mot ṛâchîeh désigne une couverture de selle,

« qui était formée de cuir et tellement brodée en or, qu'elle
« semblait une pièce d'orfévrerie. Elle était portée devant le
« sultan, par un des écuyers qui s'avançait à pied, au milieu
« du cortége. Dans les marches pompeuses, c'était un des Grands
« qui la tenait. » C'était comme l'on voit, un des insignes de la
souveraineté ; et, dans les occasions les plus solennelles, lorsque
le monarque devait paraître avec tout l'appareil du pouvoir, et
de manière à commander un respect universel, c'était un des
principaux personnages de l'État qui portait devant lui ce signe
de l'autorité. Lorsque le sultan Bibars El-Boudoukdârî associa
au trône son fils El-Mélik el-Saïd, il le fit monter à cheval, en-
vironné de toute la pompe de la royauté. Lui-même, marchant
à pied, auprès de l'étrier du jeune prince, portait le râchîeh.
Ensuite, les émirs le prirent successivement. Ils firent ainsi leur
entrée au Kaire, à pied, en portant le râchîeh. El-Mélik el-Kâmel, ayant désigné pour son successeur son fils El-Melik el-
Sâleh, lui fit traverser le Kaire, avec tout l'appareil de la royauté.
Les émirs portaient alternativement le râchîeh.

« Ibn Atir, décrivant l'inauguration d'El-Mélik Moézz Aïbek,
remarque expressément que les émirs portaient, à tour de rôle,
le râchîeh devant lui. Le sultan Ahmed, quittant l'Égypte, pour
se retirer à Karak, choisit dans le trésor les objets les plus précieux, et entre autres, le râchîeh d'or. Mais bientôt après, Ismaïl,
frère d'Ahmed, étant monté sur le trône, écrivit au prince dé-
chu de lui renvoyer le râchîeh et autres insignes de la souveraineté.

« Ce n'était pas seulement le sultan d'Égypte qui avait le droit
de faire porter devant lui le râchîeh. Tous les princes de Syrie
et autres, qui appartenaient à la famille de Saladin, et qui étaient
censés exercer une souveraineté absolue dans leurs petits États,
se montraient en public avec cette marque d'une autorité indé-
pendante. Lorsqu'El-Mélik el-Sâleh Aïoub prit possession de
Damas, El-Mélik Djewâd portait le râchîeh devant lui. El-Mélik
el-Achraf se rendant à Alep, apporta avec lui le diplôme qui
conférait la souveraineté de cette ville à El-Mélik el-Azîz. Mohammed, fils de Zâher Râzî Azîz, qui était alors âgé de dix ans,

sortit à la rencontre du prince, qui le revêtit des robes d'honneur envoyées par El-Mélik el-Kâmel, et porta le râchîeh devant lui. Après avoir séjourné quelques jours à Alep, il prit le chemin de Harran.

« El-Mélik El-Mansoûr, prince de Hamât, étant arrivé à la cour du sultan Kalâoûn, ce prince le combla d'honneurs et de bienfaits, lui assigna pour logement l'édifice appelé *Kebch;* par son ordre, on le fit marcher en pompe, accompagné du râchîeh et des drapeaux, emblèmes de la souveraineté. El-Mélik el-Moużaffar ayant été nommé prince de Hamât, à la place de son père, on lui apporta, entre autres marques de sa dignité, le diplôme d'investiture, la robe d'honneur, l'épée, le râchieh, etc.

« El-Mélik el-Moudjâhid, souverain de l'Yémen, ayant reçu une kilah ou robe d'honneur de la part du sultan Mohammed ibn Kalâoûn, on porta le râchieh devant lui. Mais le même prince, faisant le pèlerinage de la Mekke, les émirs Égyptiens s'opposèrent à ce qu'il parût accompagné de cet insigne de la royauté. On conçoit sans peine que ces officiers, jaloux de maintenir les prérogatives de leur maître, ne voulaient pas souffrir qu'un autre que lui se montrât avec les marques de la souveraineté, dans une ville soumise à la puissance du sultan d'Égypte. Quelquefois des personnages d'un rang élevé, dévorés d'ambition, et profitant de la faiblesse de leur maître, osaient s'arroger un privilége qui devait appartenir exclusivement au souverain. Nous lisons dans l'histoire des Seldjoûcides, écrite par Bondarì (man. arab. 767 A, fol. 93, v°), qu'un vizir parut solennellement en public, faisant porter devant lui le râchìeh et des épées nues.

« Ce n'était pas seulement sous le règne des sultans d'Égypte que le râchìeh fut un des insignes de la puissance suprême; cet usage existait bien antérieurement. On lit dans Ibn Atir que l'an 529 de l'hégire (1134 de J. C.), le sultan Seldjoûcide Maçoûd, ayant fait sortir en public le kalife, escorté de toute la pompe royale, porta lui-même le râchìeh devant ce prince. Mélik Châh, ayant vaincu et fait prisonnier le kân de Samarkand, voulut, pour honorer son captif, marcher à pied, près de son étrier, et porter sur son épaule le râchìeh , emblème de la souveraineté (Bondarî, man. arab. 767 A, fol. 40, r°).

« Il paraît que cet ornement n'était ni pesant, ni d'un gros volume, car nous voyons dans une circonstance, un personnage mettre le râchìeh sous son aisselle.

« C'est, je crois, d'après ces significations du mot râchìeh, qu'il faut expliquer un passage d'Imâd el-dìn el-Isfihânî (Conquête de Jérusalem , man. arab. 714, fol. 5, v°), où on lit, en parlant des chrétiens, iaktaboûna râchìet el-maût. Si je ne me trompe, l'auteur a voulu dire que les croisés ambitionnaient le droit de porter le râchìeh de la mort, c'est-à-dire de se soumettre à son empire , et qu'ils brûlaient de mourir pour la défense de leur religion. »

NOTE 11. — Pages 46 , 49.

Le sélâḥ dâr était un officier qui apportait chacune des pièces de l'armure du sultan et les présentait, successivement, au prince lorsqu'il en avait besoin. « Il s'en trouvait plusieurs qui avaient le même titre. Leur chef , nommé émîr sélâḥ avait l'inspection de l'arsenal, de tout ce qui s'y consommait, de ce qui y entrait ou en sortait. Il avait rang parmi les émirs centeniers.

... « La charge d'émir sélâḥ était jadis peu importante : au lieu que de notre temps, c'est la plus considérable des dignités, après celle d'*émir kébir* ou grand Émir. » (Abou l-Maḥâcen.)

NOTE 12. — Page 49.

Les tabardâr étaient toujours au nombre de dix, lorsqu'ils accompagnaient le sultan. Ils formaient un corps de milice et étaient commandés par un émîr.

« Dans les marches du prince, ils marchent autour de lui, à droite et à gauche, tout prêts à frapper un malfaiteur qui oserait sans permission, approcher du souverain. L'Émir tabar ( ou chef des haches) commande les tabardâr et a le même rang que l'officier appelé Râs el-naûbah. »

Râs el-naûbah signifie : chef de tour, chef de semaine; c'est
une sorte d'officier d'ordonnance, d'aide de camp. Voici à cet
égard une note extraite de l'Histoire des sultans mamlouks de
l'Égypte (2e part., pag. 13).

« L'émir *Râs naûbat el-nouab* a l'autorité sur les mamlouks
« du sultan ; c'est à lui qu'ils doivent recourir, pour obtenir des
« conseils, ou lui soumettre leurs discussions. C'est lui qui sert
« d'intermédiaire entre eux et le souverain, pour demander
« conseil, ou faire parvenir leurs requêtes. Il entre le premier
« auprès du prince, lorsqu'il donne audience ; il est chargé
« d'arrêter ceux qui doivent être mis en prison, et il répand le
« sable sur les actes qui ont reçu l'apostille du sultan. Il a plu-
« sieurs assesseurs, tels que le Râs naûbat tânî (second),
« appelé autrement Râs naûbat el-meïçarah (le Râs naûbat de
« la gauche), qui exerce la même autorité et la même juridic-
« tion que l'émir Râs naûbat el-nouab ; puis un troisième et un
« quatrième, choisis parmi les Émirs de tablkânah et les Émirs
« *de dix* ou émirs commandant dix hommes. Ils sont à peu
« près vingt émirs qui s'occupent des détails des affaires du
« royaume. C'est à l'émir Râs naûbah qu'est dévolue l'inspec-
« tion sur les mosquées cheîkoûnîeh, Hedjâzîeh, la Djâmi' el-
« akdar (la mosquée verte), etc.....

« Le Râs naûbat el-oumarà est un titre que l'on donnait à
« un émir qui avait l'inspection sur les autres émirs, leur inti-
« mait ses ordres et décidait leurs contestations. Il prenait place,
« à l'audience du sultan, à la tête de la gauche. Cette charge
« était tantôt supprimée, tantôt en exercice. Elle n'était point
« conférée par un diplôme d'investiture..... Cette charge, qui
« n'existe plus en Égypte, équivalait à celle d'Atâbek ou régent
« premier ministre d'État. »


## Note 13. — Page 50.


Les puits sur lesquels on dresse des sâkièh sont des constructions ou grandes fosses murées, descendant plus ou moins pro-

fondément au-dessous du niveau du sol, de forme ordinairement ronde.

Ce sont de véritables réservoirs dont un appareil composé de deux grandes roues, l'une placée horizontalement, l'autre perpendiculairement, et agissant l'une sur l'autre par engrenage au moyen de grosses dents en bois, retire et verse l'eau au dehors. La roue horizontale est mue par un buffle, ou un bœuf, ou une vache; ou un mulet, ou un cheval, ou même par un chameau.

La roue perpendiculairement placée est à deux jantes distancées, tenues ainsi par des traverses; elle met en mouvement un chapelet de vases coniques, en terre cuite, lesquels montent et descendent par la rotation de la roue sur le tour de laquelle ils passent.

NOTE 14. — Pages 51, 54, 56.

**Émir akôr** signifie émir ou chef des écuries, grand écuyer, écuyer cavalcadour, et grand intendant des écuries du souverain.

L'émir akôr (vulgairement émîriakôr) ou le cavalcadour avait la surintendance des écuries du sultan et tenait sous sa juridiction tous les fonctionnaires attachés à ces établissements. Ce fut El-Nâcer Mohammed, fils de Kalâoûn, qui éleva le rang et l'importance du grand écuyer. Cet émir avait pour adjoint le sélâh kôrî, ou mieux sérakôr, inspecteur des vivres et fourrages.

« L'émir akôr a sous sa juridiction tous les genres d'ani-
« maux que renferment les écuries et les étables du gouverne-
« ment. Il inspecte tout ce qui en sort ou y entre. Il a un ad-
« joint choisi parmi les gens de loi, qui tient registre de tout, et
« des subalternes. Il existe aussi un second émir akôr qui,
« d'ordinaire tient rang parmi les émirs de tablkânah, ou ceux
« de dix hommes. Chaque émir akôr a l'inspection sur un genre
« d'animaux. On dit : l'émir akor des poulains, l'émir akôr
« des étables de chameaux. Quelquefois l'inspecteur des bœufs
« prend le titre d'émir akôr el-sawâki (l'émir akôr des ma-
« chines d'irrigation). Tous ces fonctionnaires sont subordonnés

« au grand émîr aḳôr. Il a sous sa juridiction les émirs arabes
« chargés de la perception des revenus, les sélaḳôrî, les oudjâkî,
« les mahtar (chefs des écuries), les écuyers, les chaḥan, les
« gardiens des dromadaires et leurs chefs, les sirwânî, les pages,
« les sâïs ou palefreniers. Il inspecte également tout ce qui con-
« cerne l'orge, le fourrage, la paille, les harnais des chevaux,
« des mulets, des dromadaires. De lui relèvent aussi les méde-
« cins vétérinaires et les porteurs d'eau..... L'émîr aḳôr avait
« une autorité entière sur les palefreniers, réglait ce qui con-
« cernait chaque animal, la quantité d'orge qui lui était néces-
« saire, et le temps où elle devait lui être donnée..... L'aḳôr
« salâr, c'est-à-dire chef de l'écurie, paraît avoir été différent
« de l'émîr aḳôr. » Le nom d'émîr aḳôr existe encore aujour-
d'hui, et désigne le *grand écuyer*. (Mémoires du chevalier
d'Arvieux, tom. I, pag. 409.)

« Parmi les fonctionnaires, il y avait encore les *sirwânî*. Ce
mot, si je ne me trompe, répond au mot persan *sarbân, gardien
de chameaux*. Ḳalîl el-Żâhérî les nomme parmi les personnes
attachées au service des écuries, et les réunit aux conducteurs
de chameaux. Quant au mot chaḥan, il désignait l'individu qui
avait l'inspection des étables. »

### Note 15. — Page 52.

J'ai habité huit mois le village de Ḳânkâ, à quatre lieues ouest
du Kaire. Je suis allé plusieurs fois à Sériâḳoûs; ce village est à
une heure et demie de chemin de Ḳânkâ, direction nord-ouest.
Sériâḳoûs est dans une plaine vaste, fertile, et plantée de beaucoup d'arbres... Il n'y a plus ni trace ni souvenir de l'hippodrome et du haras du sultan El-Nâċer Moḥammed.

### Note 16. — Page 55.

On appelle Mont-Rouge le mamelon terminal de la chaîne du
Moḳattam, au nord. Le Moḳattam longe la citadelle du Kaire à
l'est. L'extrémité nord s'arrondit brusquement à la hauteur des

limites septentrionales du Kaire et s'arrête. Cette terminaison est sur un sable rouge, qui l'entoure en talus. De là la dénomination onomatopique de Mont-Rouge, djébel aḥmar, donnée à cette partie du Moḳaṭṭam. Le Mont-Rouge est en face de Matarîeh qui lui-même est peu éloigné d'Héliopolis à l'ouest duquel il se trouve.

— Le ḳabaḳ me paraît être, d'après la description des auteurs arabes, le jaquemart ou but des tirs à la flèche. « Dans plusieurs contrées de France, dit M. Houël, dans son Histoire du cheval, on appelait encore naguère *le jaquemart* un poteau de bois orné d'un bouclier fiché en terre sur lequel on s'exerçait à tirer en blanc. — La quintaine était autrefois un automate formé d'un tronçon de bois taillé, représentant une figure d'homme armé de toutes pièces et monté sur un pivot. Cet automate devait être touché au front et au cœur; s'il l'était ailleurs, ses ressorts étaient disposés de telle façon qu'il tournait rapidement sur lui-même et venait frapper l'assaillant d'un coup de plat de sabre ou d'un sac de terre. — Ce jeu remonte à une haute antiquité. Il était en usage chez les Romains; on l'appelait aussi le jeu du pal, poteau, ou jaquemart. Quoique la quintaine paraisse avoir été introduite dans les carrousels par les Italiens, elle existait néanmoins, très-anciennement en France, comme coutume seigneuriale. » (Pag. 245.)

### Note 17. — Page 57.

« Le mot ḥalḳah, dans son acception primitive, signifie anneau, cercle. On distinguait par ce nom, un corps de troupes, qui entourait le prince et formait sa garde. Ceux qui composaient cette milice, recevaient, comme les émirs, leurs diplômes du sultan. »

Voici les indications et explications données par les auteurs arabes. Je les extrais de l'Histoire des sultans mamlouks de l'Égypte, où M. Quatremère les a réunies dans un article qui fait partie d'un appendice mis à la fin de la première partie de cette histoire (pag. 200, deuxième partie).

« Les membres de la ḥalḳah ont, pour chaque fraction de quarante hommes, un commandant choisi parmi eux, mais qui n'a d'autorité sur eux que lorsque l'armée est en marche. Ils campent auprès de lui ; c'est lui qui règle l'ordre suivant lequel ils doivent être placés dans leurs quartiers.

« Les apanages des membres de la ḥalḳah vont quelquefois jusqu'à quinze cents dînâr ; c'est, à peu près, la valeur des apanages concédés aux principaux de ce corps, aux commandants. Ce revenu va ensuite en diminuant jusqu'à deux cent cinquante dînâr. »

« Ḳalîl el-Zâherî s'exprime en ces termes : « Quant aux sol-
« dats qui composaient la ḥalḳah victorieuse, leur nombre s'éle-
« vait jadis à vingt-quatre mille. Chaque millier d'hommes est
« sous la direction d'un des émirs, commandant de mille.
« Chaque centaine a un *bâch* (chef) et un *nakîb*. Quelques-uns
« de ces soldats sont réputés baḥrî, et cantonnés dans la cita-
« delle. D'autres, en l'absence du sultan, occupent des postes
« qui leur sont affectés, tant à Miṣr ou Vieux-Kaire qu'au Kaire.
« D'autres enfin, sont envoyés là où les affaires du sultan ré-
« clament leur présence...

« Les soldats de la ḥalḳah n'ont d'autre service que pour ce
« qui concerne les affaires du sultan. Leur nombre, qui jadis
« s'élevait à douze mille, alla ensuite en diminuant. Il n'y a
« point pour eux de règle, ni rien de fixe. L'un d'eux, quoique
« lâche, touche la solde de sept ou huit braves, et *vice versâ*. Il
« en est sous le nom desquels est inscrit un apanage, estimé à
« plusieurs dînâr, mais qui ne produit réellement rien. De nos
« jours, les commandants de la ḥalḳah sont au nombre de qua-
« rante, tous hommes âgés, qui se distinguent par de longs ser-
« vices, une haute prudence, et le rang qu'ils tiennent dans
« l'armée. Ils se présentent, avec un cortége nombreux, pour
« saluer le sultan dans l'*iwân* ou grande salle des réceptions.
« Ceux des membres de la ḥalḳah qui possèdent des apanages,
« ont des chefs, que le sultan envoie souvent pour ses affaires... »

« Le mot ḥalḳah était en usage, non-seulement en Égypte, mais dans plusieurs autres contrées de l'Orient. On lit dans l'his-

toire de Nowâïrî : « Djenghiz Ḳân envoya à leur poursuite la
« ḥalḳah attachée à sa personne. » Dans sa Description de l'É-
gypte, Maḳrîzî dit : « Le nombre de ses mamlouks s'élevait à
« six cents. Il les avait disposés autour de sa personne, en trois
« ḥalḳah. » Abou l-Maḥâcen : « Il lui donna un apanage, dans
« la ḥalḳah de Damas. »

« Comme cette milice était fort nombreuse, il est probable
qu'une partie de ce corps accompagnait les principaux émirs, et
composait leur garde. »

NOTE 18. — Page 57.

Le barloutâḳ désigne une sorte de veste, ou de dolman.
Sous le règne d'El-Nâcer Moḥammed, fils de Ḳalâoûn, l'émir
Sélâr mit à la mode un genre de veste ou de mantelet qui fut
appelé un Sélârî; c'est le même vêtement qui, autrefois, c'est-
à-dire avant l'époque de Sélâr, était connu sous le nom de
barloutâḳ.

On revêtait le barloutâḳ sous le manteau de drap, à manches
larges et longues. Ces sortes de manteaux se mettent comme
surtouts, et ne sont jamais sous la ceinture; ils portent aujour-
d'hui, en Orient, le nom de *faradjîeh* et non pas *fardjîeh;* ce
dernier mot rappellerait une idée de rapport indécent. Le mot
de *faradjîeh* veut dire habit de toilette; on ne le met que
pour aller en visite, ou en cérémonie.

Le barloutâḳ me paraît être la veste brodée que l'on appelle
aujourd'hui śalt, śaltah. C'est aussi la śaltah fourrée que les
femmes d'Orient portent en hiver, dans l'intérieur de la maison, c'est une sorte de basquine, mais uniforme et sans basques,
ordinairement ornée de broderies en cordonnet de soie cousu
de manière à former les dessins les plus variés et les plus gracieux. Souvent aussi le cordonnet est en fils dorés.

NOTE 19. — Page 57.

Le terme arabe employé pour ces sortes de harnais signifie
*les distinctions*. Les ornements consistent en garnitures com-

posées de nombre de glands en soie et or, ou de glands emboî-
tés par le haut dans des enveloppes d'or ou d'argent qui en
tiennent et couvrent le sommet. Ces glands sont suspendus et
fixés en grand nombre aux montants de la têtière, et à la bande
qui passe sur le poitrail et est attachée de chaque côté à l'arçon
antérieur de la selle. D'autres sont fixés aussi à un cordon qui,
au-dessous du frontail, tombe en demi-cercle sur le front du
cheval et qui est attaché par les deux extrémités aux deux côtés
supérieurs de la têtière. Un bouquet de deux ou trois glands
réunis occupe le milieu de cette sorte de frontail. La muserolle,
la sous-gorge, les montants sont ornés aussi d'une garniture de
même espèce.

## Note 20. — Page 62.

« Au rapport de l'auteur du (livre intitulé) *Mécâlek el-absâr*, « les dêwadâr avaient la fonction de faire arriver à leur
« destination les lettres émanées du sultan, de transmettre au
« prince la plupart des affaires, de lui faire parvenir les pla-
« cets, et de le consulter sur les personnes qui devaient être ad-
« mises dans le palais. Le dêwadâr, conjointement avec l'*émir*
« *djandâr* et le secrétaire de la chancellerie secrète, apportait
« au sultan les dépêches de la poste : il présentait au monarque
« les diplômes, les patentes, et les lettres de tout genre, qui
« devaient recevoir son apostille. Lorsqu'il avait reçu une lettre
« du sultan, c'était lui qui écrivait dessus à qui elle était des-
« tinée. »

« Maḳrîzî qui, suivant son usage, et sans en avertir, a transcrit mot pour mot les expressions de l'auteur que je viens
de citer, ajoute les détails suivants : « Les sultans turks ont
« souvent changé de manière de voir relativement au dêwadâr.
« Tantôt ils ont choisi cet officier parmi les émirs de dix ou ceux
« de ṭablḳânah, tantôt parmi les émirs de mille. Sous le règne
« d'El-Mélik el-Achraf Cha'bân ibn Ḥoçaïn, le rang de dêwa-
« dâr fut donné à l'émir Aktémur Ḥanbalî, qui était des prin-
« cipaux personnages de l'État. A l'instar du vice-roi, il expé-
« diait les ordres émanés du sultan, sans consulter qui que ce

« fût; et il spécifiait sur l'acte que cette pièce était destinée à
« telle personne. Aktémur fut ensuite promu au rang de *náïb*,
« substitut ou vice-roi du sultan; et El-Mélik el-Achraf lui
« donna pour successeur, dans la place de déwadàr, l'émir
« Tachtémur, auquel il fit prendre rang parmi les principaux
« émirs de mille hommes.

« El-Mélik el-Zâher Barḳoûḳ suivit cet exemple; l'émir Ioû-
« nès, le déwadàr, fut admis par lui au nombre des principaux
« émirs de mille, et se trouva dès lors un des premiers person-
« nages de l'État, et entouré du respect universel. Après la ré-
« volution qui releva le trône d'El-Mélik el-Zàher, Mou'ta fut
« promu au grade de déwadàr, et obtint une autorité supérieure
« à celle qu'avaient exercée les autres déwadàr. Il s'arrogea un
« pouvoir égal à celui des nâïb (vice-rois), destituait, ou nom-
« mait aux emplois ceux qui lui plaisaient, et décidait les affaires
« les plus difficiles. Suivant le témoignage d'Ibn Ḳaldoûn,
« sous le règne des sultans turks de l'Orient, ou désignait par
« le titre de déwadàr, un officier dont les fonctions consistaient
« à guider les personnes qui se présentaient à l'audience du
« prince, à leur enseigner les lois de l'étiquette qu'ils devaient
« suivre en abordant et en saluant le monarque, et à introduire
« en sa présence les ambassadeurs. »

« L'auteur de l'ouvrage intitulé *Inchá*, dit à propos du déwadàr : « C'est lui qui écrivait sur les placets son avis, relativement
« aux bénéfices militaires, et cela, avant que l'inspecteur des
« armées y inscrivît le mot : *examen à faire*. Il expédiait les
« ordres et les diplômes pour la nomination aux charges impor-
« tantes, et rédigeait les lettres qui avaient pour objet d'obtenir
« une cédule pour les objets qui lui plaisaient. Il avait dans ses
« attributions les bénéfices militaires, etc... De concert avec le
« *kâteb el-sirr* (le secrétaire de la chancellerie secrète), il
« avait l'inspection des postes et de tout ce qui en dépendait.
« Jadis cette charge était donnée à un émir dont le rang ne
« dépassait pas ceux des émirs de tablḳânah.

« Suivant le témoignage de l'auteur du Méçâlek el-abṣâr,
« lorsqu'un courrier de la poste apportait une dépêche au sul-

« tan, le déwàdar prenait la lettre, la passait sur le visage du
« courrier, puis la présentait au prince qui l'ouvrait ; et le
« kâteb el-sirr en faisait la lecture. »

« On créa successivement plusieurs déwadâr.

« Le second déwadâr présidait à l'administration tant de près
« que de loin, et écrivait les décisions qui concernaient la le-
« vée des contributions. Il consultait sur les affaires les plus
« importantes. On comptait, en outre, un troisième, un qua-
« trième déwadâr, et ainsi jusqu'à dix. » (Extrait de l'Hist. des
mamlouks, par M. Quatremère.)

## Note 21. — Page 66.

Les stations ou lieux d'attache des chameaux sont de grandes
cours, ordinairement sans hangars, dans lesquelles on fait ac-
croupir et attache les chameaux. Leur pitance est par terre, devant eux. Elle n'est tenue en place que par de grosses pièces de
bois couchées sur le sol et en travers devant les chameaux. C'est
à ces pièces de bois que sont fixées les cordes par lesquelles ils
sont liés. Ils sont rangés en files, la face tournée au mur, dont
ils sont éloignés cependant à une distance d'un mètre au
moins.

## Note 22. — Page 70.

Dans l'évaluation ou l'appréciation des mérites et des qualités de race parmi les chameaux, les chamelles mahriennes
sont le pendant actuel des juments Ḳoḥeîl. Le chameau de Mahrah est le sang pur, la haute race des chameaux. Par comparaison, on désigne un chameau grand coureur, infatigable, par
l'épithète de m a h r î, c'est-à-dire, en francisant le mot, mahrien.
Mais la femelle a des qualités supérieures aux qualités du mâle,
à égalité de noblesse ou pureté et d'origine et de race.

Du reste, jamais le chameau n'a la souplesse de caractère,
de corps, de mouvements, la docilité et l'obéissance qui distinguent la chamelle. A l'époque du rut, le chameau est toujours
plus difficile à conduire ; presque toujours alors il doit être mu-

selé. Souvent il est tellement dominé par le besoin qui l'agite ,
qu'il refuse de manger et que l'on est obligé de lui ingurgiter
des aliments.

La qualification de mahrî ou mahrien rappelle le nom de
Mahrah fils de Haìdân qui fut la tête d'une sous-tribu arabe
dans le sud de la péninsule arabique. Cette tribu se fit un nom
par les succès qu'elle obtint dès les temps antéislamiques, dans
l'élève du chameau. Le chameau mahrien fut le coureur par excellence; la finesse et la solidité de ses formes, ses inappré-
ciables qualités, en firent le roi des déserts. Sa race, son sang,
toute sa nature, se perpétuèrent; et, même au grand désert de
l'Afrique, le Ṣaḥrâ (et non Ṣaḥarâ) les sauvages Toubou à l'ouest,
les sauvages Touwârig (Touwârek) à l'est , ont des descendants
de la race mahrienne et les dressent à d'étonnantes évolutions.

Le pays de Mahrah est dans la partie sud-est de la péninsule
arabique, au sud-ouest de l'Ọmân. Le Mahrah n'est qu'un désert sauvage, et le chameau est pour ainsi dire le seul animal
domestique qui puisse prospérer dans ces pays déshérités.

## Note 23. — Page 76.

Damîrî ou El-Damîrî vivait au 8ᵉ siècle de l'hégire ; il mourut
au commencement du 9ᵉ, en 808 de l'ère musulmane, 1405 de
l'ère chrétienne.

Dans son dictionnaire d'histoire naturelle, el-Damîrî a ana-
lysé et rassemblé tout ce qu'il a lu, tout ce qu'il a entendu, sur
les animaux, sur leurs mœurs et coutumes, sur l'emploi médi-
cal ou autre de leur chair, de leurs diverses parties, etc.; il a
même donné l'explication des songes dans lesquels on voit
chaque animal dont il parle.

## Note 24. — Page 80.

Immobiliser ou mettre en ḥabous un cheval, c'est le donner
à l'armée, sous la condition expresse de le faire servir contre les

infidèles ; nous exposons dans un chapitre particulier, ce que la loi dispose à cet égard.

### NOTE 25. — Page 87.

On sait que dans chacune des cinq prières obligatoires journalières, imposées aux Musulmans, le fidèle doit se prosterner plusieurs fois le front contre terre, et que toujours, pour chaque prière, la nécessité d'être exempt de toute impureté matérielle, exige les ablutions du visage, des mains jusqu'aux coudes, et des pieds jusqu'au-dessus des malléoles.

Ces lavages si souvent répétés feront aux Musulmans des espèces de balzanes qui paraîtront aux pieds de chacun lors de la résurrection générale, et qui les feront reconnaître. De même pour la marque produite au front par les prosternations de tous les jours.

### NOTE 26. — Page 89.

Borâk est le nom du cheval mystérieux, de l'espèce hippogyne, sur lequel Mahomet fit son ascension jusqu'au septième ciel, et jusqu'en face de Dieu avec lequel il conversa et qui lui mit la main sur l'épaule. C'est un long récit que ce voyage nocturne ; c'est une assez longue description que celle de Borâk moitié cheval, moitié femme, et muni d'ailes.

Mahomet, les mains jointes comme le représentent les peintures persanes, était à califourchon sur Borâk ; un ange dirigeait la course aérienne du Prophète. Borâk avait le corsage d'un mulet, mais était intermédiaire entre le mulet et l'âne.

Le nom de Borâk est dérivé de bark, éclair. En sept élans, Borâk franchit les sept cieux.

Borâk était la monture des prophètes et des Envoyés de Dieu ou Messies. Au jour du jugement dernier, Mahomet paraîtra monté sur Borâk.

### NOTE 27. — Page 94.

Il arriva souvent en Égypte, et cela jusqu'au règne de Méhémet Alî, que l'on défendait à tous les mécréants, chrétiens ou juifs, ou autre, de paraître à cheval en public ; il ne leur était permis de monter que des ânes, et même encore alors, de n'avoir qu'une selle de bois recouverte grossièrement, et de ne se placer que de côté, c'est-à-dire assis et laissant les deux jambes pendantes du même côté.

D'après les seuls récits de Makrîzî, récits par conséquent qui ne sauraient être suspectés, les chrétiens d'Égypte, eurent à souffrir presque perpétuellement du fanatisme religieux des Musulmans. C'étaient des insurrections, des persécutions générales contre les chrétiens, contre les juifs, contre les églises, les monastères, etc. ; et souvent même les sultans, les chefs du Pouvoir furent forcés de laisser la colère musulmane se satisfaire par le meurtre, la dévastation, le pillage.

En Syrie, ces persécutions étaient les mêmes.

## NOTE 28. — Page 95.

Le genre d'impôt dont parle notre auteur, est un impôt religieux proportionnel, prélevé sur les biens *visibles et invisibles*, à partir d'une quotité inférieure déterminée. Il porte sur les meubles et les immeubles, sur les récoltes et sur le bétail, excepté sur les chevaux. Il diffère essentiellement de l'impôt foncier.

L'impôt religieux ou impôt aumônier est l'équivalent de nos dîmes d'autrefois, et il est coté selon la nature de la chose, et même selon que le terrain est ou non une terre d'irrigation, à un dixième, ou à un demi-dixième du revenu brut.

L'impôt relatif au bétail n'est pas dans la proportion décimale. Ainsi, le propriétaire de cinq chameaux est obligé de payer comme impôt une brebis ou mouton de deux ans; il en est de même pour quarante têtes de menu bétail. — *Voy.* notre Précis de jurisprudence musulmane ; chap. III, Des prélèvements ou impôts appelés zékât, vol. I, p. 328.

## NOTE 29. — Page 97.

Les Koreïch ou Koréichides étaient la plus noble des tribus arabes. C'était la tribu de Mahomet.

Abou Horeïrah voyait avec peine que des hommes d'une aussi
haute noblesse d'origine, se missent, à Médine, comme journa-
liers, au service d'étrangers, d'hommes sans naissance; car, aux
yeux des Arabes, il n'y a de véritablement noble que le sang
arabe, il n'y a de noblesse certaine que la noblesse des Arabes,
attendu que nul autre peuple n'a conservé avec autant de soin
les souvenirs des filiations des familles, depuis les siècles les plus
reculés. Les Roums c'est-à-dire les populations grecques d'O-
rient, de l'Asie mineure, de l'Europe, les Perses, sont des races
mêlées; comparés aux Arabes, ils ne sont que des berzaûn, des
naṛl, des hommes sans naissance.

## Note 30. — Page 106.

Le titre de Mouḳaûḳis est, disent les Arabes, le titre commun
que portaient les maîtres ou gouverneurs d'Alexandrie, de même
que le titre de Ḳaïçar (César) était le titre commun aux empereurs Romains et aux empereurs de l'Empire d'Orient, de Byzance.

Le Mouḳaûḳis qui gouvernait l'Égypte au nom d'Héraclius et
qui envoya des présents à Mahomet, en congédiant le député
que le Prophète lui avait expédié, était Copte d'origine, Chrétien
jacobite, et se nommait Djériḥ fils de Mattâ.

« Mahomet, dit M. Caussin de Perceval (Essai sur l'histoire
des Arabes), lui écrivit et député vers lui Ḥâtib, fils d'Abou
Balta'. Le Mouḳaûḳis reçut la lettre avec respect, l'appliqua sur
sa poitrine, et la déposa dans une boîte d'ivoire. Il répondit par
une lettre flatteuse, dans laquelle sans contester au Prophète sa
mission divine, il demandait du temps pour se décider à le reconnaître. Il accompagna sa réponse de présents, parmi lesquels
on remarquait mille miṭkâl d'or, un cheval, une mule blanche
nommée Doldol, un âne gris argenté appelé Ya'four et deux
jeunes filles de noble extraction. Ces jeunes filles étaient sœurs.
Mahomet donna l'une, nommée Sîrîn, au poëte Ḥassân, fils de
Ṭâbit, et garda l'autre, Mâria la Copte, dont la beauté l'avait
impressionné vivement. »

## Note 31. — Page 106.

Il ne sera pas sans intérêt, je pense, de présenter un aperçu
de la mémorable journée de Ḥonaîn où faillit succomber, dans
la personne de Mahomet, l'Islamisme naissant et encore mal
assuré. Nous donnerons ainsi, en même temps, un aperçu de
ce qu'étaient ces rencontres d'Arabes, à ces époques reculées.
L'affaire eut lieu vers la fin de l'an VIII de l'hégire, commencement de 630 de l'Ère Chrétienne.

« Mahomet, dit M. Caussin de Perceval dans son Essai sur
l'histoire des Arabes, après avoir nommé gouverneur de la
Mekke, en son absence, Attâb, fils d'Oçaîd jeune homme de
vingt et un ans..., se mit en campagne le 5 ou le 6 de Chawâl
(27 ou 28 janvier), avec dix mille hommes de troupes qu'il avait
amenés, renforcés de deux mille Koréïchides, ses nouveaux sujets.

« On était parvenu à Ḥonaîn, vallée étroite et profonde, à dix
milles de la Mekke, derrière le mont Arafât, dans la direction
d'Aûtâs et de Tâïf. A peine l'armée avait franchi le défilé formant l'entrée de la vallée, et commençait à s'engager dans le
fond, que soudain des nuées de cavaliers, descendant des col-
lines ou débouchant des gorges latérales, l'assaillirent de tous
les côtés à la fois. C'étaient les Hawâzin; arrivés à Ḥonaîn avant
Mahomet, ils s'étaient embusqués pour l'attendre au passage.
Surpris par cette attaque subite et impétueuse, les Musulmans
se troublent, la confusion se met dans leurs rangs, une terreur
panique les saisit; ils tournent le dos, et se précipitent vers l'issue du vallon, ne songeant plus qu'à échapper au fer de l'ennemi. Mahomet monté sur sa mule Doldol, se tire de cette mêlée, et se plaçant sur la droite, au pied d'un coteau, il cherche
à retenir les fuyards. « Où allez-vous? leur crie-t-il. Venez à
« moi! Je suis l'apôtre de Dieu! Je suis Moḥammed, fils d'Abd
« Allah! » Mais les soldats, sourds à sa voix, continuent à fuir.

« La plupart des Mekkois voyaient cette déroute avec une
joie maligne, et laissèrent éclater en cette occasion la malveil-

lance qu'ils nourrissaient au fond de leurs cœurs contre les Musulmans. « Ils courront jusqu'à ce que la mer les arrête, » dit ironiquement Abou Sofiân, fils de Ḥarb. Il n'avait abjuré qu'en apparence les superstitions païennes, et portait même en ce moment dans son carquois les flèches Azlâm destinées à consulter le sort. « Aujourd'hui, dit Ḳaladah, Mahomet est à bout de sa magie. » Safouân, quoique idolâtre, fut indigné de ces propos railleurs. « Taisez-vous, s'écria-t-il ; si nous devons avoir un « maître, ne vaut-il pas mieux obéir à un Ḳoréïchide comme « nous, qu'à un Bédouin des Hawâzin ? »

« Cependant Mahomet ne cessait de répéter : « A moi, Mu- « sulmans ! Je suis l'apôtre de Dieu ! » Ses cris étaient couverts par le tumulte. Un petit nombre seulement de ses parents et de ses plus fidèles disciples s'étaient réunis autour de lui. Ses cousins Ali et Abou Sofiân, fils de Ḥâret, son oncle Abbâs, Fadl, fils d'Abbâs, Abou Bekr, Omar, Ouçâmah, fils de Zeïd, et quelques autres Mouhâdjer et Anśâr tenaient ferme à ses côtés, et combattaient vaillamment pour sa défense. Plusieurs furent tués sous ses yeux. Le péril devenait à chaque instant plus imminent. Le fruit de tant d'années de travaux et de conquêtes allait être perdu. Dans cette extrémité, préférant sans doute une mort honorable à l'humiliation d'une défaite, Mahomet fait sentir l'éperon à sa monture, et veut se jeter au milieu des ennemis. Abbâs et Abou Sofiân, fils de Ḥâret, l'empêchent d'exécuter ce dessein, et retiennent la mule par la bride. Alors il essaye un dernier moyen de rappeler ses soldats; il ordonne à son oncle Abbâs, qui avait une voix forte et sonore, de crier : « Par ici Anśâr ! Par ici, vous tous qui avez juré sous l'acacia (a). » Aussitôt Abbâs, déployant la puissance de son organe, fait retentir ces mots dans le vallon. Les fuyards les entendent et s'arrêtent.

(a) Allusion au serment de fidélité que l'an VI de l'hégire, les musulmans avaient juré à Mahomet. Lors de ce serment Mahomet était placé à l'ombre d'un acacia.

Les Anśâr ou auxiliaires sont les Arabes des tribus d'Aûs et de Ḳazradj qui avaient donné asile à Mahomet lors de sa fuite à Médine.

Les Mouhâdjer ou émigrés étaient les musulmans qui avaient embrassé les premiers l'islamisme et s'étaient aussi enfuis de la Mekke.

« Nous voici ! nous voici ! » répondent-ils ; et, animés du désir
d'effacer la honte de leur lâcheté, ils accourent en foule vers le
Prophète, et commencent à charger l'ennemi. La lutte s'engage
terrible et acharnée, tandis que Mahomet, se levant sur ses
étriers pour en contempler le choc des combattants, s'écrie avec
satisfaction : « Enfin la fournaise est allumée ! »

« En tête du principal corps des Hawâzin, un Bédouin gigantesque, monté sur un chameau de haute taille, portait un drapeau attaché au bout d'une lance. Excitant ses compagnons par
son exemple, tantôt il abaissait sa lance pour frapper, tantôt il
la redressait pour faire flotter sa bannière. Alî se précipite vers
lui, et d'un coup de sabre coupe les jarrets du chameau. L'animal tombe, et le Bédouin renversé est percé par le fer d'un Musulman.

« En ce moment, Mahomet dit à sa mule : « Couche-toi,
« Doldol. » La mule obéissante se met le ventre par terre. Le Prophète, renouvelant contre ses adversaires le mode d'imprécation
qu'il avait déjà employé à la journée de Bedr, ramasse une poignée de poussière, et la jette contre les idolâtres, en criant :
« Que leurs faces soient couvertes de confusion ! » Les Musulmans redoublent d'efforts. Bientôt les Hawâzin sont enfoncés et
rompus ; ils fuient, laissant la vallée jonchée de leurs morts, et
entraînent leur général Mâlek, fils d'Aûf. Kârib se sauve avec la
division des Takîf qu'il commandait. L'autre division des Takîf,
formée de la branche des Béni Mâlek, résiste encore ; mais son
chef Zou l-Kimâr est tué ; un autre chef, Otmân, fils d'Abd el-
Lât, lui succède, et succombe aussi ; les Béni Malek consternés,
plient et se dispersent.

« L'affaire avait été si promptement décidée, qu'un assez
grand nombre de Musulmans, qui avaient lâché pied au commencement de l'action, ne partagèrent pas l'honneur de la victoire. En arrivant auprès du Prophète, ils le trouvèrent déjà
entouré de prisonniers qu'on lui amenait garrottés. Pour récom-
penser ceux qui étaient revenus les premiers et qui avaient combattu, Mahomet déclara ceci : « Chaque soldat aura la dépouille
« de l'ennemi tué de sa main. »

« Cependant les vainqueurs poursuivaient les fuyards. Le jeune Rabîah rencontre le chameau qui portait la litière de Doreîd. Il l'arrête, et, croyant s'emparer d'une femme, il ouvre la litière pour considérer sa capture. Irrité de sa méprise à la vue d'un vieillard décrépit, il l'arrache de son siége, et le jette à terre. « Qui es-tu? et que veux-tu? lui demande Doreîd. — Je « suis Rabîah fils de Réfi', de la tribu des Solaîm, et je veux te « donner la mort. » A ces mots, Rabîah le frappe de son sabre ; mais le coup, quoique vigoureusement assené, ne fait qu'une blessure légère. « Enfant, dit Doreîd, ta mère t'a armé d'un « sabre mal affilé. Prends le mien ; il est dans le fond de ma « litière. Frappe-moi ensuite entre les os du chignon et ceux du « crâne ; c'est ainsi que j'ai abattu bien des têtes. Et quand tu « reverras ta mère, dis-lui que tu as ôté la vie à Doreîd, fils « de Simmah : elle t'apprendra ce que me doivent certaines « femmes de Solaîm. »

« En achevant ces paroles, Doreîd tend le cou. Rabîah tire l'arme de la litière, et fait rouler sur le sable la tête du vieillard. En dépouillant son cadavre, il remarqua que ses cuisses et ses jambes, velues à l'extérieur, étaient, intérieurement, lisses comme du parchemin. La peau de ce guerrier, qui avait pour ainsi dire vécu à cheval, était usée par le contact de la selle. Quelque temps après, Rabîah raconta à sa mère ce qui s'était passé entre lui et Doreîd. « Hélas! dit-elle, tu as versé le sang « d'un homme qui avait délivré de captivité trois femmes « d'entre tes ancêtres. »

« Les débris de l'armée vaincue se retiraient en désordre du côté de Tâïf. Quelques bandes de Hawâzin s'arrêtèrent dans la vallée d'Aûtâs. Mahomet détacha contre elles Abou Âmir el-Acharî avec un corps de troupes. Dès le premier choc, percé d'une flèche lancée par Salamah, fils de Doreîd, Abou Âmir tomba expirant. Son neveu Abou Moûça El-Acharî, prit le drapeau du commandement, attaqua vigoureusement les ennemis, les força à fuir dans les montagnes, et revint joindre Mahomet avec de nombreux prisonniers.

« Les Takîf et d'autres Hawâzin, avec leur général Mâlek,

fils d'Aûf , gagnèrent la ville de Tâïf et s'y renfermèrent.

« Le succès obtenu par les Musulmans à Honaîn et Aûtàs avait été complet. Les femmes, les enfants, les troupeaux des vaincus, étaient tombés en leur pouvoir. Une captive que des soldats entraînaient avec rudesse, s'écria : « Respectez-moi, je « tiens de près à votre chef. » On la conduisit à Mahomet : « Prophète de Dieu, lui dit-elle, je suis ta sœur de lait ; je suis « Chaymâ, fille de Halimah ta nourrice, de la tribu des Béni « Sa'd. — Quelle preuve me donneras-tu de cela ? demanda « Mahomet. — Une morsure que tu me fis à l'épaule, répondit- « elle, un jour que je te portais sur mon dos. » Et elle montra la cicatrice. Cette vue, rappelant à Mahomet le souvenir de sa première enfance et des soins qu'il avait reçus dans une pauvre famille de Bédouins, l'émut d'attendrissement. Quelques larmes mouillèrent ses yeux. « Oui, tu es ma sœur, » dit-il à Chaymâ ; et se dépouillant de son manteau , il l'étendit à terre, et la fit asseoir dessus. Puis il reprit : « Si tu veux rester désormais près « de moi, tu vivras tranquille et honorée parmi les miens ; si « tu aimes mieux retourner dans ta tribu, je te mettrai en état « d'y passer tes jours dans l'aisance. » Chaymâ témoigna qu'elle préférait le séjour du désert ; et Mahomet la renvoya comblée de ses dons.

« Les prisonniers, hommes, femmes et enfants, et les troupeaux de chameaux et de moutons enlevés à l'ennemi furent rassemblés et déposés, sous la garde d'un fort détachement, dans un lieu voisin, nommé Djairrânah, en attendant qu'on en fît le partage. Mahomet avait résolu de profiter de l'ardeur inspirée à ses troupes par la victoire, pour les conduire à Tâïf et essayer de s'emparer de cette place. Mais comme elle était défendue par des murailles, et qu'il prévoyait la difficulté du siége, il voulut se procurer des machines de guerre et des hommes habiles à s'en servir. Les plus capables en ce genre, parmi les Arabes du Hédjâz, étaient les Daûs, fraction des Azdides domiciliés au sud de la Mekke, dans les montagnes limitrophes de l'Yémen.....

« Cette ville (Tâïf), dont l'ancien nom arabe était *Wadj*, avait ensuite été appelée Tâïf, depuis qu'on l'avait environnée de murs. Le territoire qui en dépendait était alors, comme il est encore aujourd'hui, le plus fertile de tout le Ḥédjâz. Véritable oasis au milieu de montagnes stériles, il abondait en fruits de toute espèce, et particulièrement en raisin. Les qualités du sol, et ses productions semblables à celles des campagnes situées aux environs de Damas, faisaient dire aux Arabes que c'était un canton de Syrie transporté dans le Ḥédjâz par la main de Dieu. Ses habitants, les Ṭaḳîf, étaient renommés par leur bravoure et leur esprit...

« La ville était sous le commandement de Ḳârib, fils d'Aswad, et de Mâlek, fils d'Aûf, qui avait ajouté, à la hâte, de nouveaux ouvrages aux fortifications, et placé des balistes sur les murailles.

« Tofaïl amena à Mahomet quatre cents hommes de la tribu des Daûs, munis d'instruments à saper, de balistes et de machines nommées *Debbâbah*, espèce de grands boucliers destinés à protéger les soldats qui s'approcheraient des murs pour y faire brèche. Le siége alors fut poussé avec plus de vigueur ; mais la défense fut aussi énergique que l'attaque..... Et Mahomet, après vingt jours d'inutiles efforts, se détermina à lever le siége.....

« En s'éloignant de Tâïf, le Prophète alla camper avec son armée à Djaïrrânah, où étaient déposés les captifs et le butin.....

« Il restait à partager le butin de Ḥonaîn et d'Aûtâs, consistant en vingt-quatre mille chameaux, plus de quarante mille brebis, et quatre mille onces d'argent. Mahomet en fit diviser une portion en lots égaux, qui furent répartis entre tous ses soldats, et réserva l'autre portion pour l'employer en gratifications, qu'il distribua sans consulter d'autres règles que les vues de sa politique. Il lui importait de gagner à l'Islamisme quelques Koréïchides, encore partisans du culte idolâtre ; d'en affermir d'autres, prosélytes nouveaux et peu sûrs, dans l'attachement qu'ils commençaient à témoigner pour ses intérêts ; enfin d'exciter le zèle des chefs bédouins de son armée, dont le dévouement devait lui garantir la fidélité de leurs tribus. Guidé par ces considérations, il fit une répartition de la portion réservée de butin, tout à l'avantage des Mekkois et des Bédouins. »

## NOTE 32. — Page 107.

Les juifs établis en Arabie haïssaient d'une haine implacable l'Islamisme naissant et ses sectateurs. Mahomet, la septième année de l'hégire, avait fait une trêve de dix ans avec les Koréïchides de la Mekke. Dès l'année suivante, il songea à profiter de cette trêve pour réduire les juifs à l'impuissance.

« En paix avec les Koréïchides et leurs alliés, dit M. Caussin de Perceval, Mahomet était libre de porter ses efforts contre ceux de ses adversaires qui lui donnaient le plus d'ombrage. La race juive, malgré les coups dont il l'avait frappée, était encore redoutable. Elle possédait, à la distance de trois ou quatre journées de marche au nord-est de Médine, un territoire fertile en grains, abondant en dattiers, protégé par plusieurs châteaux forts, dont le principal, nommé El-Kammoûs, était situé sur une montagne de difficile accès. L'ensemble de ces châteaux était compris sous la dénomination de Keïbar, mot signifiant disent les auteurs arabes, lieu fortifié (a). La population de Keïbar se composait de diverses familles établies dans le pays depuis un temps immémorial, et auxquelles s'étaient mêlées quelques fractions des Koreïzah et des Nadîr, dès l'époque de l'arrivée de ces tribus dans le Hédjâz. Elle s'était accrue ensuite d'une autre fraction des Nadîr expulsée des environs de Médine.

« ... Unis par une ancienne alliance aux Bédouins issus de Ratafân, dont ils étaient voisins, ils travaillaient sans relâche à entretenir contre Mahomet l'inimitié de cette grande peuplade et des autres tribus des alentours.

« ... Dans le courant de Moharram de la septième année de l'hégire (12 avril — 12 mai, 628 de J. C.), Mahomet mena les Musulmans à Keïbar ; son armée était de quatorze cents hommes, dont deux cents cavaliers.

« Au lieu de se réunir et de marcher en masse au devant de

(a) On comptait de Médine à Keïbar huit postes (bérîd), ou trois fortes journées de marche. Chaque poste (bérîd) était de quatre lieues (farsak) ; chaque lieue (farsak), de trois mîl ; chaque mîl, de quatre mille pas (katwah) ; chaque pas (katwah), de trois pieds ou semelles (kadam).

l'ennemi, comme le leur conseillait Sellâm, fils de Michkam, les juifs attendirent les attaques et divisèrent leurs forces pour garder leurs différentes citadelles éparses sur un grand espace.

« La conquête de la citadelle El-Kammoûs fut celle qui coûta le plus de peine aux Musulmans..... Le siége dura une dizaine de jours. Mahomet, en proie à une violente migraine, ne pouvait lui-même conduire ses troupes. Il confia le drapeau du commandement à Abou Bekr, qui donna un assaut infructueux. Le jour suivant, Ômar prit le drapeau, et dirigea une autre attaque plus vive que celle de la veille, mais sans plus de succès. « Demain, dit Mahomet, je remettrai l'étendard à un homme « qui aime Dieu et son Prophète, et qui en est aimé, guerrier « intrépide qui ne sait point reculer. C'est à lui qu'est réservée « la victoire. »

« Ces paroles excitèrent parmi les principaux Musulmans une noble émulation. Chacun d'eux faisait des vœux pour obtenir le drapeau. Le lendemain tous les Mohâdjer et les Ansâr entourèrent de grand matin la tente du Prophète, avides de connaître sur qui tomberait le choix glorieux. Mahomet parut. « Où est « Alî? » dit-il. Alî était resté seul dans sa tente. Il n'avait pu jusqu'alors prendre part aux combats : une ophthalmie l'avait forcé à demeurer oisif. On alla le chercher. Un de ses compagnons, le conduisant par la main, l'amena au milieu du cercle. Mahomet détacha le bandeau qui couvrait les yeux d'Alî, les mouilla de sa salive, et lui dit : « Va, tu es guéri. » En même temps, il le ceignit de son sabre Zou l-Fakâr; puis, lui donnant le drapeau, il lui commanda de marcher vers la forteresse.

« Alî, plein de confiance, s'avança suivi des Musulmans. Les juifs firent une sortie, ayant à leur tête le prince Marhab. Ce guerrier, célèbre par sa force et son audace, était revêtu de deux cuirasses; il portait un double turban et un casque; deux sabres pendaient à ses côtés, et sa main brandissait une lance à trois pointes..... Il défiait les Musulmans, et leur criait : « Qui veut « se battre avec moi? » Alî se présente...

« Les deux champions se précipitent l'un sur l'autre. Alî plus heureux ou plus adroit, fend d'un coup de Zou l-Fakâr le casque

et la tête de Marhab, qui roule sans vie sur l'arène. A cette vue,
les juifs consternés, fuient vers le château et y rentrent en désordre. Les Musulmans les y attaquent avec fureur, et triomphent
enfin de leur résistance...

« Les juifs vaincus avaient d'abord demandé seulement à
Mahomet qu'il leur laissât la vie, et s'étaient engagés à quitter
le pays. Ils représentèrent ensuite que, habitués à cultiver le
sol de cette contrée, ils étaient instruits, par une longue pratique, des moyens de le mettre en valeur : ils sollicitèrent donc
la permission de rester en possession de leurs terres comme
fermiers, s'obligeant à donner aux Musulmans propriétaires la
moitié des produits. Mahomet leur accorda leur demande; néanmoins il stipula expressément qu'il pourrait les expulser quand
il le jugerait à propos. Dans la suite, Omar, devenu kalife, usa
de cette faculté : ne voulant plus souffrir d'autre religion en
Arabie que la religion musulmane, il relégua les juifs de Keïbar
aux environs du Jourdain, où il leur concéda quelques terres à
exploiter.

« La conquête de Keïbar entraîna immédiatement celle de
Fadak. C'était un petit bourg peu éloigné et dépendant de Keïbar, muni d'un fort, et habité par des juifs.

« Fadak, s'étant rendu sans combat, fut déclaré, comme l'a-
vaient été trois ans auparavant les biens des Nadîr, propriété
particulière du Prophète ; et les habitants devenus ses fermiers,
cultivèrent le territoire jusqu'au kalifat d'Omar, qui les expulsa
aussi, en leur accordant une indemnité.

« Mahomet procéda ensuite au partage des dépouilles des
juifs de Keïbar. Jamais le butin n'avait été si considérable. Il se
composait d'immenses approvisionnements de dattes, d'huile,
de miel, d'orge ; d'une grande quantité de moutons, de bœufs,
de chameaux, et d'un nombre infini de bijoux, tels que colliers,
bracelets, anneaux, pendants d'oreilles. »

## Note 33. — Page 109.

Pour conduire et diriger le chameau avec facilité, on lui pratique, à l'aile du nez, un trou dans lequel on passe un anneau

métallique. A cet anneau on fixe l'extrémité d'un cordon léger
que tient à la main l'individu qui est monté sur le chameau.

Le plus souvent, aujourd'hui, le cordon est passé directement
et fixé à l'aile du nez de l'animal. Ce cordon fait l'office de bride
ou plutôt de rêne, et est appelé *zimâm*. Quelque faible qu'il
soit, il a une action puissante sur le chameau qui obéit alors aux
moindres mouvements de la main, tant il a le nez sensible.

### Note 34. — Page 111.

Les exercices et jeux militaires sont consacrés et réglés par la
loi musulmane. Ils avaient pour but unique d'exciter et d'entretenir le courage, d'augmenter l'audace et l'adresse des soldats.
Ce n'était et ce ne devait être qu'un apprentissage de la guerre.
Rien ne devait y être accordé aux circonstances aléatoires, tout
à l'adresse, à l'habitude et à la valeur positive du cavalier et
de sa monture.

Ces exercices et ces jeux rappellent les combats des cirques, les
jeux olympiques, les tournois, les champs clos, les carrousels.

### Note 35. — Page 114.

Le rhythme *rédjez*, dans la poésie arabe, est plus spécialement consacré aux récits improvisés dans les combats. C'est
sur ce rhythme rapide, facile, d'une cadence dégagée, que les
combattants, exprimaient leurs interpellations, leurs défis, etc.,
au milieu des attaques, des combats, dans les temps antéislamiques.

### Note 36. — Page 117.

Par « devoir de solidarité, » la loi musulmane entend tout
devoir qui oblige la totalité des musulmans, mais qui, accompli
par un certain nombre d'entre eux, n'est pas exigé des autres.
Ainsi, tout musulman est obligé de rendre les derniers devoirs
à un musulman mort, mais il n'est pas nécessaire, bien entendu, que tous les musulmans y concourent. « La guerre

contre les ennemis de l'État ou de la religion est un devoir sacré que la loi impose à la nation tout entière, mais qui est
censé rempli pour tout le corps politique, quand une partie du
peuple y satisfait. Tout musulman en état de porter les armes
doit prendre part à la guerre... Le musulman ne doit pas pré-
tendre à une solde; de plus, il est tenu de faire sur sa propre
fortune les sacrifices nécessités par les besoins de ses frères. »

« Combattez les polythéistes, a dit le Prophète; la guerre est
« établie et doit durer jusqu'au jour du jugement. On peut
« attaquer les infidèles, sans autre raison que le fait de diffé-
« rence de religion. »

### NOTE 37. — Page 119.

On sait que les cavaliers arabes, dans les batailles, se précipitaient sur l'ennemi, frappaient, ou bien lançaient leurs traits,
puis retournaient précipitamment en arrière, puis revenaient
à la charge, et ainsi de suite. Cette manœuvre est encore en
usage parmi les cavaliers arabes irréguliers.

### NOTE 38. — Page 133.

L'envoyé dont parle M. Prisse, est Patarbémis. La manière
incongrue qu'indique Hérodote, est assez difficile à décrire :
Amasis était à cheval et soulevant une jambe il fit effort... puis
il renvoya Patarbémis annoncer à Apriès que lui Amasis irait
bientôt en bonne compagnie trouver le roi. *Voy.* Hérodote,
Liv. II; CLXII.

### NOTE 39. — Page 149.

L'histoire de Battus c'est-à-dire, le bègue, et l'histoire de la
fondation du royaume cyrénéen ou de la Cyrénaïque, en Libye, sont données en détails dans Hérodote, liv. IV, à partir du
paragraphe CXIV, jusqu'au chap. V. Mais Hérodote dit à peine
quelques mots du cheval cyrénéen ou barcéen. Cette dernière
désignation a prévalu, parce que ce fut dans la ville de Barcé

que la production et l'éducation du cheval étaient suivies avec le plus de soin. Barcé en fit une véritable spécialité industrielle et commerciale.

### NOTE 40. — Page 157.

L'autruche, qui a., à chaque aile, huit plumes d'un beau blanc, quatre grandes et quatre moyennes, porte en arabe le nom de ż alîm. L'autruche qui a ces huit plumes grises, porte le nom de rabdâ, *grise*.

### NOTE 41. — Page 174.

Moḥammed Kourrâ fut l'intendant général ou premier fonctionnaire de l'État, au Dârfour, sous le règne du sultan qui précéda le sultan actuel. Kourrâ se révolta contre son souverain, et succomba les armes à la main. *Voy.* notre Voyage au Dârfour, 1 vol. in-8°, avec cartes et figures; Paris, 1845, chez Benjamin Duprat, libraire de l'Institut.

### NOTE 42. — Page 175.

Ces *poëtes* rappellent les aèdes, ἀοιδοί, ou chanteurs que les chefs guerriers des anciens Hellènes avaient à leur service, et qui les suivaient dans les batailles. Souvent même les aèdes combattaient aussi. Poëtes de nature, inspirés par l'heure, échauffés par la mêlée, nourris d'anciennes légendes, ils improvisaient au milieu de leurs frères d'armes qu'ils animaient et enthousiasmaient. Ils furent les pères des vieux bardes et des scaldes.

### NOTE 43. — Page 177.

Le Dâr Fertît ou pays du Fertît est l'immense contrée qui s'étend par delà le sud du Dârfour ou pays du Foûr, ou, comme prononcent les indigènes, Fôr, et par delà le Kordofân et le Wadây, depuis environ le 6° de latitude nord jusqu'au delà de la ligne équinoxiale au sud. Les Fertît sont idolâtres, et sont di-

visés en un nombre incalculable de tribus. *Voy.* notre Voyage
au Dârfour.

### NOTE 44. — Page 214.

Ibn Battoûtah vivait au VIIIe siècle de l'hégire. Il naquit au
mois de redjeb de l'an 703 (février — mars 1303 de J. C. ). Il
entreprit ses voyages dès l'âge de 22 ans ; et pendant 28 ou
29 ans, il ne cessa, pour ainsi dire, de parcourir l'Orient et l'Occident. Ibn Battoûtah était originaire de Tanger. Il visita l'A-
frique septentrionale, l'Égypte, la Syrie, l'Arabie, le Zanguébar,
la Perse, l'archipel indien, la Chine, etc., et revint dans sa
patrie en traversant l'Espagne. Puis, il pénétra dans le centre
de l'Afrique.

En 756 de l'hégire, la rédaction ou relation des voyages d'Ibn
Battoûtah fut terminée à Fâs (Fez).

Ibn Battoûtah mourut en 779, ère musulmane. (1377 — 1378
de J. C. )

Le mot Battoûtah est, comme on dit en arabe, de la même
mesure c'est-à-dire de la même forme de construction que le
mot Fattoûmah.

### NOTE 45. — Page 222.

« Je ne pardonnerai jamais à l'islamisme l'abolition de la
foire d'Okâż. Ce n'était pas seulement un grand marché ouvert
annuellement à toutes les tribus de l'Arabie; c'était encore un
congrès littéraire, ou plutôt un concours général de vertus, de
gloire et de poésie, où les héros poëtes venaient célébrer leurs
exploits en vers rimés, et se disputer pacifiquement tous les
genres d'illustration. Cette foire se tenait dans le voisinage de
la Mekke, entre Tâïf et Naķlah, et s'ouvrait à la nouvelle lune
de Żou l Ķa'deh, c'est-à-dire au commencement d'une dernière
période de trois mois sacrés, durant laquelle toute guerre était
suspendue et l'homicide interdit. Elle ne devait donc point
donner lieu à de sanglants débats, mais plutôt entretenir une
noble émulation au sein des tribus ; et quand les statuts de cette

assemblée auraient été violés de loin en loin, comme cela est effectivement arrivé, la peur des abus ne devait pas faire renoncer aux bienfaits de l'us.

« Sous un rapport, la foire d'Okâż était sans doute une arène ouverte à toutes les passions glorieuses, envieuses, haineuses et vindicatives; mais on ne devrait jamais perdre de vue que le jeu des passions, dans de certaines limites, est un besoin et un droit de tout individu comme de toute société. Quant à leur expression, elle ne peut admettre aucune entrave; que le législateur essaye de la circonscrire, et la poésie disparaîtra, ou les poëtes se mettront hors la loi. — Mais vous nous livrez sans défense à la fureur des méchants. — Non; je vous laisse la sauvegarde des vertus individuelles et des mœurs publiques. Minerve n'est-elle pas armée? Eh bien, qu'elle descende dans l'arène, et vous aurez le plus magnifique spectacle que l'humanité puisse offrir à Dieu et aux génies. L'humanité est essentiellement militante, et toute sa poésie est dans la lutte éternelle des passions avec les passions, les vertus, les préjugés, les mœurs...

« Comment concevoir que des hommes dont les plaies étaient toujours saignantes, qui avaient toujours des vengeances à exercer, des vengeances à redouter, pussent à une époque fixe imposer silence à leurs haines, au point de s'asseoir tranquillement auprès d'un ennemi mortel? Comment le brave qui redemandait le sang d'un père, d'un frère ou d'un fils, selon la phraséologie du désert et de la Bible, qui depuis longtemps peut-être poursuivait en vain le meurtrier, pouvait-il le rencontrer, l'aborder pacifiquement à Okâż, et faire assaut de cadences et de rimes avec celui dont la seule présence l'accusait d'impuissance ou de lâcheté, avec celui qu'il devait tuer, sous peine d'infamie, après l'expiration de la trêve? Enfin comment pouvait-il écouter un panégyrique où l'on célébrait la gloire acquise à ses dépens, soutenir le feu de mille regards et faire bonne contenance? Est-ce que les Arabes n'avaient plus de sang dans les veines pendant la durée de la foire?

« Ces questions si embarrassantes, et que mes lecteurs peut-être, de quelque pénétration que la nature les ait doués, regar-

deront comme insolubles, — ces questions furent résolues dans
le paganisme arabe de la manière la plus simple et la plus élégante.

« A la foire d'Ọkâż, les preux étaient masqués.

« Dans les récitations et les improvisations, la voix de l'ora-
teur était suppléée par celle d'un rhapsode ou crieur, qui se
tenait près de lui et répétait ses paroles. Il y a une fonction
analogue dans les prières publiques ; c'est celle du moubaḷḷiṛ
(transmettant), qui est chargé de répéter à haute voix ce que
l'imâm dit à voix basse.

« Ces deux faits m'ont été révélés par le manuscrit même que
je traduis et commente. Au reste l'usage du masque était purement facultatif, comme le prouvent les récits d'un grand nombre
de querelles nées et vidées à Ọkâż. Je n'ai pas dissimulé que
ces querelles furent quelquefois sanglantes, chose inévitable
dans une assemblée sans président, dans une nation sans pouvoir exécutif.

« Il m'est difficile de dire, dans l'état actuel de ma science, en
quoi consistait le voile dont se couvraient les Bédouins qui voulaient garder l'*incognito* dans l'assemblée. Le mot taḳannou'
dont se sert Abou Ọbeïdah, signifie bien certainement l'action
de se couvrir la tête et le visage, comme le prouvent et le motif
qu'il assigne à cette action (afin de n'être point reconnu), et
toute la suite de son discours. La première idée qui s'est présentée à l'esprit de mon cheîk, est la plus simple : ils s'enve-
loppaient la tête d'un *pallium*, dont une partie constituait leur
coiffure, et le surplus était ramené sur le visage de manière à
ne laisser en évidence que la ligne des yeux. Cette méthode est
effectivement pratiquée par les modernes Bédouins dans toutes
les expéditions où ils ne veulent pas être reconnus. Mais ceux
dont nous nous occupons avaient un autre costume que les modernes, et plusieurs armes défensives tombées en désuétude
depuis longtemps, telles que la cotte de mailles (dir') et le casque
(beïdah), et je trouve dans les auteurs arabes les plus respec-
tables, que le mot mouḳanna' (de la même racine que taḳannou'),
appliqué à un guerrier des temps anciens, signifie « coiffé d'un

casque, » ou « coiffé du mirfar et du casque. » Le beïdah était-
il un casque à visière ? Je ne le crois pas. Je me représente le
beïdah comme la moitié d'un œuf d'autruche coupé par un plan
perpendiculaire au grand axe, et le nom même de beïdah, qui
signifie un œuf, indique cette ressemblance.

« Maintenant : — Qu'est-ce que c'était que le mirfar ?

« Djaûharî le définit : Un tissu de mailles ( anneaux de fer )
qui prenait exactement la forme de la tête, et se mettait sous le
kalansouwah. On devine déjà que le kalansouwah était une sorte
de casque, quoique (le dictionnaire de) Golius ne le traduise
que par les mots vagues de *pileus*, *apex*, *mitra*; et Golius lui-
même nous fournit une confirmation de ce sens par sa définition du mirfar, extraite d'un onomasticon arabe et persan; la
voici : « *Qui subditur* galeæ *pileolus mollior*. » En rapprochant
cette définition de celle de Djaûharî, on voit que le galea de
l'une correspond au kalansouwah de l'autre. Quant à l'épithète
de *mollior* donnée au *pileolus*, c'est probablement une erreur
de Golius ou de l'auteur persan qu'il a traduit, puisque Djaûharî nous apprend, d'après El-Asmaï, que le mirfar était un tissu
de mailles de fer. Le véritable pileolus mollior (chose indispensable sous une coiffure métallique) était une calotte de cuir du
Yémen, un tissu de petites courroies, nommé *yalab*, et dont il
est fait mention dans les moallakàt. Cependant rien n'indique
la présence d'une visière ou de l'équivalent d'une visière dans
tout cet appareil, et la seule raison que j'aie de croire que le
mirfar pouvait en tenir lieu est la double définition que Feïroûzâbâdî donne de ce mot : — «C'est,» dit-il, « un tissu de mailles
qui se porte sous le kalansouwah,» ou bien « un système d'anneaux » (c'est-à-dire encore un tissu de mailles) «dont l'homme
armé se couvre la tête et le visage ( yatakanna' ); » et son tra-
ducteur turc explique la seconde définition par ces mots : « une
coiffure de fer qui couvre le visage et descend jusqu'aux épaules.»
Je dois ce dernier renseignement à M. Weil, jeune orientaliste
badois, qui joint à l'intelligence de l'arabe celle des langues
turque et persane, et dont le talent, jen suis certain, sera apprécié en Europe.

« Dans cette discussion, j'ai constamment supposé que le mot dir', et son pluriel douroû', qui entrent dans les définitions arabes du mirfar, représentent toujours un tissu de fer, quand ils sont employés d'une manière absolue ; et cette notion est effectivement conforme à ce que nous enseignent le Kâmoûs et le Sâhâh, à l'article dâl-râ-aïn. Mais je dois ajouter qu'à l'article *yalab*, Djaûharî parle de douroû' de cuir, et qu'il est possible, à la rigueur, qu'el-Aśmaï eut en vue ces douroû' de cuir dans la définition du mirfar que Djaûharî lui a empruntée. Alors celle de Golius serait parfaitement juste.

« Je reviens à la foire.

« Ce fut dans ce congrès des poëtes arabes (et presque tous les guerriers étaient poëtes à l'époque dont je m'occupe) que s'opéra la fusion des dialectes de l'Arabie en une langue magique, la langue du Hedjâz, dont Mahomet se servit pour bouleverser le monde ; car le triomphe de Mahomet n'est autre chose que le triomphe de la parole. En mettant la foire d'Okâż au ban de l'islamisme, Mahomet anéantit le parlement de l'Arabie, et frappa au cœur cette société unique de tribus, qui, à travers les guerres les plus acharnées, n'oubliaient jamais leur commune origine, et venaient tous les ans au rendez-vous national pour y goûter les joies exquises du suffrage universel. Depuis lors, les traditions appelées *riwâyât* furent remplacées par la tradition nommée h-adît, qui se rapporte à un seul homme, Mahomet.

« Les exigences du point d'honneur jouent sans doute un trop grand rôle dans la vie du Bédouin. Le vol des troupeaux de tribu à tribu, et sans déclaration de guerre, est une ressource indigne de gens qui ont l'âme un peu bien située (partout ailleurs que dans le désert. Il est bon d'observer cependant que la maraude n'avait pas lieu entre les tribus alliées). En somme, on peut très-bien refuser son amour à des mœurs si semblables à celles de la Corse ; mais à part tout sentiment d'aversion ou de sympathie, on ne saurait envisager sans un vif intérêt philosophique, l'organisation régulière d'un système de brigandages et de *vendettes* qui n'excluait ni l'unité nationale, ni les vertus publiques et privées, ni surtout l'amour du beau ; car l'amour du beau, tel que les Arabes le concevaient, c'est-à-dire la poésie dans les mœurs, était la base de tout ce système. Comme marché et comme foyer d'enthousiasme, la foire d'Okâż satisfaisait aux besoins de la guerre et de la paix. Toutes les vertus grandioses étaient appelées à y faire valoir leurs droits. Les seules qui fussent exclues du concours par le préjugé national, étaient celles que bien des gens appellent encore mesquines, comme l'ordre, l'économie, la prudence.

« Du reste, les Arabes savaient, tout aussi bien que nous, étendre leur admiration à des vertus d'ordres différents. Ils ne se bornaient pas à estimer le courage, la libéralité, les vertus hospitalières; ils voulaient qu'on fût affable dans la prospérité, fier et patient dans l'adversité. (Ils n'avaient recours au suicide que dans un cas extrême, et pour sauver leurs cadavres d'une exposition ignominieuse.)

« Ces mêmes hommes, dont l'ardente susceptibilité était toujours sur le qui-vive, et qu'un mot piquant pouvait jeter dans une carrière d'homicides, ces mêmes hommes célébraient dans leurs vers la longanimité des Béni Zimmân, qui endurèrent mille injures des Béni Zohl, leurs frères, avant de pouvoir se décider à porter la guerre chez eux. — « Ce sont nos frères, » répétaient-ils à chaque nouvelle offense; « peut-être revien« dront-ils à de meilleurs sentiments; peut-être les reverrons« nous encore tels qu'ils étaient autrefois... Mais il est un terme « où la patience devient bassesse, et quand ce terme fut atteint, « dit le poëte Zimmânide, nous leur fîmes voir qu'ils s'atta « quaient à des lions. »

« Il n'y a pas jusqu'à ce brigand de Chanfarâ, ce prototype des assassins à grands sentiments, qui ne prétende à la longanimité. — Écoutez-le : — « Les injures des sots (*litt.* les insolences) ne troublent point la sérénité de mon âme; » — car c'est cela décidément qu'il a voulu dire.

« Ces mêmes Arabes, qui ne se faisaient point scrupule d'enlever de force ou par adresse les chameaux de leurs voisins, étaient d'une générosité absurde à l'égard de leurs hôtes, à l'égard du premier venu... »

Extrait d'une note de la Première Lettre sur l'histoire des Arabes avant l'islamisme, par M. F. Fresnel. Paris, 1836. — Benjamin Duprat, rue du Cloître-Saint-Benoît, n° 7.

## NOTE 46. — Pages 243 et 264.

Le vaste ensemble, la riche compilation connue sous le nom de Kitâb el-aṛânî el-kébîr, ou simplement sous le nom de l'Aṛânî, est une vaste chronique des temps antéislamiques surtout, à propos de chansons, c'est-à-dire de vers anciens passés dans le domaine des chants publics.

Ce grand travail de l'Aṛânî est dû à Abou l-Faradj Alî, d'Ispahan. La petite notice suivante est de mon neveu Alfred Clerc, l'enfant qui s'est imprégné d'arabe depuis qu'il a commencé à balbutier.

Abou l-Faradj Alî el-isbehânî naquit à Isbehân ou Isfihân (Ispahan), l'an 284 de l'hégire (897 de J. C.). Il était Koréïchide d'origine et descendait de Merwân dernier kalife Omeïiade. Très-jeune encore, Abou l-Faradj se rendit à Bagdad ; en peu de temps il se plaça au premier rang comme écrivain. — Il se distingua par le nombre, la profondeur et la variété de ses connaissances. Il avait une mémoire prodigieuse ; d'après le témoignage de plusieurs écrivains qui vivaient de son temps, il était l'homme qui savait le plus de vers, de chants, de faits historiques, de traditions, etc.

Abou l-Faradj est auteur de plusieurs ouvrages importants. Mais l'œuvre qui lui valut l'immense célébrité dont il jouit en Orient et en Occident, est le Kitâb el-aṛânî el-kébîr, ou grand recueil de légendes, de chants ou cantilènes des époques de la gentilité arabe et des premiers âges de l'islamisme. Cet ouvrage, le plus volumineux sans doute de tous ceux que composa Abou l-Faradj, et le seul qui soit parvenu jusqu'à nous, lui coûta cinquante années de travail, de recherches et de compilations.

Le titre de l'ouvrage ne semble pas annoncer une œuvre bien sérieuse ; et tout d'abord il donnerait à supposer qu'il ne s'agit que d'un recueil de chansons semblables par exemple à nos

chansonniers, aux œuvres des Désaugiers et des Béranger. Mais
il n'y a d'analogie que dans le nom. L'œuvre d'Abou l-Faradj
est un vaste recueil où se trouvent consignés les fragments de
poésie qui ont passé dans le domaine des chants publics. A propos de ces chants, Abou l-Faradj raconte les événements et la
vie des poëtes, et des hommes auxquels les vers font allusion.
C'est donc une chronique, un ensemble de traditions, des récits
de mœurs, de coutumes, etc.

L'auteur explique toujours le sens de ces chants, les mots
difficiles, les constructions grammaticales exceptionnelles, les
allusions historiques individuelles ou générales, il donne toujours le récit de l'événement ou de la circonstance, ou de la
coutume qui a inspiré les vers qu'il cite, ou l'histoire du cavalier ou chevalier en l'honneur duquel telles rimes ont été composées et chantées. Chaque nom d'individu est accompagné de
sa généalogie, de la généalogie de la tribu, etc. Ce genre d'ouvrage quoique disposé sans ordre chronologique, a une immense
valeur historique et littéraire.

On raconte que le vizir Ibn Abbâd avait l'habitude, quand il
voyageait, d'emmener avec lui trente chameaux chargés de
livres afin de passer son temps agréablement, et que depuis
qu'il eut reçu le Kitâb el-arânî, il se contenta de l'emporter,
disant qu'il lui tenait lieu de tous les autres.

Abou l-Faradj mourut à Bagdad, le mercredi 14 Zi l-ḥedjdjeh
356 de l'hégire (novembre, 967 de J. C.).

### Note 47. — Page 287.

Djohfeh est la station à laquelle les pèlerins de la Syrie, de
l'Asie Mineure et au delà, de l'Égypte, des États barbaresques,
du Maroc, du Takroûr ou Soudan, de la Romélie ou pays des
Roûm ou Syro-Macédoniens, et au delà vers le nord, s'arrêtent
pour se mettre en iḥrâm ou disposition pieuse, et se préparer
ainsi aux cérémonies du pèlerinage.

Djohfeh est aujourd'hui un village ruiné, situé à environ cinq
postes ou haltes de la Mekke, et à huit de Médine. Il est dans
la direction nord-est de la Mekke.

*Voy.* notre Précis de jurisprudence musulmane, civile et religieuse, vol. II. p. 32.

## NOTE 48. — Page 292.

Zou Roaîn et Zou Nouâs, deux princes himiarites.

Le premier vivait au milieu du troisième siècle de l'ère chrétienne, et était un des officiers conseillers du roi himiarite Amr
Zou l-A'wâd qui régna dans l'Yémen, de 250 à 270 de J. C.

Le second, Zou Nouâs, fut roi des Himiarites, et régna de 490
à 525 de notre ère. C'est lui que les chroniques grecques et syriennes appellent Dunaan, Dimnus, Dimion.

Zou Nouâs se déclara protecteur ardent et partisan passionné
du judaïsme, et prit le nom de Yoûcef. Par suite de son enthousiasme pour la propagation de la religion judaïque dans l'Yémen,
Zou Nouâs persécuta les chrétiens, et en fit un affreux massacre
dans la ville de Nedjrân. Il fit creuser un immense fossé que
l'on remplit de matières combustibles; on les alluma, et lorsque
la flamme s'éleva avec violence, on y précipita les chrétiens;
d'autres furent massacrés. Le nombre des victimes s'éleva, dit-
on, à vingt mille. Ce sont les martyrs du Nedjrân.

Un chrétien, entre autres, échappé à la mort, s'enfuit en Syrie, la traversa, alla se présenter à Justin I^er, Empereur de
Constantinople, et demanda vengeance au nom de la religion.
L'Empereur écrivit au *Nedjâchî* ou roi d'Abyssinie, de porter
la guerre dans l'Yémen, et de venger la religion outragée.
Soixante-dix mille Abyssins passèrent en Arabie. Zou Nouâs fut
battu; de désespoir, il poussa son cheval dans la Mer-Rouge et
se noya avec lui. Ainsi finit l'empire himiarique.

La puissance des Abyssins en Arabie dura environ 72 ans.—
Lorsqu'elle succomba, Mahomet était au monde.

Ces quelques lignes suffiront, je pense, aux lecteurs peu curieux de cette histoire des Arabes. Je renvoie, pour les détails, à
l'Essai sur l'histoire des Arabes, par M. A. P. Caussin de Perceval. Paris; Didot frères; 1847 — 1848; 3 vol. in-8°.

### NOTE 49. — Page 304.

Les détails de la journée de Chi'b Djébèlah et presque tout le
récit de la mort de Rabiah ont été donnés dans deux lettres de
M. F. Fresnel sur l'histoire des Arabes avant l'islamisme. Paris,
1836 — 1837.

### NOTE 50. — Page 316.

Ḥadjdjâdj, fils de Yoûcef, fut établi gouverneur de l'Arabie et
de l'Irâḳ, par Abd el-Mélik fils de Merwân, cinquième ḳalife de
la dynastie des Omeïiades.

Ḥadjdjâdj administra ses provinces avec une rigidité inouïe.
Selon lui, l'obéissance due aux princes est plus absolue et plus
nécessaire que l'obéissance que l'on doit à Dieu; car le Ḳoran dit:
« Obéissez à Dieu, autant que vous le pouvez; » et ailleurs en
parlant de la soumission aux souverains et aux princes, le Ḳoran dit : « Écoutez et obéissez. » Dans cette dernière injonction
il n'y a aucune nuance restrictive. « Par conséquent, disait
Ḥadjdjâdj, si je commande à un homme de passer par là, et
qu'il refuse d'y passer, il est coupable de désobéissance, et dès
lors digne de mort. »

Ḥadjdjâdj fit périr, dit-on, cent vingt mille personnes, et,
quand il mourut, les prisons renfermaient cinquante mille dé-
tenus.

### NOTE 51. — Page 331.

A'wadj, le contourné, le courbé, est aussi le nom d'un cheval
célèbre, nous en disons quelques mots dans le Nobiliaire ou
genre de Stud-Book arabe que nous donnons, sous forme alphabétique, au dernier chapitre de ce volume, et dans le paragraphe qui le termine.

### NOTE 52. — Page 356.

Hâchem était le bisaïeul de Mahomet, et le père d'Abd el-Mouttaleb aïeul de Mahomet fils d'Abd Allah fils d'Abd el-Moutṭaleb.

Le térîd est un mets préparé avec du riz, ou avec de la pâte assez sèche et de la viande coupée en petits morceaux.

Dans une année de grande disette, Hâchem nourrit avec du térîd, tous les malheureux de la Mekke.

## NOTE 53. — Page 356.

Abd el-Mouttaleb fut surnommé chaîb el-ḥamd, chaîbat el-ḥamd, c'est-à-dire les blancs cheveux de la louange, parce que, d'après les traditions, il vint au monde ayant une petite touffe de cheveux blancs au sommet de la tête, et qu'il mérita toujours les éloges et les respects des hommes.

Héritier de la générosité de son père Hâchem, il faisait même porter des nourritures sur les montagnes, pour les oiseaux du ciel.

# TABLE DES MATIÈRES.

## PREMIÈRE PARTIE.

# PRODROME HISTORIQUE

OU

## TRADITIONS HIPPIQUES DES ARABES.

Pages.

Pages.

# INDEX

## ERRATA :

Nous n'indiquerons pas ici quelques points et accents à rétablir dans les transcriptions de mots arabes. Les mots étant répétés plusieurs fois, présentent eux-mêmes les corrections à faire. Nous ne signalerons comme manque de point, que celui de la page 4, dernière ligne ; *au lieu de t, il faut : ṭ.*

Page 23, lignes 19 et 20 ; *ôtez de* Maç'oûd *et de* Maç'oûdah, le signe ('). — — P. 42, ligne 29 ; en Arménie ; *lisez :* dans la petite Arménie, en Syrie. — P. 48, ligne 9 et *passim ; au lieu de :* Ḳâćkî, il faut : Ḳâsśkî. — P. 53, ligne 9 ; *au lieu de :* 1442, il faut : 1421. — P. 54, § v et au titre courant, page 55, il faut : jaquemart ; *au lieu de :* jaquemard. — P. 66, ligne 4, *a fine ;* retranchez la parenthèse qui précède *des vastes,* etc. — P. 77, ligne 4 ; *au lieu de :* lac, il faut : lacs. — P. 82, ligne 27 ; *au lieu de :* le retrait, *lisez :* la retraite. — P. 99, lignes 4 et 9, du paragraphe ɪ ; *au lieu de :* Ṭârîk, il faut : Târiḳ. — P. 111, titre courant ; *au lieu de :* loi, il faut : lois. — P. 115, ligne 10, *a fine ;* eugagées ; *lisez :* engagées. — P. 141, dernière ligne ; *au lieu de :* rḳoûb, *lisez :* Orḳoûb. — P. 192, ligne 2 du paragraphe : soyou ; il faut : soyons. — P. 216, dernière ligne ; *au lieu de :* es, *lisez :* les. — P. 283, ligne 25 ; *au lieu de :* Abou l' Walîd, il faut : Abou l-Walîd. — P. 309, ligne 24 ; *au lieu de :* l. il faut : il. — P. 381, ligne 15 ; *au lieu de :* ne sont point ici, *lisez :* ne seront point. — P. 415, ligne 27 ; après le mot *vendre,* il faut une virgule, au lieu de point et virgule. — P. 490, ligne 1, du mot Désaugiers, supprimez l's finale.

PARIS. — IMPRIMERIE DE MADAME VEUVE BOUCHARD-HUZARD, RUE DE L'ÉPERON, 5.

www.ingramcontent.com/pod-product-compliance
Lightning Source LLC
LaVergne TN
LVHW021924060726
842528LV00001B/83